全国高职高专教育规划教材

计算机应用基础上机实验指导

Jisuanji Yingyong Jichu Shangji Shiyan Zhidao

邓祖朴　徐文平　主　编
罗　印　罗　勇　副主编

高等教育出版社·北京
HIGHER EDUCATION PRESS　BEIJING

内容简介

本书是全国高职高专教育规划教材，是与《计算机应用基础》（蔡英　徐文平主编）教材相配套的上机实验指导书，书中以实例的形式让学生在实践中掌握相应的知识。

本书主要分为 3 个部分：第一部分是计算机应用基础相应的上机实验，主要包括基础操作篇、Word 应用篇、Excel 应用篇、PowerPoint 应用篇及网络基础应用篇；第二部分是计算机等级考试强化训练题库，方便读者进行等级考试的考前练习；第三部分为技能强化测试题，是一些综合实例的应用。

本书操作步骤详尽，实验内容丰富，可作为高职高专及中等职业学校计算机公共基础课的实训教材，同时也可以作为广大计算机等级考试考生的必备用书。

图书在版编目（CIP）数据

计算机应用基础上机实验指导 / 邓祖朴，徐文平主编．—北京：高等教育出版社，2013.8
ISBN 978-7-04-038098-9

Ⅰ.①计…　Ⅱ.①邓…　②徐…　Ⅲ.①电子计算机-教学参考资料　Ⅳ.①TP3

中国版本图书馆 CIP 数据核字（2013）第 169205 号

策划编辑　许兴瑜　　责任编辑　许兴瑜　　封面设计　张雨薇　　版式设计　马敬茹
插图绘制　尹　莉　　责任校对　杨凤玲　　责任印制　刘思涵

出版发行　高等教育出版社
社　　址　北京市西城区德外大街 4 号
邮政编码　100120
印　　刷　肥城新华印刷有限公司
开　　本　787mm×1092mm　1/16
印　　张　25.25
字　　数　650 千字
购书热线　010-58581118
咨询电话　400-810-0598
网　　址　http://www.hep.edu.cn
　　　　　http://www.hep.com.cn
网上订购　http://www.landraco.com
　　　　　http://www.landraco.com.cn
版　　次　2013 年 8 月第 1 版
印　　次　2013 年 8 月第 1 次印刷
定　　价　34.80 元

物 料 号　38098-00

前　言

本书是与《计算机应用基础》（蔡英　徐文平主编）一书配套使用的，目的在于通过实践培养学生的实际操作能力。

本书主要分为 3 个部分：第一部分是计算机应用基础相应的上机实验及指导（共 32 个实验），主要包括基础操作篇（共 10 个实验）、Word 应用篇（共 8 个实验）、Excel 应用篇（共 5 个实验）、PowerPoint 应用篇（共 6 个实验）及网络基础应用篇（共 3 个实验）；第二部分是计算机等级考试强化训练题库，方便读者进行等级考试的考前练习；第三部分为技能强化测试题（共 8 套强化题），是一些综合实例的应用。

本书由邓祖朴任第一主编。本书各部分分别由以下人员编写：实验 1 及网络基础应用篇由罗勇编写，实验 2～实验 10 由罗印编写，Word 应用篇、Excel 应用篇、PowerPoint 应用篇由徐文平编写。

四川托普信息技术职业学院的各级领导在本书的编写过程中给予了大力的支持和热情的帮助，历届参与计算机应用基础课程教学的老师们对本书提出了宝贵的意见，在此深表谢意！

由于编者水平有限，书中难免有疏漏之处，敬请广大读者批评指正。同时，在编写本书的过程中，参考了相关的书籍和资料，其中也包括从因特网上获得的一些资料，在此向这些资料的作者表示诚挚的感谢。

编　者

2013 年 7 月

目　　录

第一部分　计算机应用基础上机实验及指导

第二部分　计算机等级考试强化训练题库

第三部分 技能强化测试题

第一部分

计算机应用基础上机实验及指导

（一）

基础操作篇

实验 1

熟悉键盘与指法练习

实验目的

- 熟悉键盘结构，熟记各键的位置，熟悉常用键、组合键的使用。
- 了解键盘字母的分布结构和输入文字的标准。
- 掌握大小写英文字母、各种符号的输入方法。
- 掌握汉字输入法的选用。

实验内容

- 键盘的组成。
- 使用键盘的正确指法。
- 中文输入法的选择。
- 中英文键盘练习软件的使用。

实训步骤

一、认识键盘的组成

通常，键盘由 4 部分组成：功能键区、主键盘区、编辑键区、小键盘区。目前流行的键盘有 101 键盘和 104 键盘（现在还有一种键盘叫做“人体工程学式”键盘）。104 标准键盘如图 1-1 所示。

1．功能键区

功能键为 F1～F12，共 12 个。在不同的软件系统下，各个功能键的作用是不同的，具体完成什么功能由实际使用的软件决定，通常与 Alt 键和 Ctrl 键结合使用。

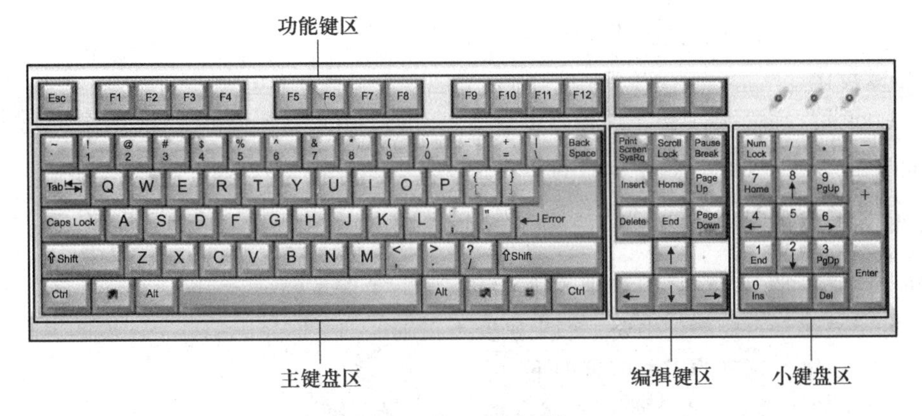

图 1-1 104 标准键盘

2．主键盘区

- 双符号键：包括字母、数字、符号等 48 个。
- Esc 键：强行退出键。中止程序执行，在编辑状态下放弃编辑的数据。
- Tab 键：制表键。用来右移光标，每按一次向右跳 8 个字符。
- Caps Lock 键：大小写字母转换键。系统默认输入的字母为小写，按下此键指示灯亮，输入的是大写字母，指示灯灭输入的是小写字母。
- Shift 键：换档键。适用于双符号键。按住 Shift 键再按某个双符号键，输入该键的上档字符。Shift 键也能进行大小写字符转换。
- Ctrl 键：控制键。此键一般与其他键同时使用，以实现某些特定的功能，特别是常用于汉字输入方式的转换。
- Alt 键：替换键。此键一般与其他键同时使用，可完成某些特定的操作。
- Enter 键：回车键。换行或输入命令结束后按此键。
- Backspace 或←键：退格键。用来删除当前光标所在位置前的字符，且光标左移。

3．编辑键区

- Print Screen 键：屏幕拷贝键。若使用 Shift+Print Screen 组合键，打印机可将屏幕上显示的内容打印出来。在 Windows 下，按 Alt+Print Screen 组合键可以实现只复制当前窗口的屏幕。
- Scroll Lock 键：屏幕锁定键。当屏幕处于滚动显示状态时，若按下该键，则键盘右上角的 Scroll Lock 指示灯亮，屏幕停止滚动，再次按此键，屏幕再次滚动。
- Pause Break 键：强行中止键。按此键暂停屏幕的滚动。按 Ctrl 键和 Pause Break 组合键，可以中止程序的执行。
- Insert 键：插入键。在当前光标处插入一个字符。
- Delete 或 Del 键：删除键。删除当前光标所在位置的字符。
- Home 键：光标移动到屏幕的左上角。
- End 键：光标移动到本行中最后一个字符的右侧。
- Page Up 或 PgUp 键：翻页键。按此键向前翻一页。
- Page Down 或 PgDn 键：翻页键。按此键向后翻一页。

● →、←、↑、↓ 键：光标移动键。

4．小键盘区

Num Lock 键：锁定键。按下此键，键盘右上方的 Num Lock 指示灯亮，小键盘输入的是数字。再按此键，指示灯灭，成为功能键。

二、使用键盘的正确指法

正确使用键盘是学习计算机知识的第一步，因此至关重要。

开始打字之前一定要端正坐姿。如果坐姿不正确，则不但会影响打字速度的提高，而且还很容易疲劳，出错。正确的坐姿应该如下。

① 两脚平放，腰部挺直，两臂自然下垂，两肘贴于腋边。

② 身体可略倾斜，离键盘的距离为 20～30 cm。

③ 打字资料或文稿放在键盘的左边，或用专用夹夹在显示器旁边。打字时眼观文稿，身体不要跟着倾斜。

正确的坐姿如图 1-2 所示。

图 1-2　正确的坐姿

如图 1-3 所示，在准备输入时，左手的小指、无名指、中指、食指应该放在 A、S、D、F 键上，右手的食指、中指、无名指、小指应放在 J、K、L、; 键上，而两手的拇指都应放在 Space 键上。其中，A、S、D、F、J、K、L、; 这 8 个键称为基准键，也就是说，这 8 个键作为按其他键的一个平台。具体的两手各手指的控键范围如图 1-4 所示。

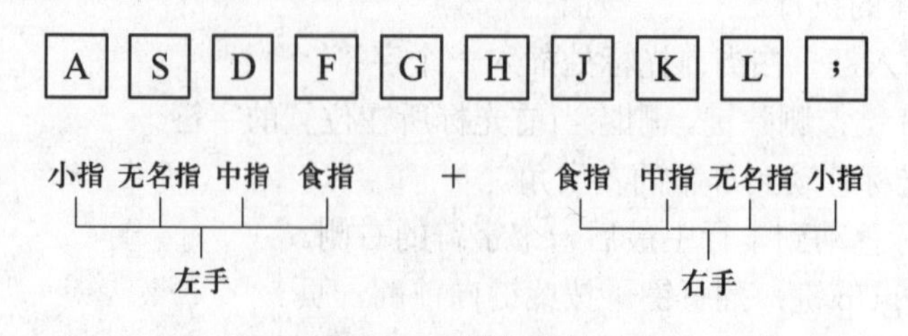

图 1-3　手指的放法

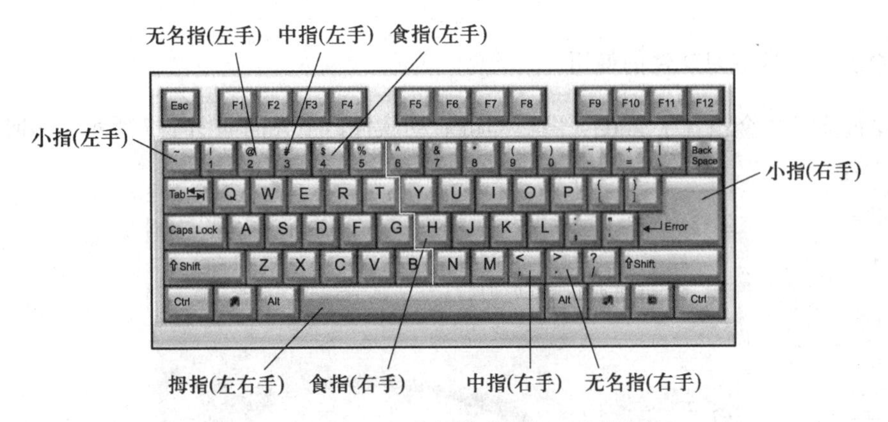

图 1-4　两手各手指的控键范围（正确的指法）

各手指的控键具体如下。

左　手	右　手
小　指：A、Q、1、Z。	小　指：;、P、0、/。
无名指：S、W、2、X。	无名指：L、O、.、9。
中　指：D、E、3、C。	中　指：K、,、I、8。
食　指：F、G、R、T、4、5、V、B。	食　指：J、H、Y、U、6、7、N、M。

三、中文输入法的选择

前面已经对键盘的组成及正确使用键盘的方法进行了系统的介绍，接下来的工作就是开始进行汉字及英文的输入了。

1．鼠标操作

如图 1-5 所示，在 Windows 的操作系统下，单击任务栏的右下方的或者是 CH 按钮，来选择相应的输入法。

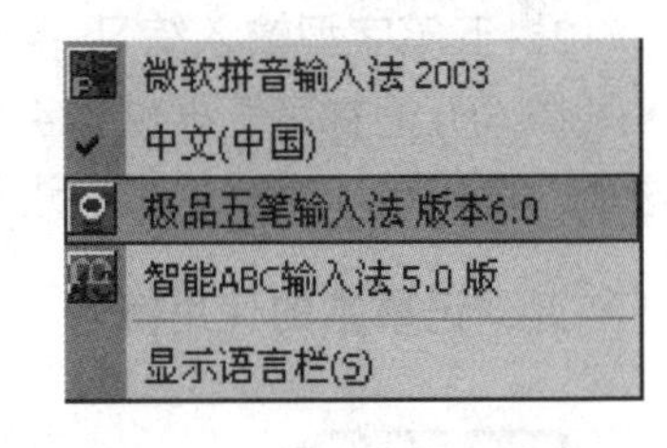

图 1-5　选择一种中文输入法

2．键盘操作

除了用鼠标来选择输入法外，还可以用键盘来切换输入法。

Ctrl+Shift：循环选择输入法。

Ctrl+Space：打开中文输入法的浮动块，如图 1-6 所示。

图 1-6　输入法浮动块

3．对输入法浮动块的解释

中：表示一种中文输入，用鼠标单击或者是按 Caps Lock 键，则它将变为A，表明输入的是英文。

极品五笔：表明这是一种什么输入法。

：全角/半角转换开关。一般针对英文，在半角下输入的英文只占一个字符，在全角下输入的英文将以汉字来对待，占两个字节。

：主要是针对中文标点符号的输入，如果是在这种状态下输入的标点符号，则是以中文标点符号输入的，否则就是以英文标点符号输入。

：软键盘开关。

四、中英文键盘练习软件的使用

双击桌面上的“金山打字 2003”图标即可启动软件，主界面如图 1-7 所示。这时，可以选择练习的环境。

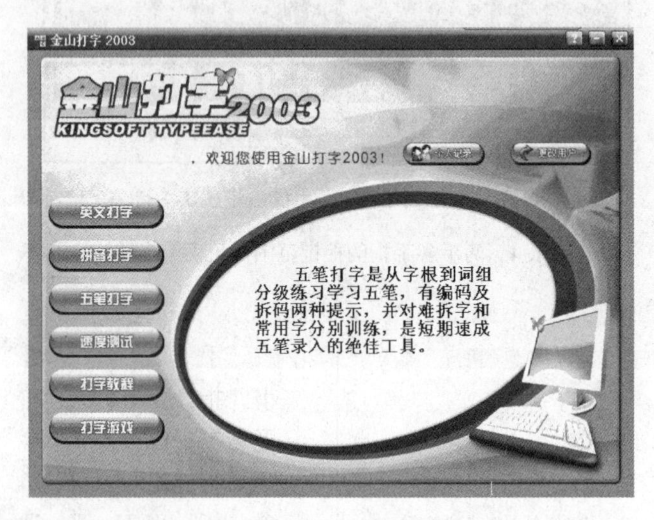

图 1-7　金山打字主界面

1．英文输入练习

在“英文打字”里有 4 个板块，分别是键位练习（初级）、键位练习（高级）、单词练习、文章练习。在这里，可按这 4 个板块依次练习。

2．五笔字型输入练习

在“五笔打字”里也有 4 个板块，分别是字根练习、单字练习、词组练习、文章练习。在这里，可按这 4 个板块依次进行练习。

五、记事本的使用练习

操作如下

① 使用鼠标在桌面上右击，在弹出的快捷菜单中选择“新建”→“文本文档”命令，然后把新建文档命名为“第一次上机”。

② 双击该文档，以启动文档，进入编辑状态。

③ 用熟悉的一种中文输入法输入以下内容。

> “如果我有一千万，我就能买一栋房子。
> 我有一千万吗？没有。
> 所以我仍然没有房子。
>
> 如果我有翅膀，我就能飞。

我有翅膀吗？没有。
所以我也没办法飞。

如果把整个太平洋的水倒出，也浇不熄我对你爱情的火。
整个太平洋的水全部倒得出吗？不行。
所以我并不爱你。”

峨眉山位于中国西南部的四川省，距成都156千米，是中国四大佛教名山之一，距今已有一千多年的文化史。峨眉山峰峦叠嶂，古木森森，飞瀑流泉，各处佳境妙趣横生，引人入胜，是我国著名的游览胜地，1996年被联合国教科文组织列入“世界自然与文化遗产”。峨眉山以其“秀甲天下”的山水风光、源远流长的佛教文化和独具特色的人文景观享誉中外，是世界自然和文化遗产、著名的国家级风景名胜区、中国四大佛教名山之一。全山面积为154平方千米，景区主峰万佛顶海拔3099米，集“雄、秀、奇、险、幽”于一体，有双桥清单、洪椿晓雨、大坪霁雪、象池夜月、金顶祥光、圣积晚钟、灵岩叠翠、白水秋风、萝峰晴云、九老仙府等早已蜚声海内外的“峨眉十景”及海内外游人有口皆碑的日出、佛光、云海、圣灯金顶四大奇观。山中飞瀑流泉、层峦叠翠，看不完名山胜景；珍禽异兽、瑶草奇花，数不尽遍野瑰宝；梵宫古刹、耸翠而出重霄；晨钟暮鼓，悠远以荡心魄；四季香火鼎盛，终年佛音缭绕。

乐山大佛。位于乐山市凌云山东麓，古称“大弥勒石像”、“弥勒大像”、“嘉定大佛”等，修造于唐玄宗开元初年，经海通禅师、章仇兼琼、韦皋三代人90年而成，是一尊依山临江开凿的弥勒坐像。大佛通高71米，头宽10米，肩宽28米，手长6.2米，头上发髻1021个，为世界最高的石刻弥勒佛像。

巨型睡佛。1989年5月，在驰名中外的“乐山大佛”外围又发现了另一座奇大无比的“巨型睡佛”，身长4000多米，隔江望去，巨佛体态匀称，安闲地漂睡在青衣江上。乐山大佛立座于睡佛心胸部位，印证了佛教所谓“佛在心中”的古老圣寓。

实验 2

Windows XP 的图形用户界面组成与操作

实验目的

- 掌握 Windows XP 的启动。
- 掌握 Windows XP 的桌面组成。
- 掌握 Windows XP 的基本操作。

实验内容

- Windows XP 的启动。
- Windows XP 的基本操作：鼠标的基本操作、窗口的基本操作、菜单的基本操作、桌面的基本操作、对话框的基本操作及帮助信息的获取等。

实训步骤

一、Windows XP 的启动

操作如下

① 打开计算机的电源，载入 Windows XP 的启动程序，启动界面如图 2-1 所示。

② 输入用户名和密码（如果系统没有设置用户名和密码，则可直接进入系统），如图 2-2 所示。

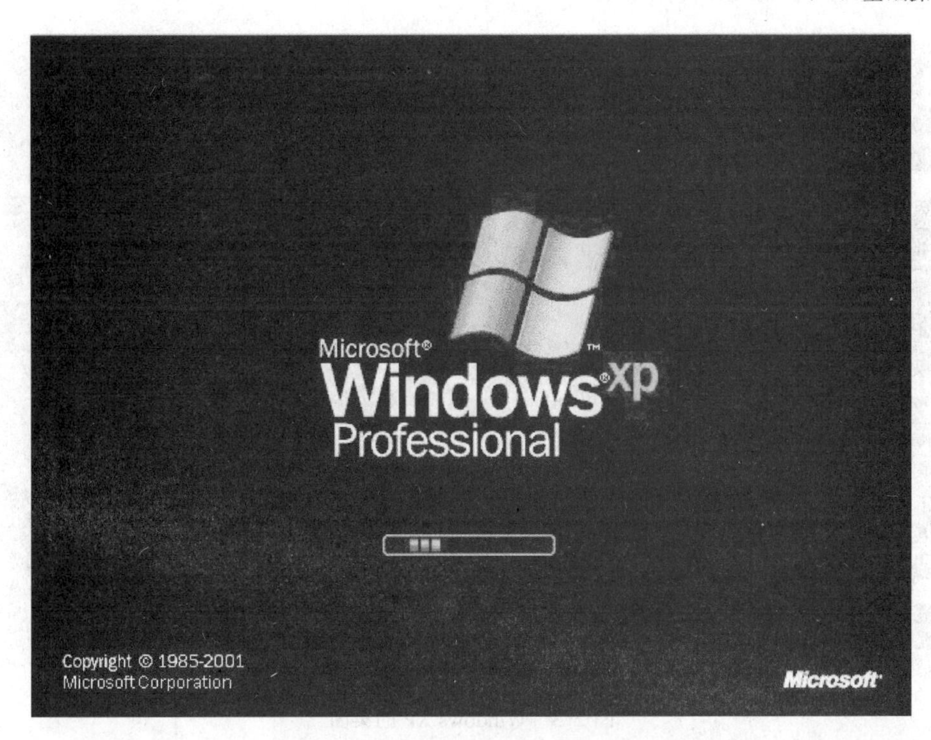

图 2-1　Windows XP 的启动界面

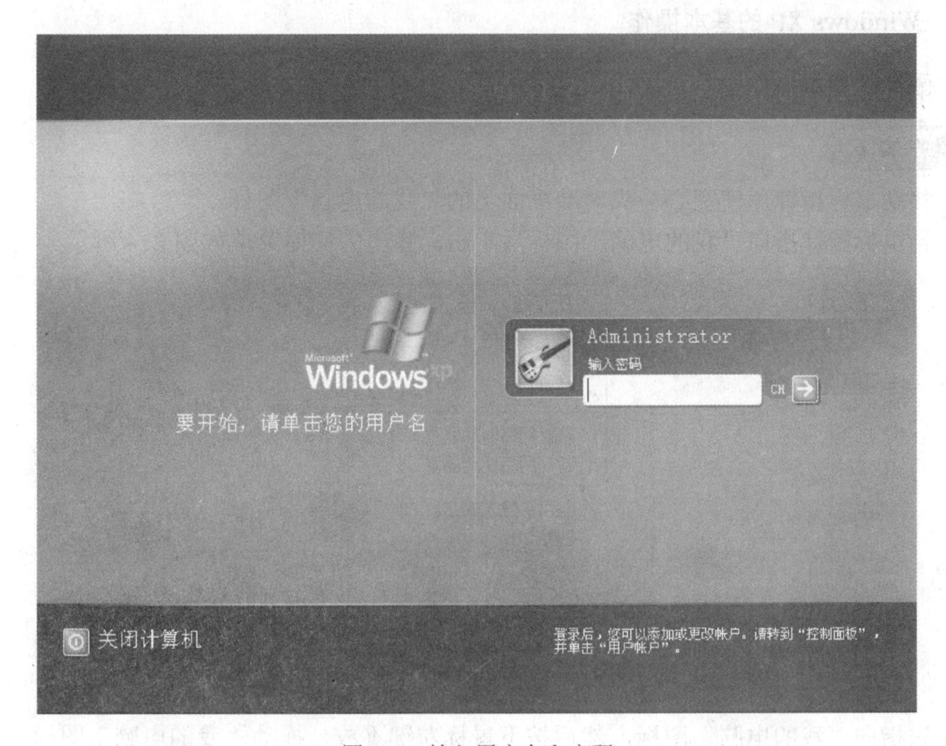

图 2-2　输入用户名和密码

③ 进入 Windows XP 系统的桌面，如图 2-3 所示。

图 2-3　Windows XP 的桌面

二、Windows XP 的基本操作

1. 鼠标的基本操作

操作如下

① 移动鼠标指针，使空心箭头对准桌面上的“我的电脑”图标。

② 当鼠标指针指向“我的电脑”图标后右击。弹出的快捷菜单如图 2-4 所示。

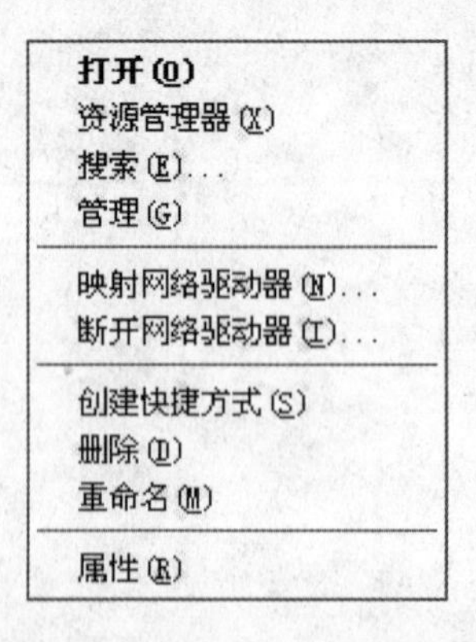

图 2-4　“我的电脑”快捷菜单

③ 先指向“我的电脑”图标，然后按下鼠标左键不放，拖动“我的电脑”图标到桌面的其他位置。

④ 在第 1 步的基础上，连续单击两次，打开“我的电脑”，如图 2-5 所示。

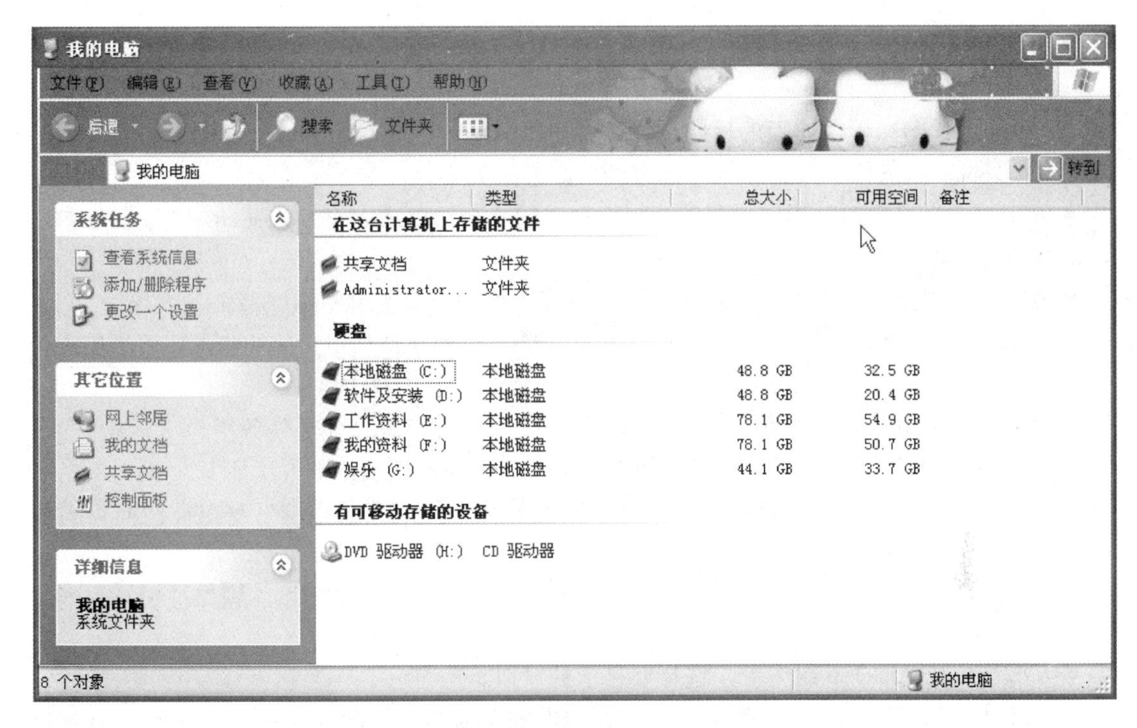

图 2-5 打开“我的电脑”

2．窗口的基本操作

操作如下

① 要实现如图 2-6 所示的“我的文档”窗口的打开，方法如下。

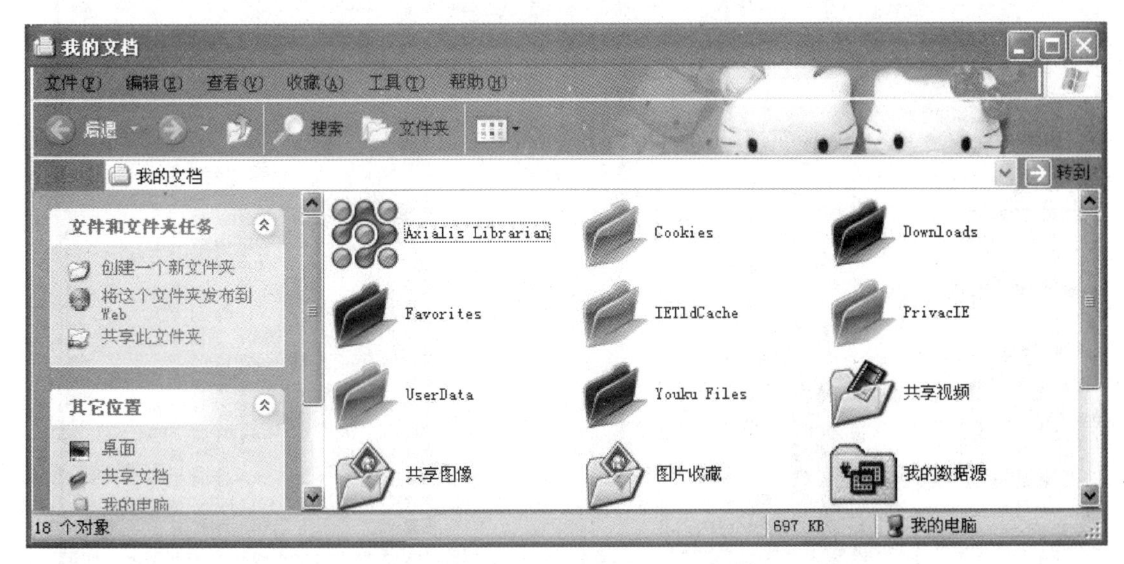

图 2-6 “我的文档”窗口

● 方法一：双击桌面上的“我的文档”图标，打开“我的文档” 窗口。

- 方法二：单击“开始”按钮，在弹出的菜单中选择“我的文档”命令，即可打开“我的文档”窗口。

② 拖动“我的文档”窗口的标题栏，可将窗口移动到桌面上的另一位置。

③ 要实现“我的文档”窗口大小的改变，则方法如下。

- 方法一：将鼠标指针指向“我的文档”窗口的4个边框或4个角，拖动双箭头，即可改变窗口大小。
- 方法二：单击标题栏上的“最大化”按钮□，可使窗口铺满整个屏幕。
- 方法三：单击标题栏上的“向下还原”按钮🗗，可使窗口从最大化的状态还原为原来的大小。
- 方法四：单击标题栏上的“最小化”按钮＿，可使窗口最小化至任务栏。

④ 要实现“我的电脑”窗口和“我的文档”窗口之间的切换，则方法如下。

- 方法一：单击任务栏上的“我的电脑”窗口按钮，则“我的电脑”窗口被切换为当前窗口。
- 方法二：单击“我的电脑”窗口可见处的任一位置，则“我的电脑”窗口被切换为当前窗口。
- 方法三：按Alt+Tab组合键，选择要显示的窗口。
- 方法四：按Alt+Esc组合键，实现“我的电脑”窗口和“我的文档”窗口之间的交替切换。

⑤ 单击“我的文档”窗口的工具栏上的“查看”按钮，在弹出的菜单中选择“详细信息”命令，可以以“详细信息”的方式查看文件，如图2-7所示。

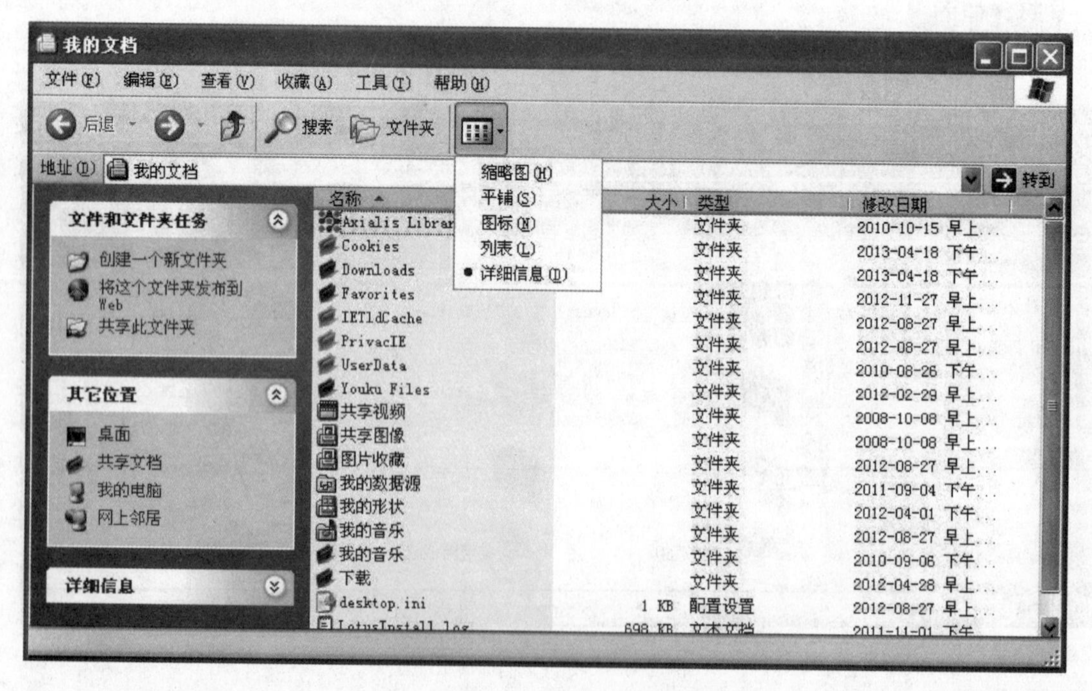

图2-7　以“详细信息”方式查看文件信息

⑥ 要实现通过滚动条的操作查看窗口完整内容，则方法如下。

- 方法一：单击垂直方向的向下的滚动箭头和水平方向的向右的箭头。
- 方法二：向下拖动垂直方向的滚动块或向右拖动水平方向的滚动块。
- 方法三：单击垂直方向上滚动条的空白处或水平方向上滚动条的空白处。

⑦ 单击窗口标题栏的“关闭”按钮 ☒，关闭窗口。

3．对话框的基本操作

要求：

（1）将计算机背景墙纸改为 Bliss，并以居中方式显示在桌面上。

（2）将屏幕保护程序设置为“字幕”，并设置等待时间为 5 min。

（3）设置以“Windows 经典样式”显示窗口和按钮。

（4）设置系统颜色为“32 色”，屏幕分辨率为 1 024 像素 × 768 像素。

操作如下

① 选择菜单“开始”→“设置”→“控制面板”命令。

② 在弹出的“控制面板”窗口中，双击“显示”图标，打开“显示 属性”对话框。

③ 单击“桌面”标签，切换到“桌面”选项卡，在“背景”列表框中选择 Bliss 选项，如图 2-8 所示。在“位置”下拉列表框中选择“居中”方式。

④ 切换到“屏幕保护程序”选项卡，在“屏幕保护程序”下拉列表框中选择“字幕”选项；在“等待”微调框中输入“5”，或通过增减按钮将数字调整到“5”，如图 2-9 所示。

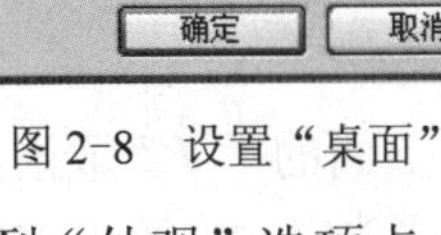

图 2-8　设置“桌面”

图 2-9　设置“屏幕保护程序”

⑤ 切换到“外观”选项卡，在“窗口和按钮”下拉列表框中选择“Windows 经典样式”选项，如图 2-10 所示。

⑥ 切换到“设置”选项卡，在“颜色质量”下拉列表框中选择“最高（32 位）”选项，拖动“屏幕分辨率”滑块到“1 024×768 像素”位置，如图 2-11 所示。

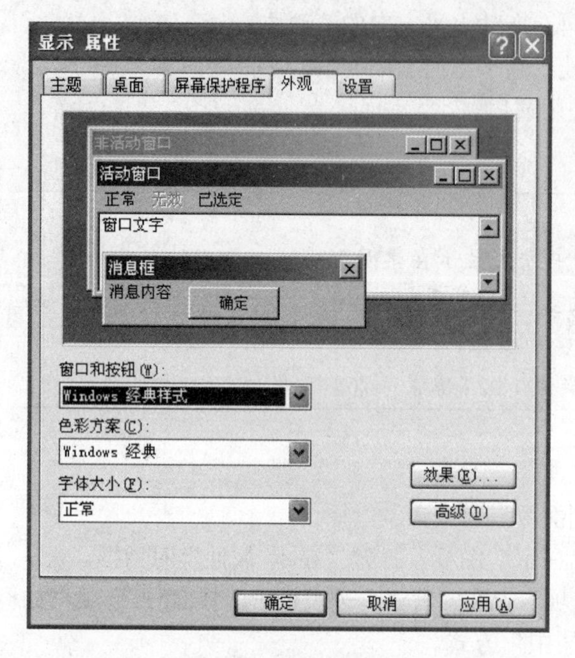

图 2-10 设置“外观”

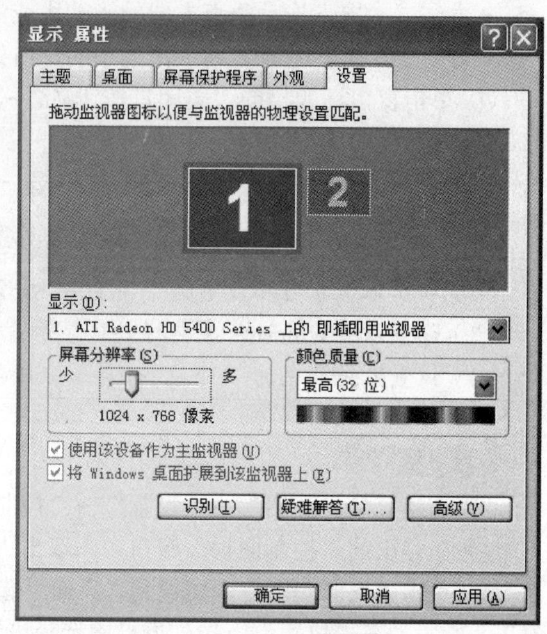

图 2-11 设置“设置”

⑦ 单击“应用”按钮，再单击“确定”按钮。

4. 桌面的基本操作

操作如下

① 移动桌面上的“我的电脑”图标。

② 排列桌面上的图标，方法如下。

- 方法一：右击桌面的空白区域，在弹出的快捷菜单中选择“排列图标”→“名称”命令，如图 2-12 所示。
- 方法二：右击桌面的空白区域，在弹出的快捷菜单中选择“排列图标”→“自动排列”命令，取消其前面的“√”，然后将想要改变位置的图标拖到所需要的位置即可。

③ 排列桌面上的窗口，方法如下。

- 方法一：打开“我的电脑”、“我的文档”和“网上邻居”3 个窗口，右击任务栏空白处，在弹出的快捷菜单中选择“层叠窗口”（或“纵向平铺窗口”或“横向平铺窗口”）命令即可，如图 2-13 所示。
- 方法二：拖动窗口的标题栏到其他位置。

④ 调整任务栏，方法如下。

- 方法一：在图 2-13 中，选择“锁定任务栏”命令，将其前面的“√”取消，再将鼠标指针指向任务栏的上边缘，当鼠标指针变成垂直方向的双箭头时，向垂直方向拖动即可改变任务栏的大小。

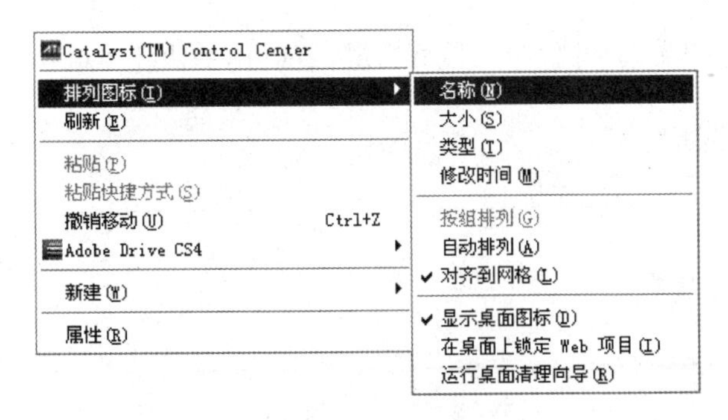

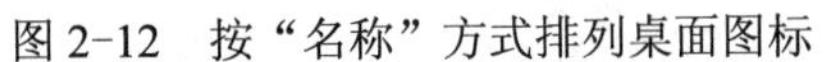
图 2-12　按“名称”方式排列桌面图标

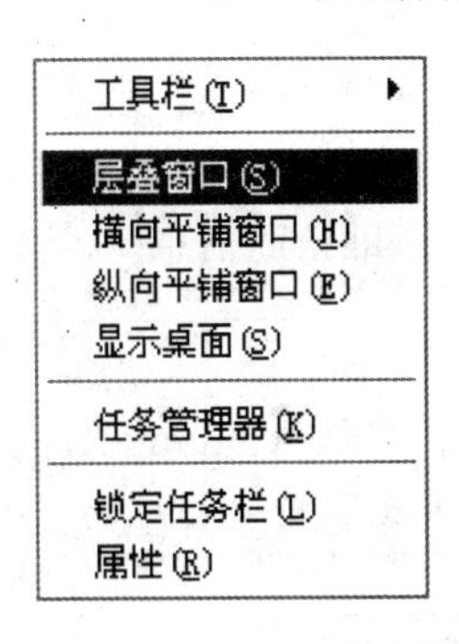

图 2-13　排列桌面窗口

- 方法二：将鼠标指针指向任务栏的空白处，拖动任务栏到窗口的 4 个边缘之一，即可将任务栏调整到窗口的一个边。
- 方法三：右击任务栏空白处，在弹出的快捷菜单中选择“属性”命令，在弹出的“任务栏和「开始」菜单属性”对话框中，选择“任务栏”选项卡，选中“将任务栏保持在其他窗口的前端”和“自动隐藏任务栏”复选框，如图 2-14 所示，即可对任务栏调整。

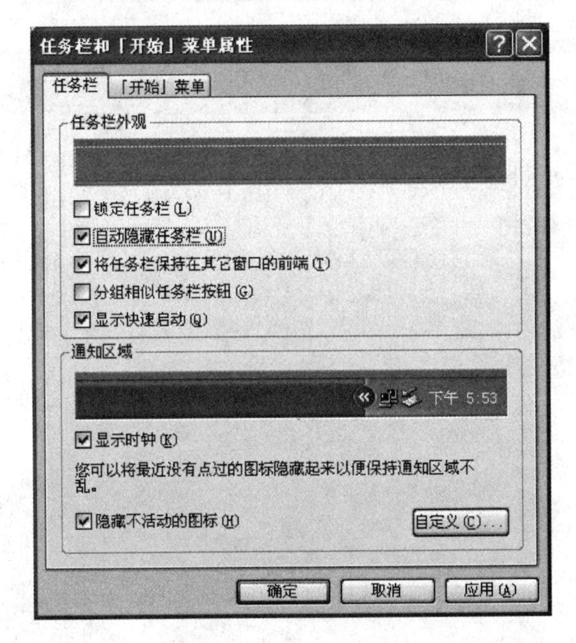

图 2-14　任务栏的调整

⑤ 改变桌面的背景和外观，方法如下。

- 方法一：在桌面空白处右击，在弹出的快捷菜单中选择“属性”命令，再在弹出的“显示 属性”对话框中进行相应的设置即可。
- 方法二：在“控制面板”窗口中，双击“显示”图标，打开“显示 属性”对话框，并进行相应的设置。

⑥ 在桌面上添加和删除对象，方法如下。

在桌面的空白处右击，在弹出的快捷菜单中选择“新建”→“文本文档”命令，便可在桌面添加一个文本文档。选中刚才新添加的文本文档，单击鼠标右键，在弹出的快捷菜单中选择“删除”命令，即可将其删除。

5. 获取帮助信息

要求：

（1）获取 Windows XP 系统的帮助信息。

（2）获取应用程序的帮助信息。

操作如下

① 获取系统帮助信息，方法如下。

- 方法一：选择菜单“开始”→“帮助和支持（H）”命令，打开“帮助和支持中心”窗口。
- 方法二：打开“我的电脑”窗口，选择菜单“帮助”→“帮助和支持中心”命令，打开“帮助和支持中心”窗口，如图 2-15 所示。

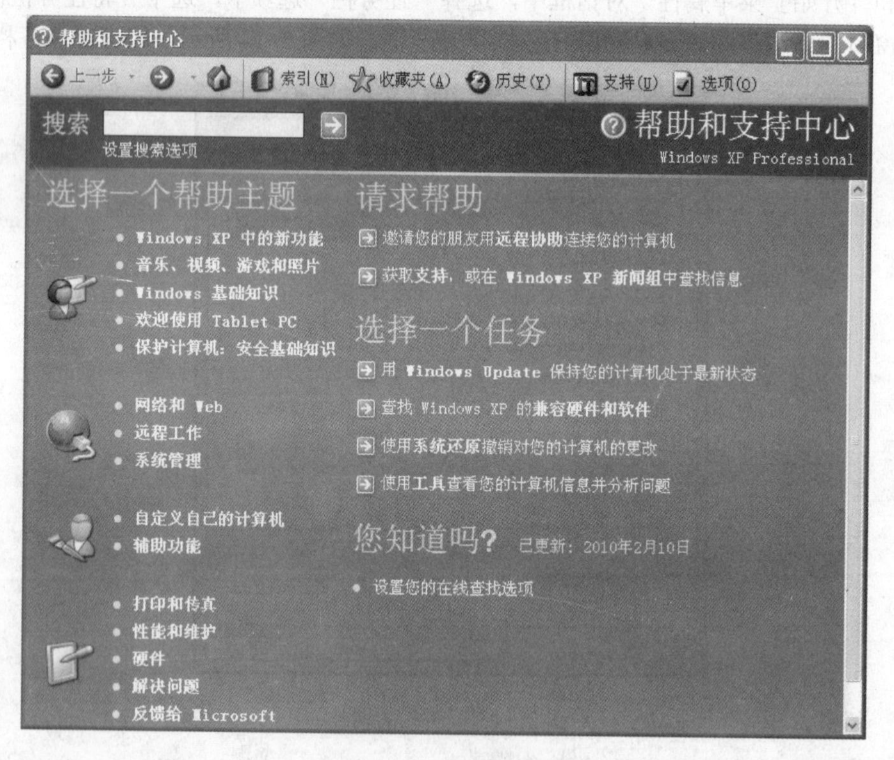

图 2-15 Windows“帮助和支持中心”窗口

- 方法三：在桌面上按 F1 键，可打开“帮助和支持中心”窗口。

② 获取应用程序专用的帮助信息，方法如下。

- 方法一：打开“画图”应用程序窗口，选择菜单“帮助”→“帮助主题”命令。
- 方法二：打开“画图”应用程序窗口，按 F1 键即可打开帮助窗口。

实验 3

Windows XP 文件和文件夹管理

实验目的

- 掌握“我的电脑”和资源管理器的使用。
- 掌握文件和文件夹的基本操作。
- 掌握文件和文件夹的搜索。

实验内容

- 管理文件和文件夹的工具的使用，包括“我的电脑”和资源管理器的使用。
- Windows XP 的文件的显示方式，包括大图标、小图标、列表、详细资料和缩略图。
- Windows XP 文件和文件夹的基本操作，包括选择、新建、重命名、复制、移动、删除等。
- Windows XP 文件和文件夹的搜索。

实训步骤

一、资源管理器的使用

要求：

（1）打开资源管理器窗口。

（2）分别以“小图标”、“大图标”、“列表”和“详细资料”的方式查看文件。

（3）改变资源管理器左右窗格的显示比例，重新排列图标。

（4）通过资源管理器窗口浏览文件夹。

（5）在资源管理器窗口中选择对象。

操作如下

① 打开资源管理器窗口，方法如下。

- 方法一：如图 3-1 所示，单击任务栏中的“开始”按钮开始，选择菜单“程序”→“附件”→“Windows 资源管理器”命令。

图 3-1 从“开始”菜单打开资源管理器

- 方法二：右击桌面上的“我的电脑”图标，在弹出的快捷菜单中选择“资源管理器”命令，如图 3-2 所示。

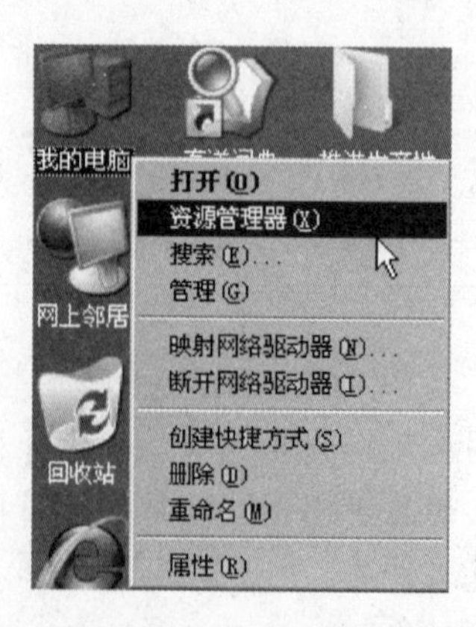

图 3-2 通过“我的电脑”快捷菜单打开资源管理器

- 方法三：在“我的电脑”窗口中，右击任一驱动器图标（如 C:），在弹出的快捷菜单中选择“资源管理器”命令，如图 3-3 所示。
- 方法四：右击任一文件夹图标，在弹出的快捷菜单中选择“资源管理器”命令，即可打开资源管理器窗口。

② 改变资源管理器窗口中文件的显示方式，方法如下。

在资源管理器窗口中单击工具栏中的“查看”按钮，在打开的下拉菜单中选择“图标”命令，则以图标的方式显示文件和文件夹。在打开的下拉菜单中选择“列表”命令，则以列表方式显示文件和文件夹，如图 3-4 所示。在打开的下拉菜单中选择“详细信息”命令，以“详细信息”方式查看磁盘、文件和文件夹的详细信息，结果如图 3-5 所示。

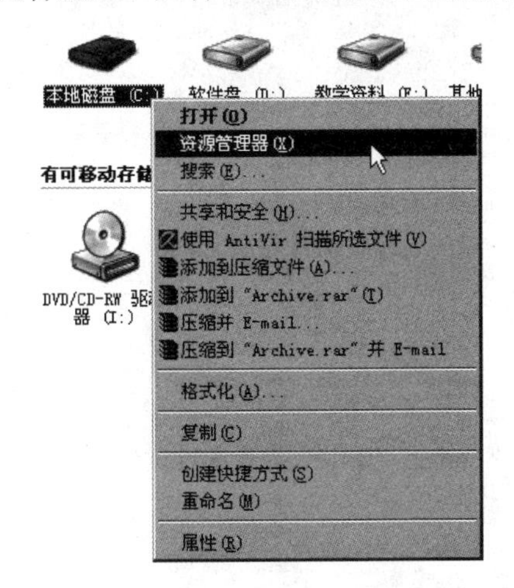

图 3-3　通过右击驱动器打开资源管理器

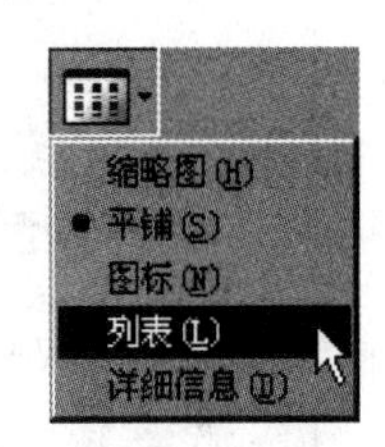

图 3-4　改变文件的查看方式

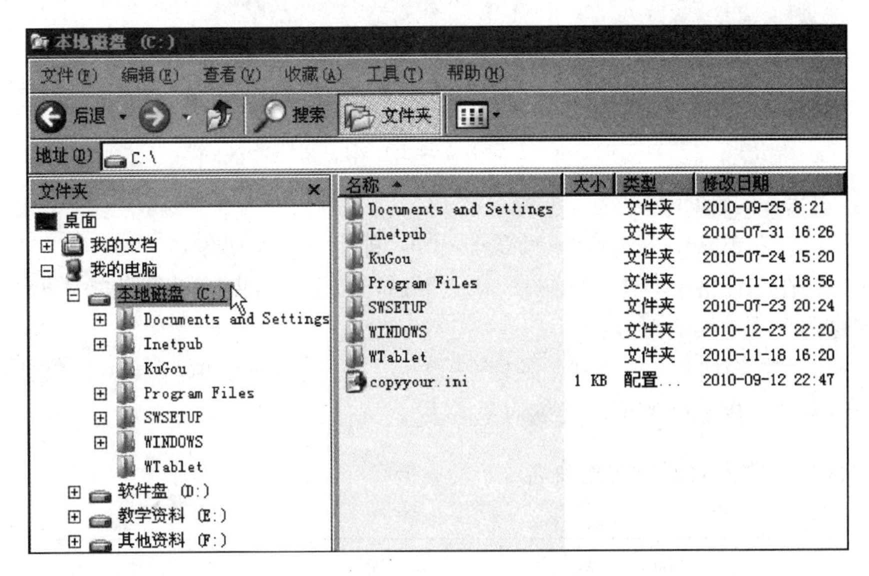

图 3-5　以“详细资料”方式查看文件和文件夹信息

将鼠标指针指向两个窗格中间的分隔线，当鼠标指针变为双箭头后，向左或向右拖动鼠标，即可改变窗口的显示比例。

在右窗格中右击，在弹出的快捷菜单中选择“名称”、“大小”、“类型”、“修改日期”4 个命令中的任一个，则以特定的方式重新排列图标。

③ 浏览文件夹，方法如下。

- 方法一：单击资源管理器左窗格中的本地磁盘（C:）前面的⊞按钮，展开 C 盘中的内容；再单击 Program Files 前面的⊞按钮，便可以浏览 Program Files 文件夹中的文件。
- 方法二：双击本地磁盘（C:），再双击 Program Files，也可以浏览 Program Files 文件夹中的具体文件信息，如图 3-6 所示。

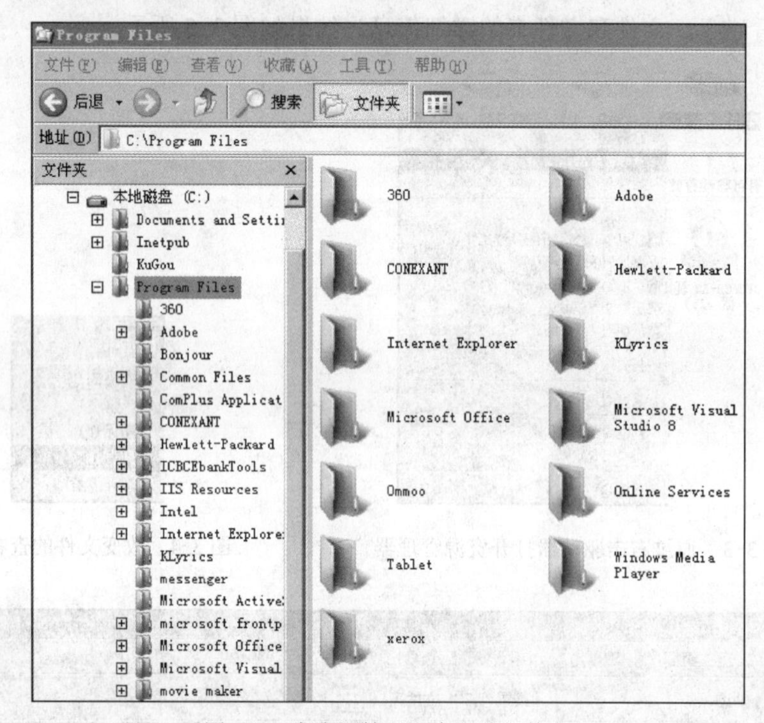

图 3-6　在资源管理器中浏览文件夹

④ 选择对象，方法如下。

- 方法一：在左窗格中单击 Internet Explorer，即可选中该对象。
- 方法二：在左窗格中单击 Internet Explorer 后，按下 Ctrl 键单击 Windows Media Player，可选中这两个不连续的对象；
- 方法三：在左窗格中单击 Internet Explorer 后，按下 Shift 键单击 Windows Media Player，可选中这两个对象之间的所有连续对象。

二、文件和文件夹的创建与重命名

要求：

（1）新建一个文件夹，并命名为 test。

（2）在新建的文件夹中，新建一个文本文件，并命名为 test.txt。

操作如下

① 打开 Windows 资源管理器，进入“我的文档”文件夹。在文件夹窗口中右击，在弹出的快捷菜单中选择“新建”→“文件夹”命令，建立一个名称为“新建文件夹”的文件夹，如图 3-7 所示。

② 右击刚才建立的文件夹，在弹出的快捷菜单中选择“重命名”命令。在文件名的文本框中删除系统自动指定的文件名，并输入“test”后按 Enter 键，即可将文件夹的名称改为 test。

③ 双击 test 文件夹，打开 test 文件夹窗口。选择菜单“文件”→“新建”→“文本文档”命令，建立一个新的文本文档，如图 3-8 所示。

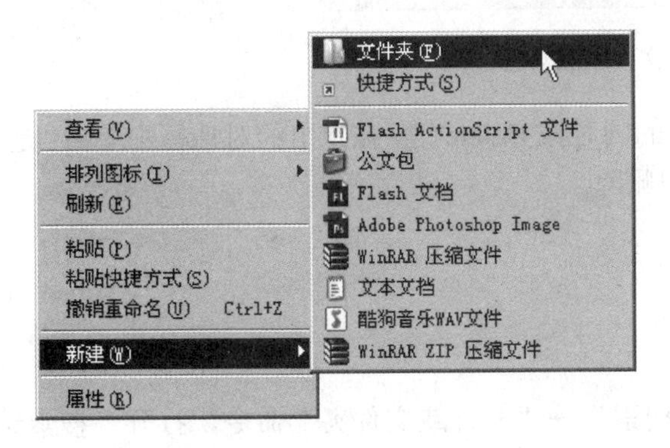

图 3-7 新建文件夹

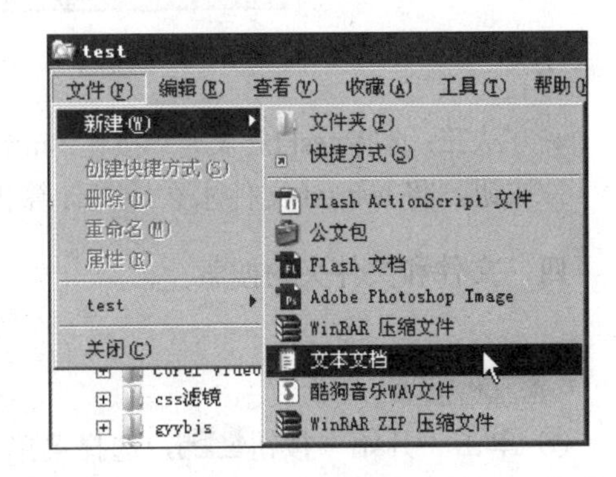

图 3-8 新建文本文档

④ 按照第 2 步的方法，将新建的文本文档命名为 test.txt。

三、文件和文件夹的选择、复制、移动与删除

要求：

（1）将 test 文件夹移动到桌面。

（2）将 test.txt 文件复制到桌面。

（3）将 test.txt 文件删除到回收站。

（4）将 test.txt 文件从计算机中删除。

操作如下

① 移动 test 文件夹到桌面，方法如下。

- 方法一：选择 test 文件夹后右击，在弹出的快捷菜单中选择“剪切”命令，再在桌面的空白处右击，在弹出的快捷菜单中选择“粘贴”命令。
- 方法二：按住 Shift 键的同时拖动 test 文件夹到桌面，即可将 test 文件夹移动到桌面。

② 复制文件 test.txt 到桌面，方法如下。

- 方法一：选择 test.txt 文件后右击，在弹出的快捷菜单中选择“复制”命令，再在桌面的空白处右击，在弹出的快捷菜单中选择“粘贴”命令。

- 方法二：选择 test.txt 文件，拖动 test.txt 文件到桌面，即可将 test.txt 文件复制到桌面。

③ 删除桌面上的 test.txt 文件，方法如下。

- 方法一：选择 test.txt 文件，按 Delete 键，在弹出的对话框中单击“是”按钮。
- 方法二：右击 test.txt 文件，在弹出的快捷菜单中选择“删除”命令，再在弹出的对话框中单击“是”按钮，将 test.txt 文件删除到“回收站”，如图 3-9 所示。

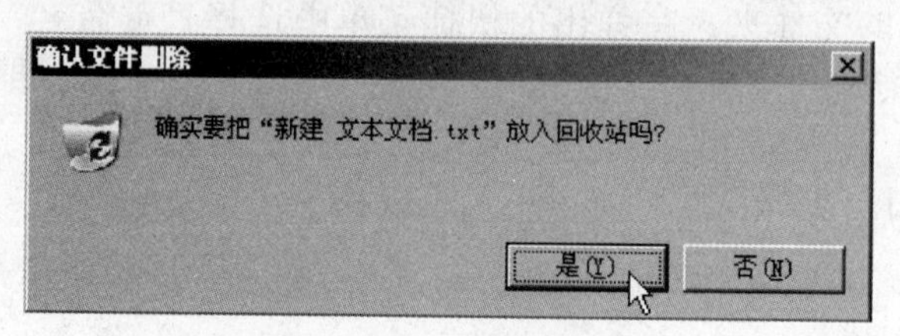

图 3-9 确认文件删除对话框

- 方法三：选择 test.txt 文件，按住 Shift 键的同时按 Delete 键，在弹出的对话框中单击“是”按钮，将 test.txt 文件永久地从计算机中删除。

四、文件和文件夹的搜索

操作如下

① 单击“开始”按钮，选择菜单“搜索”→“文件或文件夹”命令，打开“搜索结果”窗口；或者右击“开始”按钮，在弹出的快捷菜单中选择“搜索”命令，也可打开“搜索结果”窗口。

② 在“要搜索的文件或文件夹名为：”文本框中输入“test”，将“搜索范围”设置为“我的文档”，单击“立即搜索”按钮，搜索结果如图 3-10 所示。

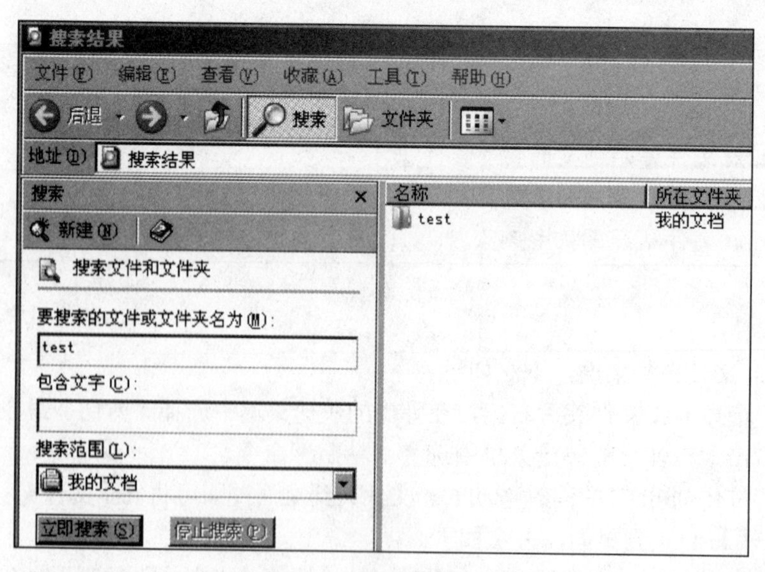

图 3-10 显示搜索结果

实验 

快捷方式的设置和使用操作

实验目的

- 掌握桌面快捷方式的设置及使用。
- 掌握快捷键的设置及使用。

实验内容

- 为应用程序、文件、文件夹等创建桌面快捷方式。
- 使用桌面快捷方式打开相应的应用程序、文件或文件夹等。
- 为应用程序、文件、文件夹等的桌面快捷方式创建快捷键。
- 使用快捷键打开应用程序、文件、文件夹等。

实训步骤

一、桌面快捷方式的设置与使用

1. 为“画图”程序创建桌面快捷方式并使用该快捷方式

要求：

（1）为“画图”程序创建快捷方式，并命名为“画图”。

（2）将快捷方式移动到桌面上。

（3）使用刚创建的“画图”桌面快捷方式启动“画图”程序。

操作如下

① 选择菜单“开始”→“程序”→“附件”命令，找到“画图”程序，在“画图”程序

上右击，出现如图 4-1 所示的快捷菜单，选择“创建快捷方式”命令，此时在“附件”中会出现“画图（2）”。

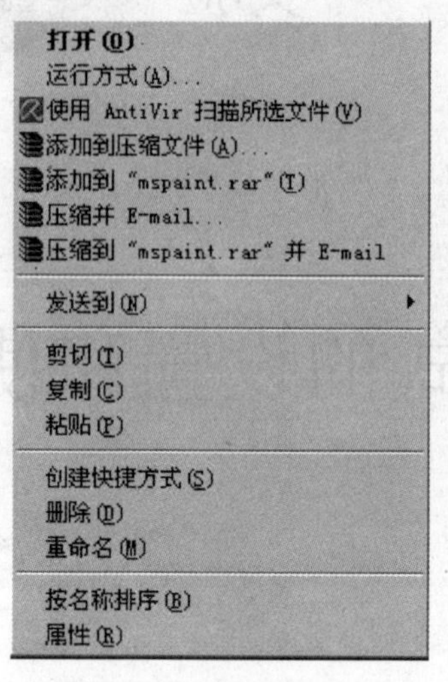

图 4-1　快捷菜单

② 按住鼠标左键将“画图（2）”移动到桌面上，此时在桌面上出现一个名称为“画图（2）”的快捷方式。

③ 在桌面上的“画图（2）”快捷方式上右击，在弹出的快捷菜单中选择“重命名”命令，将该快捷方式的名称更改为“画图”，如图 4-2 所示。

④ 找到桌面上的“画图”快捷方式，双击或右击更改名称后，在弹出的快捷菜单中选择“打开”命令，此时系统开始启动“画图”程序。

图 4-2　画图程序快捷图标

2．为文件创建桌面快捷方式并使用该快捷方式

要求：

（1）在 D 盘根目录下创建一个文本文件 a.txt，内容自定。

（2）为 a.txt 创建桌面快捷方式，名称为 a.txt。

（3）使用刚创建的文件桌面快捷方式打开该文本文件。

操作如下

① 首先进入 D 盘根目录，然后创建文本文件 a.txt，在该文本文件中输入内容，具体内容由读者自己输入，然后保存（此处内容以“大家好”为例）。

② 在 a.txt 上右击，弹出如图 4-3 所示的快捷菜单，在该快捷菜单中选择“创建快捷方式”命令，此时在 D 盘根目录中出现一个“快捷方式到 a.txt”的快捷方式。

③ 在“快捷方式到 a.txt”的快捷方式上右击，在弹出的快捷菜单中选择“剪切”命令，在桌面上进行粘贴操作，此时桌面出现了“快捷方式到 a.txt”的快捷图标。

④ 找到桌面上的“快捷方式到 a.txt”快捷方式，双击或右击，然后在弹出的快捷菜单中选择“打开”命令，此时将打开相应的文本文件。

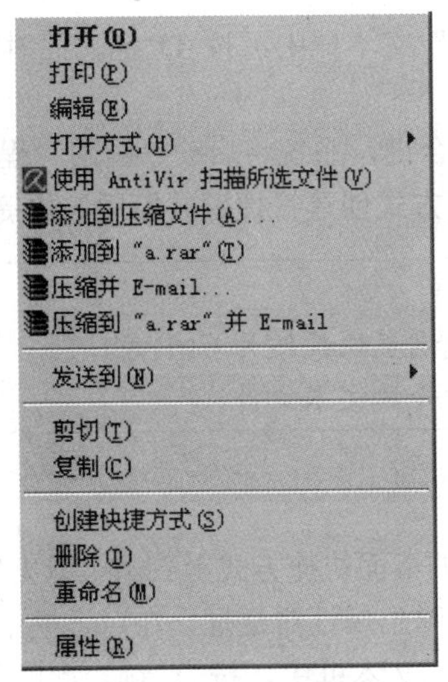

图 4-3 快捷菜单

二、快捷键的设置与使用

1. 为“画图”程序的桌面快捷方式创建快捷键并使用该快捷键

要求：

（1）为“画图”程序的桌面快捷方式设置快捷键为 Ctrl+Alt+D。

（2）使用刚创建的快捷键启动“画图”程序。

操作如下

① 在“画图”程序的桌面快捷方式上右击，弹出如图 4-4 所示的快捷菜单，在该快捷菜单中选择“属性”命令，弹出“画图 属性”对话框，在对话框中选择“快捷方式”选项卡。

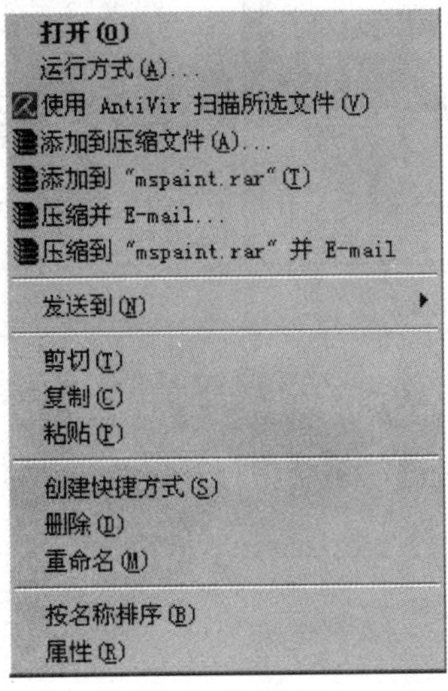

图 4-4 快捷菜单

② 将光标定位在“快捷键”文本框中，按 D 键，此时便将该快捷方式的快捷键设置为 Ctrl+Alt+D，如图 4-5 所示。

③ 此时按下 Ctrl+Alt+D 组合键，系统将启动“画图”程序。

2．为 a.txt 文件的桌面快捷方式创建快捷键并使用该快捷键

要求：

（1）为文件的桌面快捷方式设置快捷键为 Ctrl+Alt+T。

（2）使用刚创建的快捷键打开该文本文件。

操作如下

① 在“快捷方式到 a.txt”的桌面快捷方式上右击，弹出如图 4-3 所示的快捷菜单，在该快捷菜单中选择“属性”命令，弹出属性对话框，在对话框中选择“快捷方式”选项卡。

② 将光标定位在“快捷键”文本框中，按 T 键，此时便将该快捷方式的快捷键设置为 Ctrl+Alt+T，如图 4-6 所示。

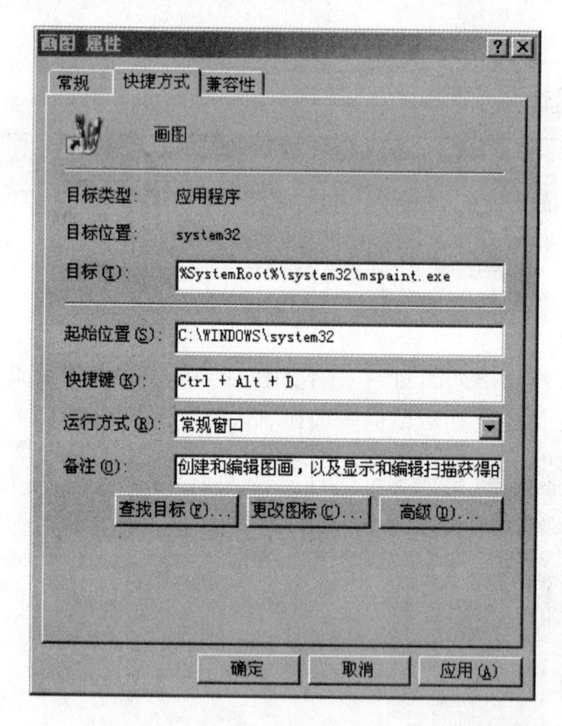

图 4-5　设置快捷键

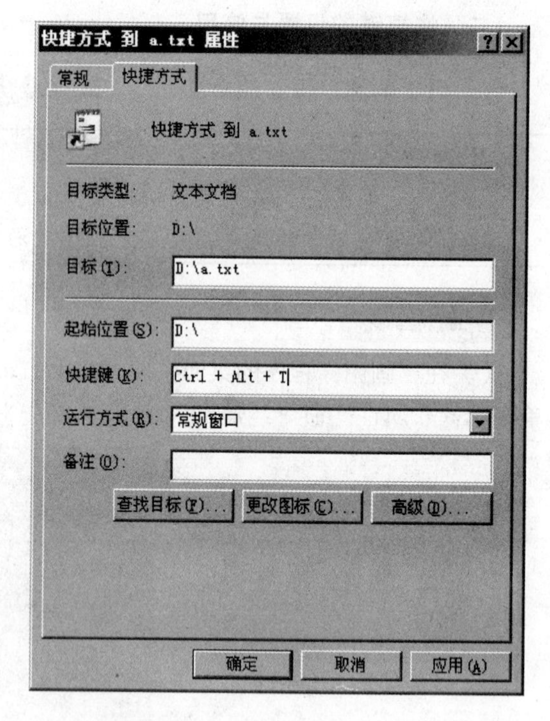

图 4-6　设置快捷键

③ 此时按下 Ctrl+Alt+T 组合键，系统将打开 a.txt 文件。

实验 

Windows XP 磁盘管理

实验目的

- 掌握磁盘信息的查看。
- 掌握磁盘的格式化。
- 掌握磁盘的清理和检查。
- 掌握磁盘的碎片整理。

实验内容

- 磁盘信息的查看。
- 磁盘的格式化。
- 磁盘的清理。
- 磁盘的检查。
- 磁盘碎片整理。

实训步骤

一、查看磁盘信息

要求：

查看 C 盘的文件系统及空间使用情况。

操作如下

① 双击桌面上的“我的电脑”图标，打开“我的电脑”窗口。

② 在“我的电脑”窗口中，右击 C 盘图标，在弹出的快捷菜单中选择“属性”命令，如图 5-1 所示。

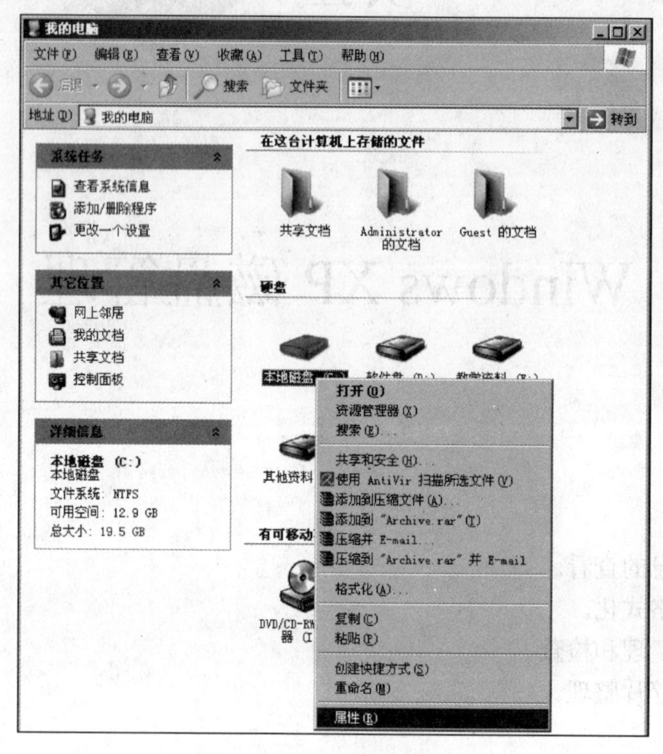

图 5-1 选择“属性”命令

③ 在弹出的属性对话框中，选择“常规”选项卡，即可查看磁盘的类型、文件系统、已用空间和可用空间等信息，如图 5-2 所示。

二、磁盘的格式化

要求：
利用格式化命令快速格式化磁盘。

操作如下

① 双击桌面上的“我的电脑”图标，打开“我的电脑”窗口。

② 在“我的电脑”窗口中，右击需要格式化的磁盘图标（本例以本地磁盘 K 为例），在弹出的快捷菜单中选择“格式化”命令，如图 5-3 所示。

③ 在打开的“格式化 本地磁盘（K:）”对话框中，选择“格式化选项”选项组中的“快速格式化”复选框，然后单击“开始”按钮，在弹出的“格式化 本地磁盘（K:）”的警告框中单击“确定”按钮，开始对磁盘 K 进行全面格式化。

④ 格式化完毕，在弹出的对话框中单击“确定”按钮，关闭该对话框，并返回到“格式化 本地磁盘（K:）”对话框。

⑤ 单击“关闭”按钮。

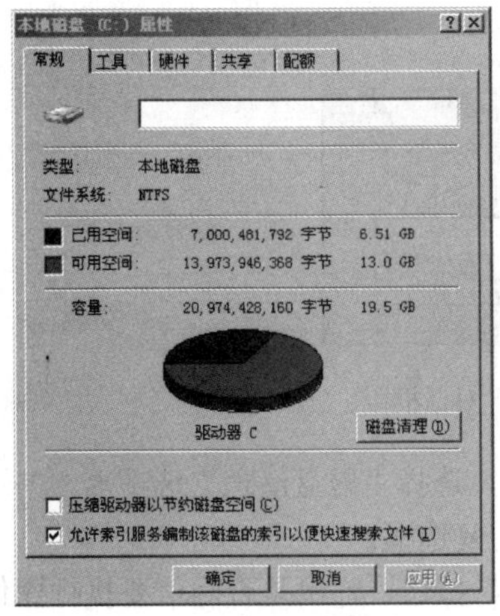

图 5-2　查看磁盘信息

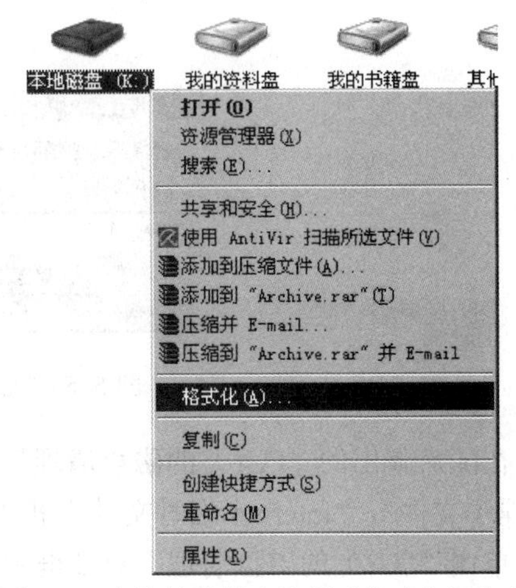

图 5-3　在快捷菜单中选择“格式化”命令

三、清理磁盘

要求：

利用“磁盘清理程序”删除 C 盘中的临时文件、Internet 缓存文件和可以安全删除的不需要的文件。

操作如下

① 单击“开始”按钮，选择菜单“程序”→“附件”→“系统工具”→“磁盘清理”命令，如图 5-4 所示。

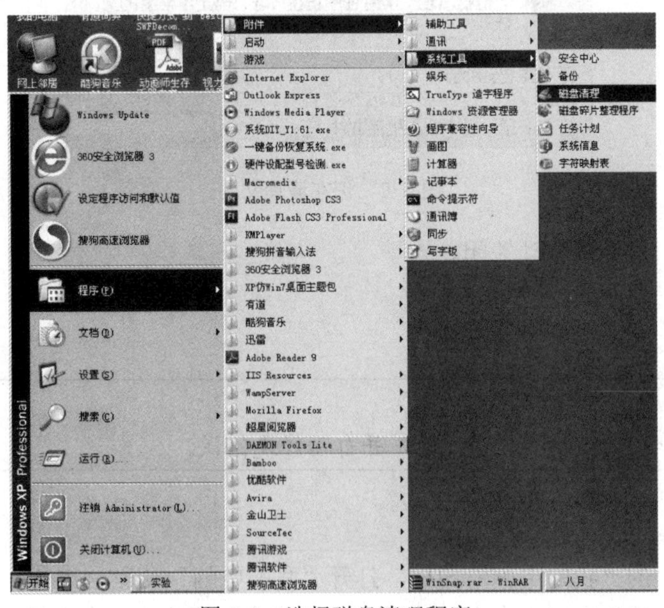

图 5-4　选择磁盘清理程序

② 在弹出的“选择驱动器”对话框中，选择 C 盘，然后单击“确定”按钮，如图 5-5 所示。

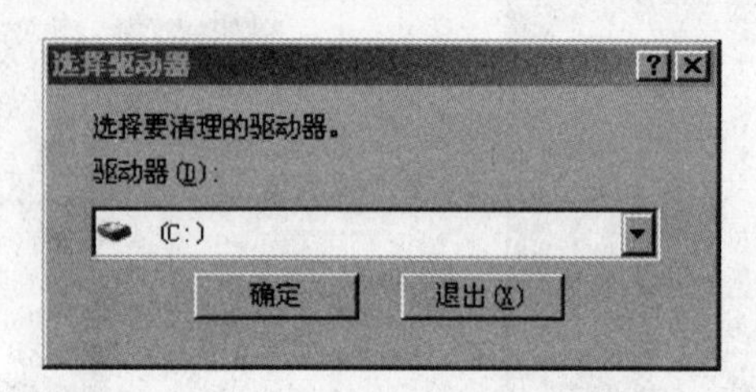

图 5-5 “选择驱动器”对话框

③ 在随后弹出的“(C:)的磁盘清理”对话框中，选择“磁盘清理”选项卡，并选中“已下载的程序文件”、“Internet 临时文件”和“回收站”复选框。

④ 单击“(C:)的磁盘清理”对话框中的“确定”按钮，弹出是否确信要执行操作的提示框，如图 5-6 所示。

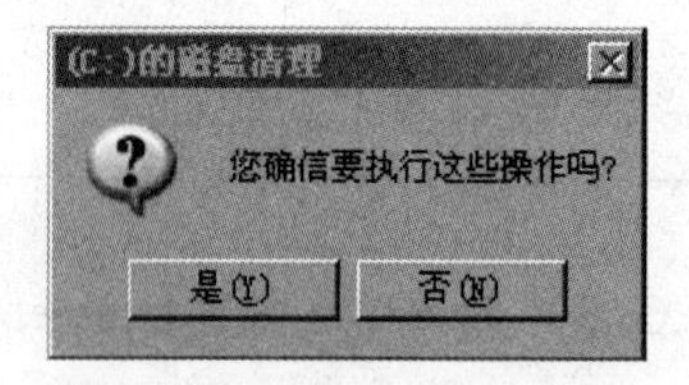

图 5-6　是否确信执行操作提示框

⑤ 单击“是”按钮，开始清理文件，如图 5-7 所示。

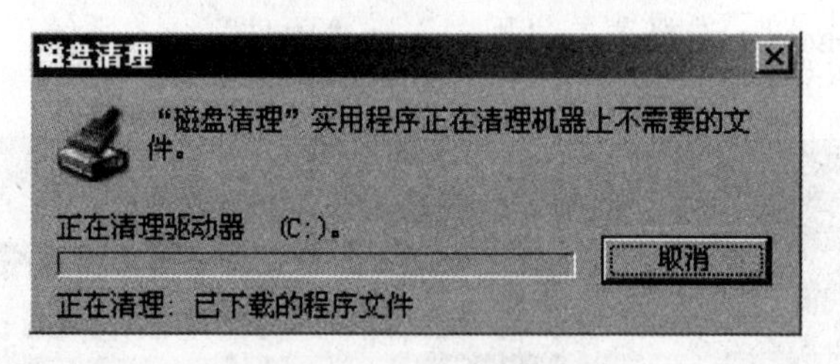

图 5-7　正在清理文件

⑥ 清理完毕，对话框自动关闭。

四、磁盘检查

要求：

利用磁盘检测程序检测系统盘 C 盘，并自动修复错误。

操作如下

① 双击桌面上的“我的电脑”图标，打开“我的电脑”窗口。

② 在“我的电脑”窗口中右击 C 盘图标，在弹出的快捷菜单中选择“属性”命令。

③ 在弹出的属性对话框中选择“工具”选项卡，如图 5-8 所示。

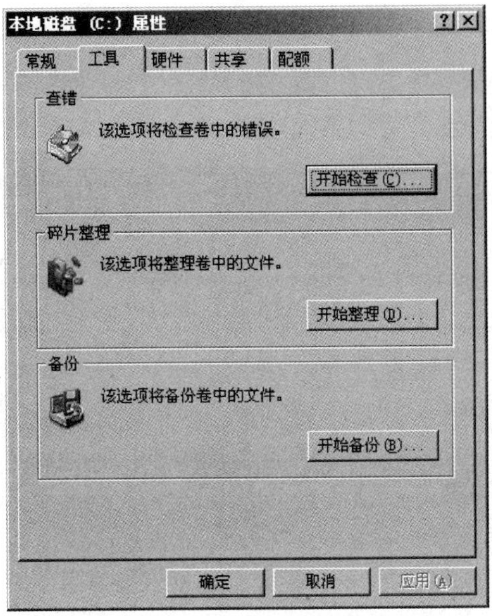

图 5-8 选择“工具”选项卡

④ 单击“查错”选项卡中的“开始检查”按钮，弹出检查磁盘对话框。

⑤ 在“检查磁盘 本地磁盘（C:）”对话框中，选中“自动修复文件系统错误”复选框，并单击“开始”按钮，如图 5-9 所示，进入磁盘检查阶段。

⑥ 如果无法对驱动器进行独占性访问，则在弹出的如图 5-10 所示的对话框中单击“是”按钮，在下一次启动时进行磁盘检查即可。

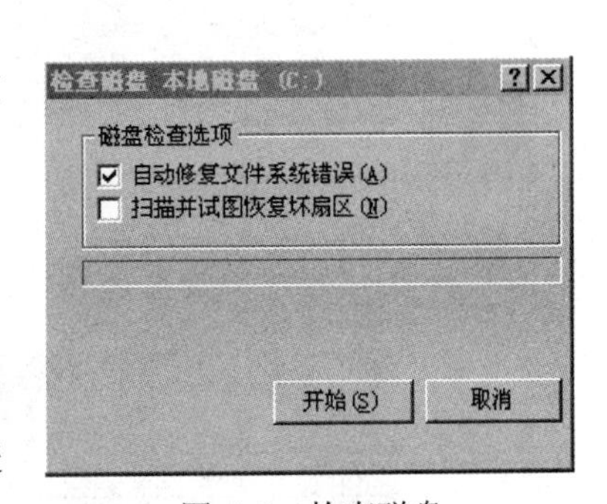

图 5-9 检查磁盘

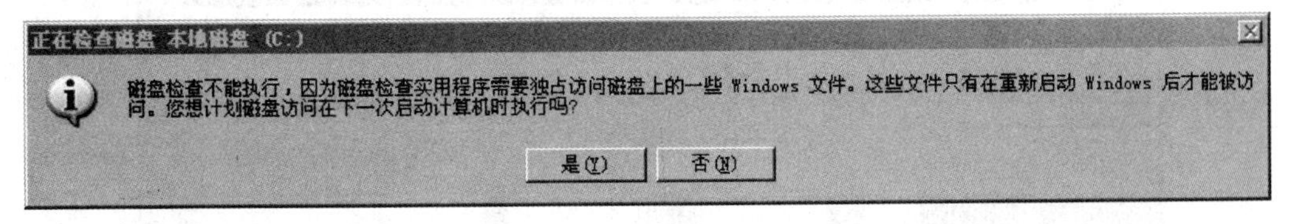

图 5-10 无法进行磁盘检查

五、磁盘碎片整理

要求：

利用磁盘碎片整理程序对系统盘 C 盘进行碎片整理。

操作如下

① 单击“开始”按钮，选择菜单“程序”→“附件”→“系统工具”→“磁盘碎片整理

程序”命令。

② 在弹出的“磁盘碎片整理程序”窗口中选择C盘，如图5-11所示。

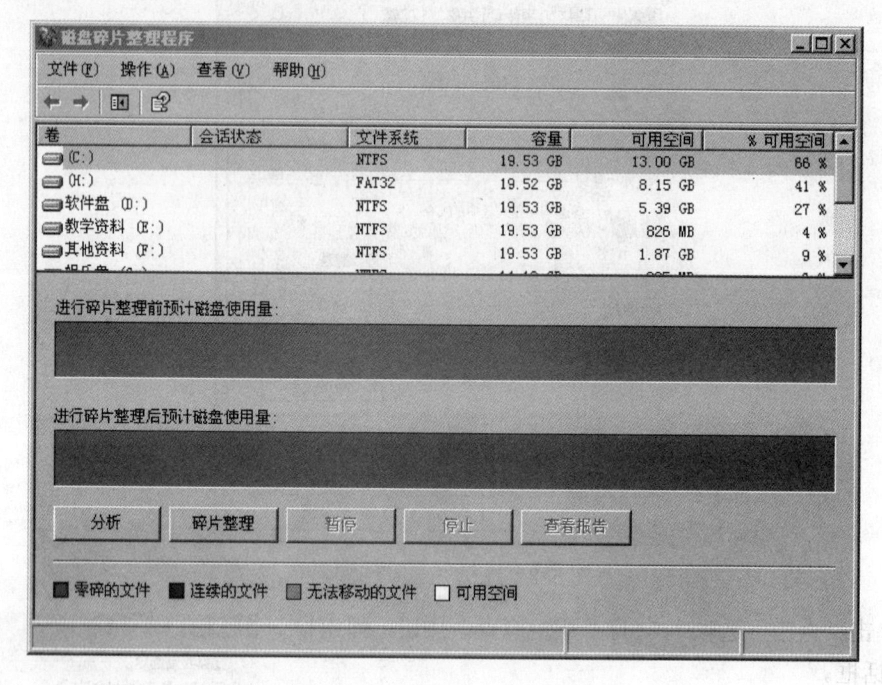

图5-11 磁盘碎片整理程序

③ 单击“碎片整理”按钮，进入碎片整理阶段，如图5-12所示。

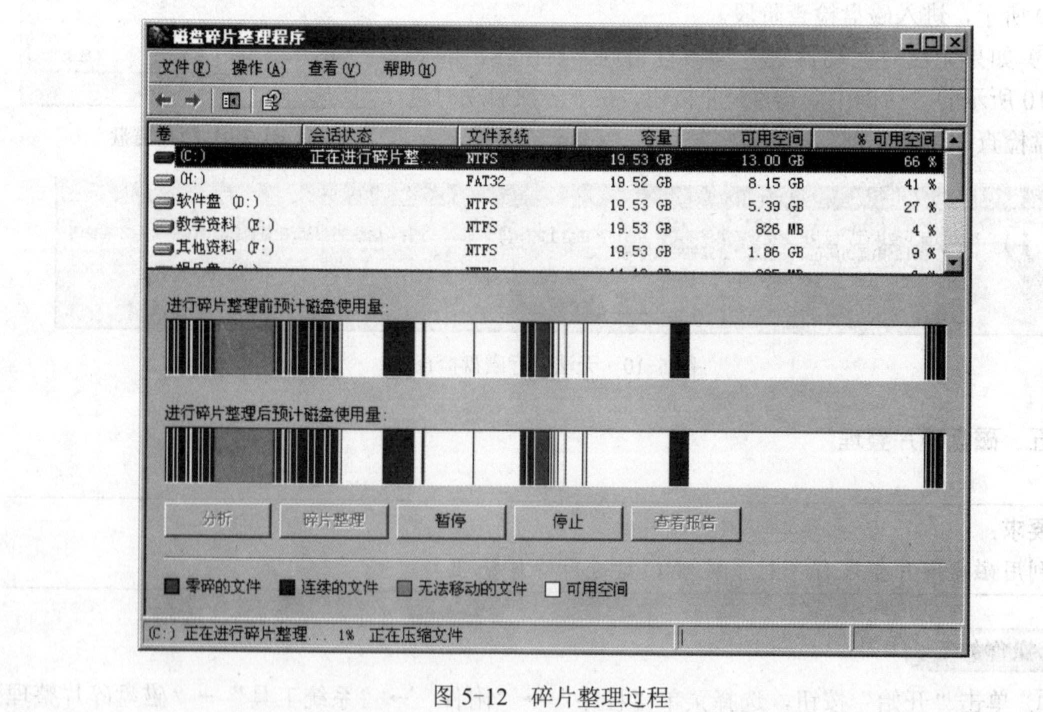

图5-12 碎片整理过程

④ 整理结束后，在弹出的“磁盘碎片整理程序”对话框中单击“关闭”按钮，退出碎片整理程序，如图 5-13 所示。

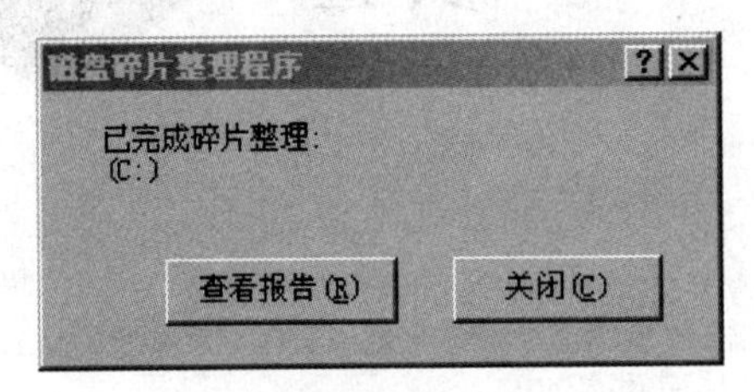

图 5-13 “磁盘碎片整理程序”对话框

实验 6

U 盘及移动硬盘的使用

实验目的

- 掌握 U 盘的使用。
- 掌握移动硬盘的使用。

实验内容

- U 盘与计算机的正确连接与安全删除。
- U 盘与计算机之间信息的复制、删除等操作。
- 移动硬盘与计算机的正确连接与安全删除。
- 移动硬盘与计算机之间信息的复制、删除等操作。

实训步骤

一、U 盘的使用

1. U 盘与计算机的正确连接与安全删除

要求：

（1）将 U 盘正确地与计算机连接。

（2）安全地将 U 盘删除。

① 首先找到计算机的 USB 接口位置，然后仔细观察接口，如图 6-1 所示。

② 将U盘插入到计算机的USB接口上，此时在桌面任务栏图标中会出现图标。

图 6-1 USB 接口

③ 安全删除U盘，方法如下。

- 方法一：在移动设备图标上单击，弹出如图 6-2 所示的提示，单击该提示即可安全删除U盘，此时桌面任务栏相应的移动设备图标消失。
- 方法二：在移动设备图标上右击，弹出如图 6-3 所示的“安全删除硬件”命令，选择该命令会弹出“安全删除硬件”对话框，如图 6-4 所示。从中选择相应的硬件设备，单击“停止”按钮，弹出“停用硬件设备”对话框，如图 6-5 所示。从中选择相应需要停止的设备，单击“确定”按钮即可安全删除U盘，此时桌面任务栏相应的移动设备图标消失，最后单击“安全删除硬件”对话框中的“关闭”按钮即可。

安全删除 USB Mass Storage Device - 驱动器(G:)

图 6-2 安全删除提示

安全删除硬件(S)

图 6-3 “安全删除硬件”命令

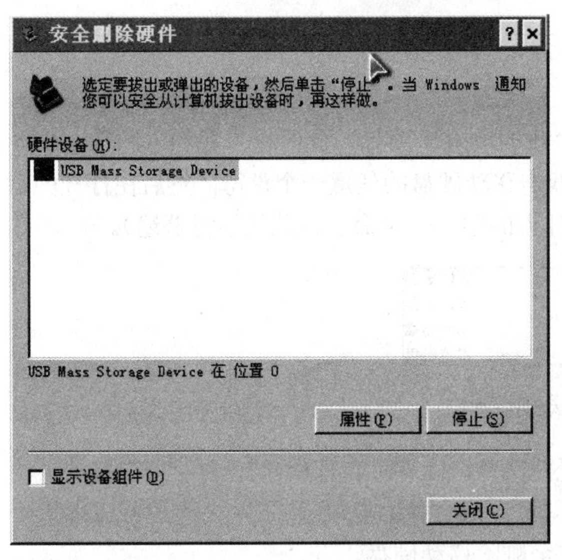

图 6-4 “安全删除硬件”对话框

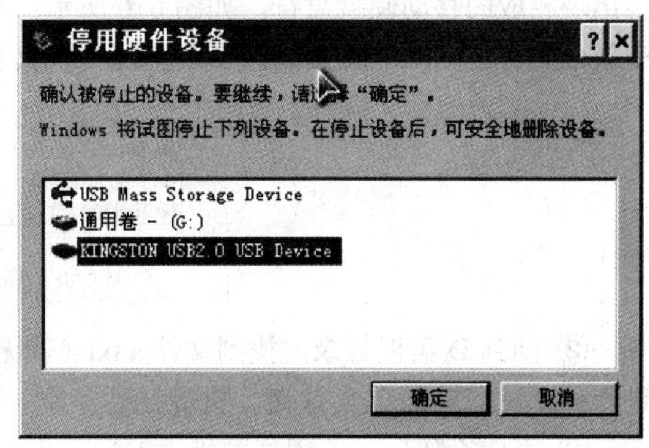

图 6-5 “停用硬件设备”对话框

2. U盘与计算机之间信息的交换

要求：

（1）在U盘中新建一个文件夹，命名为 info，将本地磁盘中D盘根目录下的文件 a.txt 复制到U盘的 info 文件夹中。

（2）完成操作以后安全删除U盘。

操作如下

① 首先将 U 盘与计算机连接，双击“我的电脑”图标，此时在“可移动存储的设备”列表中出现相应的 U 盘盘符，双击打开 U 盘，然后在 U 盘中新建文件夹（文件夹新建及命名的操作同文件夹的创建与重命名，此处不再赘述）。

② 回到 D 盘根目录，找到文件 a.txt（若无此文件，读者可自行创建），执行复制操作，再进入 U 盘的 info 文件夹，执行粘贴操作，即可完成文件的复制。

③ 完成操作后，关闭 U 盘窗口，再安全删除 U 盘。

二、移动硬盘的使用

1．移动硬盘与计算机的正确连接与安全删除

移动硬盘与计算机的正确连接与安全删除的操作同 U 盘与计算机的正确连接与安全删除操作相同。

2．移动硬盘与计算机之间信息的交换

要求：

（1）在移动硬盘中新建一个文件夹，名称为 info，将 D 盘根目录下的文件 a.txt 复制到移动硬盘的 info 文件夹中。

（2）完成操作以后安全删除移动硬盘。

操作如下

① 首先将移动硬盘与计算机连接，双击“我的电脑”图标，此时在“我的电脑”窗口中会出现相应的移动硬盘盘符，如图 6-6 所示。双击移动硬盘的任意一个盘符，然后在打开的盘中新建文件夹（文件夹新建及命名的操作同文件夹的创建与重命名，此处不再赘述）。

本地磁盘 (J:)	本地磁盘
我的资料盘 (K:)	本地磁盘
我的书籍盘 (L:)	本地磁盘
其他资料盘 (M:)	本地磁盘

图 6-6 移动硬盘盘符

② 回到 D 盘根目录，找到文件 a.txt（若无此文件，读者可自行创建），执行复制操作，再进入移动硬盘的 info 文件夹，执行粘贴操作，即可完成文件的复制。

③ 完成操作后，关闭移动硬盘窗口，再安全删除移动硬盘。

“控制面板”窗口中的常用组件及其操作

实验目的

- 掌握控制面板的使用。
- 掌握键盘、鼠标、日期/时间和输入法的设置。
- 掌握程序的添加和删除。
- 掌握系统信息的查看和系统用户的添加。

实验内容

- 键盘、鼠标的设置。
- 日期/时间的设置。
- 输入法设置。
- 添加/删除程序。
- 系统属性的查看和设置。
- 用户设置。

实训步骤

一、键盘的设置

① 单击“开始”按钮，选择菜单“设置”→“控制面板”命令，打开“控制面板”窗口。

② 在“控制面板”窗口中，双击“键盘”图标，打开“键盘 属性”对话框，如图 7-1 所示。

③ 选择“速度”选项卡，在“字符重复”选项组中，从左向右拖动“重复延迟”的滑块，并从左到右拖动“重复率”滑块，以调整重复延缓时间和重复速度；在“光标闪烁频率”选项组中，从左向右拖动滑块到适当位置，以调整光标的闪烁速度。

④ 单击“应用”按钮，再单击“确定”按钮。

二、鼠标的设置

操作如下

① 在“控制面板”窗口中，双击“鼠标”图标，打开“鼠标 属性”对话框，如图 7-2 所示。

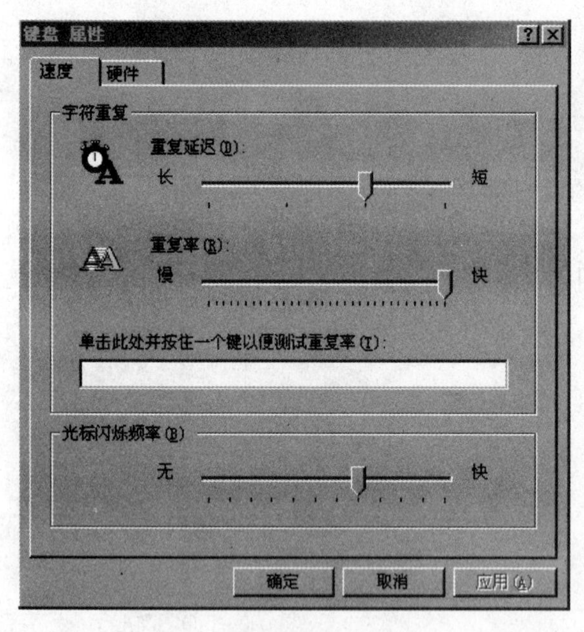

图 7-1 “键盘 属性”对话框

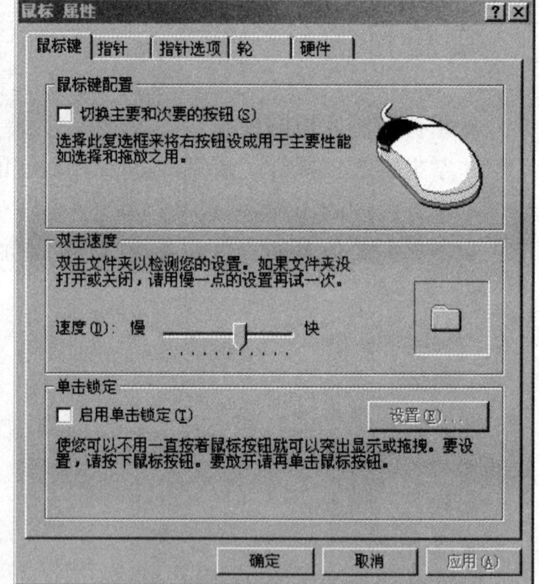

图 7-2 “鼠标 属性”对话框

② 选择“鼠标键”选项卡，在“双击速度”选项组中将滑块拖到中央位置，双击图标打开文件夹，以进行测试。

③ 选择“指针”选项卡，在“方案”选项组中选择“Windows 黑色（系统方案）”选项，如图 7-3 所示。

④ 选择“指针选项”选项卡，将“移动”选项组中的滑块向右拖动，调整指针移动的速度。

⑤ 单击“应用”按钮，再单击“确定”按钮。

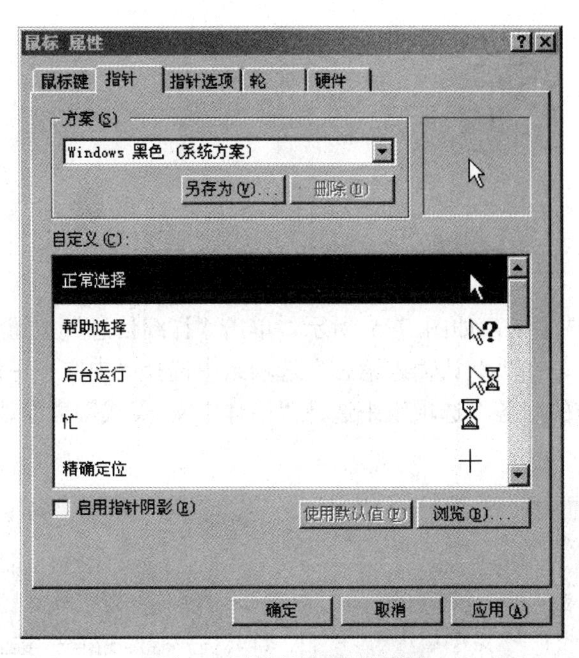

图 7-3 设置鼠标指针属性

三、日期/时间设置

操作如下

① 双击“控制面板”窗口中的“日期和时间”图标，打开“日期和时间 属性”对话框，如图 7-4 所示。

图 7-4 设置日期和时间属性

② 在“日期”选项组中的下拉列表框中选择月份为“一月”，在微调框中输入“2011”，并选择 27 日；在“时间”选项组中的微调框中输入时间为“15:47:01”，如图 7-4 所示。

③ 单击“应用”按钮，再单击“确定”按钮。

四、输入法设置

操作如下

① 双击“控制面板”窗口中的“区域和语言选项”图标，打开“区域和语言选项”对话框。

② 选择“语言”选项卡，如图 7-5 所示，单击“详细信息”按钮，在弹出的“文字服务和输入语言”对话框中，在“默认输入语言”选项组中选择“中文（中国）-简体中文-美式键盘”选项，在“已安装的服务”选项组中选择“简体中文-美式键盘”选项，然后单击“确定”按钮，如图 7-6 所示。

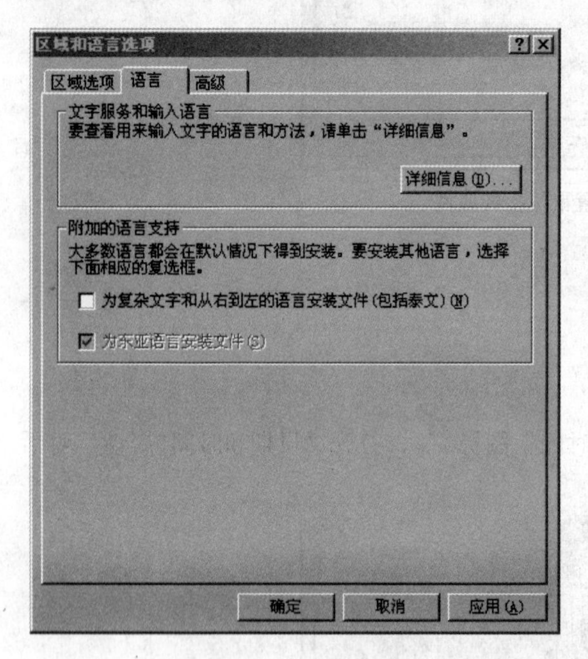

图 7-5 “语言”选项卡

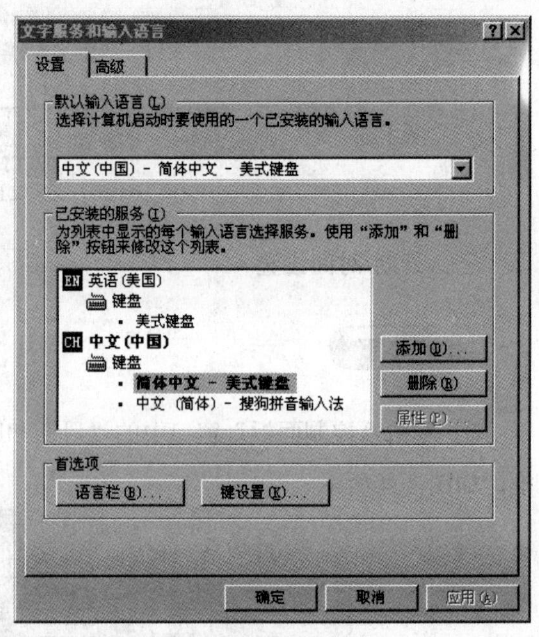

图 7-6 设置文字服务和输入语言

③ 单击“键设置”按钮，在弹出的“高级键设置”对话框中，选择“输入语言的热键”选项组中的“在不同的输入语言之间切换”项，并单击“更改按键顺序”按钮，在弹出的“更改按键顺序”对话框中，将“切换输入语言”设置为“Ctrl+Shift”，将“切换键盘布局”设置为“左手 Alt+Shift”，如图 7-7 所示。

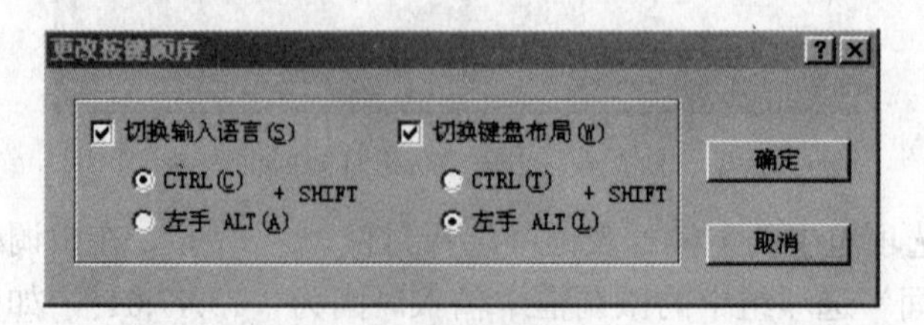

图 7-7 更改按键顺序

④ 单击“确定”按钮。

五、添加/删除程序

操作如下

① 双击“控制面板”窗口中的“添加或删除程序”图标，打开“添加或删除程序”窗口。选择“添加新程序”选项，在光驱中插入安装光盘，单击“CD 或软盘”按钮，从光盘安装新程序到计算机。

② 选择“添加/删除 Windows 组件”选项，在弹出的 Windows 组件向导的“组件”列表框中选择“Internet 信息服务（IIS）”复选框，然后单击“下一步”按钮，如图 7-8 所示。

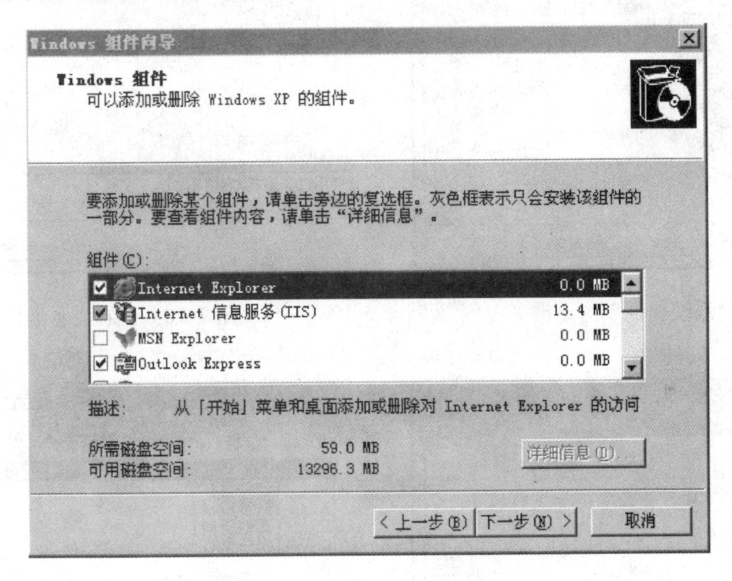

图 7-8　选择 Windows 组件

六、系统属性的查看与设置

操作如下

① 双击“控制面板”窗口中的“系统”图标，打开“系统属性”对话框，如图 7-9 所示。

② 选择“常规”选项卡，从中可查看系统的版本、注册信息、计算机的 CPU 和内存的信息。

③ 选择“硬件”选项卡，从中可查看计算机的硬件设备。单击“设备管理器”选项组中的“设备管理器”按钮，在弹出的窗口中展开“显示卡”，在展开的第一项上右击，在弹出的快捷菜单中选择“属性”命令，在弹出的对话框中可查看显示卡的详细信息，如图 7-10 所示。

④ 在“系统属性”对话框中选择“高级”选项卡，单击“性能”选项组中的“设置”按钮，弹出“性能选项”对话框，如图 7-11 所示。选择“高级”选项卡，在“虚拟内存”选项组

中单击“更改”按钮，在弹出的“虚拟内存”对话框中可设置各驱动器的页面文件大小，如图 7-12 所示，设置完成后单击“确定”按钮。

图 7-9 “系统属性”对话框

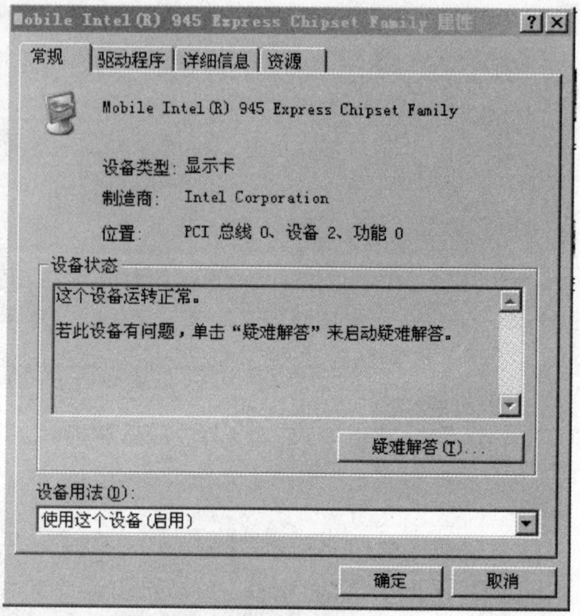

图 7-10 查看显示卡信息

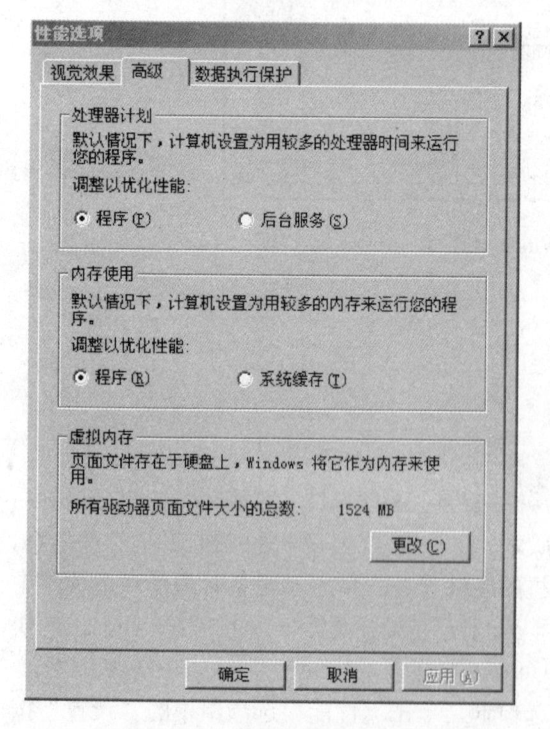

图 7-11 “性能选项”对话框

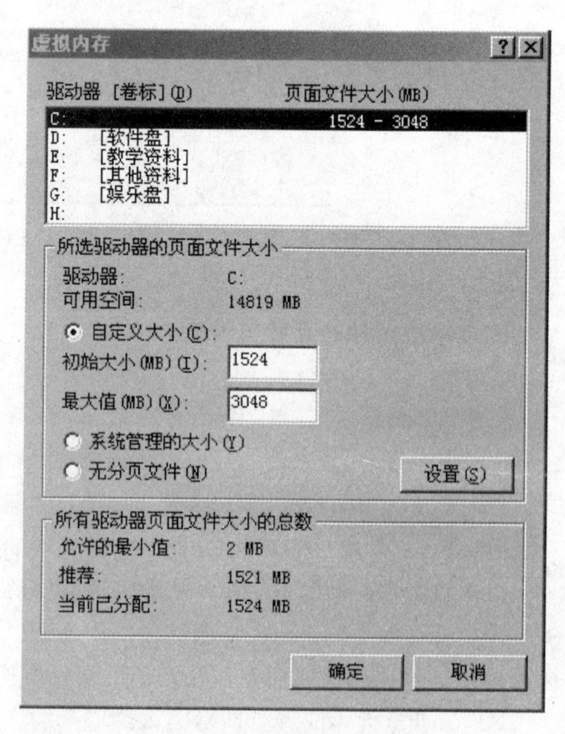

图 7-12 设置虚拟内存

⑤ 在“系统属性”对话框中单击“确定”按钮。

七、用户设置

操作如下

① 双击“控制面板”窗口中的“用户账户”图标，打开“用户账户”窗口，如图 7-13 所示。

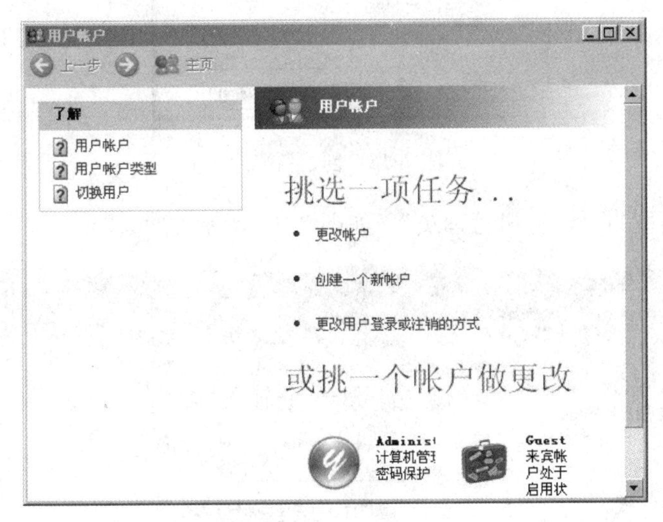

图 7-13 “用户账户”窗口

② 单击“计算机管理员密码保护”按钮，再选择“更改我的密码”选项，输入当前密码和新设置的密码，如图 7-14 所示，设置完成后单击“更改密码”按钮。

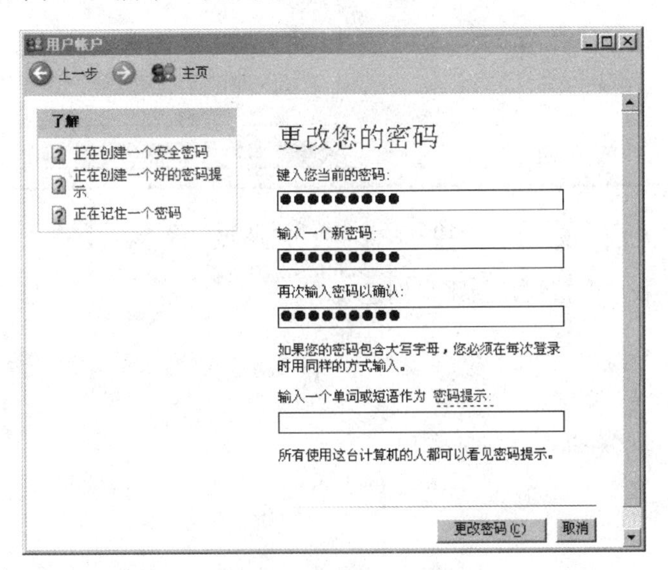

图 7-14 更改密码

③ 在“用户账户”窗口中，选择“创建一个新账户”选项，输入新账户名称，如图 7-15 所示，单击“下一步”按钮。

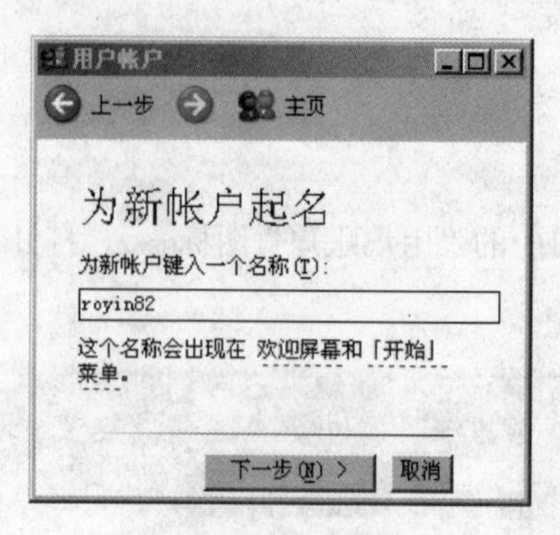

图 7-15 创建新账户

④ 设置账户类型为“计算机管理员”，如图 7-16 所示。

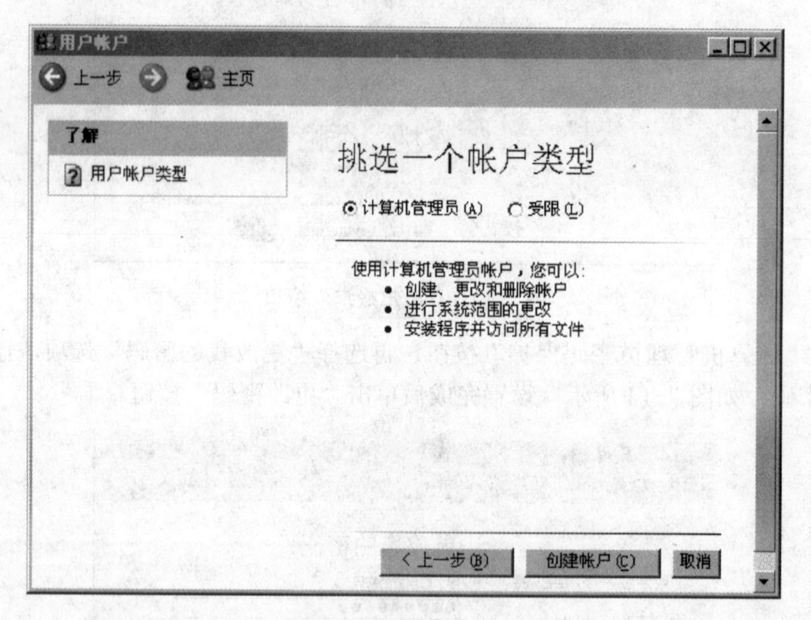

图 7-16 设置账户类型

⑤ 单击“创建账户”按钮，新账户创建成功。

实验 8

附件中某些组件的操作

实验目的

- 掌握写字板的使用。
- 掌握“画图”程序的使用。
- 掌握计算器的使用。

实验内容

- 写字板的使用。
- “画图”程序的使用。
- 计算器的使用。

实训步骤

一、写字板的使用

要求：
用“写字板”程序创建一个名为 test.rtf 的文档。

操作如下

① 单击“开始”按钮，选择菜单“程序”→“附件”→“写字板”命令，打开写字板窗口，如图 8-1 所示。

② 在写字板窗口中，选择菜单“文件”→“新建”命令，打开“新建”对话框，在“新建文档类型”列表框中选择“RTF 文档”选项，如图 8-2 所示，单击“确定”按钮，返回写字板窗口。

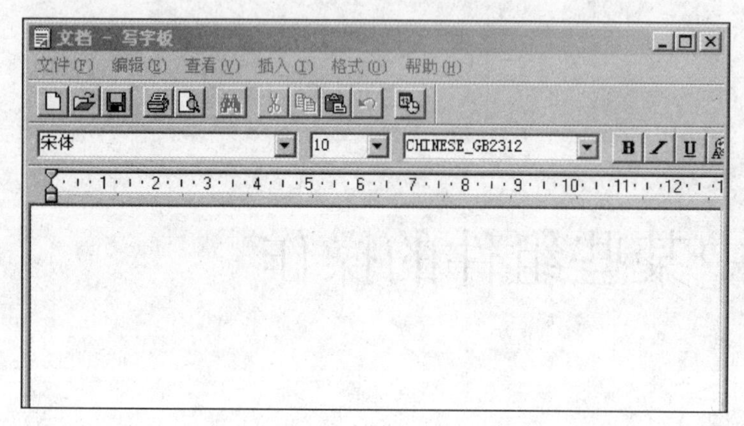

图 8-1 “写字板”窗口

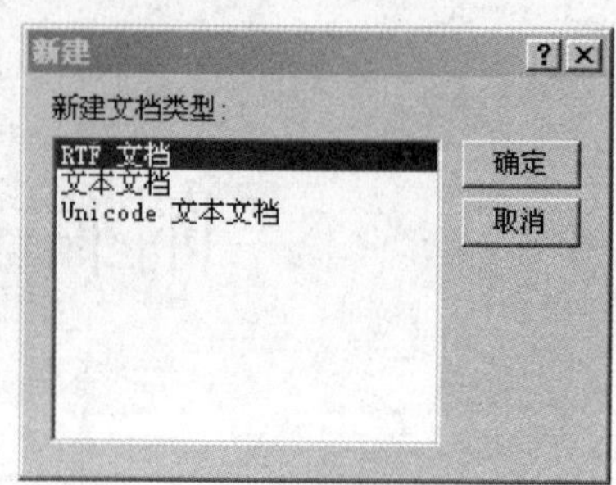

图 8-2 选择文档类型

③ 在写字板中输入以下内容，如图 8-3 所示。

计算机的飞速发展，社会的不断进步，计算机已成为各行各业的应用工具之一。在当今的信息社会中，尤其 IT 类职业高等学校的学生，如果不掌握一定的计算机知识和操作技能，其择业的机会就会受到很大的限制，我们俗称这样的人为“机盲”。《计算机应用基础》正是为了帮助人们掌握计算机的基本知识和基本操作技能而编写的。

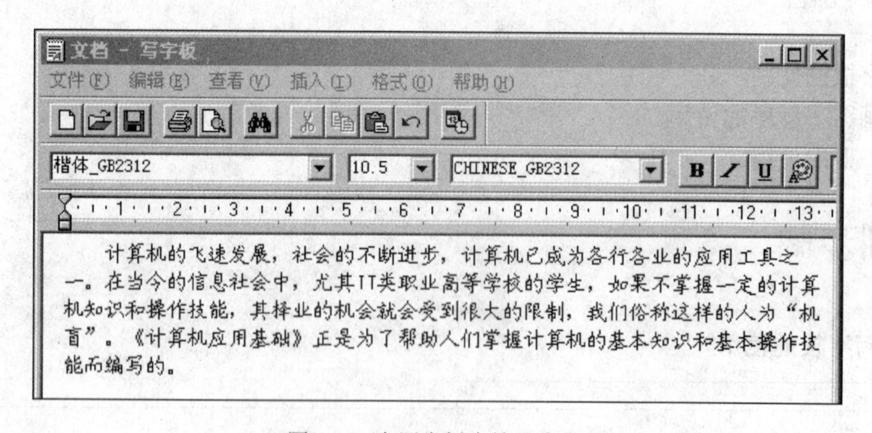

图 8-3 在写字板中输入内容

④ 选择菜单“文件”→“保存”命令，弹出“保存为”对话框，在“文件名”组合框中输入“test.rtf”，如图 8-4 所示，单击“保存”按钮，保存文件并返回文件编辑状态。

图 8-4　在“保存为”对话框中输入文件名

二、“画图”程序的使用

要求：

利用“画图”程序，制作一幅如图 8-5 所示的简单图画。

图 8-5　制作的简单图画

操作如下

① 单击“开始”按钮，选择菜单“程序”→“附件”→“画图”命令，打开画图窗口。

② 在工具箱中单击“多边形”按钮，在画布中画出一个三角形。

③ 在调色板中选择红色，并将其添加至前景色框。

④ 单击工具箱中的“用颜色填充”按钮，并将鼠标指针移至三角形内单击，将颜色填充至三角形内。

⑤ 再单击工具箱中的“矩形”按钮，在三角形的正下方画一个矩形，并填充为黑色。

⑥ 用“矩形”工具和“直线”工具在矩形的左上和右上画出两个“田”字形图形，填充为白色。

⑦ 用“多边形”工具画出门的形状，效果如图 8-5 所示。

三、计算器的使用

要求：

利用科学型计算器将二进制数 11110111 转换为十进制数。

操作如下

① 单击“开始”按钮，选择菜单“程序”→“附件”→“计算器”命令，打开标准型计算器，如图 8-6 所示。

图 8-6 标准型计算器

② 选择菜单“查看”→“科学型”命令，切换到科学型计算器。

③ 选择“二进制”单选按钮，并输入数据“11110111”，如图 8-7 所示。

图 8-7 输入二进制数

④ 选择“十进制”单选按钮，即可将刚才输入的二进制数转换为十进制数，如图 8-8 所示。

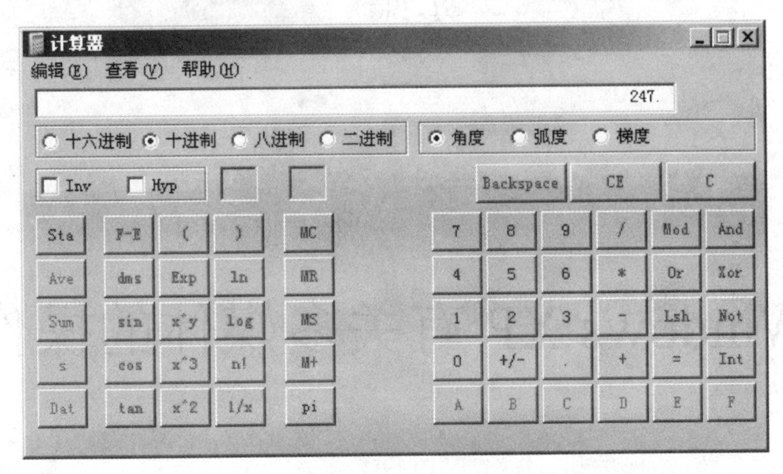

图 8-8 转换为十进制数

实验 9

Windows XP 有关多媒体的操作

实验目的

- 掌握 Windows Media Player 的使用。
- 掌握录音机的使用。
- 掌握音量的控制。

实验内容

- Windows Media Player 的使用。
- 使用录音机录制一段语音。
- 使用“音量控制”程序调整声音效果。

实训步骤

一、Windows Media Player 的使用

要求：
用 Windows Media Player 程序打开一个视频文件。

操作如下

① 单击“开始”按钮，选择菜单“程序”→“附件”→“娱乐”→Windows Media Player 命令（或者直接选择程序中的 Windows Media Player 命令），如图 9-1 所示，此时打开 Windows

Media Player 窗口，如图 9-2 所示。

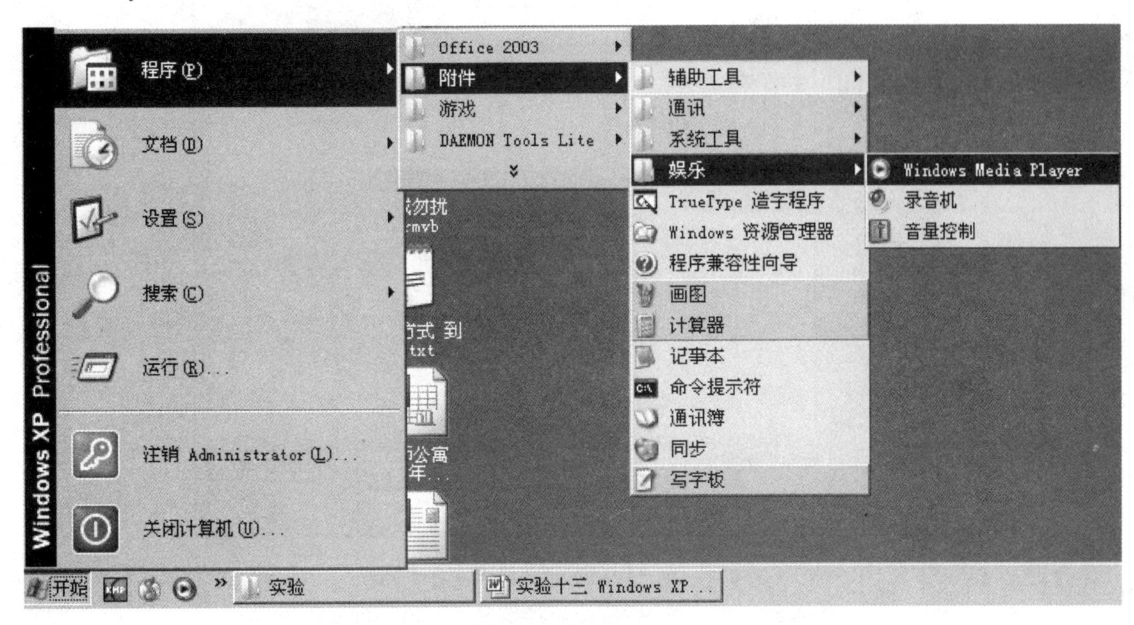

图 9-1　打开 Windows Media Player 程序

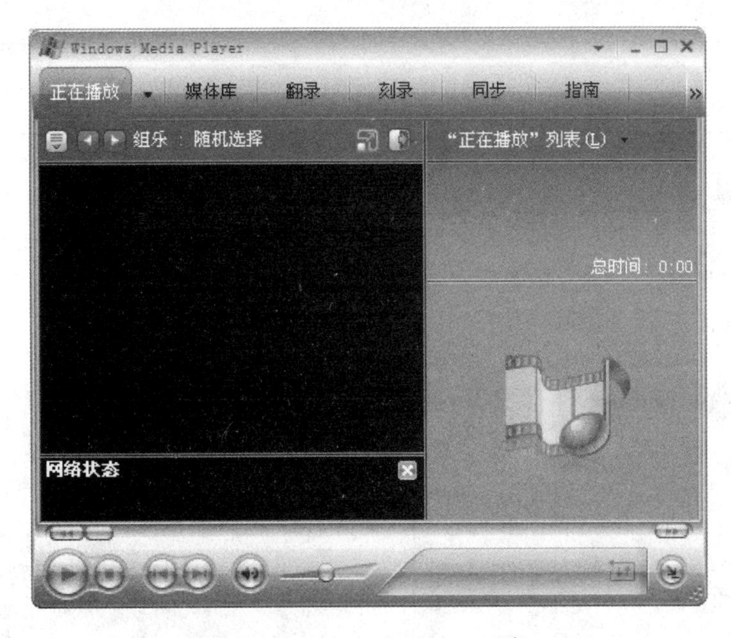

图 9-2　Windows Media Player 窗口

② 在 Windows Media Player 窗口中，单击“‘正在播放’列表”下拉按钮，在下拉菜单中选择“打开播放列表”→“打开文件”命令，在打开的“打开”对话框中选择要打开的媒体文件，如图 9-3 所示。

③ 单击“打开”按钮，即可打开文件。

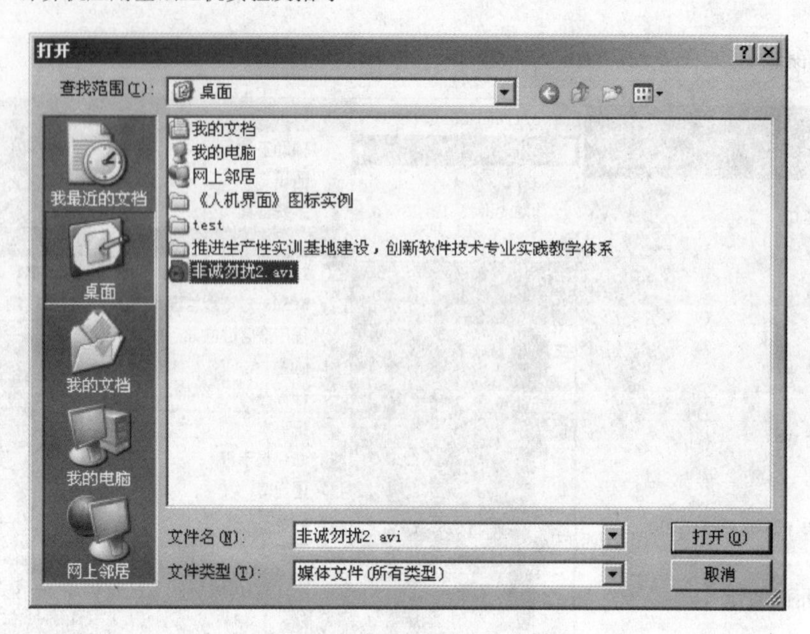

图 9-3 在“打开”对话框中选择文件

二、录音机的使用

要求：

利用“录音机”录制一段时长为 60 s 的语音文件。

操作如下

① 单击“开始”按钮，选择菜单“程序”→“附件”→“娱乐”→“录音机”命令，打开“声音-录音机”窗口，如图 9-4 所示。

② 准备好话筒，单击 ● 按钮，开始录制声音，如图 9-5 所示。

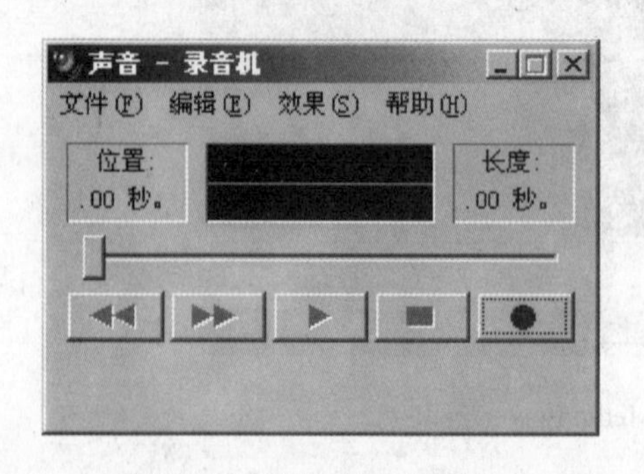

图 9-4 “声音-录音机”窗口

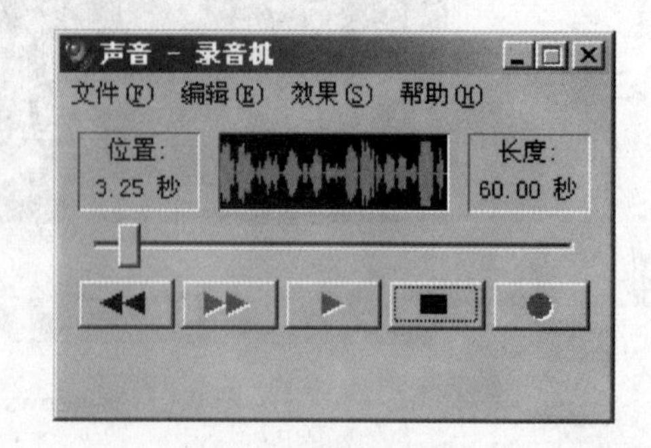

图 9-5 录制声音

③ 当声音录制完毕后，选择菜单“文件”→“另存为”命令，将录制的声音文件保存到计算机中，如图 9-6 所示。

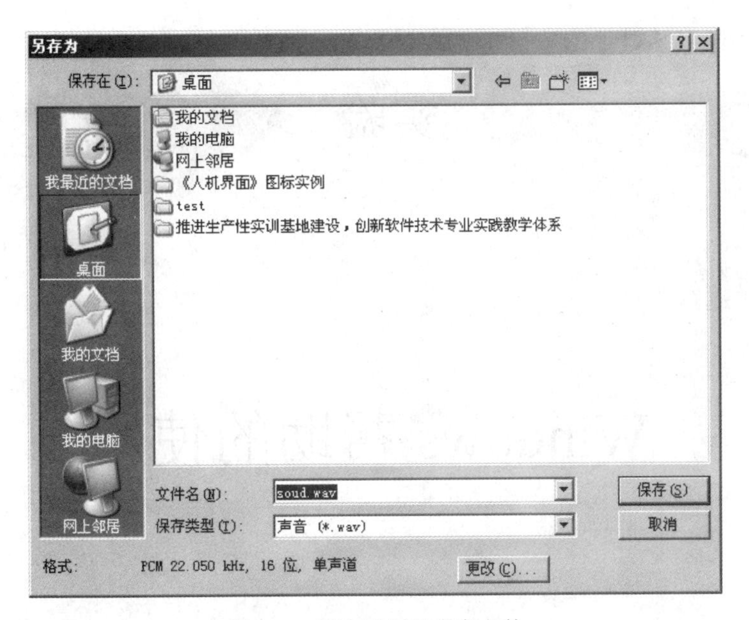

图 9-6 保存录制的声音文件

三、音量控制的使用

要求：

利用“音量控制”程序调整声音效果。

操作如下

① 单击“开始”按钮，选择菜单“程序”→“附件”→“娱乐”→“音量控制”命令，打开“音量控制”窗口，如图 9-7 所示。

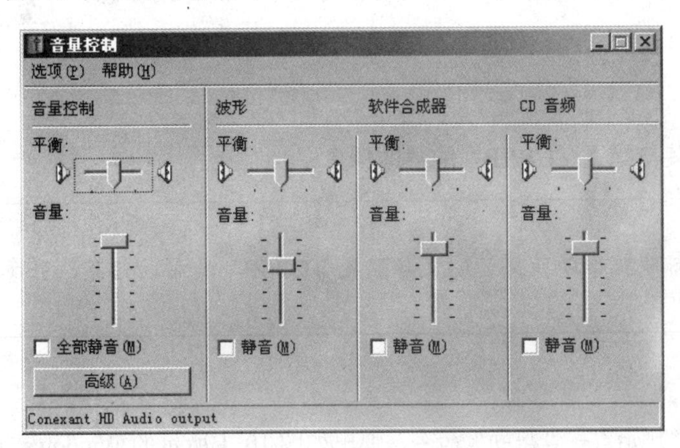

图 9-7 “音量控制”窗口

② 调整各种平衡中的滑块和音量中的滑块。

③ 单击✕按钮，关闭窗口。

实验 10

Windows 帮助的使用

实验目的

- 掌握 Windows 联机帮助的使用方法。

实验内容

- 使用 Windows 联机帮助查找“安装与配置 TCP/IP”的帮助信息。
- 使用 Windows 联机帮助查找“安装 IIS”的帮助信息。
- 使用 Windows 联机帮助查找“使用设备管理器”的帮助信息。

实训步骤

1. 获取“安装与配置 TCP/IP”的帮助信息

要求：

使用 Windows 联机帮助获得“安装与配置 TCP/IP”的帮助信息，并参照帮助信息进行相应的安装与配置。

操作如下

① 选择菜单“开始”→“帮助”命令，弹出如图 10-1 所示的 Windows 2000 联机帮助窗口。

② 选择“目录”选项卡，为了得到“安装与配置 TCP/IP”的帮助信息，双击“目录”列表中的“网络”选项，弹出如图 10-2 所示的窗口。

③ 在右窗格中，单击 TCP/IP 链接，弹出如图 10-3 所示的窗口。

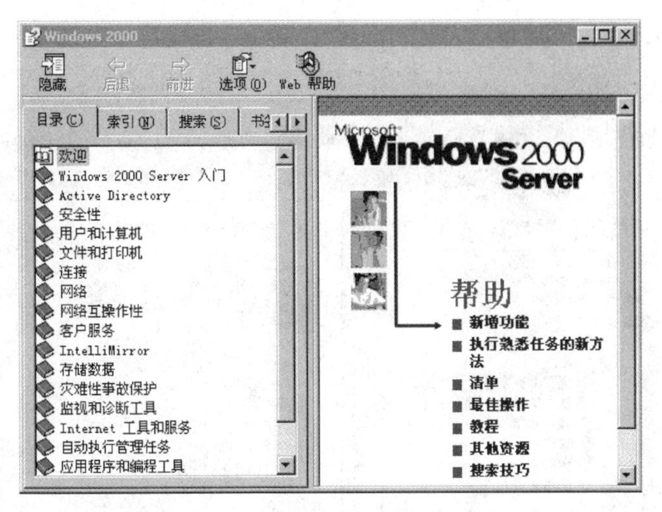

图 10-1 Windows 2000 联机帮助窗口

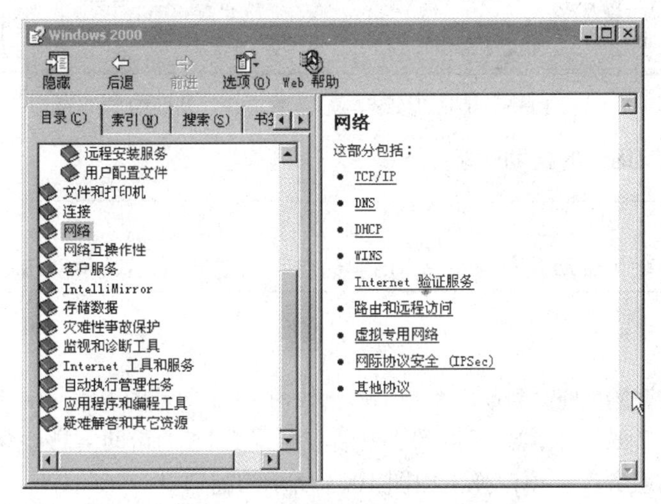

图 10-2 双击“网络”选项后的窗口

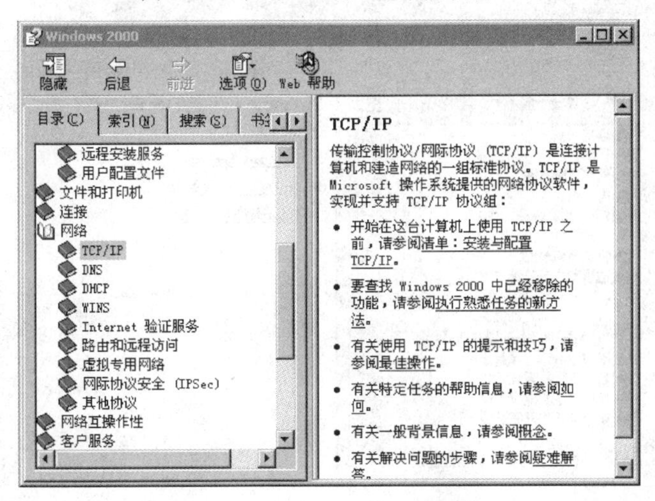

图 10-3 获取 TCP/IP 帮助的窗口

④ 在右窗格中，单击“清单：安装与配置 TCP/IP”链接，弹出如图 10-4 所示的窗口，在该窗口的右窗格中显示出关于“安装与配置 TCP/IP”的帮助信息。

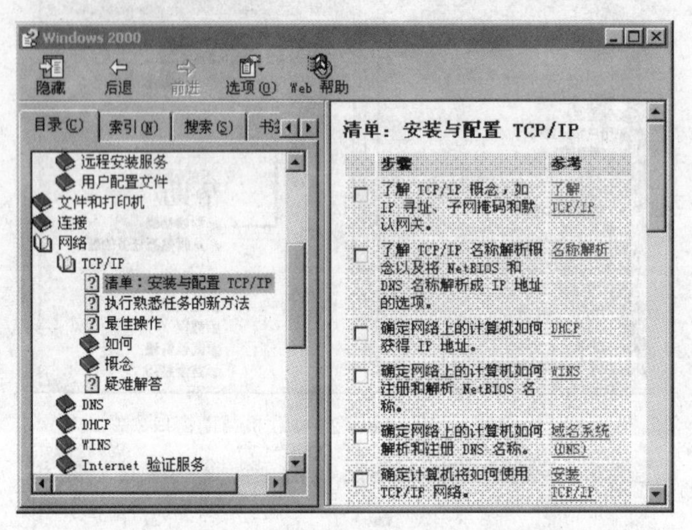

图 10-4 获取“安装与配置 TCP/IP”帮助的窗口

2．获取“安装 IIS”的帮助信息

要求：

使用 Windows 联机帮助获得“安装 IIS”的帮助信息，并参照帮助信息进行相应的安装

操作如下

① 选择菜单“开始”→“帮助”命令，弹出如图 10-1 所示的 Windows 2000 联机帮助窗口。

② 选择“目录”选项卡，为了得到“安装与配置 IIS”的帮助信息，双击“目录”列表中的“Internet 工具和服务”选项，弹出如图 10-5 所示的窗口。

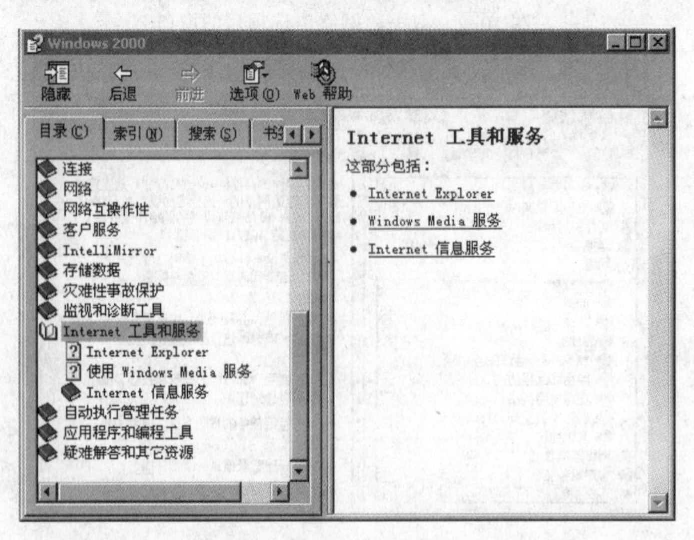

图 10-5 获取“Internet 工具和服务”帮助的窗口

③ 在右窗格中，单击“Internet 信息服务”链接，弹出如图 10-6 所示的窗口。

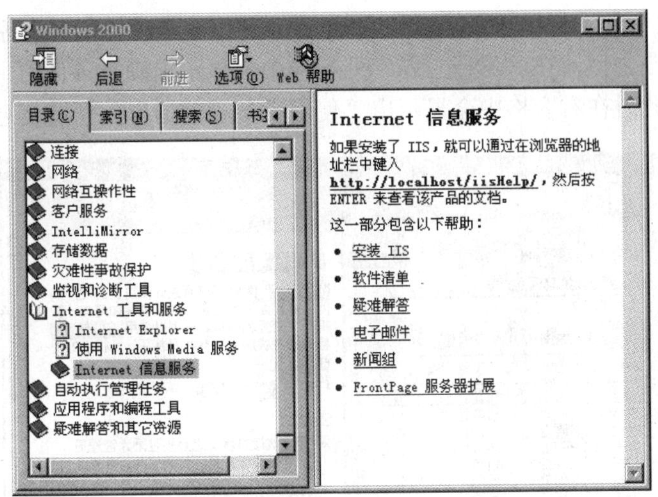

图 10-6　获取“Internet 信息服务”帮助的窗口

④ 在右窗格中，单击“安装 IIS”链接，弹出如图 10-7 所示的窗口，在该窗口的右窗格中显示出关于“安装 IIS”的帮助信息。

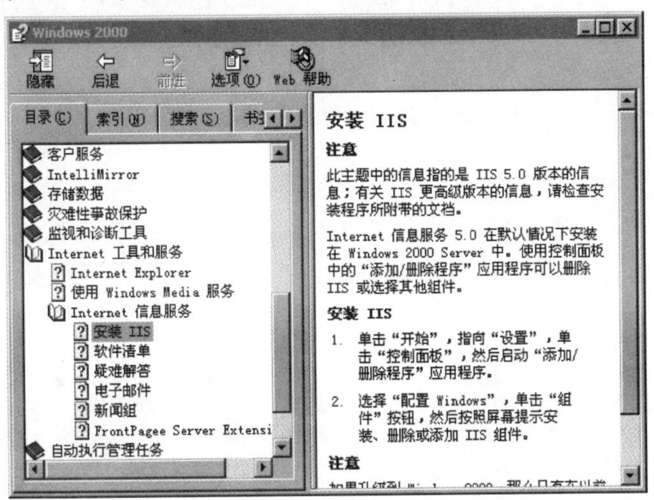

图 10-7　获取“安装 IIS”帮助的窗口

3．获取“使用设备管理器”的帮助信息

要求：

使用 Windows 联机帮助获得“使用设备管理器”的帮助信息，并参照帮助信息对设备管理器进行使用。

操作如下

① 选择菜单“开始”→“帮助”命令，弹出如图 10-1 所示的 Windows 2000 联机帮助

窗口。

② 选择“搜索”选项卡，在“输入要查找的单词”组合框中输入“设备管理器”，单击“搜索”按钮。搜索完毕之后，在“选择主题”列表框中会显示出满足条件的主题，双击“使用设备管理器”选项，此时在右窗格中会显示出“使用设备管理器”的帮助信息，如图 10-8 所示。

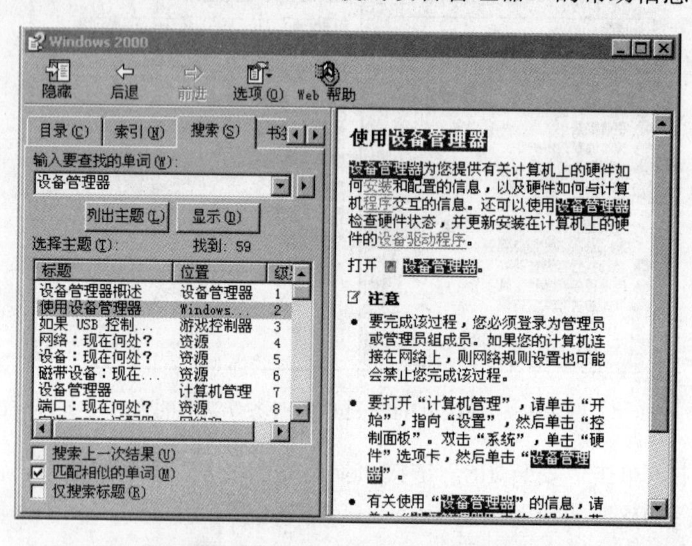

图 10-8 获取“使用设备管理器”帮助

（二）

Word 应用篇

实验 11

Word 文档的基本操作与编辑

实验目的

- 掌握 Word 2003 的启动。
- 掌握 Word 2003 文档的基本操作。

实验内容

- Word 2003 的启动。
- 文档的基本操作：文档的创建、文档的打开、文档的保存、文档的编排等。

实训步骤

一、Word 2003 的启动

操作如下

① 选择菜单“开始”→“程序”→Microsoft Word 2003 命令或者双击桌面上的 Word 2003 图标。

② 启动 Word 2003 以后，会自动建立一个文件名为“文档 1”的空白文档。

二、纯文字文件编辑

操作如下

1. 在“文档 1”中输入以下内容

多 媒 体

多媒体的定义：多种数字媒体集成并具有交互性的一种综合媒体形式，换句话说，就是文本、图形、图像、动画、音频和视频或者其中两种以上数字媒体集成起来并具有交互性的综合媒体形式。

注意，多媒体要求含有两种以上的数字媒体。显然，网络媒体具有多媒体特性，而报纸就不具备多媒体特性，虽然它含有文本和图像这两种媒体，但它们是模拟的，当然，将来也许真的会出现多媒体报纸。

由于我们只关心数字媒体，为简洁起见，以后除特别指出外，所提到的媒体都是指数字媒体。

多媒体应该具有哪些特性呢？多媒体应该具有集成性、实时性和交互性。集成性是指多种媒体综合。实时性是指能够支持实时视频、音频及其他对实时信息的采集、传输和表现。交互性是指能够与人进行交互，能够接收人的输入并作出相应的反应。

由多媒体的定义可以看出，多媒体并不是一种媒体，它只是一种媒体形式，一种新型的具有多种媒体的综合形式。多媒体技术就是实现多媒体的技术，或者说，多媒体技术是多种媒体的集成技术。

2. 以“多媒体.doc”为文件名保存该文档

操作如下

① 单击“常用”工具栏中的“保存”按钮，或选择菜单“文件”→“保存”命令，或使用 Ctrl+S 组合键。此时，弹出如图 11-1 所示的“另存为”对话框。

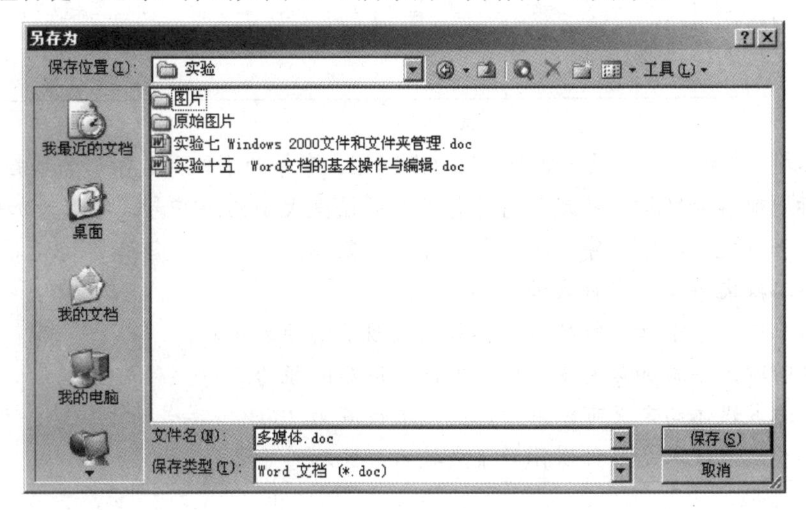

图 11-1 “另存为”对话框

② 在“保存位置”下拉列表框中选择要保存到的文件夹。

③ 在“文件名”组合框中输入“多媒体.doc”。

④ 在“保存类型”下拉列表框中选择要保存的文件类型（通常选择“Word 文档（*.doc）”类型）。

⑤ 单击“保存”按钮。

3．文件的打开及编排操作

首先打开已保存的文档“多媒体.doc”。

操作如下

① 选择菜单“文件”→“打开”命令，或单击“常用”工具栏中的“打开”按钮，或使用 Ctrl+O 组合键，弹出如图 11-2 所示的“打开”对话框。

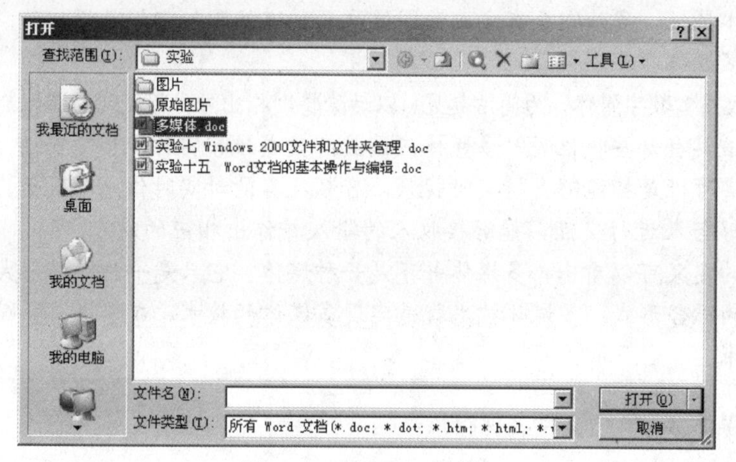

图 11-2 “打开”对话框

② 在“查找范围”下拉列表框中选择要打开文件所在的文件夹。

③ 在文件列表中选择“多媒体.doc”选项。

④ 单击“打开”按钮。

然后进行文档的编排操作。

要求：

（1）将标题“多媒体”设置字体为楷体_GB2312、字号为小四号、字形为加粗、居中对齐。

（2）在标题前后分别插入指定的特殊符号，并设置大小为小四号、字形为加粗。

（3）为第一段文字设置首字下沉 2 行、字体为宋体。

（4）为第二段文字添加字符底纹。

（5）为第三段文字添加三维的边框，并设置段前间距为 1 行。

（6）为第四段文字添加黑色下画线，并设置段后间距为 1 行。

（7）将“由多媒体的定义可以看出”的缩放设置为 200%、字号为小四号、并加粗。

（8）为“多媒体技术是多种媒体的集成技术”添加着重号。

按要求对文档“多媒体”进行排版，经排版后应该显示的结果如下。

多媒体

多媒体的定义：多种数字媒体集成并具有交互性的一种综合媒体形式，换句话说，就是文本、图形、图像、动画、音频和视频或者其中两种以上数字媒体集成起来并具有交互性的综合媒体形式。

注意，多媒体要求含有两种以上的数字媒体。显然，网络媒体具有多媒体特性，而报纸就不具备多媒体特性，虽然它含有文本和图像这两种媒体，但它们是模拟的，当然，将来也许真的会出现多媒体报纸。

由于我们只关心数字媒体，为简洁起见，以后除特别指出外，所提到的媒体都是指数字媒体。

多媒体应该具有哪些特性呢？多媒体应该具有集成性、实时性和交互性。集成性是指多种媒体综合。实时性是指能够支持实时视频、音频及其他对实时信息的采集、传输和表现。交互性是指能够与人进行交互，能够接收人的输入并作出相应的反应。

由多媒体的定义可以看出，多媒体并不是一种媒体，它只是一种媒体形式，一种新型的具有多种媒体的综合形式。多媒体技术就是实现多媒体的技术，或者说，多媒体技术是多种媒体的集成技术。

操作如下

① 将插入点定位在标题最前面，选择菜单“插入”→“符号”命令，弹出如图 11-3 所示的“符号”对话框。

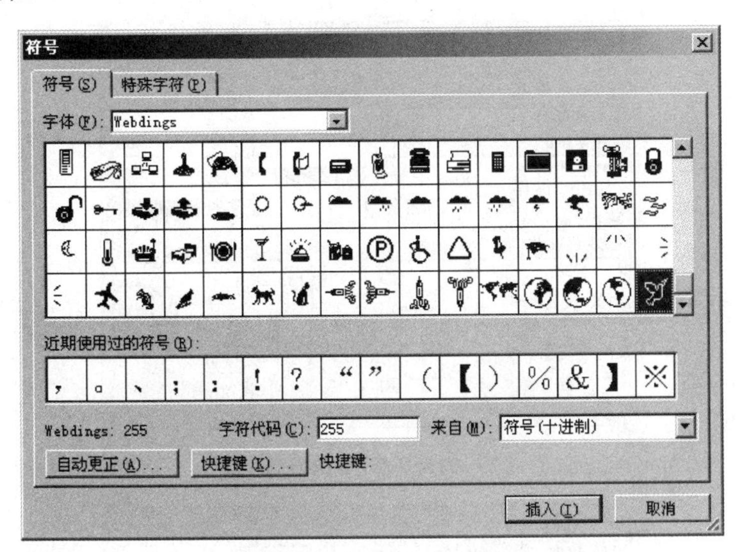

图 11-3 “符号”对话框

② 在“字体”下拉列表框中选择 Webdings 选项，在出现的符号中选择要求的符号，然后

单击“插入”按钮。

③ 选中刚插入的特殊符号，选择菜单“格式”→“字体”命令，弹出“字体”对话框，在对话框中的“字形”列表框中选择“加粗”选项，在“字号”列表框中选择“小四”选项，如图 11-4 所示。

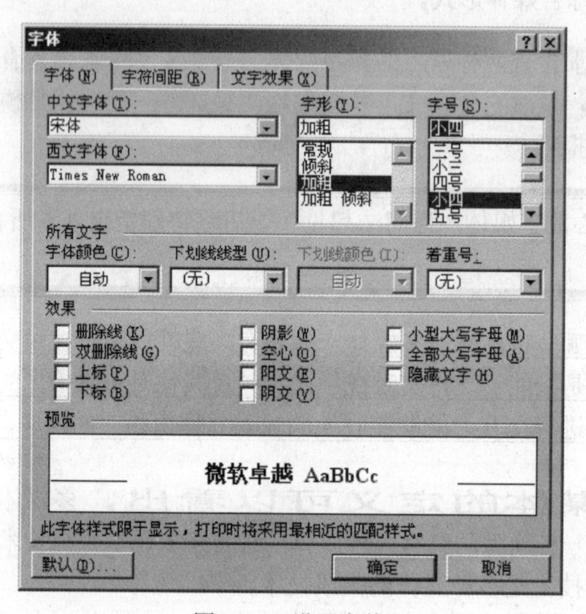

图 11-4 设置字体

④ 选中标题“多媒体”，选择菜单“格式”→“字体”命令，弹出“字体”对话框，在对话框中的“中文字体”下拉列表框中选择“楷体_GB2312”选项，在“字形”列表框中选择“加粗”选项，在“字号”列表框中选择“小四”选项，如图 11-5 所示。

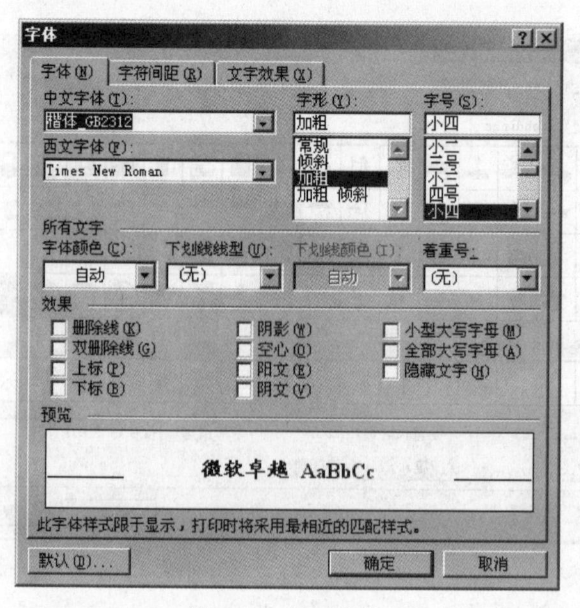

图 11-5 设置字体

⑤ 继续选中标题“多媒体”，选择菜单“格式”→“段落”命令，弹出“段落”对话框，在对话框中的“对齐方式”下拉列表框中选择“居中”选项，如图 11-6 所示。

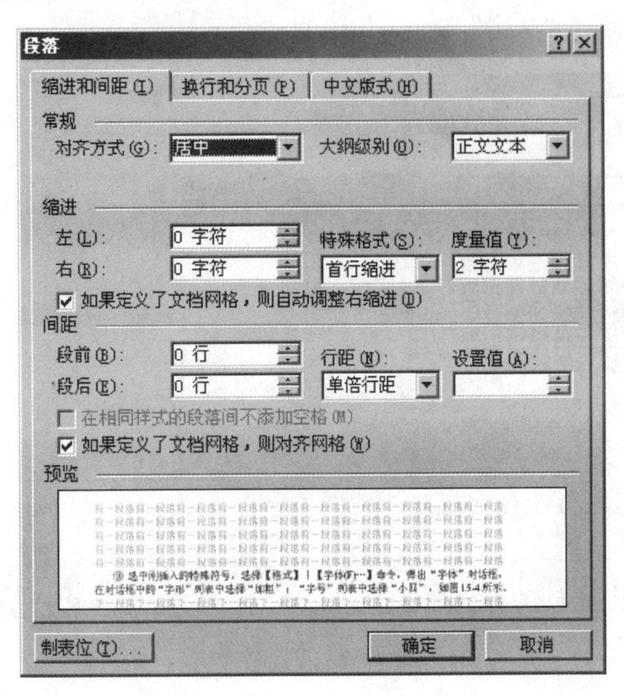

图 11-6　设置对齐方式

选中第一段的所有文字，在“常用”工具栏的“字体”下拉列表框中选择“宋体”选项，在“字号”下拉列表框中选择“五号”选项，参数设置如图 11-7 所示。

宋体　五号

图 11-7　设置字体及字号

⑥ 将文档输入点定位在第一段文字的任意位置，选择菜单“格式”→“首字下沉”命令，弹出“首字下沉”对话框，在对话框的“位置”选项组中选择“悬挂”选项，在“字体”下拉列表框中选择“宋体”选项，在“下沉行数”微调框中输入“2”，在“距正文”微调框中输入“0 厘米”，参数设置如图 11-8 所示。

图 11-8　设置首字下沉

⑦ 选中第二段的所有文字，选择菜单“格式”→“边框和底纹”命令，弹出“边框和底纹”对话框，进入“底纹”选项卡，在该选项卡中的“填充”选项中选择“灰色-20%”，在“应用于”下拉列表框中选择“文字”选项，如图 11-9 所示。

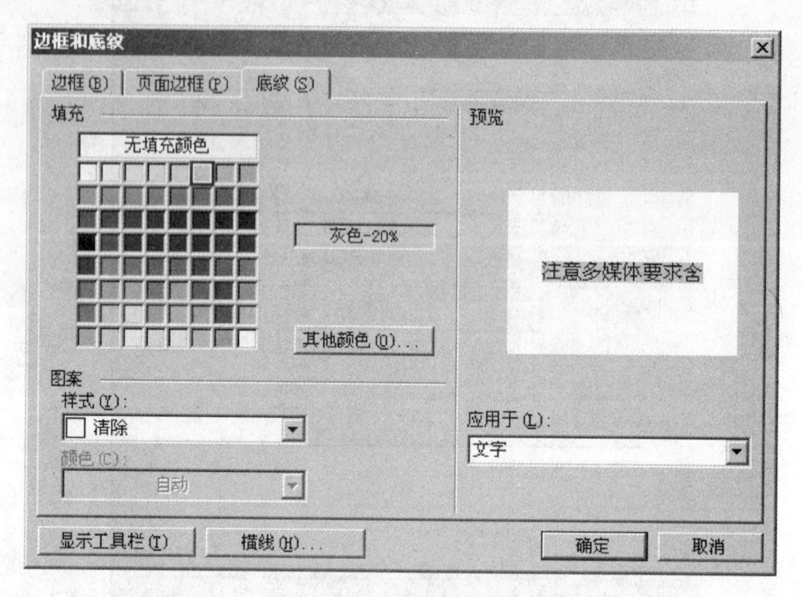

图 11-9　设置底纹

⑧ 继续选中第三段的所有文字，选择菜单“格式”→“边框和底纹”命令，弹出“边框和底纹”对话框，进入“边框”选项卡，在“设置”选项组中选择“三维”选项，在“线型”列表框中选择要求的线型，在“应用于”下拉列表框中选择“段落”选项，如图 11-10 所示。

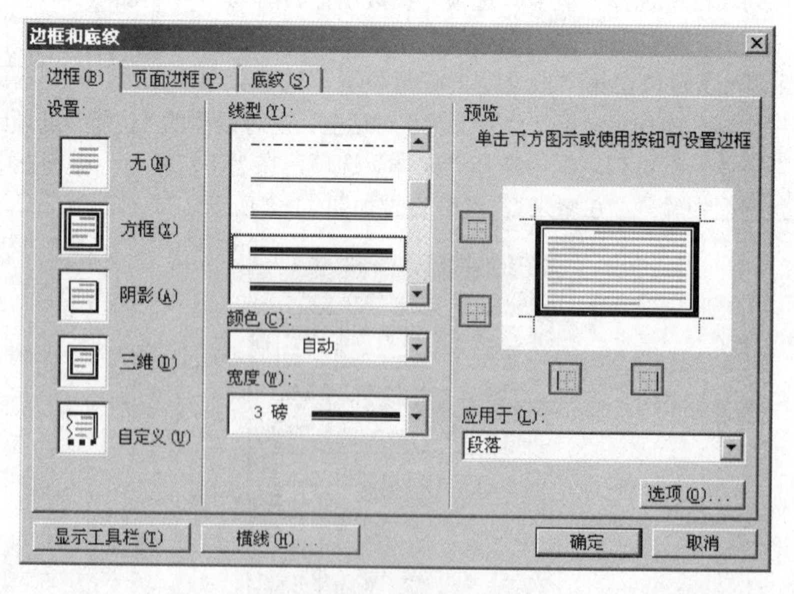

图 11-10　设置边框

⑨ 选中第三段的所有文字，选择菜单“格式”→“段落”命令，弹出“段落”对话框，

在该对话框的“缩进和间距”选项卡中，在“间距”选项组中设置“段前”为“1 行”。

⑩ 选中第四段的所有文字，选择菜单“格式”→“字体”命令，弹出“字体”对话框，在“字体”选项卡的“下画线线型”下拉列表框中选择要求的线型。继续选择菜单“格式→段落”命令，弹出“段落”对话框，在“缩进和间距”选项卡中设置“段后”为“1 行”。

⑪ 选中“由多媒体的定义可以看出”文字，选择“格式”→“字体”命令，弹出“字体”对话框。在“字符间距”选项卡的“缩放”下拉列表框中选择 200%选项，如图 11-11 所示，然后在“字体”选项卡中设置字号及字形。

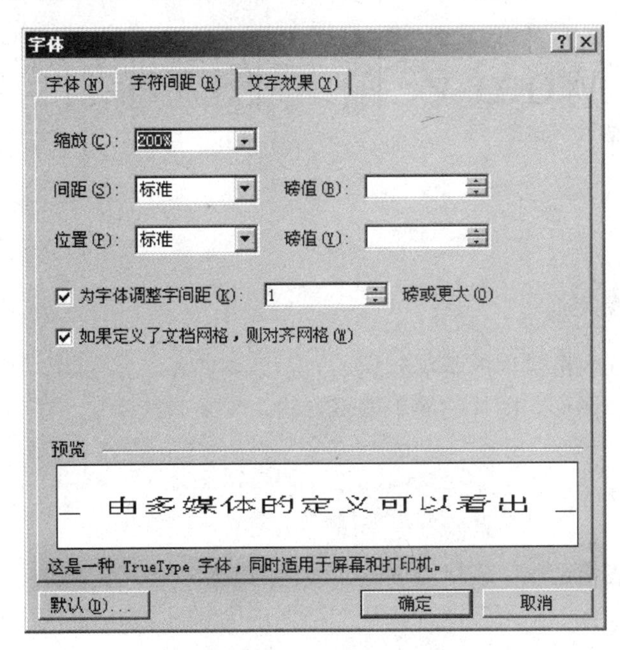

图 11-11　设置字体格式

⑫ 选中“多媒体是多种媒体的集成技术”文字，选择“格式”→“字体”命令，弹出“字体”对话框，选择“字体”选项卡，在“着重号”下拉列表框中选中 • 选项。

⑬ 设置完成以后，再次保存文档“多媒体.doc”。

实验 12

Word 表格与图形操作

实验目的

- 掌握 Word 2003 表格操作的基本知识。
- 掌握 Word 2003 图形、图片的简单编辑方法。

实验内容

- Word 2003 的表格操作：表格的创建、表格的编辑、表格的修饰、表格的计算等。
- 在文档中插入表格、图形及图片，让文档真正达到图文并茂的效果。

实训步骤

一、表格的操作

1. 表格的基本操作

启动 Word 2003，在“文档 1”中输入以下内容。

自信是成功的秘诀

自信，即自信心，就是相信自己，是人们对自己力量充分估计的自我体验。自信心可以说是学生走向成才之路的第一步，强烈的自信心促使人们自强不息而最终成才。自信心是一个人工作和学习成功的关键因素，尤其是在当今竞争激烈的社会，自信心更是支持一个人在竞争中成功的关键。

与此相对的是对自己的评价过低，缺乏自信，自己不相信自己，产生自卑。过高地估计自己的力量，会变成自负。自卑是在精神上自我打倒，这样将失去主动精神，严重阻碍内在潜力的充分发挥。日本教育家田琦仁曾分析统计了学生成绩差的原因，认为 1/3 是自信心不足，只要自信心提高，这些学生的成绩会上去的。自负，往往是盲目自信或者虚假自信，我们称为“过分自信”或“骄傲自大”。过于自信，通常使他们不能按照要求尽可能多地付出努力，因而也不能达到自己能力的最高限度。

最佳的自信心是以一定的知识、技能或者一定的能力为基础的。

以下有几种建立自信心的方法：

建立自信心的方法	一	挑前面的位置坐
	二	练习正视别人
	三	把你走路的速度加快 25%
	四	练习当众发言
	五	咧嘴大笑
	六	学会赞扬自己
	七	多体验成功

要求：

（1）文档标题“自信是成功的秘诀”采用艺术字。

（2）将文档内容分为两栏，并添加分隔线。

（3）在文档末尾设置表格，使其单元格对齐方式为“中部居中”。

按要求对文档“自信秘诀.doc”进行排版，经排版后应该显示的结果如下。

自信是成功的秘诀

自信，即自信心，就是相信自己，是人们对自己力量充分估计的自我体验。自信心可以说是学生走向成才之路的第一步，强烈的自信心促使人们自强不息而最终成才。自信心是一个人工作和学习成功的关键因素，尤其是在当今竞争激烈的社会，自信心更是支持一个人在竞争中成功的关键。

与此相对的是对自己的评价过低，缺乏自信，自己不相信自己，产生自卑。过高地估计自己的力量，会变成自负。自卑是在精神上自我打倒，这样将失去主动精神，严重阻碍内在潜力的充分发挥。日本教育家田琦仁曾分析统计了学生成绩差的原因，认为 1/3 是自信心不足，只要自信心提高，这些学生的成绩会上去的。自负，往往是盲目自信或者虚假自信，我们称为“过分自信”或“骄傲自大”。过于自信，通常使他们不能按照要求尽可能多地付出努力，因而也不能达到自己能力的最高限度。

最佳的自信心是以一定的知识、技能或者一定的能力为基础的。

以下有几种建立自信心的方法：

建立自信心的方法	一	挑前面的位置坐
	二	练习正视别人
	三	把你走路的速度加快 25%
	四	练习当众发言
	五	咧嘴大笑
	六	学会赞扬自己
	七	多体验成功

操作如下

① 要将文档内容分为两栏来显示，并添加分隔线，则操作如下。

选中以上所有文字，选择菜单“格式”→“分栏”命令，弹出“分栏”对话框，在“预设”选项组中选择“两栏”选项，在“宽度和间距”选项组中，“宽度”和“间距”采用默认值，并且选中“分隔线”复选框，在“应用于”下拉列表框中选择“所选文字”选项，如图 12-1 所示。

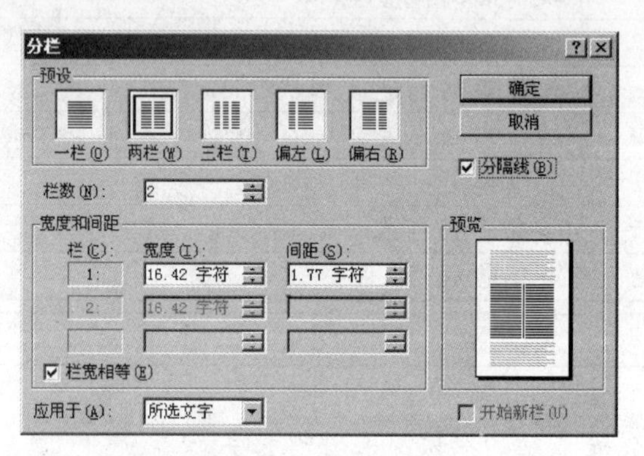

图 12-1 设置分栏

② 要实现标题采用艺术字，则操作如下。

选中标题文字“自信是成功的秘诀”，选择菜单“插入”→“图片”→“艺术字”命令，弹出“艺术字库”对话框，在该对话框中选择一种自己满意的艺术字样式，单击“确定”按钮，进入“编辑‘艺术字’文字”对话框。在该对话框的“文字”文本框中输入“自信是成功的秘诀”，并设置字体为“隶书”、字号为 44 磅、字形为加粗，再单击“确定”按钮，参数设置如图 12-2 所示。

③ 要实现一个 6 行 3 列表格的插入，则操作如下。

- 将插入点定位在文档的末尾，选择菜单“表格”→“插入”→“表格”命令，打开“插入表格”对话框，在“列数”微调框中输入“3”，在“行数”微调框中输入 “6”，在“‘自动调整’操作”选项组中选择“根据窗口调整表格”单选按钮，参数设置如图 12-3 所示。

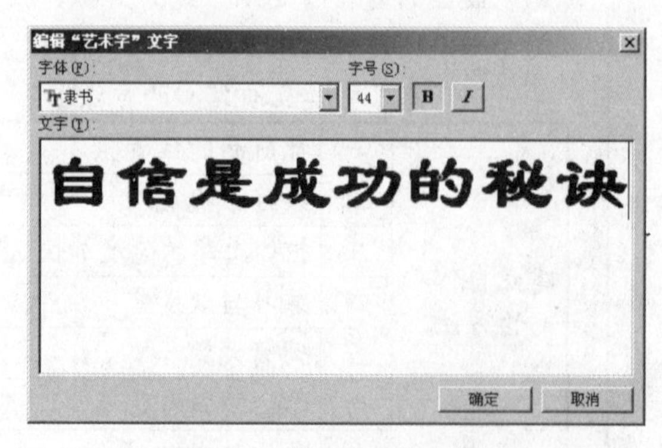

图 12-2 设置艺术字参数

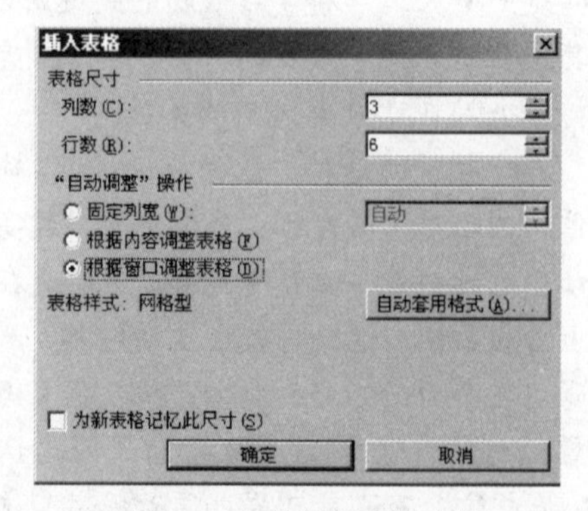

图 12-3 设置插入的表格

- 在表格第 2 列中输入内容“一”、“二”、“三”、“四”、“五”、“六”，在表格第 3 列中输入内容“挑前面的位置坐”、“练习正视别人”、“把你走路的速度加快 25%”、“练习当众发言”、“咧嘴大笑”、“学会赞扬自己”，效果如图 12-4 所示。

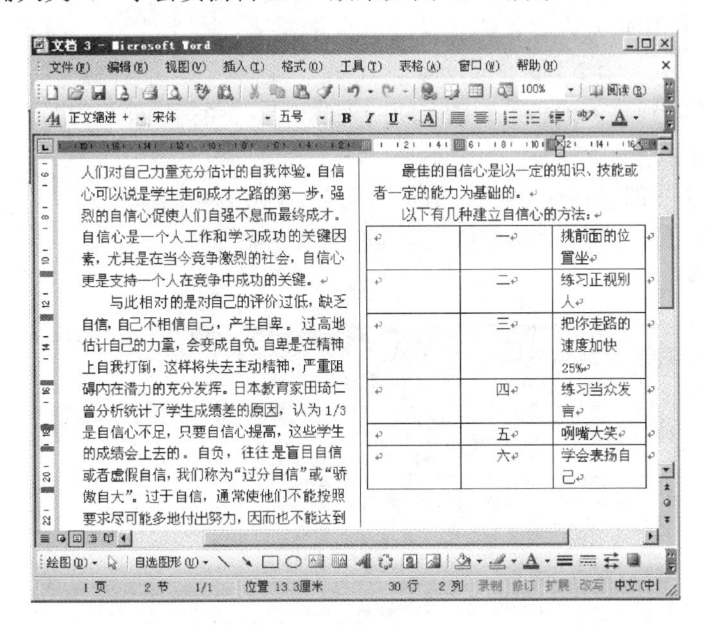

图 12-4　效果图 1

④ 要实现在表格下方增加一行，则操作如下。

在表格下方增加一行的效果如图 12-5 所示。选中第 6 行，选择菜单“表格”→“插入”→“行（在下方）”命令，即可在表格下方增加一行。在第 7 行的第 2 列中输入内容“七”，在第 7 行第 3 列中输入内容“多体验成功”。

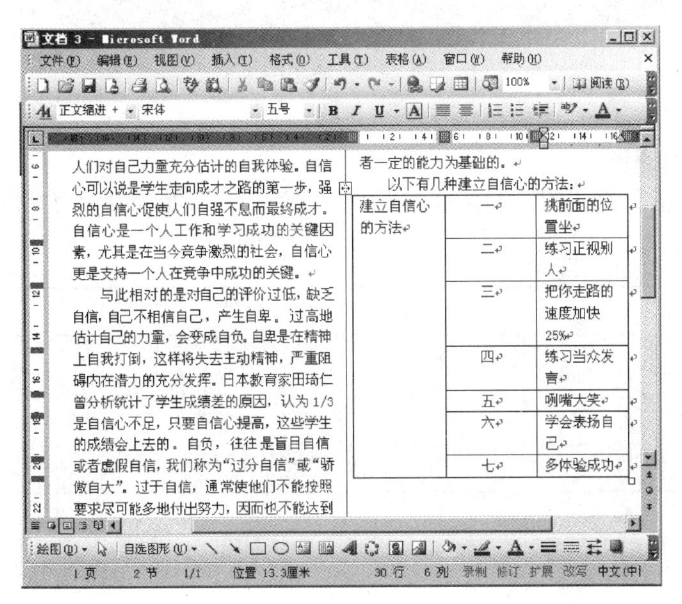

图 12-5　效果图 2

⑤ 要实现将表格的第 1 列合并为一个单元格，则操作如下。

选中第 1 列后右击，在弹出的快捷菜单中选择“合并单元格”命令，将第 1 列合并为一个单元格，并在第 1 列中输入内容“建立自信心的方法”。

⑥ 要调整第 1 列与第 2 列之间的列宽，让第 1 列中每行只能容纳一个字符，则操作如下。

将鼠标指针移动到第 1 列和第 2 列之间的列线位置，当指针变形为◀||▶时，按下鼠标左键进行拖动，即可调整列的宽度。

⑦ 要实现表格中的内容处于单元格的中部并居中对齐，则操作如下。

选中表格内容后右击，在弹出的快捷菜单中选择“单元格对齐方式”→“中部居中”命令，效果如图 12-6 所示。

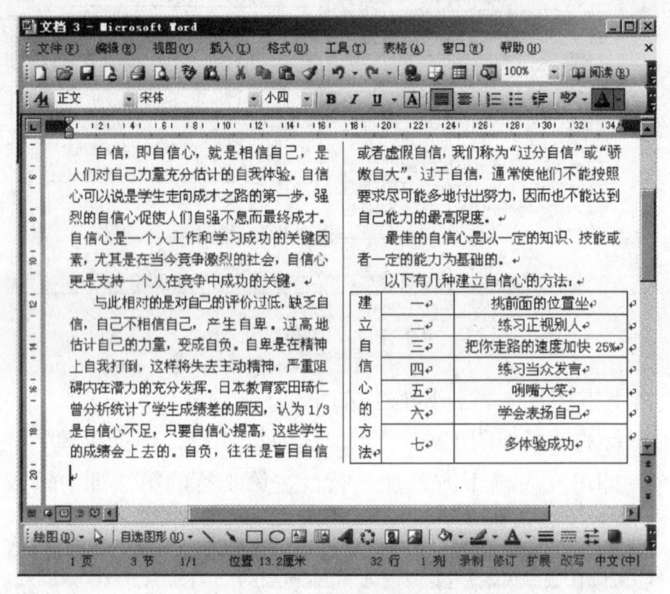

图 12-6　效果图 3

⑧ 以“自信秘诀.doc”为文件名保存该文档。

2．表格的其他操作

关闭文档“自信秘诀.doc”，并新建一个空白文档，在该文档中按要求制作如图 12-7 所示的一个表格。

学生成绩登记表					
课程 姓名	数学	语文	英语	体育	总分
张一	85	90	98	95	368
张二	70	56	48	80	254
张三	54	80	62	70	266
张四	78	65	80	92	315

图 12-7　学生成绩登记表

要求：

（1）设置标题字体为“宋体”、字号为“四号”，居中对齐。

（2）为表格绘制斜线表头。

（3）为表格添加自动套用格式“列表型 8”。

（4）设置表格内容（除表头以外的内容）的对齐方式为“居中对齐”。

（5）利用公式计算每个学生的总分，并将结果分别放到“总分”列中对应的单元格中。

操作如下

① 在文档开头输入标题“学生成绩登记表”，并设置其字体为“宋体”、字号为“四号”，并且设置为“居中对齐”（具体设置方法同文档的基本操作）。

② 在文档中插入一个 5 行 6 列的表格，操作见表格的插入。

③ 要实现斜线表头的设置，操作方法如下。

- 方法一：首先将插入点定位在第 1 行第 1 列的单元格中，选择菜单“表格”→“绘制斜线表头”命令，弹出“插入斜线表头”对话框，在“表头样式”下拉列表框中选择“样式一”选项，在“字体大小”下拉列表框中选择“五号”选项，在“行标题”文本框中输入“课程”，在“列标题”文本框中输入“姓名”，参数设置如图 12-8 所示。

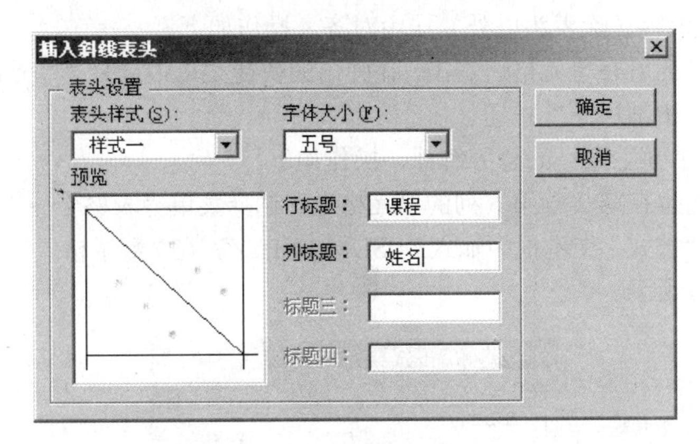

图 12-8　设置斜线表头

- 方法二：将插入点定位在第 1 行第 1 列的单元格中，在该单元格中输入“课程”，并按两次 Enter 键，再输入“姓名”，选中“课程”两个字，设置其对齐方式为“右对齐”，选择菜单“表格”→“绘制表格”命令，弹出“表格和边框”工具栏，选择“外侧框线”下拉框中的“斜下框线”选项即可。

④ 在表格的单元格中分别输入表格内容。

⑤ 要实现表格自动套用格式的应用，操作如下。

选中整个表格，选择菜单“表格”→“表格自动套用格式”命令，弹出“表格自动套用格式”对话框，在“表格样式”列表框中选择“列表型 8”选项，参数设置如图 12-9 所示。

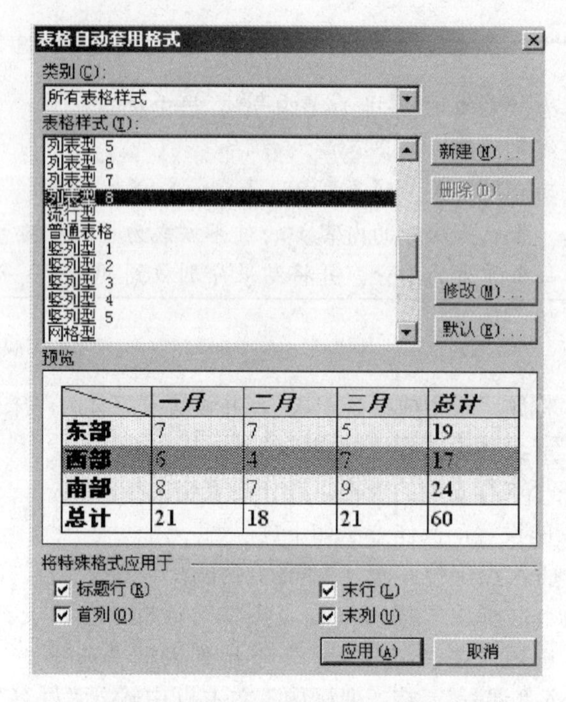

图 12-9　设置表格自动套用格式

⑥ 要实现表格内容（除表头以外）居中对齐，操作如下。

选中除表头以外的所有单元格后右击，在弹出的快捷菜单中选择“单元格对齐方式”命令，从级联菜单中单击“中部居中”按钮。

⑦ 要实现表格中学生张一的总分统计，操作如下。

首先将输入点定位在第 2 行第 6 列的单元格中，选择菜单“表格”→“公式”命令，弹出“公式”对话框，在“公式”文本框中输入“=SUM(LEFT)”，在“数字格式”组合框中选择“0”，参数设置如图 12-10 所示。

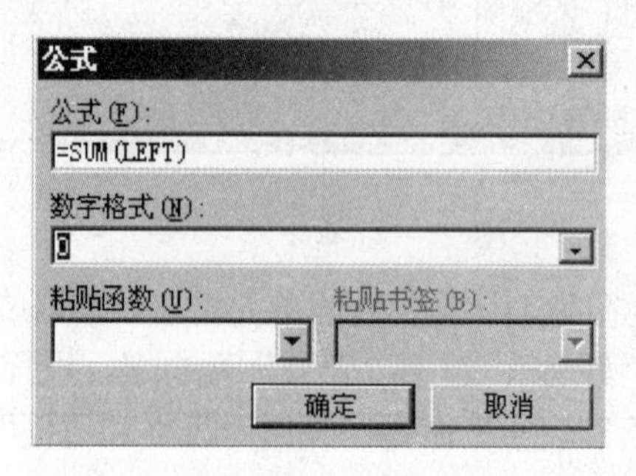

图 12-10　设置公式

⑧ 其他学生总分的统计操作同⑦，注意，当要统计某个学生的总分时，需要将插入点定位在对应学生的“总分”列的单元格中。

按照以上步骤便可完成对该文档的设置。

⑨ 以文件名“学生成绩登记表.doc”保存该文档。

二、在文档中插入图形、图片的基本操作

要求：

（1）在文档开头插入一幅剪贴画，并设置文字环绕方式为四周型环绕。

（2）在文档最后一段文字的开头插入一个五角星，并设置其填充颜色为红色、线条颜色为黑色。

按要求对文档进行排版，经排版后应该显示的效果如图12-12所示。

1. 插入图片的基本操作

操作如下

① 首先打开文档“自信秘诀.doc”。

② 要实现在文档开头插入一幅剪贴画，则操作如下。

将插入点定位在文档内容的开始位置，选择菜单“插入”→“图片”→“剪贴画”命令，弹出“剪贴画”任务窗格，在“搜索文字”文本框中输入“人物”，单击“搜索”按钮，选择搜索的剪贴画，效果如图12-11所示。

图12-11 效果图1

③ 要实现文字与图片的环绕方式为“四周型环绕”，则操作如下。

选中剪贴画，同时弹出“图片”工具栏，可以使用鼠标拖动的方法调整剪贴画的大小。单击“图片”工具栏上的“文字环绕”按钮，弹出下拉列表，从中选择“四周型环绕”选项，效果如图12-12所示。

图 12-12　效果图 2

2．自选图形的基本操作

操作如下

① 要实现在文档最后一段的文字开头处插入一个五角星，则操作如下。

将输入点定位在文档最后一段的文字开头，选择菜单“插入”→“图片”→“自选图形”命令，弹出“自选图形”工具栏，单击“星与旗帜”按钮，弹出其子选项，选择一个五角星，并在文档中单击，利用鼠标拖动的方法对五角星的大小进行调整。

② 要对五角星的填充色及线条颜色进行设置，则操作如下。

选中五角星并右击，在弹出的快捷菜单中选择“设置自选图形格式”命令，弹出“设置自选图形格式”对话框，在这个对话框中根据需要设置该五角星的填充颜色及线条颜色。

3．再次保存文档

再次保存文档为“自信秘诀.doc”。

实验 13

Word 图文混排

实验目的

- 掌握 Word 2003 图片的变换操作。
- 掌握 Word 2003 图文混合排版的操作。

实验内容

- Word 2003 图片的变换操作：图片的旋转与翻转。
- 对文档中的文字与图片进行排列：文字环绕等。

实训步骤

要求：

（1）在文档中绘制一个菱形，并将其填充为红色，并设置无线条颜色。

（2）在该菱形中插入一个“福”字，并将该“福”字垂直翻转。

（3）在文档中输入以下内容。

- 狗年旺旺，旺万事如意，旺万事顺心！
- 百业兴旺，狗年行大运，天狗守吉祥！
- 旺旺吠财，狗年来福！
- 天狗守护你；春风洋溢你；家人关心你；爱情滋润你；财神宠信你；朋友忠于你；我会祝福你；幸运之星永远照着你！
- 仰首是春，俯首是秋。愿所有的幸福都追随着您。祝您狗年快乐。
- 2006 年天气预报，你将遇到金钱雨，幸运风，友情雾，爱情露，健康云，顺利霜，美满雷，安全雹，开心闪，此天气将会持续一整年。

输入完成后设置其文字环绕方式为“四周型环绕”。

按要求对文档进行排版，经排版后，应该显示的效果如下。

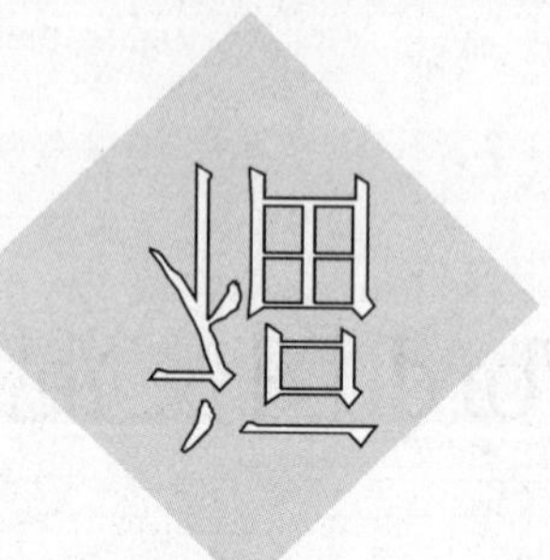

1. 狗年旺旺，旺万事如意，旺万事顺心！

2. 百业兴旺，狗年行大运，天狗守吉祥！

3. 旺旺吠财，狗年来福！

4. 天狗守护你；春风洋溢你；家人关心你；爱情滋润你；财神宠信你；朋友忠于你；我会祝福你；幸运之星永远照着你！

5. 仰首是春，俯首是秋。愿所有的幸福都追随着您。祝您狗年快乐。

6. 2006 年天气预报，你将遇到金钱雨，幸运风，友情雾，爱情露，健康云，顺利霜，美满雷，安全雹，开心闪，此天气将会持续一整年。

操作如下

① 要在文档中插入一个菱形，其操作如下。

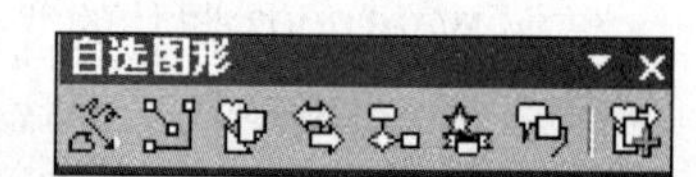

图 13-1 “自选图形”工具栏

选择菜单“插入”→“图片”→“自选图形”命令，将弹出如图 13-1 所示的“自选图形”工具栏。选择“基本形状”中的“菱形”选项，在文档中按下 Shift 键并拖动鼠标，在文档中绘制出一个菱形。选中刚绘制的菱形后右击，在弹出的快捷菜单中选择“设置自选图形格式”命令，弹出“设置自选图形格式”对话框，打开“颜色与线条”选项卡，在“填充”选项组中选择红色，在“线条”选项组中设置“颜色”为“无线条颜色”，参数设置如图 13-2 所示。

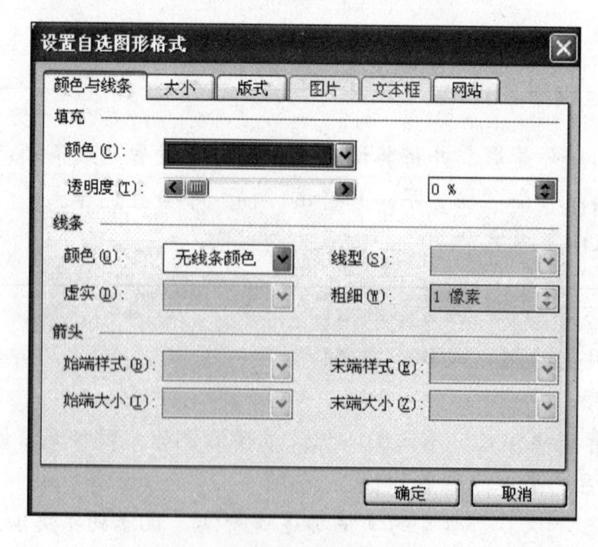

图 13-2 设置“颜色和线条”

② 要在菱形中间插入一个艺术字，其操作同艺术字的插入，此处不再赘述。

③ 艺术字插入以后，要将艺术字进行垂直翻转，其操作如下。

选中“福”字，选择菜单“视图”→“工具栏”→“绘图”命令，打开“绘图”工具栏，选择菜单“绘图”→“旋转或翻转”→“垂直翻转”命令即可。

④ 在文档中输入文字内容后，要让文字与菱形的环绕方式为“四周型环绕”，则操作如下。

选中红色菱形，选择菜单“视图”→“工具栏”→“图片”命令，打开“图片”工具栏，选择“文字环绕”中的“四周型环绕”即可。

⑤ 设置完毕后，以文件名“倒福.doc”保存该文档。

实验 14

Word 样式及模板的使用

实验目的

- 掌握 Word 2003 样式的使用。
- 掌握 Word 2003 模板的创建及使用。

实验内容

- Word 2003 样式的使用、样式的修改、样式的存储。
- Word 2003 模板的创建、保存及使用。

实训步骤

一、Word 2003 样式的使用

要求：

（1）打开 Word 2003，并在空白文档中输入文本。

（一）基础操作篇

实验一　熟悉键盘与指法练习

实验二　MS-DOS 的进入与退出、DIR 命令

（二）Word 应用篇

实验十三　Word 文档的基本操作与编辑

实验十四　Word 表格与图形操作

（三）Excel 应用篇
　　实验十八　Excel 工作表的建立和格式编辑
　　实验十九　Excel 工作表中的公式和函数的应用
（四）PowerPoint 应用篇
　　实验二十三　PowerPoint 的初步使用
　　实验二十四　PowerPoint 幻灯片的修饰和编辑

（2）对第一段、第四段、第七段、第十段的文本应用样式“标题 1”对其余段落的文本应用样式“标题 2”。

按要求对文档样式进行排版，经排版后，应该显示的效果如下。

（一）基础操作篇
　　实验一　熟悉键盘与指法练习
　　实验二　MS-DOS 的进入与退出、DIR 命令
（二）Word 应用篇
　　实验十三　Word 文档的基本操作与编辑
　　实验十四　Word 表格与图形操作
（三）Excel 应用篇
　　实验十八　Excel 工作表的建立和格式编辑
　　实验十九　Excel 工作表中的公式和函数的应用
（四）PowerPoint 应用篇
　　实验二十三　PowerPoint 的初步使用
　　实验二十四　PowerPoint 幻灯片的修饰和编辑

操作如下

① 要对第一段文本应用样式“标题 1”，其操作如下。

选择第一段文本，选择菜单“格式”→“样式和格式”命令，弹出“样式和格式”任务窗格。在“请选择要应用的格式”列表框中选择“标题 1”选项，如图 14-1 所示。

② 分别选择第四段、第七段、第十段的文本，重复执行第 1 步操作，即可完成相应样式的应用。

③ 要对其余段落的文本应用样式“标题 2”，其操作如下。

选择第二段、第三段的文本，选择菜单“格式”→“样式和格式”命令，弹出“样式和格式”任务窗格。在“请选择要应用的格式”列表框中选择“标题 2”选项，如图 14-2 所示。

④ 要完成其余段落样式的应用，应分别选择相应的段落文本，重复执行第 3 步操作即可完成。

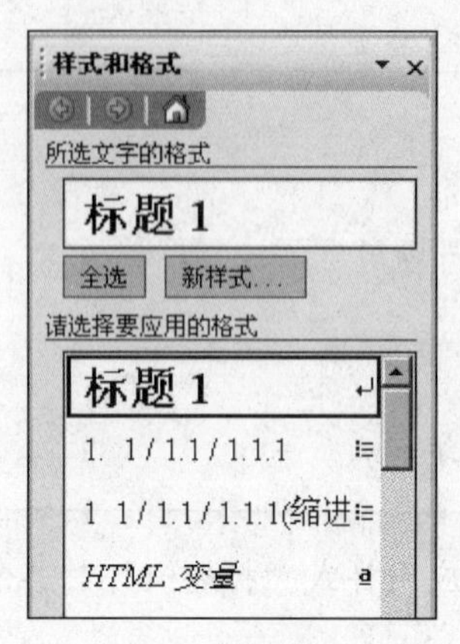

图 14-1 选择格式

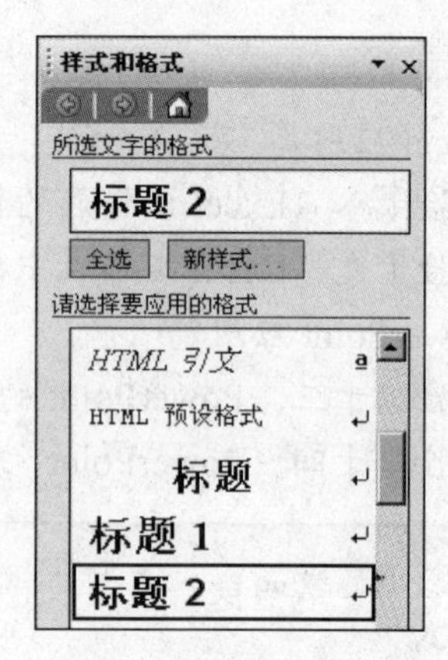

图 14-2 选择格式

二、Word 2003 样式的修改

要求：

（1）将正文样式中的中文字体修改为“黑体”，将字号修改为“四号”，设置西文字体为“采用中文字体”。

（2）将段落格式修改为首行缩进 2 个字符，设置行距为 1.5 倍行距、段前间距为 0.5 行、对齐方式为左对齐。

操作如下

① 要修改正文样式中的字体，其操作如下。

选择菜单“格式”→“样式和格式”命令，弹出 “样式和格式”任务窗格。在“请选择要应用的格式”列表框中将鼠标指针置于正文之上，单击“正文”后出现下拉按钮，单击该按钮弹出下拉菜单，从中选择“修改”命令，弹出“修改样式”对话框，如图 14-3 所示。单击“格式”

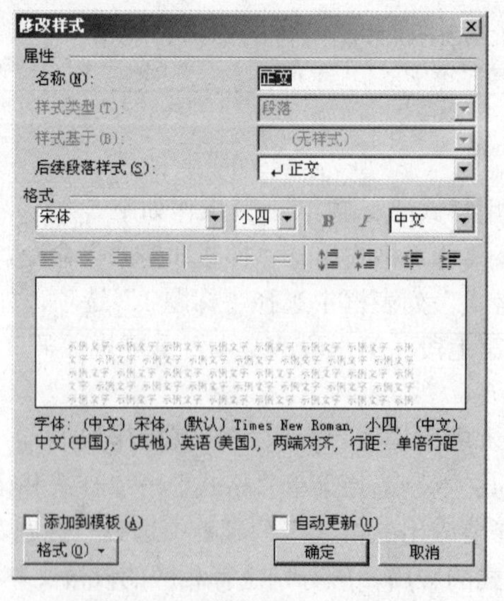

图 14-3 “修改样式”对话框

按钮，弹出如图 14-4 所示的下拉菜单，选择“字体”命令，此时弹出“字体”对话框，将“中文字体”设置为“黑体”，将“西文字体”设置为“(使用中文字体)”，将“字号”设置为“四号”，如图 14-5 所示。

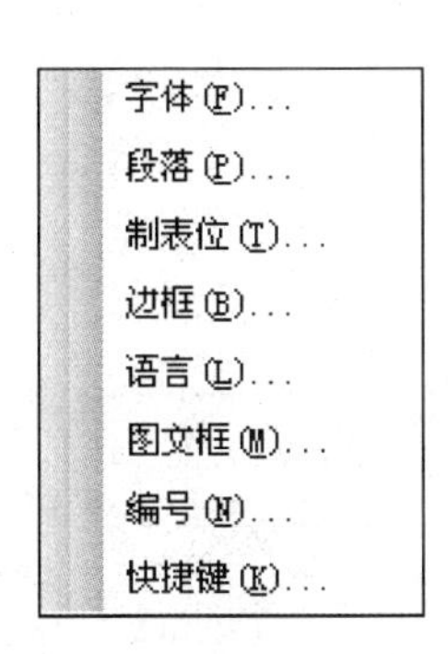

图 14-4 “格式”下拉菜单

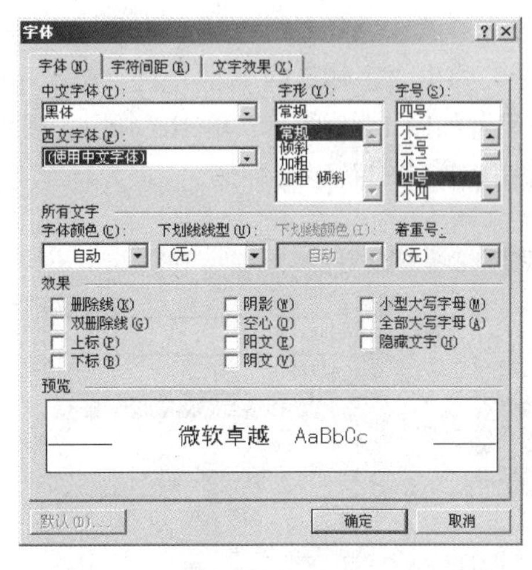

图 14-5 设置字体

② 要修改正文样式中的段落格式，其操作如下。

选择菜单“格式”→“样式和格式”命令，弹出“样式和格式”任务窗格。

在“请选择要应用的格式”列表框中将鼠标指针置于正文之上，单击“正文”后出现下拉按钮，单击该按钮弹出下拉菜单，从中选择“修改”命令，弹出“修改样式”对话框，如图 14-3 所示。单击“格式”按钮，弹出如图 14-4 所示的下拉菜单，从中选择“段落”命令，此时弹出“段落”对话框，将“特殊格式”设置为“首行缩进”，将“度量值”设置为“2 字符”，将“行距”设置为“1.5 倍行距”，将“段前”设置为“0.5 行”，将“对齐方式”设置为“左对齐”，如图 14-6 所示。

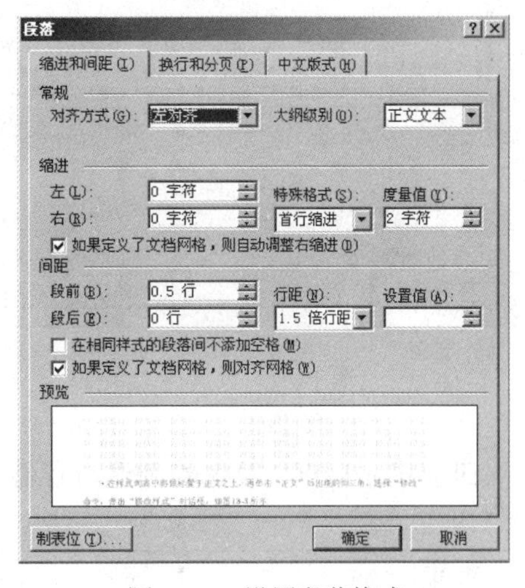

图 14-6 设置段落格式

三、Word 2003 样式的新建与存储

要求：

新建一种样式，命名为 style，设置样式类型为“段落”、基准样式为“标题 2”，并设置这种样式的字体为“黑体”、字体颜色为“蓝色”。

操作如下

① 要新建并存储样式，其操作如下。

选择菜单“格式”→“样式和格式”命令，弹出“样式和格式”任务窗格。单击“新样式”按钮，弹出“新建样式”对话框，在“名称”文本框中输入“style”，在“样式类型”下拉列表框中选择“段落”，在“样式基于”下拉列表框中选择“标题 2”，如图 14-7 所示。

② 要设置样式中字符的字体及字体颜色，单击“格式”按钮，在弹出的下拉菜单中选择“字体”命令，弹出“字体”对话框，将“中文字体”设置为“黑体”，将“字体颜色”设置为蓝色，参数设置如图 14-8 所示。单击“确定”按钮，回到“新建样式”对话框，再单击“确定”按钮，即可完成样式的新建与存储。

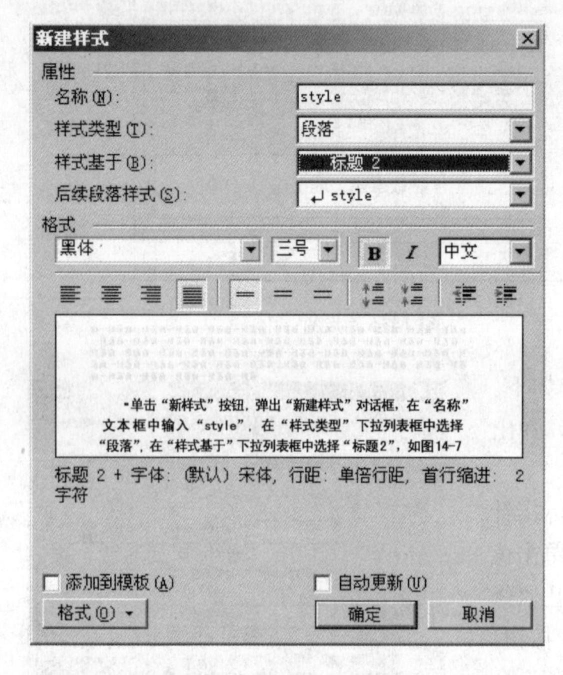

图 14-7 设置样式属性

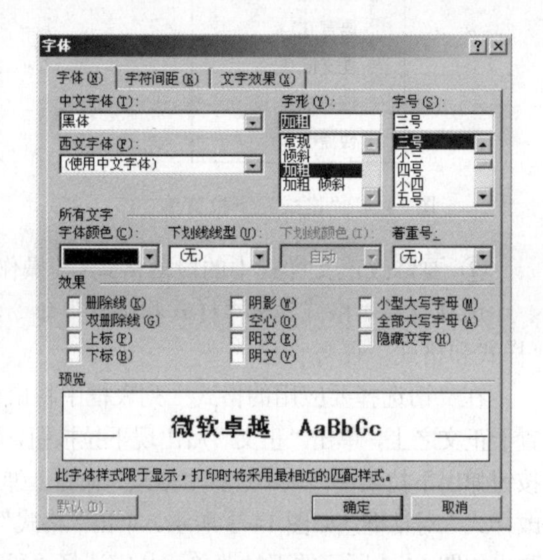

图 14-8 设置字体

四、Word 2003 模板的创建与存储

要求：

（1）新建一个模板，命名为“个人简历”，并将“个人简历”模板存储于默认文件夹中。

（2）该模板中的内容为一份个人简历的表格。

操作如下

① 要新建模板，其操作如下。

选择菜单“文件”→“新建”命令，弹出“新建文档”任务窗格，如图 14-9 所示。单击“本机上的模板”链接，此时弹出“模板”对话框，如图 14-10 所示。选择“常用”选项卡中的“空白文档”选项，在“新建”选项组中选择“模板”单选按钮。

图 14-9 “新建文档”任务窗格

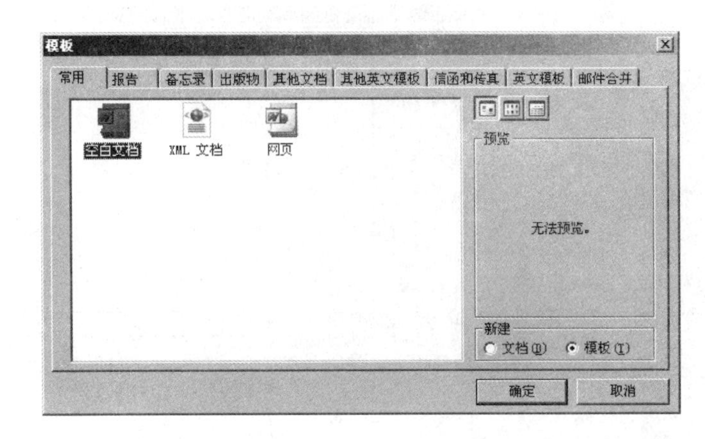

图 14-10 “模板”对话框

② 在模板文档中制作如图 14-11 所示的表格（操作与 Word 表格制作相同，这里不再赘述）。

个 人 简 历

姓名		性别		出生年月		照片
民族		身体状况		政治面貌		
学院			专业			
学历		联系电话		E-mail		
个人 简介						
性格 特征						
任职 情况						
获奖 情况						
求职 意向						

图 14-11 制作的表格

③ 个人简历表格制作完成之后，要实现模板的保存，其操作如下。

选择菜单“文件”→“保存”命令，弹出“另存为”对话框。“保存位置”采用默认的设置，在“文件名”组合框中输入“个人简历”，设置“保存类型”为“文档模板（*.dot）”，再单击“保存”按钮，即可将该模板保存在桌面上，如图 14-12 所示。

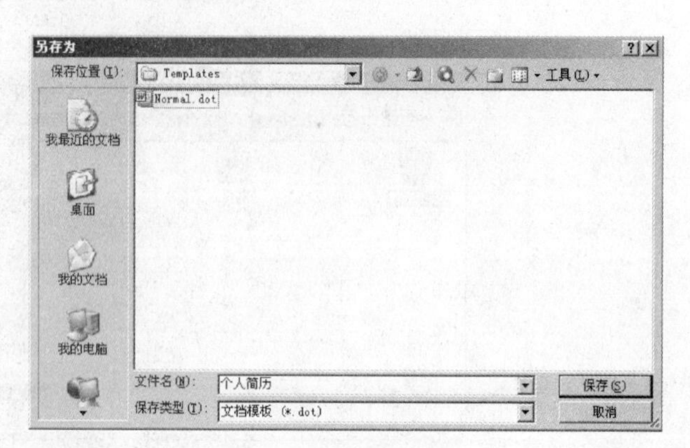

图 14-12 保存模板

五、Word 2003 模板的使用

要求：

（1）使用之前创建的模板“个人简历”，并完成其中的内容输入。

（2）将完成内容的文档保存为“个人简历.doc”，并存放在桌面上。

操作如下

选择菜单“文件”→“新建”命令，弹出“新建文档”任务窗格。单击“本机上的模板”链接，此时弹出“模板”对话框，选择“常用”选项卡中的“个人简历.dot”选项，在“新建”选项组中选择“模板”单选按钮，如图 14-13 所示。在打开的文档中输入自己的信息。最后选择菜单“文件”→“保存”命令，弹出“另存为”对话框。在“保存位置”下拉列表框中选择“桌面”选项，在“文件名”组合框中输入“个人简历”，设置“保存类型”为“Word 文档（*.doc）”，如图 14-14 所示。

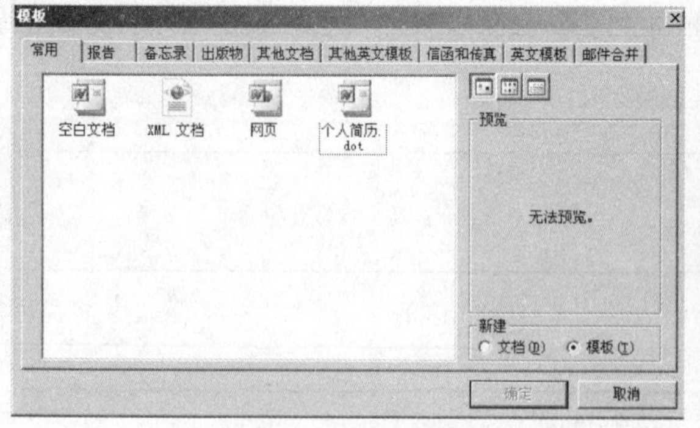

图 14-13 选择模板

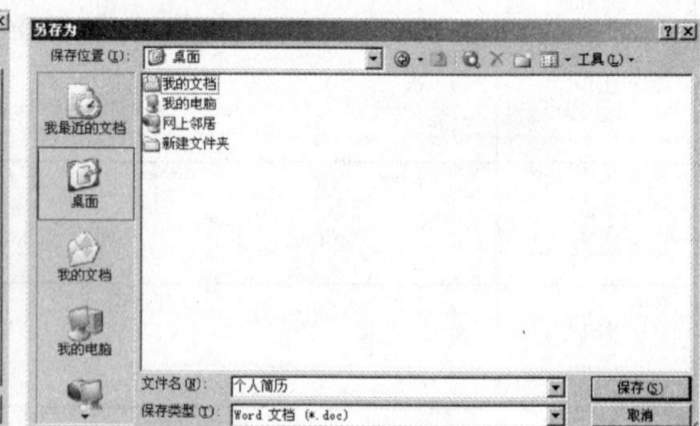

图 14-14 保存文档

实验 15

通过邮件合并制作成绩通知单

实验目的

- 了解邮件合并的基本知识。
- 掌握邮件合并的基本操作方法。

实验内容

- 实现学生成绩通知单的制作。
- 实现数据源的创建。

实训步骤

一、创建数据源

要求：
使用 Microsoft Excel 2003 创建一个学生信息的数据源。

操作如下

打开 Excel 2003 程序，在 Book1 中删除表 Sheet2 和 Sheet3，并将表 Sheet1 重命名为“学生名单”，在表“学生名单”中输入相应的数据信息，如图 15-1 所示，将 Book1 保存为“数据源.xls”。

二、创建主文档

要求：
使用 Word 2003 创建一个主文档。

Microsoft Excel - Book1

文件(F) 编辑(E) 视图(V) 插入(I) 格式(O) 工具(T) 数据(D) 窗口(W) 帮助(H)

C17 fx

	A	B	C	D	E	F	G
1	学号	姓名	语文	数学	外语	物理	化学
2	2010221101	张一	80	90	98	92	88
3	2010221102	李乐	60	65	48	84	76
4	2010221103	徐伟	93	96	90	88	79
5	2010221104	周礼	87	88	76	75	80
6	2010221105	郑智慧	79	87	90	69	77

图 15-1 “学生名单”表

操作如下

① 打开 Word 2003 程序，在“文档 1”中输入相应的内容，效果如图 15-2 所示。

② 将制作好的“文档 1”保存为“学生成绩通知单.doc”。

学生成绩通知单

学号： 姓名：

语文	数学	外语	物理	化学

图 15-2 学生成绩通知单文档效果图

三、邮件合并

要求：

对保存的“数据源.xls”与“学生成绩通知单.doc”文档进行邮件合并。

操作如下

① 打开“学生成绩通知单.doc”，选择菜单“视图”→“工具栏”→“邮件合并”命令，打开“邮件合并”工具栏。

② 单击“设置文档类型”按钮，此时弹出“主文档类型”对话框，选择“普通 Word 文档”单选按钮，如图 15-3 所示，再单击“确定”按钮返回文档。

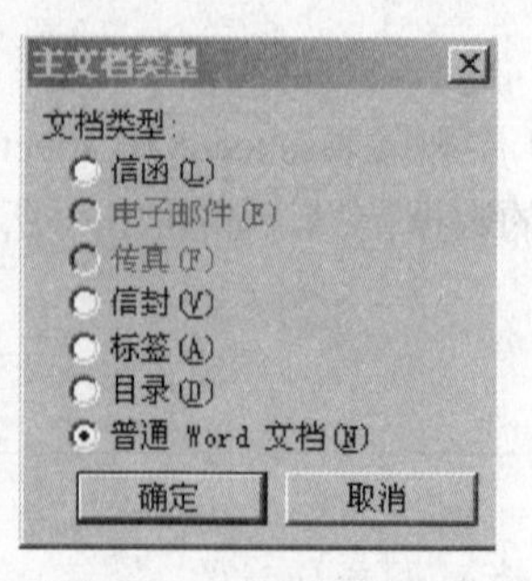

图 15-3 选择文档类型

③ 单击“打开数据源”按钮，此时弹出“选取数据源”对话框，找到之前保存的“数据源.xls”，如图 15-4 所示，再单击“打开”按钮，此时弹出“选择表格”对话框，如图 15-5 所示，选择“学生名单$”，再单击“确定”按钮返回到文档。

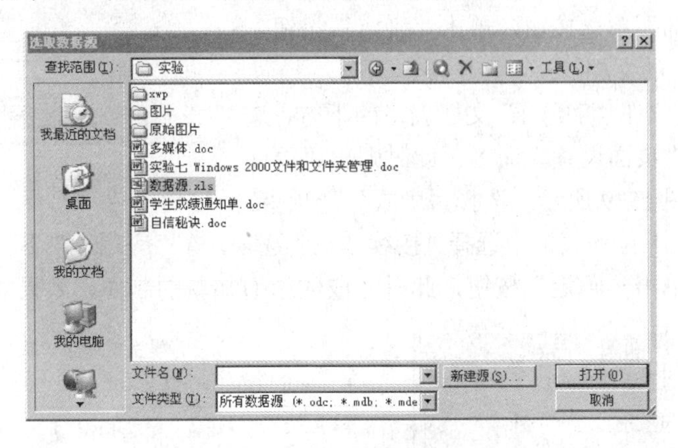

图 15-4　选取数据源

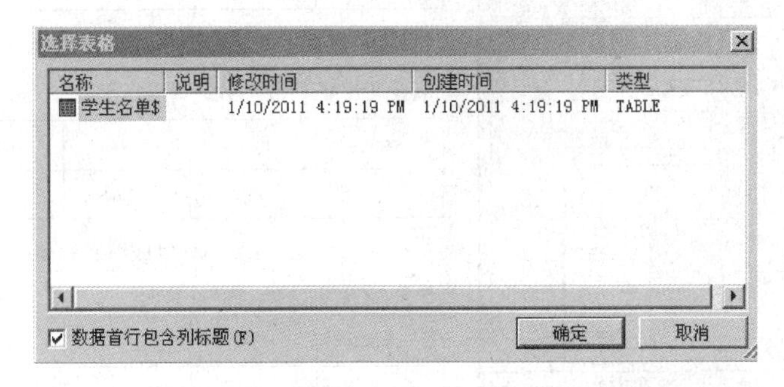

图 15-5 “选择表格”对话框

④ 将插入点定位在文档中的“学号:”后，单击“插入域”按钮，此时弹出“插入合并域”对话框，如图 15-6 所示。在“插入”选项组中选择“数据库域”单选按钮，在“域”列表框中选择“学号”选项，再单击“插入”按钮。

⑤ 采用相同的方法将“姓名”、“语文”、“数学”、“外语”、“物理”、“化学”域插入到文档中的相应位置，效果如图 15-7 所示。

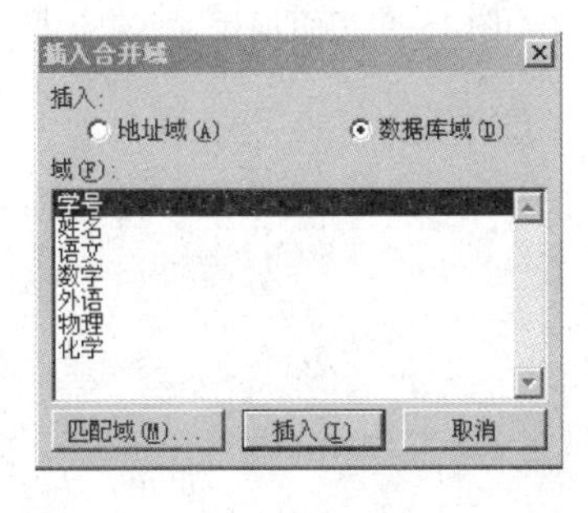

图 15-6 “插入合并域”对话框

学生成绩通知单

学号:《学号》　姓名:《姓名》

语文	数学	外语	物理	化学
《语文》	《数学》	《外语》	《物理》	《化学》

图 15-7　插入合并域效果图

⑥ 单击“查看合并数据”按钮，查看合并数据验证是否正确。

⑦ 单击“合并到新文档”按钮，此时弹出“合并到新文档”对话框，如图 15-8 所示。在“合并记录”选项组中选择“全部”单选按钮，单击“确定”按钮，生成名为“字母 1”的文档。

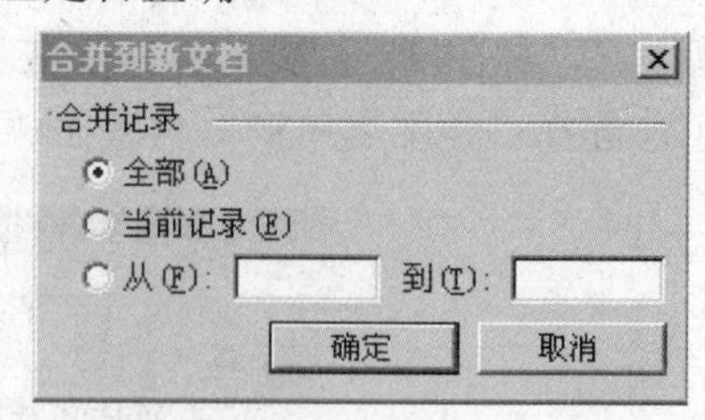

图 15-8 “合并到新文档”对话框

⑧ 将插入点定位在“字母 1”文档表格的下方，选择菜单“文件”→“页面设置”命令，此时弹出“页面设置”对话框，如图 15-9 所示。选择“版式”选项卡，在“节的起始位置”下拉列表框中选择“接续本页”选项，在“应用于”下拉列表框中选择“插入点之后”选项，单击“确定”按钮，此时完成成绩通知单的制作，效果如图 15-10 所示。

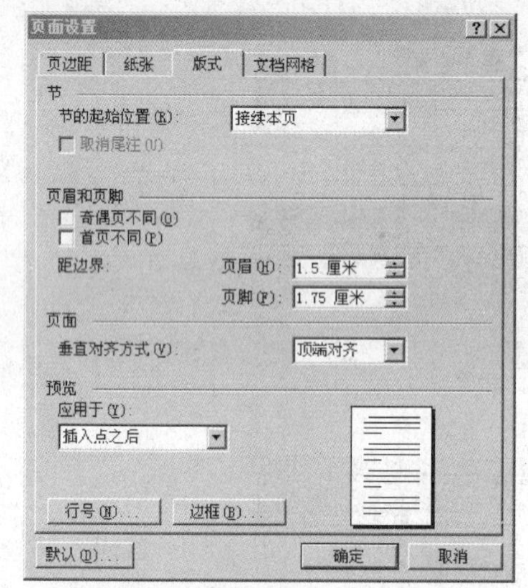

图 15-9 “页面设置”对话框

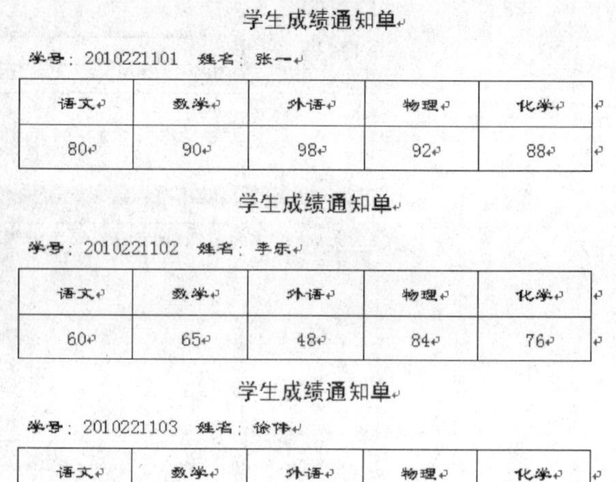

学生成绩通知单

学号：2010221101 姓名：张一

语文	数学	外语	物理	化学
80	90	98	92	88

学生成绩通知单

学号：2010221102 姓名：李乐

语文	数学	外语	物理	化学
60	65	48	84	76

学生成绩通知单

学号：2010221103 姓名：徐伟

语文	数学	外语	物理	化学
93	96	90	88	79

图 15-10 成绩通知单效果图

实验 16

Word 宏的应用

实验目的

- 掌握 Word 宏的创建方法。
- 掌握 Word 宏的使用方法。

实验内容

- 实现 Word 宏的创建及使用。

实训步骤

一、创建 Word 宏

要求：

（1）使用 Microsoft Word 2003 创建一个名为“字符格式化”的宏。

（2）宏实现的功能是将所选文字的字体设置为“黑体”，将字号设置为“四号”，并加下画线，设置下画线的颜色为蓝色。

（3）以上功能可通过 Ctrl+K 组合键实现。

操作如下

① 打开 Word 2003 程序，在文档中输入所需要的文本内容，并将文档保存为“宏.doc”。

② 选择文档中的第一行文字“Word 宏功能介绍和使用”，选择菜单“工具”→“宏”→“录制新宏”命令，在弹出的“录制宏”对话框中输入宏名“字符格式化”，对话框如图 16-1 所示。

③ 单击“键盘”按钮，在弹出的“自定义键盘”对话框中，将光标定位到“请按新快捷键”文本框中，通过键盘按 Ctrl+K 组合键，再单击“指定”按钮，如图 16-2 所示。

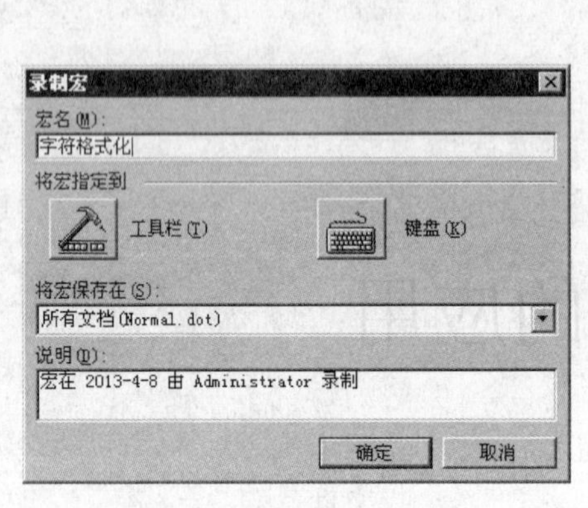

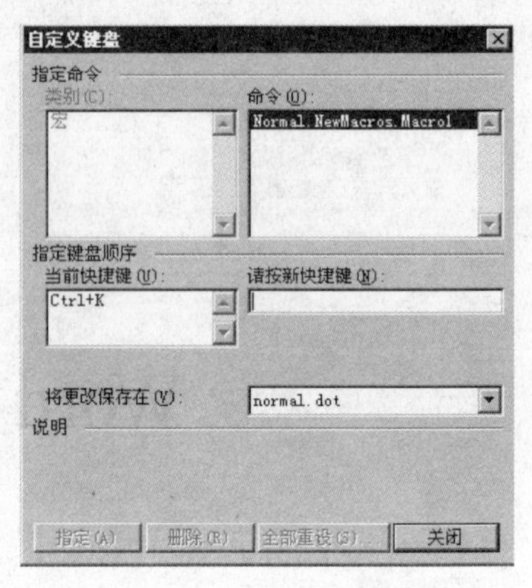

图 16-1　“录制宏”对话框　　　　图 16-2　自定义快捷键

④ 单击“关闭”按钮，此时回到文档编辑窗口，选择菜单“格式”→“字体”命令，在弹出的“字体”对话框中设置字体为“黑体”、字号为“四号”、下画线线型为实线、下画线颜色为蓝色，如图 16-3 所示。

⑤ 格式设置完成，单击“停止录制”工具栏中的“停止录制”按钮即可完成宏的创建，如图 16-4 所示。

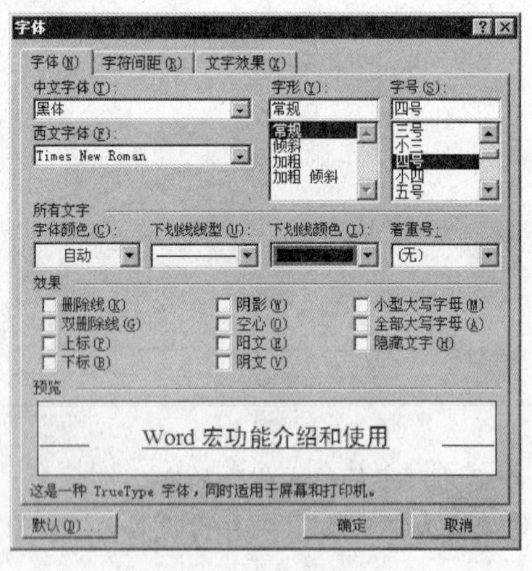

图 16-3　设置字体　　　　图 16-4　“停止录制”工具栏

二、应用 Word 宏

要求：

（1）应用“字符格式化”完成相应字符的格式化。

（2）应用 Ctrl+K 组合键完成相应字符的格式化。

操作如下

① 打开文档“宏.doc”，选择第三段文字“宏的一些典型应用”。

② 选择菜单“工具”→“宏”→“宏”命令，在弹出的“宏”对话框中选择“字符格式化”选项，单击“运行”按钮，如图 16-5 所示。

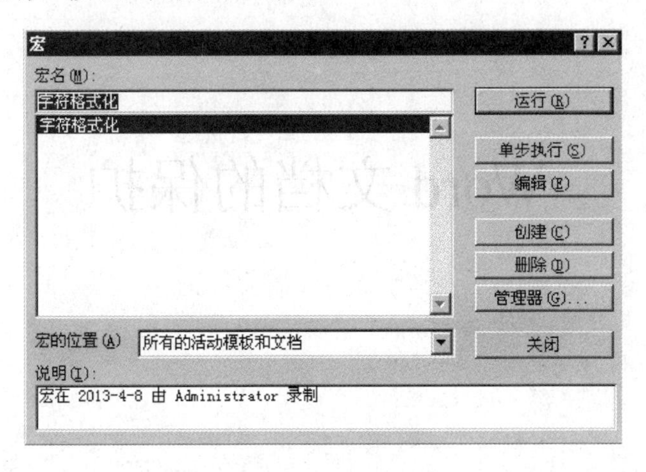

图 16-5 格式化字符

③ 此时，第三段文字的格式与第一段文字的格式相同，宏正常运行。

④ 选择文档中的第四段文字“加速日常编辑和格式设置”，按 Ctrl+K 组合键，此时，第四段文字与第一段、第三段文字的格式相同，证明宏的组合键定义正确，宏正常运行。

⑤ 若要进行其他的一系列操作，可通过宏将这一系列的操作录制并保存下来（录制方法与宏创建方法相同，唯一不同的是具体进行的相关设置），以方便后期的使用，从而提高工作效率。

实验 

Word 文档的保护

实验目的

- 掌握 Word 文档密码的设置。
- 掌握 Word 文档格式设置的限制。
- 掌握 Word 文档编辑的限制。

实验内容

- 实现 Word 文档密码的相关设置。
- 实现 Word 文档中格式的保护。
- 实现 Word 文档中编辑操作的保护。

实训步骤

一、文档密码的相关设置

要求：

（1）为 Word 文档设置打开密码为 123。

（2）为 Word 文档设置修改密码为 456。

操作如下

① 打开已有文档“密码设置.doc”。

② 选择菜单“工具”→“选项”命令，打开“选项”对话框，选择“安全性”选项卡，

在“打开文件时的密码”文本框中输入“123”，在“修改文件时的密码”文本框中输入“456”，“安全性”选项卡如图 17-1 所示。

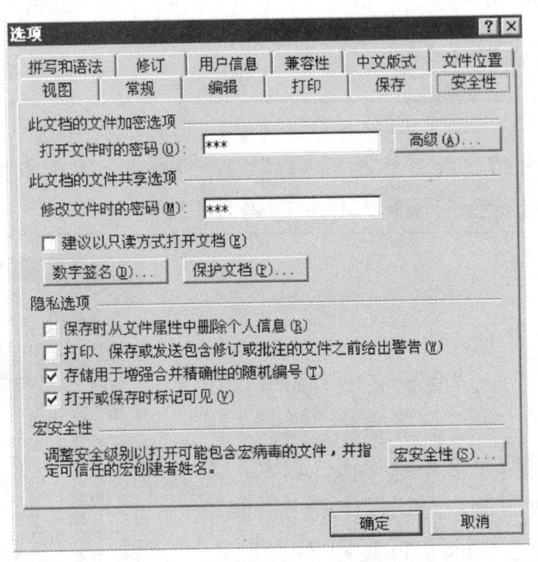

图 17-1　“安全性”选项卡

③ 单击“确定”按钮，弹出确认打开密码及确认修改密码对话框，分别如图 17-2 和图 17-3 所示，在确认打开密码文本框中再次输入“123”，在确认修改密码文本框中再次输入“456”。

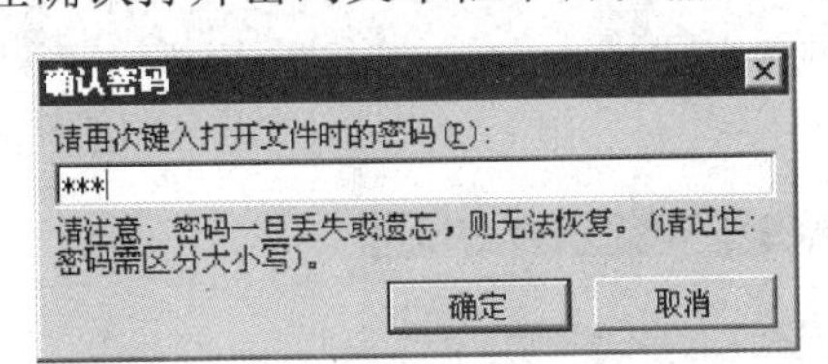

图 17-2　确认打开密码对话框

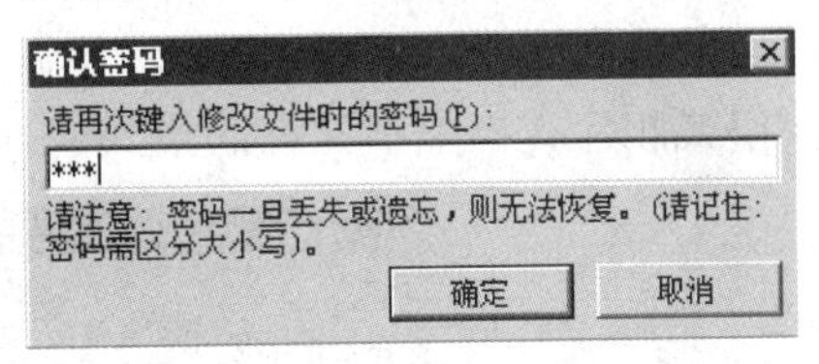

图 17-3　确认修改密码对话框

④ 单击“确定”按钮，完成打开密码及修改密码的设置。

⑤ 保存文档为“密码设置.doc”。

⑥ 再次打开文档“密码设置.doc”，此时弹出“密码”对话框，输入打开密码“123”，如图 17-4 所示。

⑦ 单击“确定”按钮，此时弹出修改密码对话框，在文本框中输入修改密码“456”即可对文档进行修改，若不修改，可直接单击“只读”按钮，如图 17-5 所示。

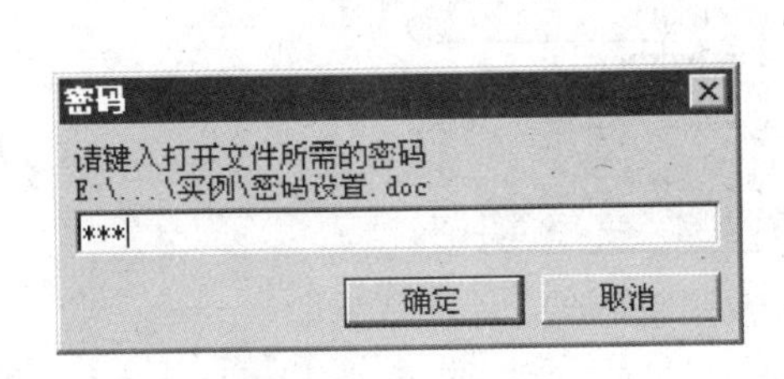

图 17-4　输入打开密码

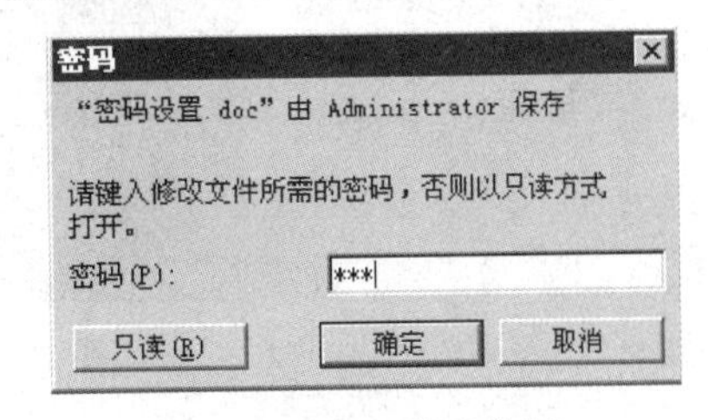

图 17-5　输入修改密码

⑧ 若要取消密码保护，则可进入如图 17-1 所示的“选项”对话框的“安全性”选项卡，

将打开文件时的密码及修改文件时的密码删除即可。

二、文档格式的保护

1. 对文档进行强制保护

要求：

（1）文档中允许使用的样式为标题 1、标题 2、标题 3、正文文本、页眉、页脚及页码。

（2）文档采用密码进行强制保护，保护密码为 123。

操作如下

① 打开任意一个已有的文档。

② 选择菜单“工具”→“保护文档”命令，在文档窗口右侧弹出“保护文档”任务窗格，选择“限制对选定的样式设置格式”复选框，单击“设置”链接，在弹出的“格式设置限制”对话框中的“当前允许使用的样式”列表框中选择标题 1、标题 2、标题 3、正文文本、页眉、页脚、页码 7 个复选框，如图 17-6 所示。

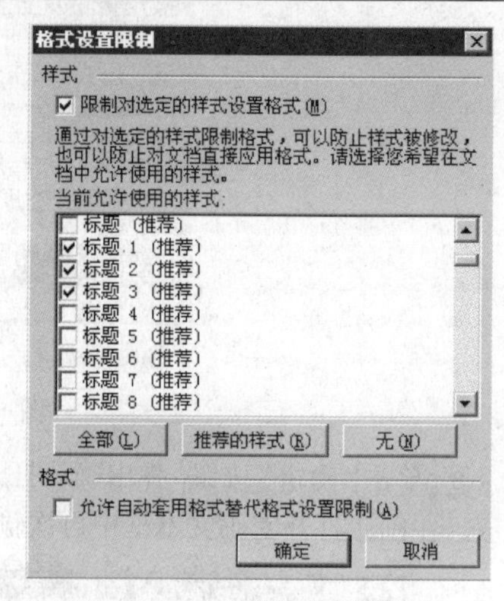

图 17-6 选择允许使用的样式

③ 单击“确定”按钮，若文档中包含不允许的格式，则会弹出询问框，如图 17-7 所示。用户可根据需要保留或删除文档中不允许的格式。

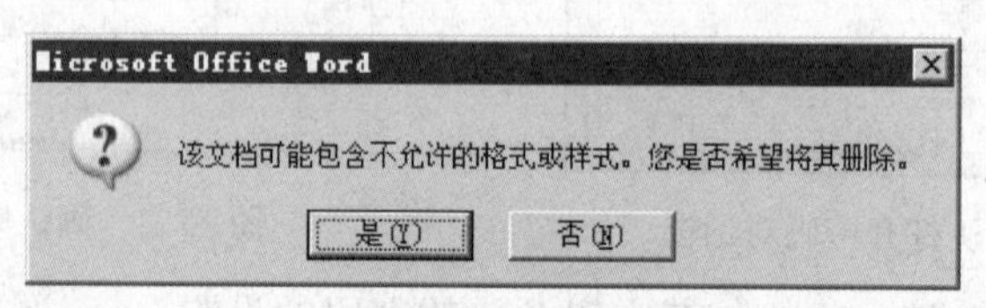

图 17-7 询问框

④ 单击“保护文档”任务窗格中的“是，启动强制保护”按钮，在弹出的“启动强制保护”对话框中设置“新密码（可选）”及“确认新密码”均为 123，如图 17-8 所示。

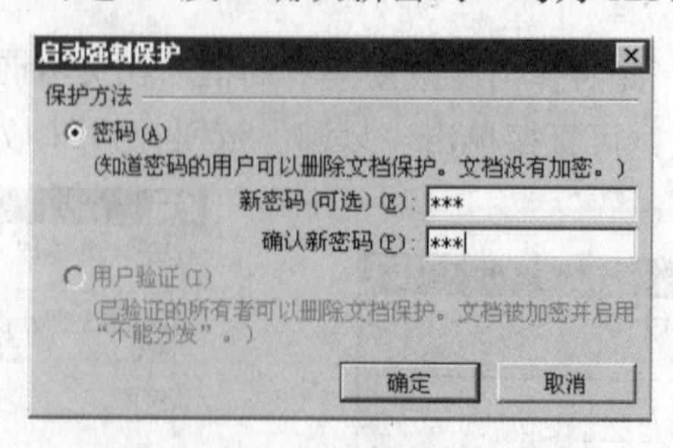

图 17-8 启动强制保护

⑤ 单击“确定”按钮即可完成对格式的保护，此时，对文档中的内容可进行设置的有效样式只有标题 1、标题 2、标题 3、正文、页眉、页脚、页码，字体等选项均不能使用。

2. 停止对文档的格式限制

要求：
取消对于文档的格式限制。

操作如下

① 打开进行格式限制保护的文档。

② 选择菜单“工具”→“取消文档保护”命令或单击“保护文档”任务窗格中的“停止保护”按钮，在弹出的“取消文档保护”对话框中输入相应的密码，如图 17-9 所示，单击“确定”按钮即可。

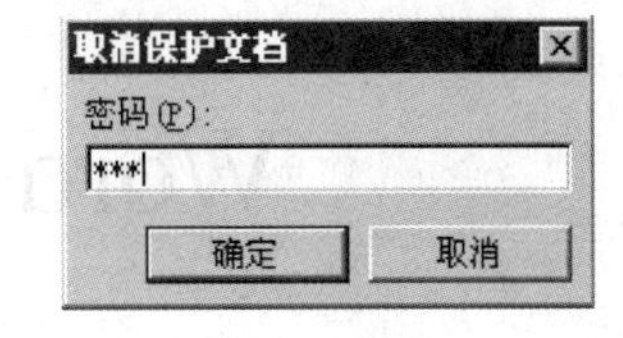

图 17-9　输入取消保护文档密码

三、文档编辑的保护

1. 设置文档的编辑限制

要求：
（1）限制当前文档为只读。
（2）将强制保护密码设置为 111。

操作如下

① 打开任意一个已有的文档。

② 选择菜单“工具”→“保护文档”命令，在文档窗口右侧弹出“保护文档”任务窗格，选择“仅允许在文档中进行此类编辑”复选框，在其下拉列表中选择“未做任何更改（只读）”选项。

③ 单击“保护文档”任务窗格中的“是，启动强制保护”按钮，在弹出的“启动强制保护”对话框中设置“新密码（可选）”及“确认新密码”均为 111，此时当前文档为只读，不能进行任何修改。

④ 若用户希望对文档所做的操作均以修订的形式出现，则可在第 2 步中将下拉列表框中的选项改为“修订”。若用户希望对文档所做的操作均以批注的形式出现，则可在第 2 步中将下拉列表框中的选项改为“批注”。若用户希望文档内容不能选取，对应的菜单、按钮均不能使用，不能输入、删除等，另存也无法修改，则可在第 2 步中将下拉列表框中的选项改为“填写窗体”即可。

2. 停止对于文档的编辑限制

要求：
取消对于文档的编辑限制。

操作如下

① 打开进行编辑限制保护的文档。

② 选择菜单“工具”→“取消文档保护”命令或单击“保护文档”任务窗格中的“停止保护”按钮，在弹出的“取消文档保护”对话框中输入相应的密码，单击“确定”按钮即可。

实验 

Word 页面设置和打印设置

实验目的

- 掌握页面设置和排版的基本方法。
- 掌握打印预览和输出的方法。

实验内容

- 对文档页面的设置：页边距、纸张大小、页码等的设置。
- 打印设置及打印预览。

实训步骤

一、页面设置

要求：

（1）在文档中输入以下内容。

昨夜中秋。黄昏时西天挂下一大帘的云母屏，掩住了落日的光潮，将海天一体化成暗蓝色，寂静得如黑衣尼在圣座前默祷。过了一刻，即听得船梢布篷上悉悉索索啜泣起来，低压的云夹着迷蒙的雨色，将海线逼得像湖一般窄，沿边的黑影，也辨认不出是山是云，但涕泪的痕迹，却满布在空中水上。

又是一番秋意！那雨声在急骤之中，有零落萧疏的况味，连着阴沉的气氲，只是在我灵魂的耳畔私语道：“秋”！我原来无欢的心境，抵御不住那样温婉的浸润，也就开放了春夏间所积受的秋思，和此时外来的怨艾构合，产出一个弱的婴儿——“愁”。

天色早已沉黑，雨也已休止。但方才啜泣的云，还疏松地幕在天空，只露着些惨白的微光，预告明月已经装束齐整，专等开幕。同时船烟正在莽莽苍苍地吞吐，筑成一座蟒鳞的长桥，直联及西天尽处，和轮船泛出的一流翠波白沫，上下对照，留恋西来的踪迹。

北天云幕豁处，一颗鲜翠的明星，喜孜孜地先来问探消息，像新嫁媳的侍婢，也穿扮得遍体光艳。但新娘依然姗姗未出。

我小的时候，每于中秋夜，呆坐在楼窗外等看“月华”。若然天上有云雾缭绕，我就替“亮晶晶的月亮”担扰。若然见了鱼鳞似的云彩，我的小心就欣欣怡悦，默祷着月儿快些开花，因为我常听人说只要有“瓦楞”云，就有月华；但在月光放彩以前，我母亲早已逼我去上床，所以月华只是我脑筋里一个不曾实现的想象，直到如今。

现在天上砌满了瓦楞云彩，霎时间引起了我早年许多有趣的记忆——但我的纯洁的童心，如今哪里去了！

月光有一种神秘的引力。她能使海波咆哮，她能使悲绪生潮。月下的喟息可以结聚成山，月下的情泪可以培畤百亩的畹兰，千茎的紫琳耿。我疑悲哀是人类先天的遗传，否则，何以我们几年不知悲感的时期，有时对着一泻的清辉，也往往凄心滴泪呢？

……

（2）为页面添加页眉“徐志摩　印度洋上的秋思”，将字体设置为“黑体”，设置大小为“三号”。

（3）在页面底端（页脚）添加页码。

（4）设置页面纸张大小为 A4、宽度为 21 cm、高度为 29.7 cm、纵向。

（5）设置页边距，上为 2.54 cm、下为 2.54 cm、左为 3.17 cm、右为 3.17 cm、装订线为 1 cm。

操作如下

① 启动 Word 2003，在文档中输入需要的内容。

② 要实现为页面添加页眉，则操作如下。

选择菜单“视图”→“页眉和页脚”命令，在光标处输入“徐志摩 印度洋上的秋思”，并选中“徐志摩 印度洋上的秋思”，设置其字体为“黑体”、大小为“三号”，设置效果如图 18-1 所示。单击“页眉和页脚”工具栏中的“关闭”按钮来关闭页眉编辑状态。

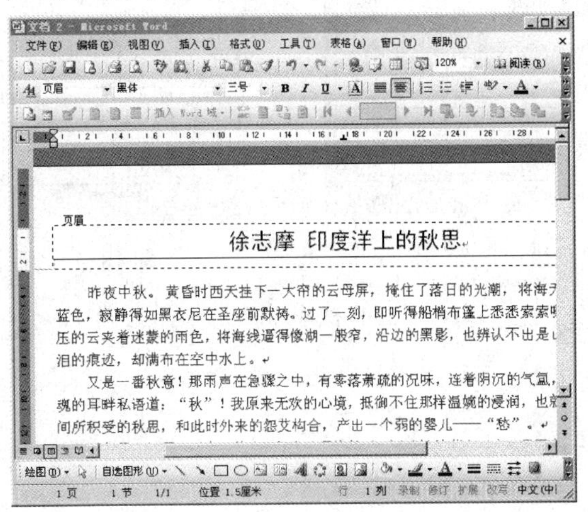

图 18-1　插入页眉后的效果

③ 要实现为页面添加页码，则操作如下。

选择菜单“插入”→“页码”命令，弹出如图 18-2 所示的“页码”对话框。单击“格式”按钮，弹出“页码格式”对话框，参数设置如图 18-3 所示。单击“确定”按钮，此时在页面的底端（页脚）处添加上了页码。

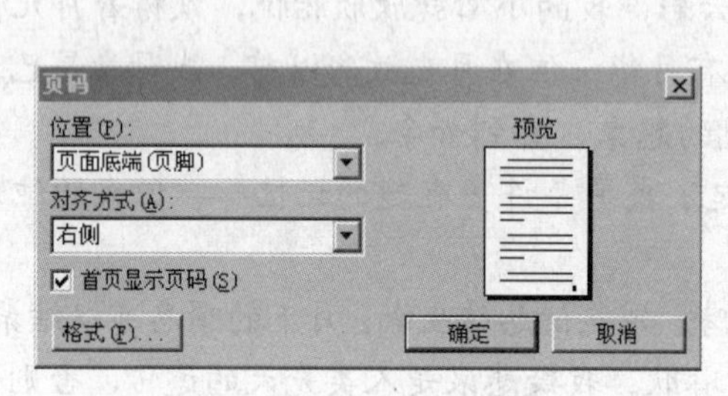

图 18-2 “页码”对话框

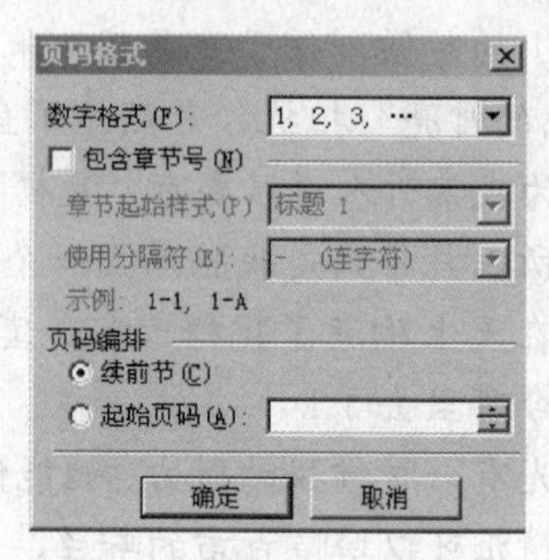

图 18-3　设置页码格式

④ 要实现对页面纸张及页边距的设置，则操作如下。

选择菜单“文件”→“页面设置”命令，弹出“页面设置”对话框，选择“页边距”选项卡，如图 18-4 所示按要求在“上”、“下”、“左”、“右”、“装订线”文本框中分别输入“2.54 厘米”、“2.54 厘米”、“3.17 厘米”、“3.17 厘米”、“1 厘米”，“方向”设置为“纵向”。选择“纸张”选项卡，如图 18-5 所示。在“纸张大小”下拉列表框中选择“A4（21×29.7 厘米）”选项，设置宽度为“21 厘米”、高度为“29.7 厘米”。

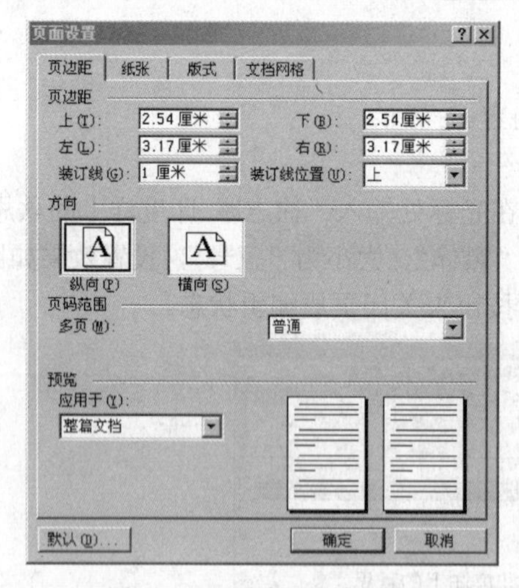

图 18-4 “页边距”选项卡

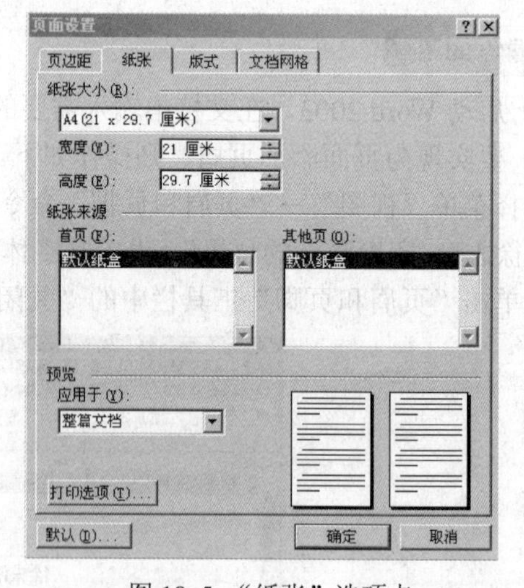

图 18-5 “纸张”选项卡

⑤ 设置完毕，以文件名“印度洋上的秋思.doc”保存文档 1。

二、打印设置

要求：

预览打印效果和打印。

操作如下

① 打开文档“印度洋上的秋思.doc”，选择菜单“文件”→“打印预览”命令，以打印预览方式显示出实际打印效果。

② 单击打印预览工具栏上的“多页”按钮，效果如图 18-6 所示。此时，在屏幕上显示多页的文档。单击“关闭”按钮可关闭打印预览方式。

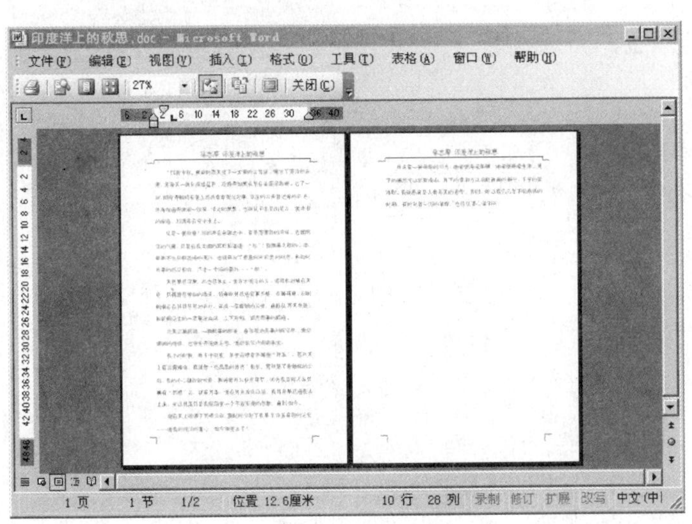

图 18-6　打印预览效果

③ 选择菜单“文件”→“打印”命令，弹出“打印”对话框。在该对话框中，用户可根据实际需要进行选项的设置。

（三）

Excel 应用篇

实验 19

Excel 工作表的建立和格式编辑

实验目的

- 掌握 Excel 2003 的启动。
- 掌握 Excel 2003 工作表的简单格式编辑。

实验内容

- Excel 2003 的启动。
- 工作表的简单格式编辑（工作表的插入、更名、保存、单元格的合并、单元格对齐方式的设置、数据的自动填充等）。

实训步骤

一、Excel 2003 的启动

操作如下

① 选择菜单“开始”→“程序”→Microsoft Excel 2003 命令或者双击桌面上的 Excel 2003 图标。

② 启动 Excel 2003 以后，会自动建立一个文件名为 Book1 的空白工作簿，其中包含 3 个工作表，分别为 Sheet1、Sheet2、Sheet3。

二、工作表的建立

要求：

（1）启动 Excel 2003，插入一个新的工作表，命名为“课程表”， 如图 19-1 所示。

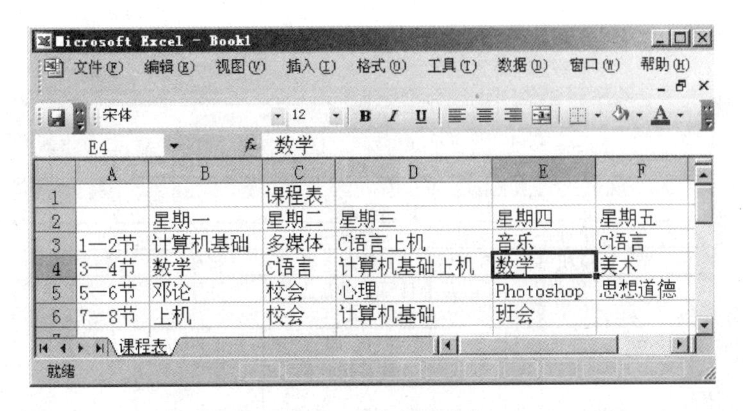

图 19-1　课程表

（2）将工作簿中的 Sheet1、Sheet2、Sheet3 这 3 个工作表都删除。

操作如下

① 启动 Excel 2003 后，在工作簿 Book1 中会自动建立 3 个工作表 Sheet1、Sheet2、Sheet3。

② 要实现将 Sheet1、Sheet2、Sheet3 这 3 个工作表都删除，则操作如下。

选中 Sheet1，选择菜单“编辑”→“删除工作表”命令，即可删除 Sheet1。

要删除 Sheet2 和 Sheet3，则操作方法相同。

③ 要在 Book1 工作簿中插入工作表，并命名为“课程表”，则操作如下。

选择菜单“插入”→“工作表”命令，此时插入了一个名为 Sheet4 的工作表，然后选择菜单“格式”→“工作表”→“重命名”命令，此时 Sheet4 处于黑色选中状态，直接输入“课程表”几个字即可。

④ 按要求在工作表中输入内容，按 Tab 键可以将当前活动单元格定位到同一行的下一列单元格中，按 Enter 键可以将当前活动单元格定位到同一列的下一行单元格中。

⑤ 以文件名“课程表”保存 Book1。

三、工作表的编辑

要求：

（1）将 A1 ~ F1 这 6 个单元格合并为一个单元格，并将标题“课程表”的字体设置为“隶书”，设置大小为 24 磅，居中对齐。

（2）设置表中的其他字体为“黑体”、大小为 16 磅，居中对齐。

（3）在第 4 行与第 5 行之间插入一空行，并将其合并为一个单元格，输入文字“午休”。

（4）设置行高为 20 磅、列宽为“最适合的列宽”。

（5）为表格添加蓝色虚线边框。

（6）为表格内部的单元格添加蓝色实线边框。

（7）为表格添加任意一种颜色的底纹。

按要求设置以后的工作表，效果如图 19-2 所示。

	A	B	C	D	E	F
1	课程表					
2		星期一	星期二	星期三	星期四	星期五
3	1—2节	计算机基础	多媒体	C语言上机	音乐	C语言
4	3—4节	数学	C语言	计算机基础上机	数学	美术
5	午休					
6	5—6节	邓论	校会	心理	Photoshop	思想道德
7	7—8节	上机	校会	计算机基础	班会	

图 19-2　效果图

操作如下

① 要实现 A1～F1 这 6 个单元格的合并，则操作如下。

- 方法一：选中要合并的 6 个单元格，单击“常用”工具栏上的“合并及居中”按钮。
- 方法二：选中要合并的 6 个单元格，选择菜单“格式”→“单元格”命令，将弹出“单元格格式”对话框，打开“对齐”选项卡，如图 19-3 所示，选中该选项卡中的“合并单元格”复选框，单击“确定”按钮即可。

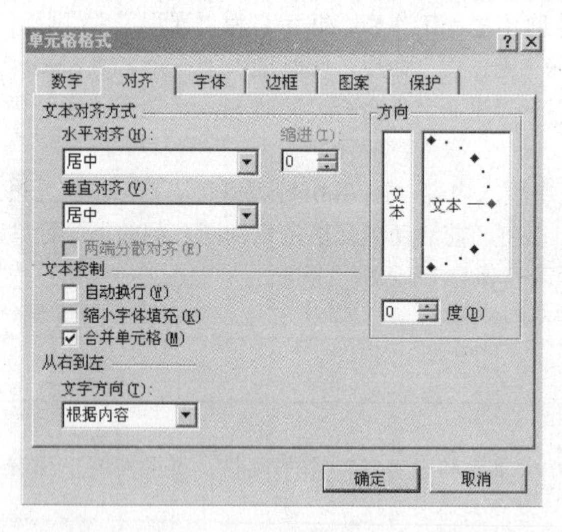

图 19-3　“对齐”选项卡

② 要实现标题字体、字号及对齐方式的设置，则操作如下。

选中标题“课程表”，选择菜单“格式”→“单元格”命令，将弹出“单元格格式”对话框，打开“字体”选项卡，在“字体”列表框中选择“隶书”选项，在“字号”列表框中选择 24 选项，参数设置如图 19-4 所示。再进入“对齐”选项卡，在“文本对齐方式”选项组中的“水平对齐”及“垂直对齐”下拉列表框中选择“居中”选项。

③ 其余文字的字体、字号、对齐方式的设置同标题的设置，这里不再赘述。

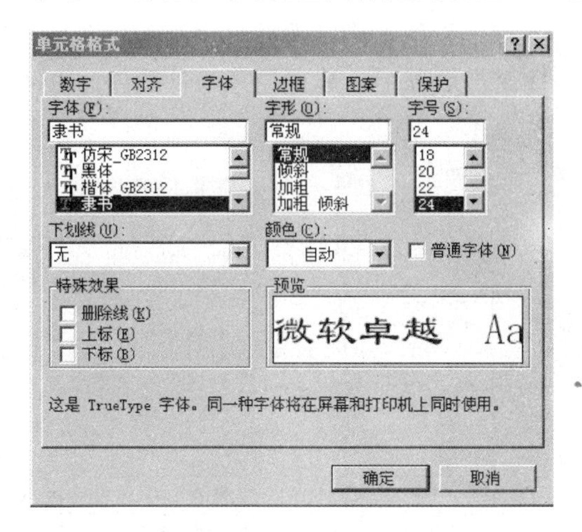

图 19-4 设置字体

④ 要实现在第 4 行和第 5 行之间插入一空行并合并为一个单元格，则操作如下。

选中第 5 行，选择菜单“插入”→“行”命令，此时插入了一空行，而原来的第 5 行变成了第 6 行，然后选中 A5～F5 这 6 个单元格，单击“常用”工具栏中的“合并及居中”按钮，将这 6 个单元格合并为一个单元格，再输入文字“午休”，字体及对齐方式等的设置这里不再赘述。

⑤ 要实现行高和列宽的设置，则操作如下。

- 设置行高：选中整个有文字内容的“课程表”表格，选择菜单“格式”→“行”→“行高”命令，弹出“行高”对话框，在“行高”文本框中输入“20”，单击“确定”按钮，参数设置如图 19-5 所示。

图 19-5 输入行高

- 设置列宽：选中整个有文字内容的“课程表”表格，选择菜单“格式”→“列”→“最适合的列宽”命令设置即可。

⑥ 要实现为表格添加蓝色虚线边框，则操作如下。

选中整个有文字内容的“课程表”表格，选择菜单“格式”→“单元格”命令，弹出“单元格格式”对话框，进入“边框”选项卡，从中设置“颜色”为蓝色，然后在“线条”选项组中的“样式”列表框中选择虚线，再单击“外边框”按钮，参数设置如图 19-6 所示。

⑦ 要实现为表格内部添加蓝色实线边框，则操作如下。

选中整个有文字内容的“课程表”表格，选择菜单“格式”→“单元格”命令，弹出“单元格格式”对话框，进入“边框”选项卡，从中设置“颜色”为蓝色，然后在“线条”选项组的“样式”列表框中选择实线，再单击“内部”按钮。

⑧ 要实现为表格添加任意一种颜色的底纹，则操作如下。

选中整个有文字内容的“课程表”表格，选择菜单“格式”→“单元格”命令，弹出“单元格格式”对话框，进入“图案”选项卡，选择任意一种颜色，再单击“确定”按钮，参数设置如图 19-7 所示。

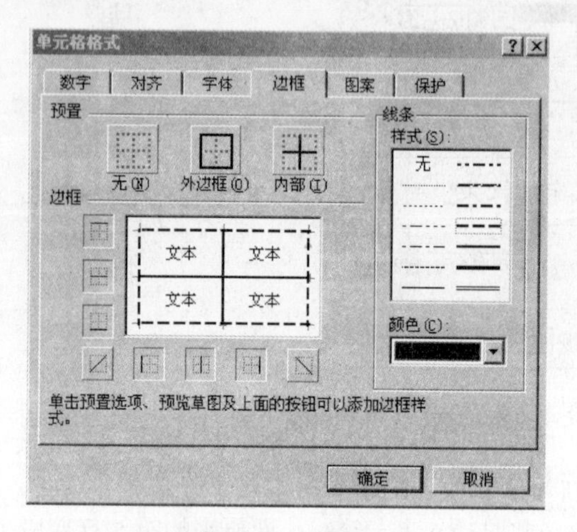

图 19-6 设置边框

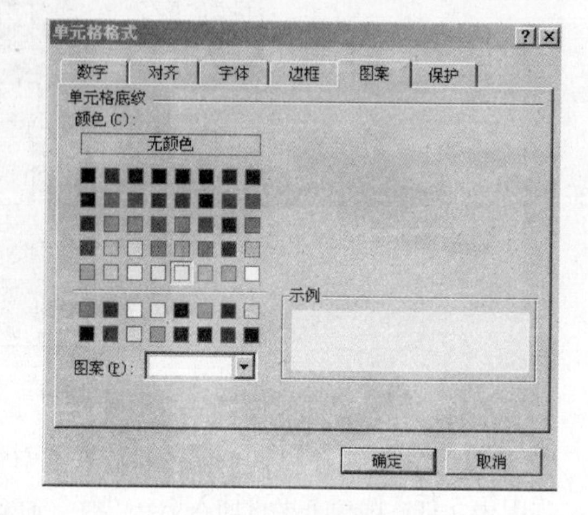

图 19-7 设置底纹颜色

⑨ 设置完毕，再次以文件名“课程表”保存该工作簿。

实验 20

Excel 工作表中的公式和函数应用

实验目的

- 掌握 Excel 2003 中单元格的绝对地址和相对地址的使用。
- 掌握 Excel 2003 中公式和函数的应用。

实验内容

- 工作表的公式的应用：公式的输入、结果显示、公式和自动填充等。
- 工作表的函数的应用：函数的粘贴、函数的自动填充等。

实训步骤

一、Excel 2003 的准备工作

操作如下

① 选择菜单“开始”→“程序”→“Microsoft Excel 2003”命令或者双击桌面上的 Excel 2003 图标。

② 启动 Excel 2003 以后，会自动建立一个文件名为 Book1 的空白工作簿，其中包含 3 个工作表，分别为 Sheet1、Sheet2、Sheet3。

③ 在 Sheet1 中建立如图 20-1 所示的工资表。

④ 以文件名“工资表.xls”保存。

	A	B	C	D	E	F
1	工资表					
2	姓名	职工编号	基本工资	津贴	水电费	实发工资
3	张一	1	1000	800	58	
4	张二	2	800	600	86	
5	张三	3	700	900	150	
6	张四	4	1500	1000	178	
7	合计					
8	平均值					

图 20-1　工资表

二、工作表的公式的应用

要求：

（1）打开“工资表.xls”，利用公式计算“基本工资”、“津贴”、“水电费”的总和及相应的平均值。

（2）利用公式“实发工资=基本工资+津贴-水电费”计算每个职工的“实发工资”。按要求计算以后的工资表如图 20-2 所示。

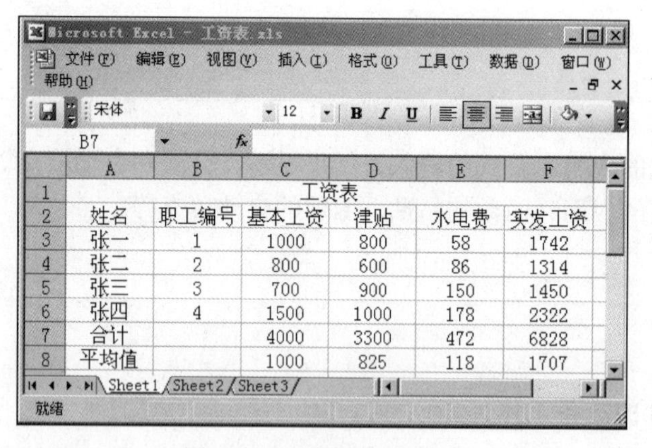

	A	B	C	D	E	F
1	工资表					
2	姓名	职工编号	基本工资	津贴	水电费	实发工资
3	张一	1	1000	800	58	1742
4	张二	2	800	600	86	1314
5	张三	3	700	900	150	1450
6	张四	4	1500	1000	178	2322
7	合计		4000	3300	472	6828
8	平均值		1000	825	118	1707

图 20-2　计算后的工资表

操作如下

① 要实现“基本工资”总和的计算，则操作如下。

- 方法一：将当前活动单元格定位在 C7 单元格，在编辑栏中输入“=SUM(C3:C6)”。
- 方法二：将当前活动单元格定位在 C7 单元格，单击“常用”工具栏中的“插入函数”按钮 fx，弹出“插入函数”对话框，选择 SUM 函数，单击“确定”按钮，弹出“函数参数”对话框，在 Number1 文本框中输入“C3:C6”，再单击“确定”按钮，参数设置如图 20-3 所示。

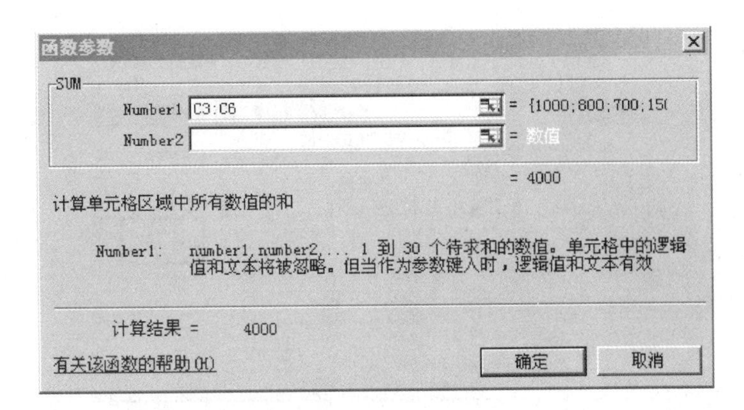

图 20-3　输入函数参数

② 要实现“津贴”、“水电费”的统计，则操作同第 1 步，但要注意单元格的定位。计算“津贴”的总和时，将当前活动单元格定位在 D7 单元格。计算“水电费”的总和时，将当前活动单元格定位在 E7 单元格。

③ 要实现“张一”的“实发工资”的计算，则操作如下。

- 方法一：将当前活动单元格定位在 F3 单元格，在编辑栏中输入“=1000+800-58”。
- 方法二：将当前活动单元格定位在 F3 单元格，单击“常用”工具栏中的“插入函数”按钮，弹出“插入函数”对话框，选择 SUM 函数，弹出“函数参数”对话框，在 Number1 文本框中输入“C3:D3”，在 Number2 文本框中输入“-E3”，再单击“确定”按钮，参数设置如图 20-4 所示。

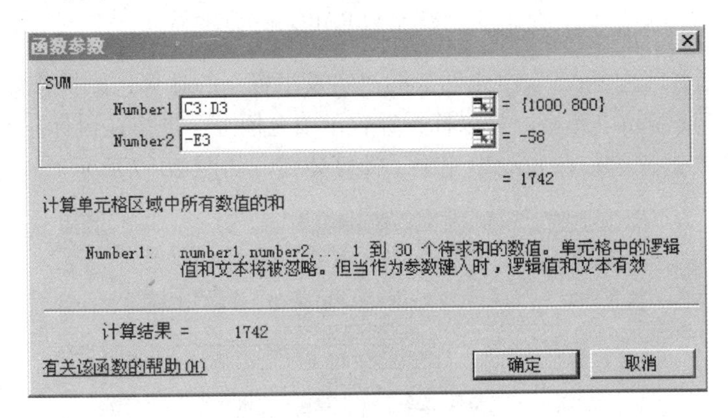

图 20-4　输入函数参数

④ 要实现“张二”、“张三”、“张四”的“实发工资”的计算，则操作如下。

将 F3 作为当前活动单元格，将鼠标指针置于填充柄上，再按住鼠标左键向下拖动，此时，“张二”、“张三”、“张四”的“实发工资”就自动填充上了计算公式，如图 20-5 所示。

⑤ 要实现“基本工资”的平均值的计算，则操作如下。

首先将当前活动单元格定位在 C8 单元格，单击“常用”工具栏中的“插入函数”按钮，弹出“插入函数”对话框，选择 AVERAGE 函数，弹出“函数参数”对话框，在 Number1 文本框中输入“C3:C6”，再单击“确定”按钮，参数设置如图 20-6 所示。

Microsoft Excel - 工资表.xls

F3　=SUM(C3:D3,-E3)

	A	B	C	D	E	F
1			工资表			
2	姓名	职工编号	基本工资	津贴	水电费	实发工资
3	张一	1	1000	800	58	1742
4	张二	2	800	600	86	1314
5	张三	3	700	900	150	
6	张四	4	1500	1000	178	
7	合计		4000	3300	472	
8	平均值		1000	825	118	

就绪　求和=3056

图 20-5　自动填充公式后的效果

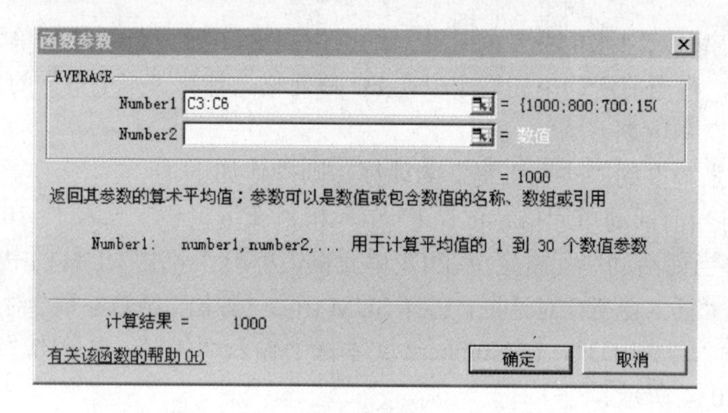

图 20-6　设置 AVERARG 函数的参数

⑥ 要实现“张二”、“张三”、“张四”的“实发工资”的计算，则操作如下。

将 C8 作为当前活动单元格，将鼠标指针置于填充柄上，再按住鼠标左键向左拖动，此时“津贴”、“水电费”的平均值就自动填充上了计算公式，如图 20-7 所示。

Microsoft Excel - 工资表.xls

C8　=AVERAGE(C3:C6)

	A	B	C	D	E	F
1			工资表			
2	姓名	职工编号	基本工资	津贴	水电费	实发工资
3	张一	1	1000	800	58	1742
4	张二	2	800	600	86	1314
5	张三	3	700	900	150	1450
6	张四	4	1500	1000	178	2322
7	合计		4000	3300	472	6828
8	平均值		1000			

就绪

图 20-7　自动填充后的效果

⑦ 再次以文件名“工资表”保存。

实验 21

Excel 数据管理与分析

实验目的

- 掌握 Excel 2003 中记录的排序、筛选、查找、条件格式、设置等。
- 掌握 Excel 2003 数据透视表的创建及编辑。
- 掌握 Excel 2003 中的合并计算。
- 掌握 Excel 2003 中的高级筛选。

实验内容

- 工作表的数据管理与分析：记录的排序、查找等。
- 数据透视表的创建与编辑。
- 合并计算。
- 高级筛选。

实训步骤

一、Excel 2003 的数据管理

要求：

（1）打开“工资表.xls”，在 A 列 B 列之间增加一列“系别”，再对“基本工资”列进行降序排序。

（2）筛选工资表中“通信系”的全体职工。

（3）对工资表进行分类汇总。

操作如下

① 要实现在工资表中增加“系别”列，则操作如下。

选中 B 列，选择菜单“插入”→“列”命令，此时增加了一空列，在该列中输入相应的内容，并进行保存，效果如图 21-1 所示。

	A	B	C	D	E	F
1				工资表		
2	姓名	系别	职工编号	基本工资	津贴	水电费
3	张一	电信系	1	1000	800	58
4	张二	通信系	2	800	600	86
5	张三	计科系	3	700	900	150
6	张四	通信系	4	1500	1000	178
7	合计			4000	3300	472
8	平均值			1000		

图 21-1 效果图 1

② 要实现对“基本工资”列进行降序排序，则操作如下。

选中 A3～G6 之间的所有单元格，选择菜单“数据”→“排序”命令，弹出“排序”对话框，在“主要关键字”下拉列表框中选择“基本工资”选项，然后选择“降序”单选按钮，再单击“确定”按钮，参数设置如图 21-2 所示。

排序以后的效果如图 21-3 所示。

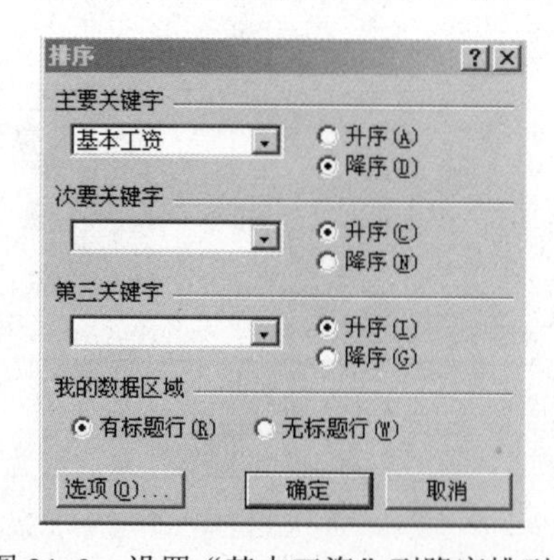

图 21-2 设置“基本工资”列降序排列

	A	B	C	D	E	F	G
1				工资表			
2	姓名	系别	职工编号	基本工资	津贴	水电费	实发工资
3	张四	通信系	4	1500	1000	178	2322
4	张一	电信系	1	1000	800	58	1742
5	张二	通信系	2	800	600	86	1314
6	张三	计科系	3	700	900	150	1450
7	合计			4000	3300	472	6828
8	平均值			1000			

图 21-3 效果图 2

③ 要实现对“通信系”的全体员工进行筛选，则操作方法如下。

- 方法一：将当前活动单元格定位在有数据的任一单元格中，选择菜单“数据”→“筛选”→“自动筛选”命令，则工作表的每一列的标题增加了▾标记，在“系别”列中单击该标记，在下拉列表中选择“通信系”。
- 方法二：将当前活动单元格定位在有数据的任一单元格中，选择菜单“数据”→“筛选”→“自动筛选”命令，则工作表的每一列的标题增加了▾标记，在“系别”列中单击该标记，在下拉列表中选择“自定义”选项，弹出“自定义自动筛选方式”对话框，在“系别”选项第一个下拉列表框中选择“等于”选项，在其后的组合框中输入“通信系”，再单击“确定”按钮，参数设置如图 21-4 所示。

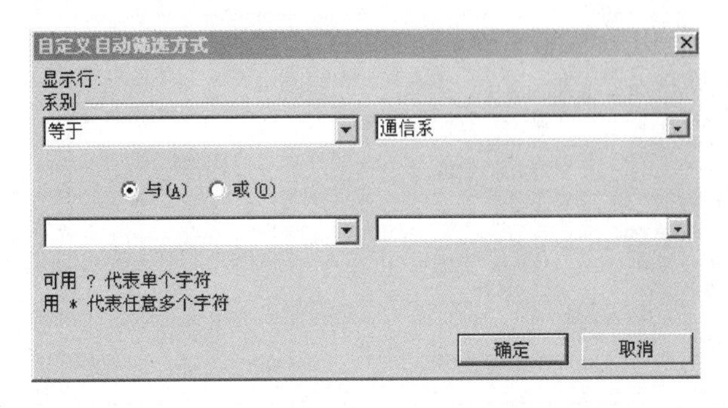

图 21-4　自定义自动筛选方式

设置筛选条件后的效果如图 21-5 所示。

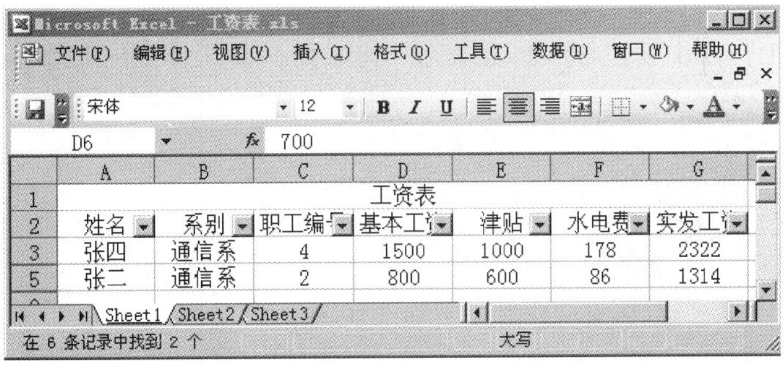

	A	B	C	D	E	F	G
1	工资表						
2	姓名	系别	职工编号	基本工资	津贴	水电费	实发工资
3	张四	通信系	4	1500	1000	178	2322
5	张二	通信系	2	800	600	86	1314

图 21-5　效果图 3

④ 实现对工资表进行分类汇总，则操作如下。

选中除标题、“合计”及“平均值”3 行以外的内容，选择菜单“数据”→“分类汇总”命令，弹出“分类汇总”对话框，如图 21-6 所示。在“分类字段”下拉列表框中选择“系别”选项，在“汇总方式”下拉列表框中选择“求和”选项，在“选定汇总项”列表框中选中“实发工资”复选框。设置分类汇总以后的效果如图 21-7 所示。

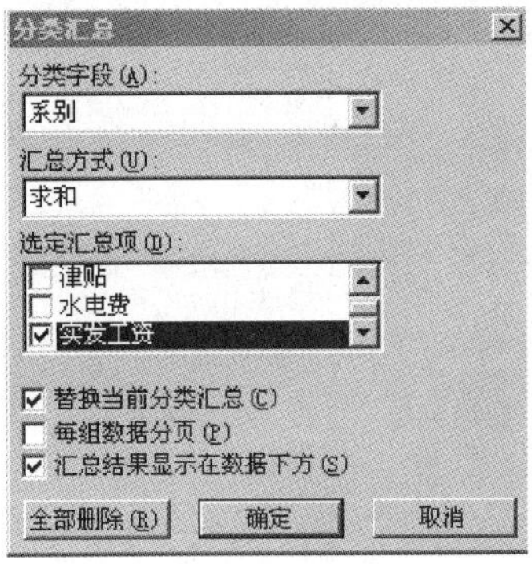

图 21-6　“分类汇总”对话框

	A	B	C	D	E	F	G
1				工资表			
2	姓名	系别	职工编号	基本工资	津贴	水电费	实发工资
3	张四	通信系	4	1500	1000	178	2322
4		通信系 汇总					2322
5	张一	电信系	1	1000	800	58	1742
6		电信系 汇总					1742
7	张二	通信系	2	800	600	86	1314
8		通信系 汇总					1314
9	张三	计科系	3	700	900	150	1450
10		计科系 汇总					1450
11		总计					6828
12	合计			4000	3300	472	6828
13	平均值			1000			

图 21-7 效果图 4

二、Excel 数据透视表的创建与编辑

在“工资表”工作簿中新建 Sheet4 工作表，利用 Sheet1 工作表中的数据，建立数据透视表。

要求：

（1）以“职工编号”为分页。

（2）以“系别”为行字段。

（3）以“姓名”为列字段。

（4）以“基本工资”和“津贴”作为数据求和项。

按要求进行创建以后的效果如图 21-8 所示。

职工编号	4		
		姓名	
系别	数据	张四	总计
通信系	求和项:基本工资	1500	1500
	求和项:津贴	1000	1000
求和项:基本工资汇总		1500	1500
求和项:津贴汇总		1000	1000

图 21-8 效果图 5

操作如下

① 让 Sheet4 作为当前工作表，选择菜单“数据”→“数据透视表和数据透视图”命令，弹出如图 21-9 所示的“数据透视表和数据透视图向导—3 步骤之 1”对话框。

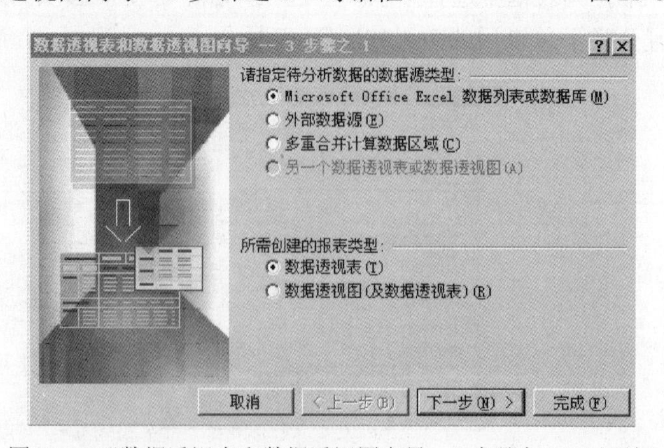

图 21-9 “数据透视表和数据透视图向导—3 步骤之 1”对话框

单击“下一步”按钮，弹出如图 21-10 所示的对话框，在“选定区域”组合框中输入“Sheet1!$A$2:$G$6”。

图 21-10　“数据透视表和数据透视图向导—3 步骤之 2”对话框

单击“下一步”按钮，在弹出的如图 21-11 所示的对话框中进行设置。

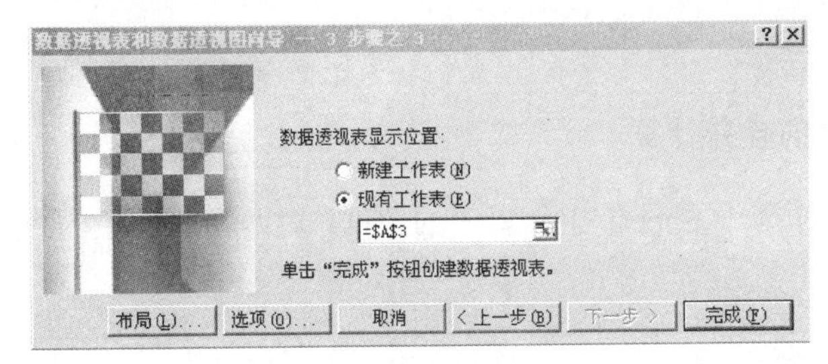

图 21-11　“数据透视表和数据透视图向导—3 步骤之 3”对话框

单击“布局”按钮，弹出布局对话框，按要求将相应的分页字段、行字段、列字段及相应的数据项拖到相应的位置，如图 21-12 所示。

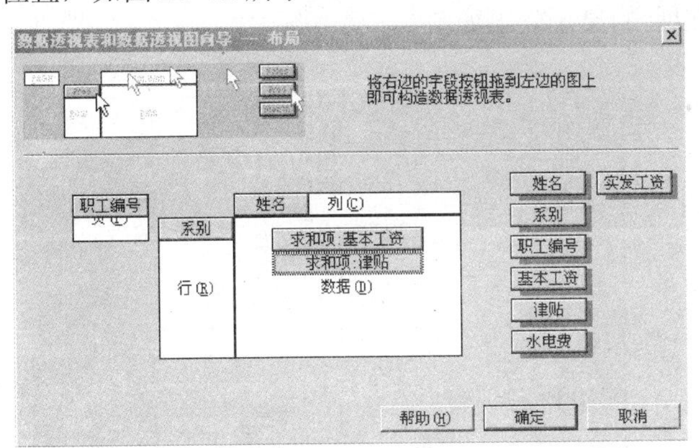

图 21-12　设置布局

单击“确定”按钮，此时的效果如图 21-13 所示。

职工编号	(全部)					
		姓名				
系别	数据	张二	张三	张四	张一	总计
电信系	求和项:基本工资				1000	1000
	求和项:津贴				800	800
计科系	求和项:基本工资		700			700
	求和项:津贴		900			900
通信系	求和项:基本工资	800		1500		2300
	求和项:津贴	600		1000		1600
求和项:基本工资汇总		800	700	1500	1000	4000
求和项:津贴汇总		600	900	1000	800	3300

图 21-13　效果图 6

② 在“职工编号”右侧的下拉列表中选择 4，效果如图 21-14 所示。

职工编号	4		
		姓名	
系别	数据	张四	总计
通信系	求和项:基本工资	1500	1500
	求和项:津贴	1000	1000
求和项:基本工资汇总		1500	1500
求和项:津贴汇总		1000	1000

图 21-14 效果图 7

③ 再次保存工资表。

三、Excel 中数据的合并计算

使用“成绩表”工作簿中 Sheet1 工作表中的数据，对两个班学生的各门课程进行“平均值”合并计算。

要求：

（1）“课程”列中显示各门课程名。

（2）“平均分”列显示各门课程的平均分。

按要求进行创建以后的显示效果如图 21-15 所示。

	A	B	C	D
1		计算机软件1班成绩表		
2	姓名	性别	课程	成绩
3	张一	男	图形图像处理	85
4	徐文	女	人机界面	90
5	张三	女	办公自动化	71
6	李四	男	人机界面	60
7	王五	女	图形图像处理	80
8	张凡	男	图形图像处理	94
9				
10				
11		计算机软件2班成绩表		
12	姓名	性别	课程	成绩
13	王李	女	人机界面	80
14	周天	男	图形图像处理	82
15	吴佳	女	办公自动化	84
16	周婧	女	办公自动化	66
17				
18	课程	平均分		
19	图形图像处理	85.25		
20	人机界面	76.66667		
21	办公自动化	73.66667		

图 21-15 合并计算结果图

操作如下

① 打开“成绩表.xls”，将光标定位在 A19 单元格中。

② 选择菜单“数据”→“合并计算”命令，在弹出的“合并计算”对话框中，在“函数”下拉列表框中选择“平均值”选项，将光标定位到“引用位置”组合框中，在成绩表工作簿的

Sheet1 工作表中拖选“计算机软件 1 班成绩表”中的 C3:D8 单元格区域，单击“添加”按钮，再在工作表中拖选“计算机软件 2 班成绩表”中的 C13:D16 单元格区域，在“标签位置”选项组中选择“最左列”复选框，如图 21-16 所示。

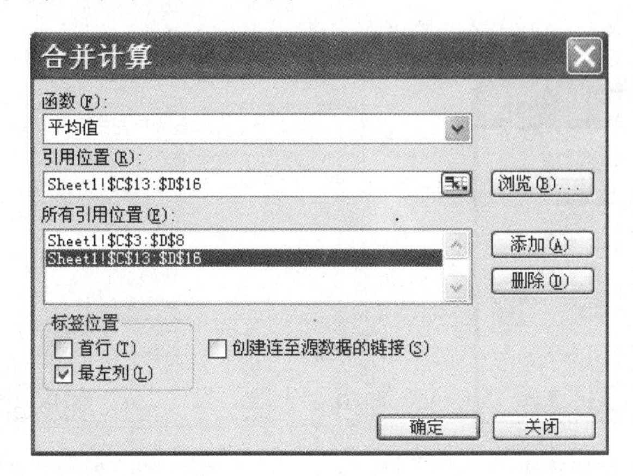

图 21-16　在“合并计算”对话框中设置参数

③ 单击“确定”按钮，完成对两个班各门课程“平均值”的合并计算。

四、Excel 中数据的高级筛选

使用“成绩表”工作簿中 Sheet1 工作表中的数据，筛选出“计算机软件 1 班成绩表”中姓张、课程为图形图像处理、对应成绩为 80 分以上的学生数据。

要求：

（1）姓名为姓张的。

（2）课程为图形图像处理。

（3）成绩大于 80。

（4）将筛选结果保存在以 G18 开始的单元格区域中。

操作如下

① 打开“成绩表.xls”，将光标定位在 G2 单元格中，输入高级筛选条件，如图 21-17 所示。

姓名	课程	成绩
张*	图形图像处理	>80

图 21-17　高级筛选条件

② 选择菜单“数据”→“筛选”→“高级筛选”命令，在弹出的“高级筛选”对话框中的“方式”选项组中选择“将筛选结果复制到其他位置”单选按钮。

③ 将光标定位到“列表区域”组合框中，回到数据表中，拖选“计算机软件 1 班成绩表”中的对应字段名及数据区域。

④ 将光标定位到“条件区域”组合框中，回到数据表中，拖选第 1 步中所创建的高级筛

选条件区域。

⑤ 将光标定位到“复制到”组合框中，回到数据表中，单击 G18 单元格，参数设置如图 21-18 所示。

⑥ 单击“确定”按钮，得到高级筛选结果，如图 21-19 所示。

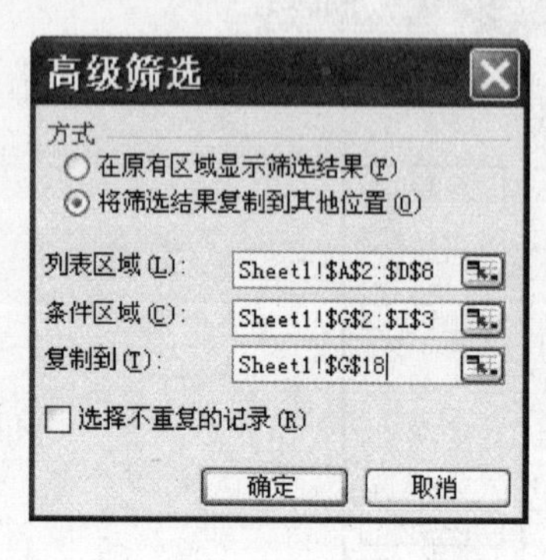

图 21-18　设置高级筛选

姓名	性别	课程	成绩
张一	男	图形图像处理	85
张凡	男	图形图像处理	94

图 21-19　高级筛选结果

实验 22

Excel 数据图表统计图

实验目的

- 掌握 Excel 2003 中图表的创建。
- 掌握 Excel 2003 中图表的编辑和格式化。

实验内容

- 图表的创建：利用图表向导进行创建。
- 图表的编辑与格式化：图表标题的格式化、图表坐标轴的最大（小）值的设置、图例的设置等。

实训步骤

一、Excel 2003 图表的创建

要求：

（1）打开“工资表.xls”，对该表建立一个柱形图表。

（2）图表标题为“实发工资分布图”。

（3）系列名称为“实发工资”。

（4）分类 X 轴为每个员工的姓名。

（5）Y 轴数据最小值为 800，最大值为 2 000，单位刻度为 100。

按要求创建的柱形图表如图 22-1 所示。

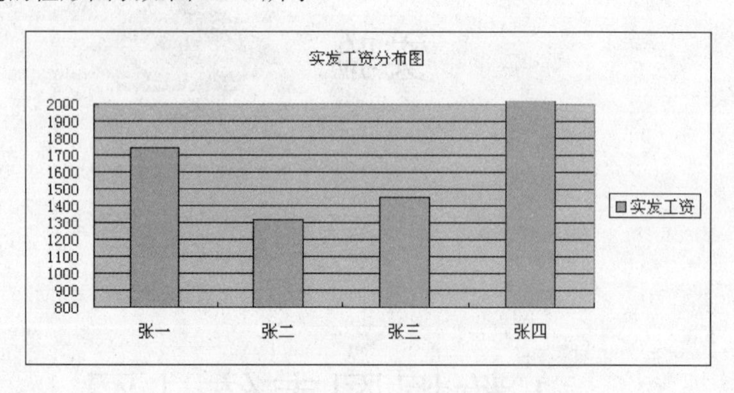

图 22-1 实发工资柱形图

操作如下

① 要实现柱形图表的选择，则操作如下。

将当前活动单元格定位在工资表中有数据的任意单元格中，单击“常用”工具栏上的“图表向导”按钮，弹出“图表向导—4 步骤之 1—图表类型”对话框，在“图表类型”列表框中选择“柱形图”选项，在“子图表类型”列表框中选择簇状柱形图选项，参数设置如图 22-2 所示。

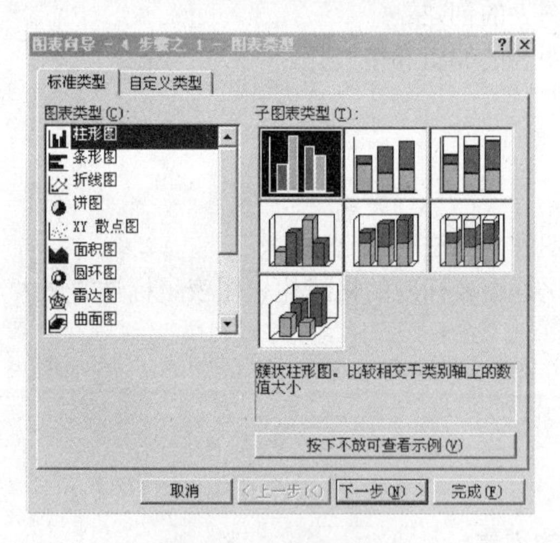

图 22-2 选择图表类型

② 要实现数据区域的选择，则操作如下。

在上一步的基础上单击“下一步”按钮，弹出数据区域及系列设置对话框，打开“数据区域”选项卡，将光标定位在“数据区域”组合框中，用鼠标在“工资表”上拖选实发工资的数据区域或者直接在组合框中输入“=Sheet1!F 3:$F$6”，参数设置如图 22-3 所示。

③ 要实现系列的选择及名称设置，则操作如下。

在上一步的基础上，打开“系列”选项卡，在“名称”组合框中输入“实发工资”，在“分类（X）轴标志”组合框输入“=Sheet1!$A$3:$A$6”（或者使用鼠标拖选姓名的值），参数设置如图 22-4 所示。

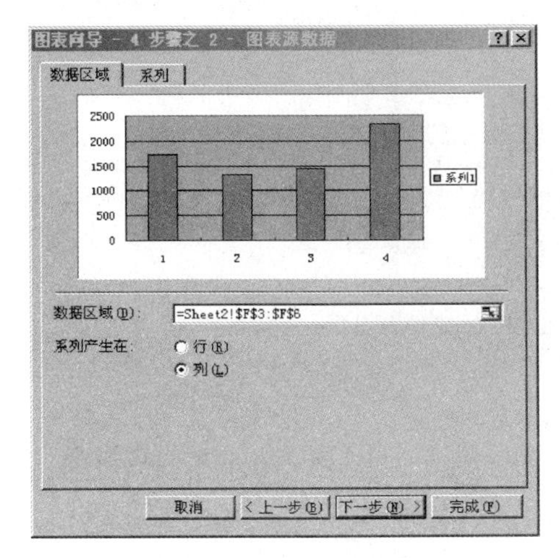

图 22-3　设置数据区域

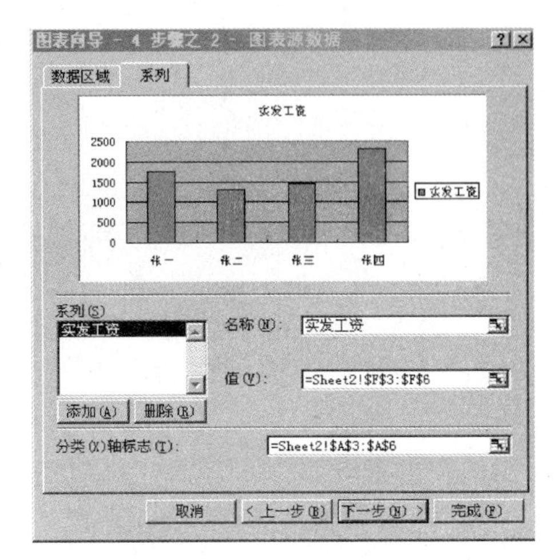

图 22-4　设置系列

④ 要实现标题名称的设置，则操作如下。

在上一步的基础上，单击“下一步”按钮，打开“图表向导—4 步骤之 3—图表选项”对话框，打开“标题”选项卡，在“图表标题”文本框中输入“实发工资分布图”，参数设置如图 22-5 所示。

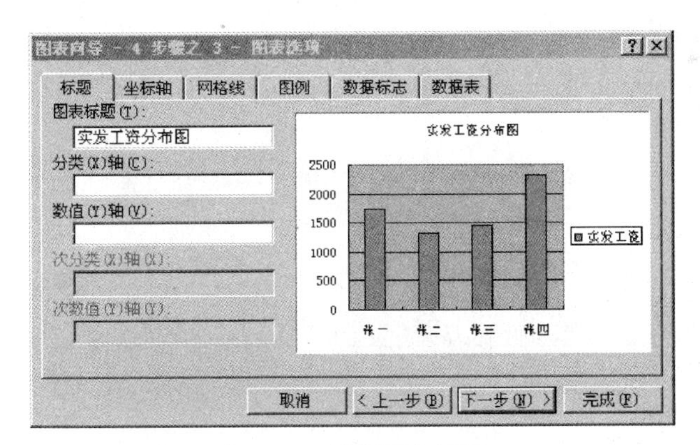

图 22-5　设置图表标题

⑤ 再次单击“下一步”按钮，在弹出的对话框中设置参数，如图 22-6 所示。

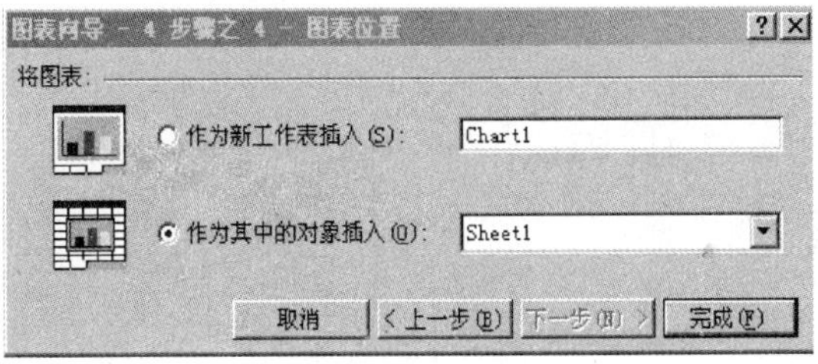

图 22-6　设置图表位置

⑥ 再单击“完成”按钮，则完成图表的创建。

⑦ 图表创建完成以后，在 Sheet1 中出现了如图 22-7 所示的图表。

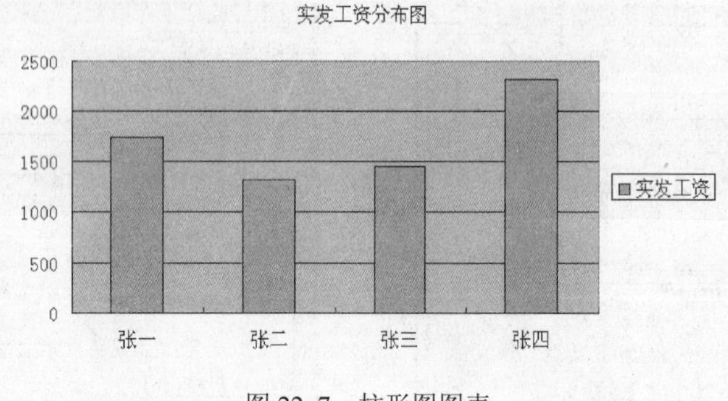

图 22-7　柱形图图表

二、Excel 图表的编辑与格式化

要求：

（1）图表标题字体为“黑体”、字号为 20 磅。

（2）Y 轴和 X 轴字体为“楷体_GB2312”、字号为 10 磅。

（3）Y 轴数据最小值为 800、最大值为 2 000、单位刻度为 100。

按要求进行创建的效果如图 22-8 所示。

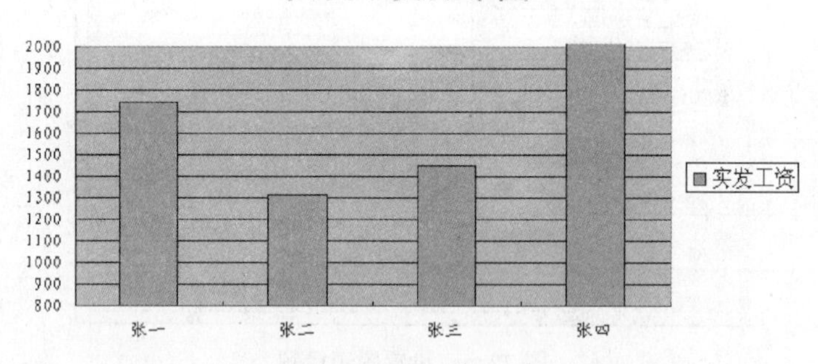

图 22-8　格式化后的图表

操作如下

① 要实现标题的格式化，则操作如下。

选中标题后右击，在弹出的快捷菜单中选择“图表标题格式”命令，弹出“图表标题格式”对话框，选择“字体”选项卡，在“字体”列表框中选择“黑体”选项，在“字号”列表框中选择 20，单击“确定”按钮，参数设置如图 22-9 所示。

② 要实现 Y 轴的格式化，则操作如下。

选中 Y 轴后右击，在弹出的快捷菜单中选择“坐标轴格式”命令，弹出“坐标轴格式”对话框，打开“字体”选项卡中，在“字体”列表框中选择“楷体_GB2312”选项，在“字号”列表框中选择 10。

再选择刻度选项卡，在“最小值”文本框中输入“800”，在“最大值”文本框中输入“2000”，在“主要刻度单位”文本框中输入“100”，参数设置如图 22-10 所示，然后单击“确定”按钮。

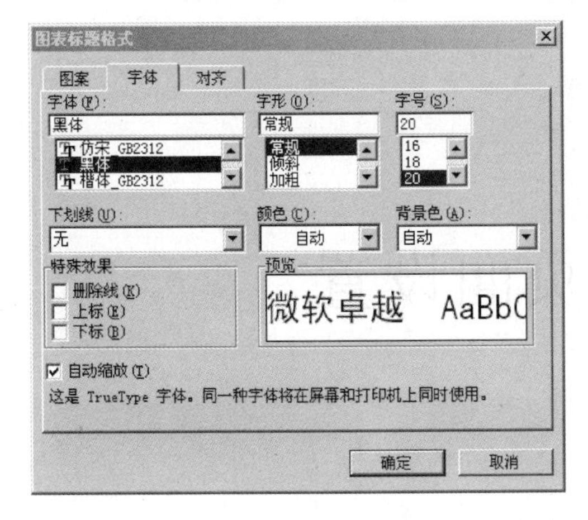

图 22-9 设置字体

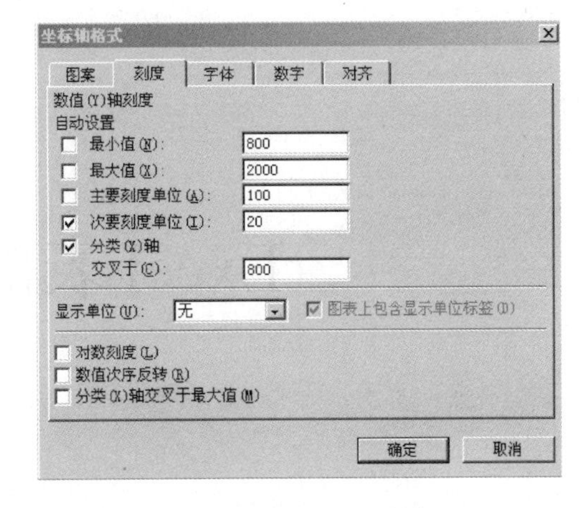

图 22-10 设置刻度

③ 要实现 X 轴的格式化，方法同 Y 轴的格式化，这里不再赘述。

实验 23

Excel 表的页面设置

实验目的

- 掌握 Excel 2003 中表的页面设置方法。
- 掌握 Excel 2003 中表的打印预览和输出的方法。

实验内容

- 图表的页面设置：页面、页边距、页眉、页脚等的设置。
- 使用图表的打印预览来预览图表的打印效果，直到满意时就可以输出。

实训步骤

一、Excel 2003 图表的页面设置

要求：

（1）打开“课程表.xls”。

（2）设置页面方向为“纵向”、纸张大小为 A4。

（3）设置页边距：上为 4、下为 4、左为 2、右为 2、页眉为 2、页脚为 2、水平居中且垂直居中。设置页眉为“课程表”，页脚为“第 1 页”。

操作如下

① 首先打开“课程表”。

② 要实现页面方向、纸张大小的设置，则操作如下。

选择“文件”→“页面设置”命令，弹出“页面设置”对话框，选择“页面”选项卡，在“方向”选项组中选择“纵向”单选按钮，在“纸张大小”下拉列表框中选择 A4 选项，参数设置如图 23-1 所示。

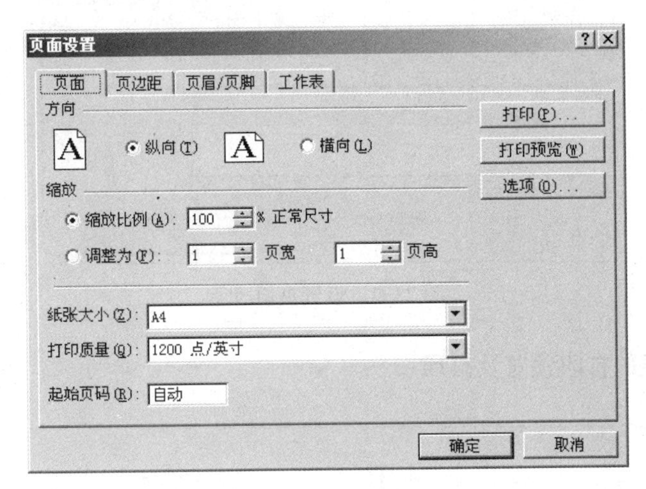

图 23-1 设置页面方向和纸张

③ 要实现页边距的设置，则操作如下。

选择菜单“文件”→“页面设置”命令，弹出“页面设置”对话框，选择“页边距”选项卡，在“上”微调框中输入“4”，在“下”微调框中输入“4”，在“左”微调框中输入“2”，在“右”微调框中输入“2”，同时选择“水平”“垂直”两个复选框，参数设置如图 23-2 所示。

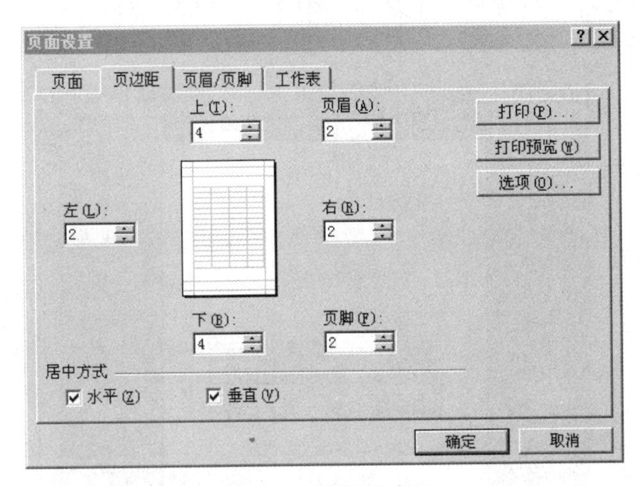

图 23-2 设置页边距

④ 要实现页眉、页脚的设置，则操作如下。

选择菜单“文件”→“页面设置”命令，弹出“页面设置”对话框，选择“页眉/页脚”选项卡，在“页眉”下拉列表框中选择“课程表”选项，在“页脚”列表框中选择“第 1 页”选项，参数设置如图 23-3 所示。

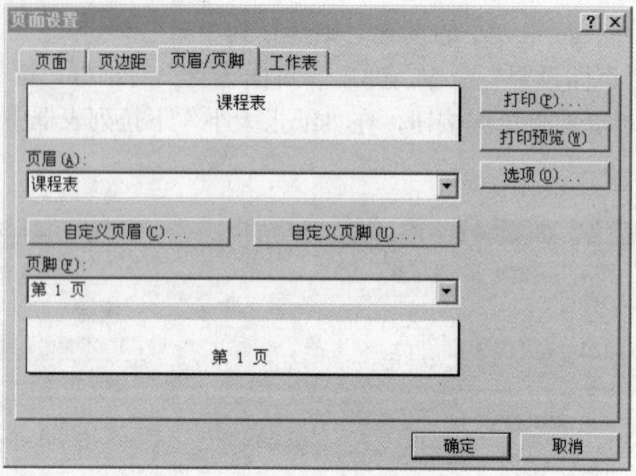

图 23-3 设置页眉/页脚

二、Excel 图表的打印预览及打印

要求：

（1）预览打印效果。

（2）打印。

操作如下

① 要预览打印效果，则操作如下。

选择菜单“文件”→“打印预览”命令，进入打印预览方式，此时显示的是实际的打印效果，如图 23-4 所示。

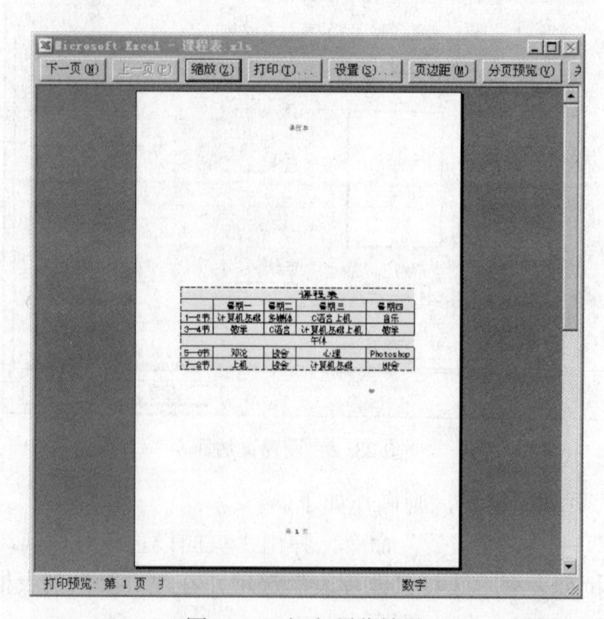

图 23-4 打印预览效果

② 要实现表的打印，则操作如下。

选择菜单“文件”→“打印”命令，弹出如图 23-5 所示的“打印内容”对话框。在该对话框中，用户可以根据自己的需要进行打印份数、范围等设置，设置完毕后单击“确定”按钮即可进行打印。

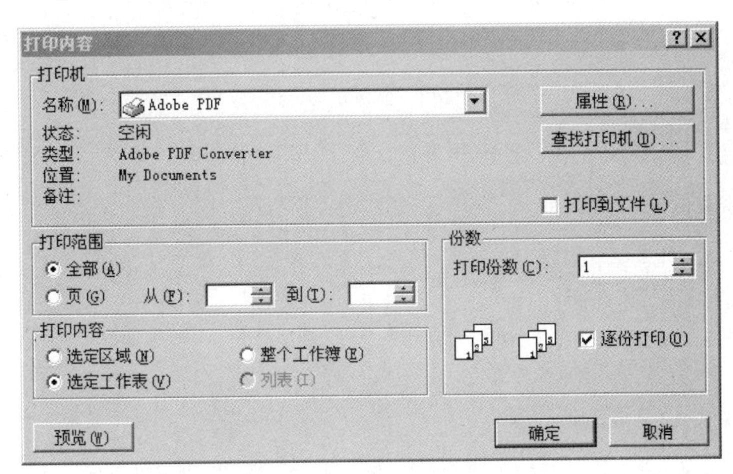

图 23-5 “打印内容”对话框

（四）

PowerPoint 应用篇

实验 24

PowerPoint 的基本使用

实验目的

- 掌握 PowerPoint 2003 的启动与退出。
- 掌握 PowerPoint 2003 的基本操作。

实验内容

- PowerPoint 2003 的启动与退出。
- PowerPoint 2003 的基本操作：幻灯片的创建、演示文稿的打开、演示文稿的保存、幻灯片中文本的相关操作等。

实训步骤

一、PowerPoint 2003 的启动

操作如下

- 方法一：选择菜单“开始”→“程序”→“Microsoft PowerPoint 2003”命令。
- 方法二：双击桌面上的 PowerPoint 2003 图标。

二、演示文稿的创建

1. 利用内容向导创建演示文稿

要求：

（1）利用内容向导创建一个企业的“财政状况总览”演示文稿。

（2）演示文稿的输出类型为“屏幕演示文稿”。

（3）演示文稿的标题为“财政状况总览”，每张幻灯片中都包含的页脚为“×××公司财政情况”。

按要求创建的演示文稿中的标题幻灯片如图 24-1 所示。

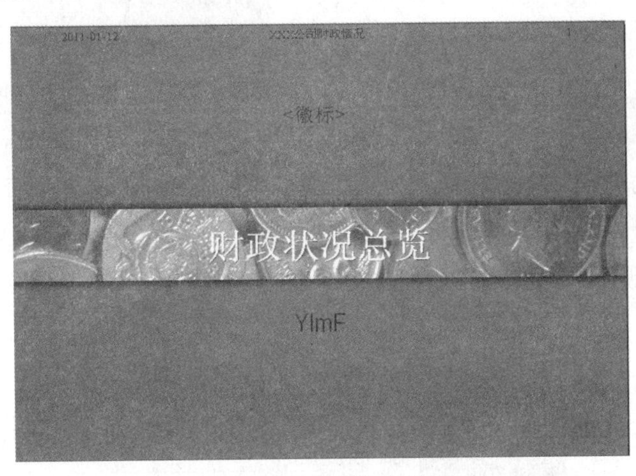

图 24-1　标题幻灯片

操作如下

① 选择菜单“文件”→“新建”命令，打开“新建演示文稿”任务窗格，“新建演示文稿”任务窗格如图 24-2 所示。

② 单击“根据内容提示向导”链接，此时弹出如图 24-3 所示的“内容提示向导”界面。

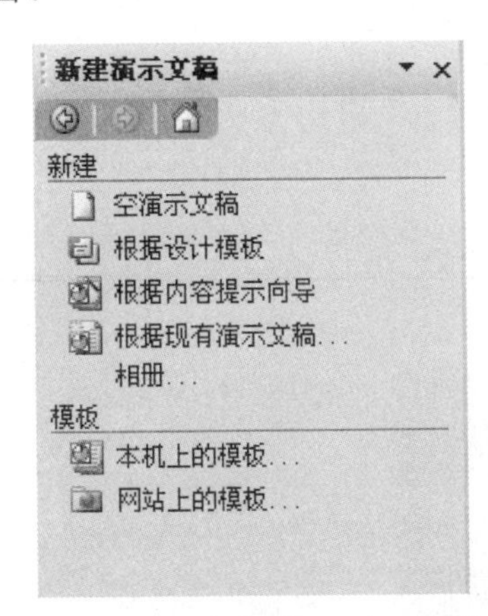

图 24-2 “新建演示文稿”任务窗格

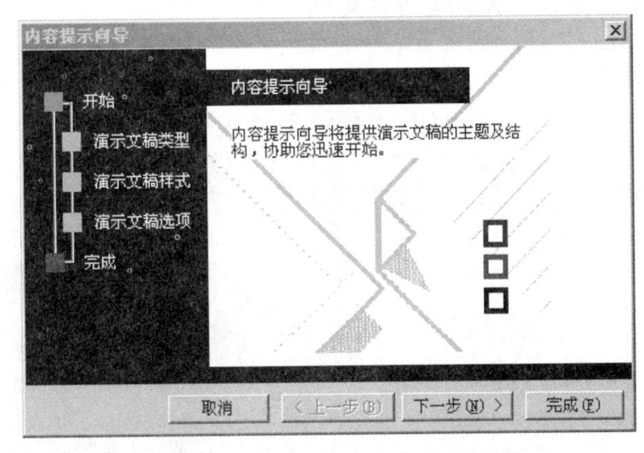

图 24-3 “内容提示向导”界面

③ 在上一步的基础上，单击“下一步”按钮，弹出演示文稿类型对话框，在该对话框中，单击“企业”按钮，再选择其列表框中的“财政状况总览”选项，参数设置如图 24-4 所示。

④ 在上一步的基础上单击“下一步”按钮，进入演示文稿样式对话框，在输出类型中选择“屏幕演示文稿”单选按钮，参数设置如图 24-5 所示。

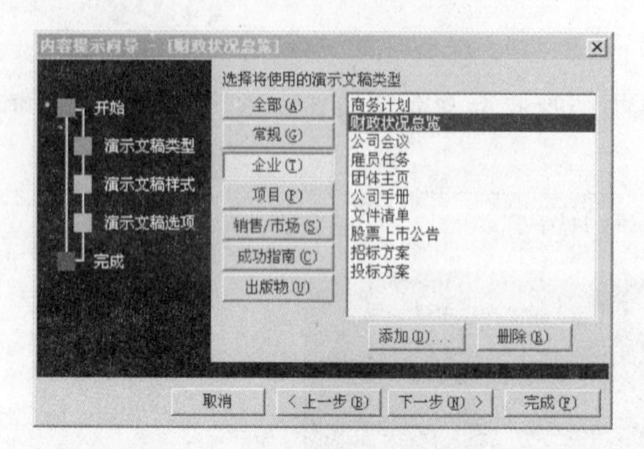

图 24-4 选择演示文稿类型

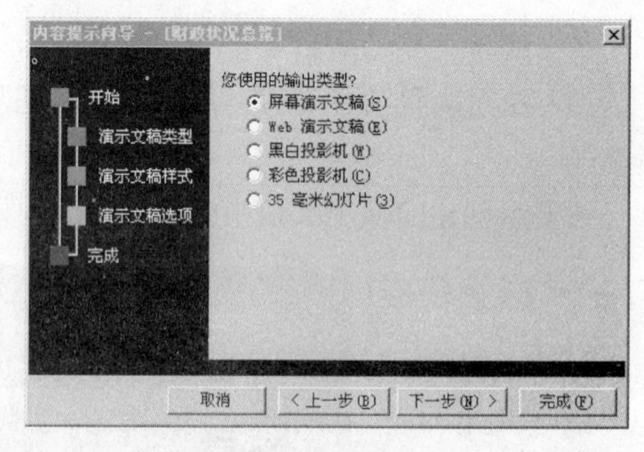

图 24-5 选择输出类型

⑤ 在上一步的基础上单击“下一步”按钮，进入演示文稿选项对话框，在“演示文稿标题”文本框中输入“财政状况总览”，在“页脚”文本框中输入“×××公司财政状况”，参数设置如图 24-6 所示。单击“完成”按钮完成演示文稿的创建。

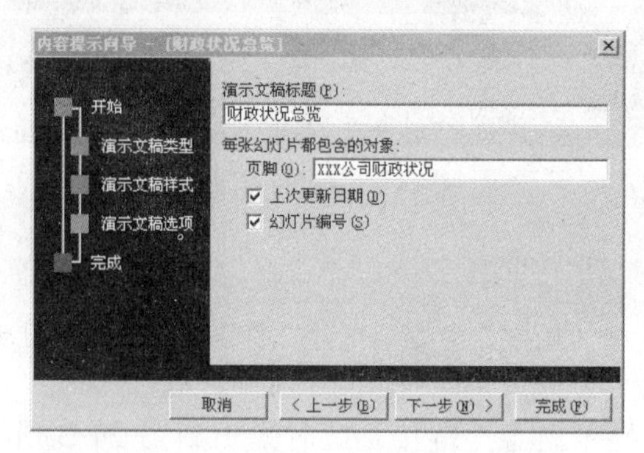

图 24-6 设置演示文稿的标题和页脚

2. 利用模板创建演示文稿

要求：

（1）以 Ocean.pot 作为模板创建演示文稿。

（2）该演示文稿的第一张幻灯片以“标题幻灯片”作为版式。

按要求创建的第一张幻灯片如图 24-7 所示。

图 24-7 第一张幻灯片效果

操作如下

选择菜单“文件”→“新建”命令，打开“新建演示文稿”任务窗格，单击“根据设计模板”链接，此时打开“幻灯片设计”任务窗格，单击任务窗格下方的“浏览”链接，此时弹出“应用设计模板”对话框。在该对话框中通过双击打开 Presentation Designs 文件夹，在该文件夹中选择 Ocean.pot 选项，如图 24-8 所示，再单击“应用”按钮，即可完成演示文稿的创建。

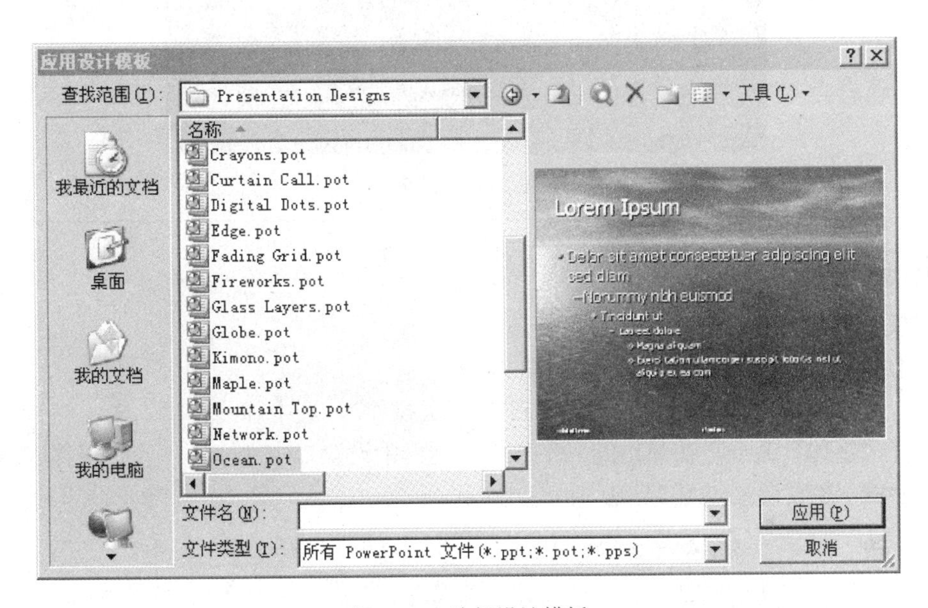

图 24-8　选择设计模板

3. 创建空白演示文稿

操作如下

单击“常用”工具栏上的“新建”按钮，即可完成空白演示文稿的创建。

三、PowerPoint 2003 的基本操作

演示文稿中文本的输入。

要求：

（1）以 Ocean.pot 为模板创建一个演示文稿，并且选择“标题幻灯片”版式。

（2）输入标题“PPT 相关操作”，设置字体为“楷体_GB2312”、字号为 48 磅，居中对齐。

（3）输入副标题为“软件教研室”，设置字体为“宋体”、字号为 36 磅，右对齐。

（4）在幻灯片的底端输入“制作人：milly”，按要求进行设置后，幻灯片效果如图 24-9 所示。

图 24-9 效果

操作如下

利用模板创建演示文稿，此处不再赘述。

① 创建好演示文稿以后，幻灯片如图 24-7 所示。

在上一个虚线框中单击，输入文字“PPT 相关操作”，选中虚线框后右击，在弹出的快捷菜单中选择“字体”命令，在弹出的“字体”对话框中设置“中文字体”为“楷体_GB2312”、“字号”为 48，参数设置如图 24-10 所示。

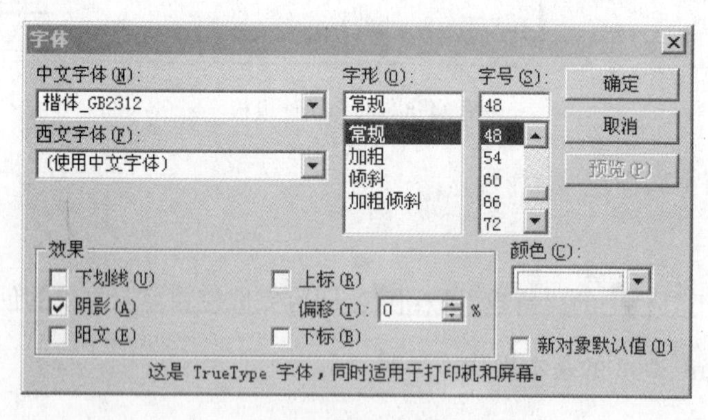

图 24-10 设置字体

单击“确定”按钮完成对文字的设置。若要移动标题，则选中虚线框，按住鼠标左键拖动到目的位置即可。副标题的设置方法同上，不再赘述。

② 要实现“制作人：milly”的输入，则操作如下。

选择菜单“插入”→“文本框”→“水平”命令，将鼠标指针移动到幻灯片的合适位置，拖动鼠标绘制出一个文本框。当出现文本框时，在文本框中输入“制作人：milly”，再对文字进行相关设置即可。

利用相同的方法制作第二张、第三张幻灯片，效果分别如图 24-11 和图 24-12 所示。

以文件名“PPT 文件.ppt”保存该演示文稿。

图 24-11　第二张幻灯片效果

图 24-12　第三张幻灯片效果

实验 25

PowerPoint 幻灯片的修饰与编辑

实验目的

- 掌握幻灯片颜色的修改。
- 掌握幻灯片配色方案的设置。
- 掌握幻灯片中图片、声音等对象的相关操作。

实验内容

- 更改幻灯片的背景颜色。
- 学会通过配色方案来修饰幻灯片。
- 在幻灯片中插入图片、声音等对象，以及声音的播放设置等。

实训步骤

一、演示文稿背景的修饰

1. 直接更改背景色

要求：

（1）打开 PowerPoint 2003 后，新建一个空白演示文稿，制作 3 张幻灯片，在这 3 张幻灯片中分别输入相应的内容，效果如图 25-1、图 25-2 和图 25-3 所示。

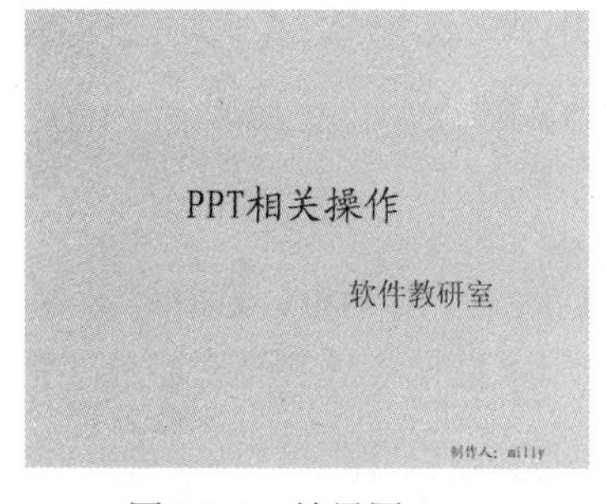

图 25-1 效果图 1

图 25-2 效果图 2

图 25-3 效果图 3

（2）将第一张幻灯片的背景色设置为“蓝色—白色”的角部辐射过渡颜色，设置效果如图 25-4 所示。

（3）将第二张幻灯片的背景用纹理中的“水滴”填充，设置效果如图 25-5 所示。

图 25-4 效果图 4

图 25-5 效果图 5

（4）将第三张幻灯片的背景用一张图片来填充，设置效果如图 25-6 所示。

图 25-6 效果图 6

（5）以文件名 p.ppt 保存该演示文稿。

操作如下

① 首先新建空白演示文稿（方法不再赘述），然后在第一张幻灯片中输入如图 25-1 所示的内容。

② 利用 Ctrl+M 组合键新建第二张幻灯片，在第二张幻灯片中输入如图 25-2 所示的内容。

③ 再次利用 Ctrl+M 组合键新建第三张幻灯片，在第三张幻灯片中输入如图 25-3 所示的内容。

④ 要实现对第一张幻灯片背景的更改，则操作如下。

选中第一张幻灯片，选择菜单“格式”→“背景”命令，弹出“背景”对话框，在“背景填充”选项组的下拉列表框中选择“填充效果”命令，进入“填充效果”对话框，选择“渐变”选项卡，在“颜色”选项组中选择“双色”单选按钮，在“颜色 1”下拉框中选择蓝色，在“颜色 2”下拉框中选择白色，在“底纹式样”选项组中选择“角部辐射”单选按钮，在“变形”选项组中选择第一种变形，参数设置如图 25-7 所示。

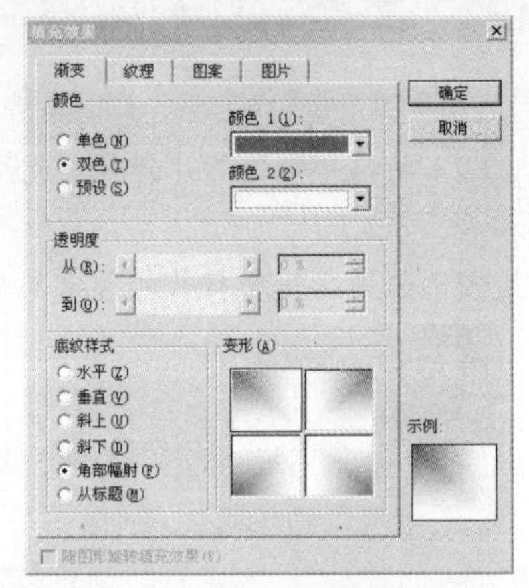

图 25-7 设置渐变

单击“确定”按钮，回到“背景”对话框，单击“应用”按钮，此时第一张幻灯片就填充上了设置的颜色。

⑤ 要实现第二张幻灯片利用纹理中的“水滴”填充背景，则操作如下。

选中第二张幻灯片，选择菜单“格式”→“背景”命令，弹出“背景”对话框，在“背景填充”选项组的下拉列表框中选择“填充效果”命令，进入“填充效果”对话框，“纹理”选项卡，在“纹理”列表框中选择“水滴”选项，参数设置如图 25-8 所示。

单击“确定”按钮，回到“背景”对话框，单击“应用”按钮，此时第二张幻灯片就填充上了“水滴”纹理。

⑥ 要实现第三张幻灯片的背景用一张图片填充，则操作如下。

选中第三张幻灯片，选择菜单“格式”→“背景”命令，弹出“背景”对话框，在“背景填充”选项组的下拉列表框中选择“填充效果”命令，进入“填充效果”对话框，选择“图片”选项卡，单击“选择图片”按钮，从计算机中选择自己需要的图片（这里以示例图片中的 Blue hills 为例），设置结果如图 25-9 所示。

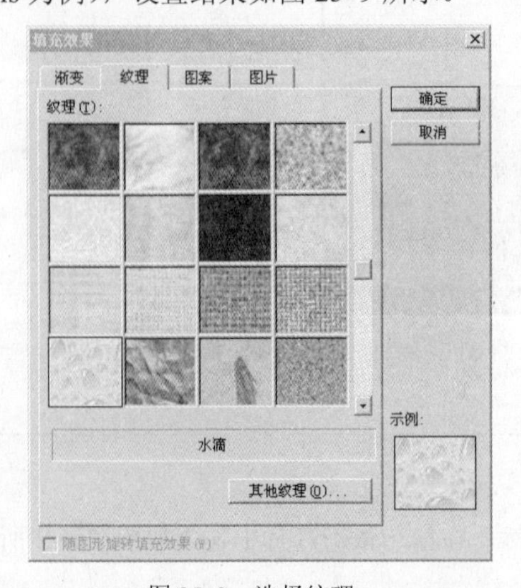

图 25-8 选择纹理

图 25-9 选择图片

单击“确定”按钮，回到“背景”对话框，单击“应用”按钮，此时第三张幻灯片背景就由图片填充了。

⑦ 再次以文件名 p.ppt 保存该演示文稿。

2．利用配色方案来修饰幻灯片背景

要求：

（1）将第一张幻灯片的标题文字颜色更改为“蓝色”，将其余文字颜色更改为“褐色”。

（2）将第二、三张幻灯片的标题文字颜色、文本颜色更改为自己喜欢的颜色。

（3）按要求进行设置后，第一张幻灯片效果如图 25-10 所示。

图 25-10　效果图 7

操作如下

① 要实现第一张幻灯片的标题及文本颜色的更改，则操作如下。

选中第一张幻灯片，选择菜单“格式”→“幻灯片设计”命令，打开“幻灯片设计”任务窗格，单击“配色方案”链接，再单击任务窗格下方的“编辑配色方案”链接，此时弹出“编辑配色方案”对话框，选择“自定义”选项卡，设置“文本和线条”选项为褐色，设置“标题文本”选项为蓝色，参数设置如图 25-11 所示，此时单击“添加为标准配色方案”按钮，再单击“应用”按钮即可。

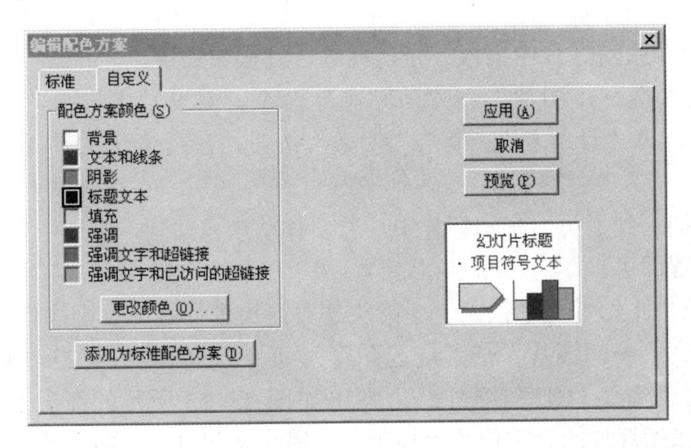

图 25-11　设置配色方案

② 同理，添加其余的自己需要的配色方案，再分别选择第一张、第二张、第三张幻灯片，在“幻灯片设计”任务窗格的“应用配色方案”列表框中将鼠标指针移到相应的配色方案上，此时在相应配色方案右侧出现下拉按钮，单击该下拉按钮，从中选择“应用于所选幻灯片”选项即可分别应用不同的配色方案。

③ 再次以文件名 p.ppt 保存该演示文稿。

二、幻灯片中图片、声音的基本操作

1. 幻灯片中图片的基本操作

要求：

（1）在第一张幻灯片中插入“办公”类中的“计算机”剪贴画。

（2）在第二张幻灯片中插入一个箭头，并设置箭头的填充颜色为“红色”、线条颜色为“蓝色”。

（3）同理，在第三张幻灯片中插入一幅自己喜欢的图片或自选图形。

按要求进行设置以后，第一张幻灯片效果如图 25-12 所示，第二张幻灯片效果如图 25-13 所示。

图 25-12 效果图 8

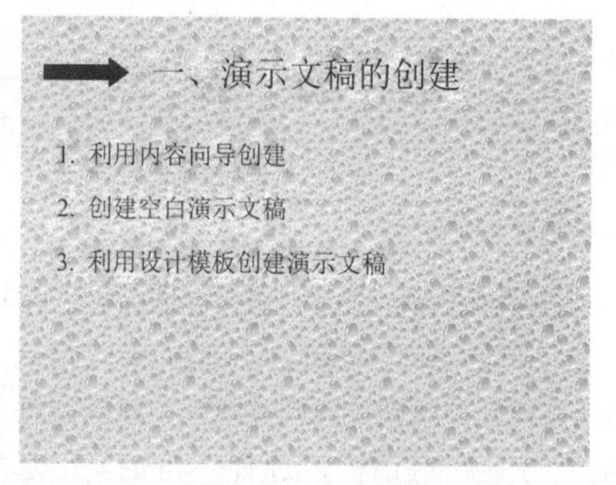

图 25-13 效果图 9

操作如下

① 要实现在第一张幻灯片中插入一张剪贴画，则操作如下。

选择菜单“插入”→“图片”→“剪贴画”命令，打开“剪贴画”任务窗格，在“搜索文字”文本框中输入“计算机”，单击“搜索”按钮，在搜索出的剪贴画中单击相应的剪贴画即可。

此时，剪贴画插入到了第一张幻灯片中，若要移动该剪贴画，则选中剪贴画，按住鼠标左键拖动到合适的位置即可。

② 要实现在第二张幻灯片中插入一个箭头并对箭头进行修饰，则操作如下。

选择菜单“插入”→“图片”→“自选图形”命令，弹出如图 25-14 所示的“自选图形”工具栏，单击“箭头总汇”按钮，弹出如图 25-15 所示的箭头工具，在其中选择右箭头，然后在第二张幻灯片的合适位置上拖出一个箭头。此时，右箭头就插入到了第二张幻灯片中。

图 25-14 “自选图形”工具栏

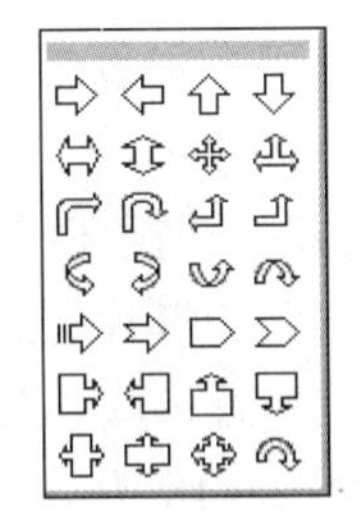

图 25-15　箭头工具

③ 要实现对箭头的填充颜色及线条颜色的设置，则操作如下。

选中箭头后右击，在弹出的快捷菜单中选择“设置自选图形格式”命令，弹出“设置自选图形格式”对话框，选择“颜色和线条”选项卡，在“填充”选项组的“颜色”下拉框中选择“红色”，在“线条”选项组的“颜色”下拉框中选择“蓝色”，参数设置如图 25-16 所示。

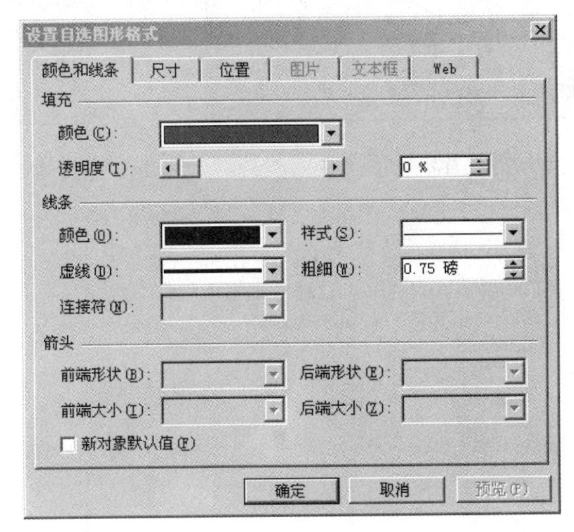

图 25-16　设置填充和线条的颜色

④ 设置完成，再次保存该演示文稿。

2．幻灯片中声音的基本操作

要求：

（1）在第一张幻灯片中任意插入一段音乐。

（2）设置音乐在幻灯片放映时自动播放。

（3）设置音乐循环播放，直到停止。

操作如下

① 要实现在第一张幻灯片中插入一段音乐，则操作如下。

选中第一张幻灯片，选择菜单“插入”→“影片和声音”→“文件中的声音”命令，在文件中找到自己需要的音乐文件，确定即可插入声音。

② 要实现音乐在幻灯片放映时自动播放，则操作如下。

在上一步操作完成后，会弹出如图 25-17 所示的提示框，单击“自动”按钮，则可在放映幻灯片时自动播放声音。

③ 要实现音乐循环播放，直到停止，则操作如下。

选中第一张幻灯片中的声音文件标志后右击，在弹出的快捷菜单中选择“编辑声音对象”命令，弹出“声音选项”对话框，选中“循环播放，直到停止”复选框，单击“确定”按钮，参数设置如图 25-18 所示，保存该演示文稿。

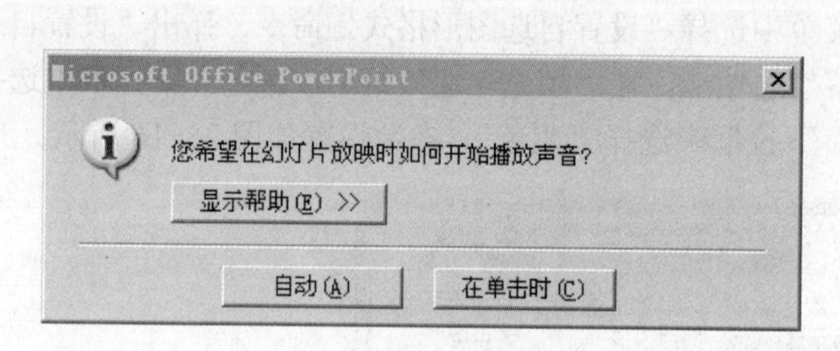

图 25-17 如何开始播放音乐提示框

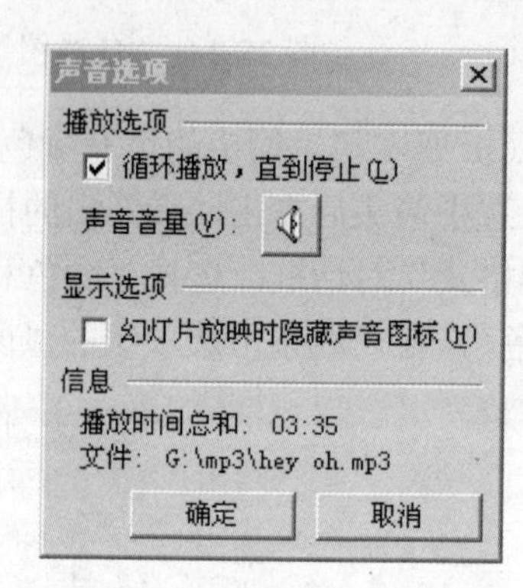

图 25-18 设置播放声音选项

实验 26

PowerPoint 母版、设计模板、版式的编辑与应用

实验目的

- 掌握利用母版快速修饰演示文稿的方法。
- 掌握 PowerPoint 2003 自带设计模板的使用。
- 掌握自定义设计模板的创建、保存及使用。
- 掌握版式的使用。

实验内容

- 利用母版修饰演示文稿中的每一张幻灯片：为每一张幻灯片添加相同的图片、内容等。
- 删除母版中的部分占位符。
- 对创建的演示文稿应用一种软件自带的设计模板。
- 利用母版创建并保存一种自定义的设计模板，同时能应用自己创建的设计模板。
- 在幻灯片中选择适当的版式。

实训步骤

一、利用母版修饰演示文稿

要求：

（1）利用母版为每一张幻灯片添加一张剪贴画。

（2）利用母版为每一张幻灯片添加日期“2011.1.12”。

（3）利用母版为每一张幻灯片添加页脚“Office 应用”。

（4）删除母版中的数字区占位符。

按要求进行设置后，第 1 张幻灯片效果如图 26-1 所示。

图 26-1 效果图 1

操作如下

① 打开演示文稿 p.ppt。

② 要实现为每一张幻灯片添加相同的剪贴画，则操作如下。

选择菜单“视图”→“母版”→“幻灯片母版”命令，进入母版编辑视图，并打开“幻灯片母版视图”工具栏，选择菜单“插入”→“图片”→“剪贴画”命令，找到需要的图片，并将图片插入到幻灯片母版中，再根据需要调整图片的大小和位置，单击工具栏中的“关闭母版视图”按钮，如图 26-2 所示。此时，演示文稿中的每一张幻灯片都在相同的位置插入了相同大小的剪贴画。

关闭母版视图(C)

图 26-2 “关闭母版视图”按钮

③ 要实现为每一张幻灯片添加日期，则操作如下。

选择菜单“视图”→“母版”→“幻灯片母版”命令，进入母版编辑视图，在日期区占位符中输入“2011.1.12”，并设置其字体为“楷体_GB2312”、字号为 20 磅，单击工具栏中的“关闭母版视图”按钮即可。

④ 要实现为每一张幻灯片添加页脚“Office 应用”，则操作如下。

选择菜单“视图”→“母版”→“幻灯片母版”命令，进入母版编辑视图，在页脚区占位符中输入“Office 应用”，并设置其字体为“楷体_GB2312”、字号为 20 磅，单击工具栏中的“关闭母版视图”按钮即可。

⑤ 要实现数字区占位符的删除，则操作如下。

选择菜单“视图”→“母版”→“幻灯片母版”命令，进入母版编辑视图，选中数字区占位符，按下 Delete 键即可删除。

⑥ 选中页脚区占位符，将其移动到幻灯片的右下角，完成幻灯片的相关设置。

⑦ 保存该演示文稿。

二、软件自带设计模板的应用

要求：

（1）创建一个演示文稿，对该演示文稿应用设计模板 Ocean.pot。

（2）由练习者自己将该演示文稿幻灯片中的内容进行完善，并将该演示文稿保存为 p1.ppt。

操作如下

① 首先创建一个空演示文稿（操作同演示文稿）。

② 选择 PowerPoint 窗口左侧幻灯片缩略图中任一幻灯片，选择菜单“格式”→“幻灯片设计”命令，打开“幻灯片设计”任务窗格，单击“设计模板”链接，在其下方列出的模板中选择 Ocean.pot 选项。此时，该演示文稿就应用了 Ocean.pot 这一软件自带的设计模板。

③ 最后将该演示文稿保存为 p1.ppt 即可。

三、自定义设计模板的创建、保存

要求：

（1）创建一个设计模板并命名为 mydesign，然后将设计模板保存在桌面（或其他任意一个位置）。

（2）要求设计模板中包括幻灯片母版、标题母版，其中，各个母版的背景使用一张图片（图片可由读者根据计算机本地磁盘中的图片进行选择），其余的文字格式及美化可参照本实验中的母版操作。

操作如下

① 新建一个空白演示文稿（操作同演示文稿）。

② 选择菜单“视图”→“母版”→“幻灯片母版”命令，进入幻灯片母版编辑模式，在幻灯片母版中插入一张图片作为背景图片（对于背景的操作请参照实验 27），此时完成幻灯片母版的编辑，效果如图 26-3 所示。

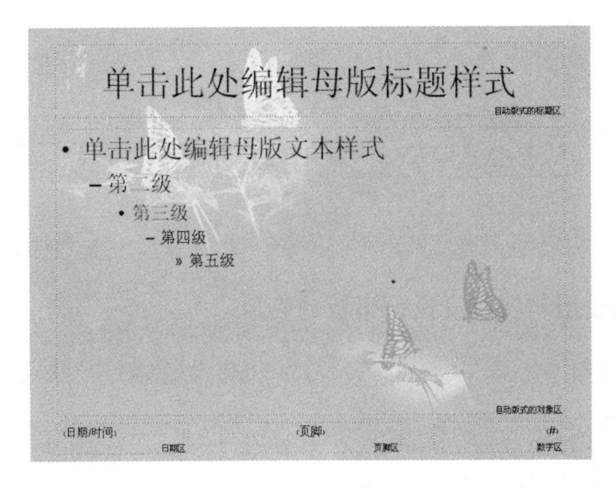

图 26-3　幻灯片母版效果图

③ 要创建并编辑标题母版，选择菜单“插入”→“新标题母版”命令，进入标题母版编辑模式，对标题母版进行背景图片及其他格式的编辑，此时完成标题母版的编辑，效果如图 26-4 所示。

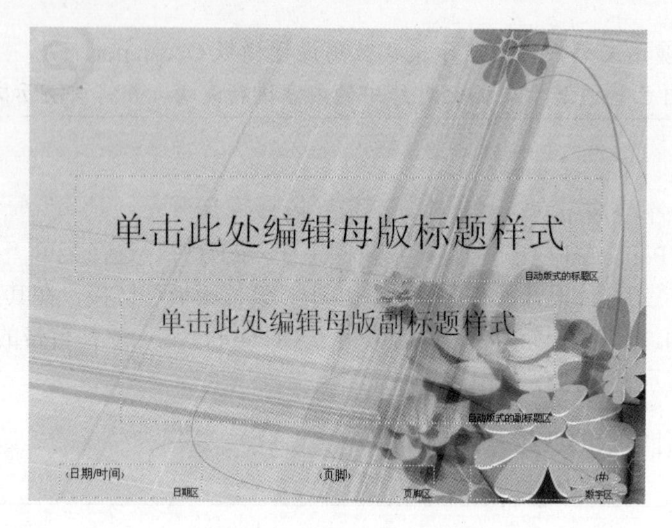

图 26-4 标题母版效果图

④ 退出母版编辑模式，选择菜单“文件”→“保存”命令，弹出“另存为”对话框，此时在“保存类型”下拉列表框中选择“演示文稿设计模板（*.pot）”选项，在“文件名”组合框中输入“mydesign.pot”，如图 26-5 所示。

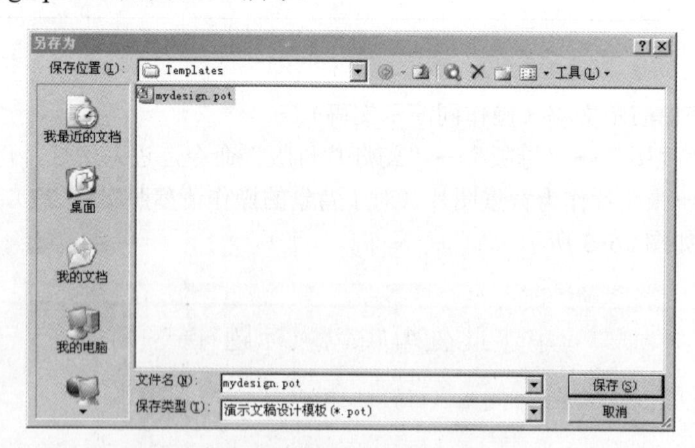

图 26-5 “另存为”对话框

四、幻灯片版式的使用与自定义设计模板的应用

1. 幻灯片版式的使用

要求：

（1）创建一个空白演示文稿，其中包括 4 张幻灯片，第 1 张幻灯片采用“标题幻灯片”版

式，第2张幻灯片采用“标题、文本与内容”版式，第3张幻灯片采用“标题和竖排文字”版式，第4张幻灯片采用“标题和表格”版式。

（2）将应用了版式的空演示文稿保存为p2.ppt。

操作如下

① 新建一个空白演示文稿（操作同演示文稿），并插入其余3张幻灯片。

② 要对第1张幻灯片应用“标题幻灯片”版式，应首先选择第1张幻灯片，选择菜单“格式”→“幻灯片版式”命令，打开“幻灯片版式”任务窗格，选择“标题幻灯片”版式即可。

③ 要对第2张幻灯片应用“标题、文本与内容”版式，应首先选择第2张幻灯片，选择菜单“格式”→“幻灯片版式”命令，打开“幻灯片版式”任务窗格，选择“文字与内容版式”中的“标题、文本与内容”版式即可。

④ 要对第3张幻灯片应用“标题和竖排文字”版式，应首先选择第3张幻灯片，选择菜单“格式”→“幻灯片版式”命令，打开“幻灯片版式”任务窗格，选择“文字版式”中的“标题和竖排文字”版式即可。

⑤ 要对第4张幻灯片应用“标题和表格”版式，应首先选择第4张幻灯片，选择菜单“格式”→“幻灯片版式”命令，打开“幻灯片版式”任务窗格，选择“其他版式”中的“标题和表格”版式即可。

⑥ 将演示文稿保存为p2.ppt。

2．幻灯片自定义设计模板的使用

要求：

（1）对演示文稿p2.ppt应用自定义设计模板。

（2）保存演示文稿。

操作如下

① 打开p2.ppt演示文稿。

② 要应用自定义设计模板 mydesign，则选择菜单“格式”→“幻灯片设计”命令，打开“幻灯片设计”任务窗格，单击任务窗格下方的“浏览”链接，此时弹出“应用设计模板”对话框，找到并选择mydesign，单击“应用”按钮即可完成自定义设计模板的应用。

③ 保存该演示文稿即可。

实验 27

PowerPoint 的高级操作

实验目的

- 掌握幻灯片内动画的设置方法。
- 掌握幻灯片间动画的设置方法。
- 掌握幻灯片间超链接与跳转的操作。
- 掌握自定义动画的应用。

实验内容

- 为每一张幻灯片中的图片、文字设置不同的动画。
- 为每一张幻灯片设置不同的切换动画。
- 为演示文稿设置超链接。
- 利用自定义动画完成卷轴效果的制作。

实训步骤

一、幻灯片内动画的设置

要求：

（1）设置第 1 张幻灯片的标题动画为垂直方向的百叶窗效果，同时播放风铃声，动画播放后文字变为绿色。

（2）设置第 1 张幻灯片中的剪贴画动画为从左侧飞入。

（3）设置第 1 张幻灯片中的副标题动画为跨越棋盘。

（4）设置第 1 张幻灯片中的制作人动画为水平的随机线条。

操作如下

① 要实现第 1 张幻灯片标题动画的设置，则操作如下。

选中标题“PPT 相关操作”后右击，在弹出的快捷菜单中选择“自定义动画”命令，打开“自定义动画”任务窗格，选择“添加效果”→“进入”→“百叶窗”选项，参数设置如图 27-1 所示。

单击“速度”下方列表框中标题 1 后面的下拉按钮，在弹出的菜单中选择“效果选项”命令，此时弹出“百叶窗”对话框，选择“效果”选项卡，在“声音”下拉列表框中选择“风铃”选项，在“动画播放后”下拉列表框中选择绿色即可，单击“确定”按钮，参数设置如图 27-2 所示。

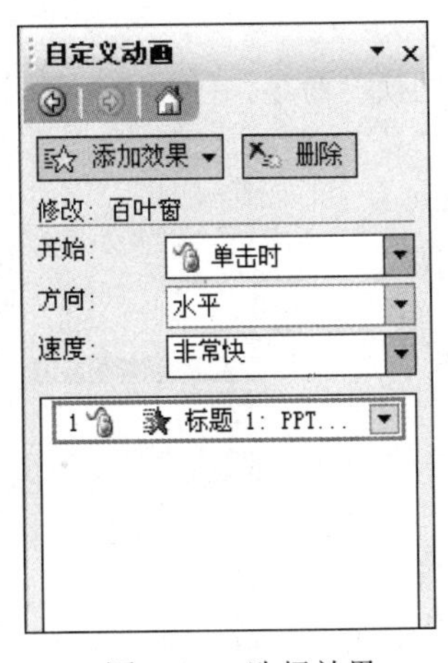

图 27-1 选择效果

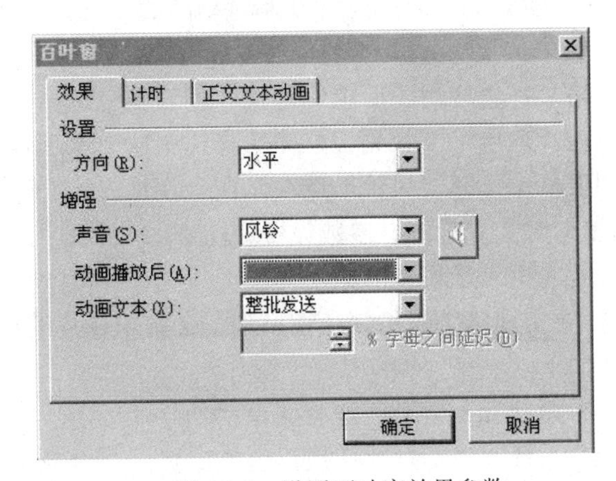

图 27-2 设置百叶窗效果参数

② 要实现剪贴画动画的设置，则操作如下。

选择剪贴画后右击，在弹出的快捷菜单中选择“自定义动画”命令，打开“自定义动画”任务窗格，选择“添加效果”→“进入”→“其他效果”选项，此时弹出“添加进入效果”对话框，选择其中的“飞入”效果，关闭“添加进入效果”对话框，回到“自定义动画”任务窗格，在“方向”下拉列表框中选择“自左侧”选项即可。

③ 要实现副标题动画的设置，则操作如下。

选择副标题后右击，在弹出的快捷菜单中选择“自定义动画”命令，打开“自定义动画”任务窗格，选择“添加效果”→“进入”→“其他效果”选项，此时弹出“添加进入效果”对话框，选择其中的“棋盘”效果，关闭“添加进入效果”对话框，回到“自定义动画”任务窗格，在“方向”下拉列表框中选择“跨越”选项即可。

④ 要实现第 1 张幻灯片中制作人动画的设置，则操作如下。

选择制作人相应文本后右击，在弹出的快捷菜单中选择“自定义动画”命令，打开“自定义动画”任务窗格，选择“添加效果”→“进入”→“随机线条”选项，回到“自定义动画”任务窗格，在“方向”下拉列表框中选择“水平”选项即可。

⑤ 完成第 1 张幻灯片内部动画的设置，保存该演示文稿。

⑥ 同理，对第 2 张幻灯片、第 3 张幻灯片内部添加不同的动画。

二、幻灯片间动画的设置

要求：

（1）幻灯片播放时，第 1 张幻灯片以中速、盒状展开的方式开始播放，同时播放风铃声，而幻灯片切换时以单击鼠标开始播放。

（2）将第 1 张幻灯片切换到第 2 张幻灯片时，当单击鼠标时以中速、水平百叶窗的方式进行切换。

（3）将第 2 张幻灯片切换到第 3 张幻灯片时，间隔 10 s 后以中速、向下插入的方式进行切换。

操作如下

① 要实现第 1 张幻灯片开始时动画的设置，则操作如下。

选中第 1 张幻灯片，选择菜单“幻灯片放映”→“幻灯片切换”命令，打开“幻灯片切换”任务窗格，在“应用于所选幻灯片”列表框中选择“盒状展开”选项，在“速度”下拉列表框中选择“中速”选项，在“声音”下拉列表框中选择“风铃”选项，在“换片方式”选项组中选择“单击鼠标时”复选框，参数设置如图 27-3 所示。此时，第 1 张幻灯片就应用上了设置的切换动画。

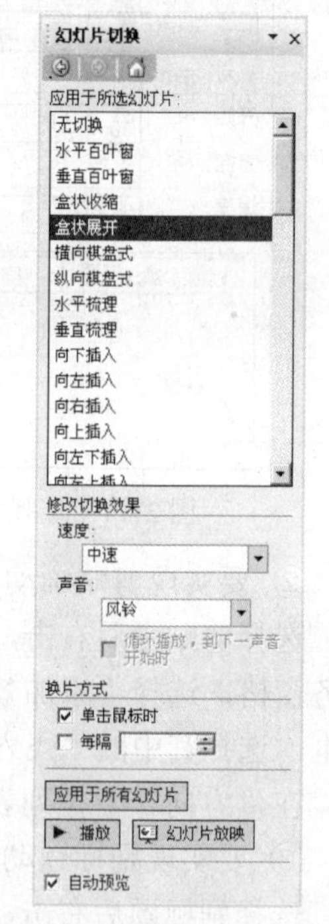

图 27-3 设置第一张幻灯片开始时的动画

② 要实现第 1 张幻灯片切换到第 2 张幻灯片的动画的设置，则操作如下。

选中第 2 张幻灯片，选择菜单“幻灯片放映”→“幻灯片切换”命令，打开“幻灯片切换”任务窗格，在“应用于所选幻灯片”列表框中选择“水平百叶窗”选项，在“速度”下拉列表框中选择“中速”选项，在“换片方式”选项组中选择“每隔”复选框，在其右侧的微调框中输入“00:10”。此时，第 2 张幻灯片就应用上了设置的切换动画。

③ 要实现第 2 张幻灯片切换到第 3 张幻灯片的动画的设置，则操作如下。

选中第 3 张幻灯片，选择菜单“幻灯片放映”→“幻灯片切换”命令，打开“幻灯片切换”任务窗格，在“应用于所选幻灯片”列表框中选择“向下插入”选项，在“速度”下拉列表框中选择“中速”选项，在“换片方式”选项组中选择“单击鼠标时”复选框。此时，第 3 张幻灯片就应用上了设置的切换动画。

④ 设置完成，保存该文稿。

三、超链接的设置

要求：

（1）新建一张空白的第 4 张幻灯片。

（2）当单击第 2 张幻灯片中的“利用内容向导创建”文字时，就跳转到第 4 张幻灯片中。

操作如下

① 按下 Ctrl+M 组合键即可创建第 4 张空白的幻灯片。

② 要实现链接跳转，则操作如下。

在第 2 张幻灯片中，选中“利用内容向导创建”后右击，在弹出的快捷菜单中选择“超链接”命令，此时弹出“插入超链接”对话框，在“链接到”选项组中选择“本文档中的位置”选项，在“请选择文档中的位置”选项组中选择第四张幻灯片，“插入超链接”对话框如图 27-4 所示。单击“确定”按钮完成超链接的设置。

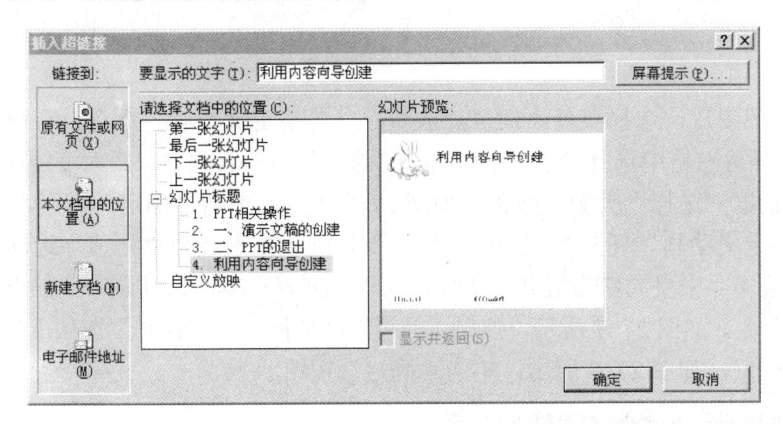

图 27-4 “插入超链接”对话框

③ 完成设置，保存该演示文稿。

四、自定义动画制作卷轴效果

利用自定义动画中的进入、强调、退出动画及动作路径制作卷轴效果。

要求：

（1）新建一个演示文稿，利用 PowerPoint 中的绘图工具制作出相应的图形。

（2）利用自定义动画制作卷轴动画效果。

操作如下

① 新建演示文稿，将其保存为“卷轴.ppt”。

② 插入一张精美图片，调整至合适大小。

③ 选择“绘图”工具栏中的“矩形”工具绘制一个矩形，为矩形填充渐变色作为左边的卷轴，再利用“矩形”工具绘制一个矩形，为矩形填充灰色到透明色的渐变，作为左边卷轴的阴影。

④ 将左边的卷轴及卷轴阴影复制、翻转，得到右边的卷轴及卷轴阴影，分别将左边和右边的卷轴及卷轴阴影组合，效果如图 27-5 所示。

图 27-5 卷轴效果

⑤ 选择底部图片，选择菜单“幻灯片放映”→“自定义动画”命令，在窗口右侧弹出的“自定义动画”任务窗格中选择“添加效果”→“进入”→“其他效果”命令，在弹出的“添加进入效果”对话框中选择“劈裂”效果，如图 27-6 所示，单击“确定”按钮。

⑥ 在“自定义动画”任务窗格的“开始”下拉列表框中选择“之前”选项，在“方向”下拉列表框中选择“中央向左右展开”选项，在动画列表中单击该动画右侧的下拉按钮，从中选择“计时”命令，如图 27-7 所示，弹出“劈裂”对话框，在“计时”选项卡的“速度”组合框中输入“2.9 秒”，如图 27-8 所示，单击“确定”按钮。

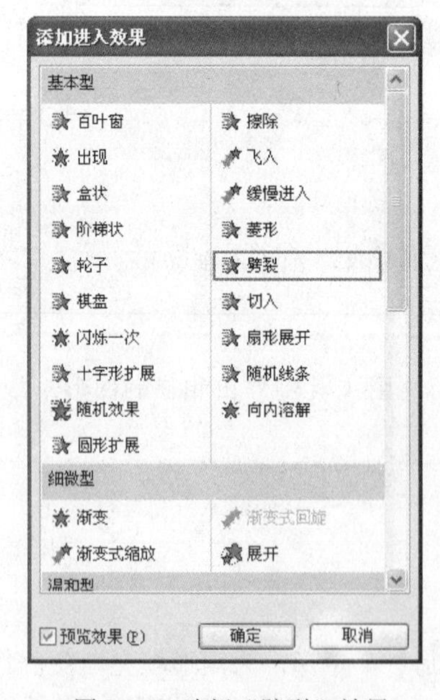

图 27-6 选择“劈裂”效果

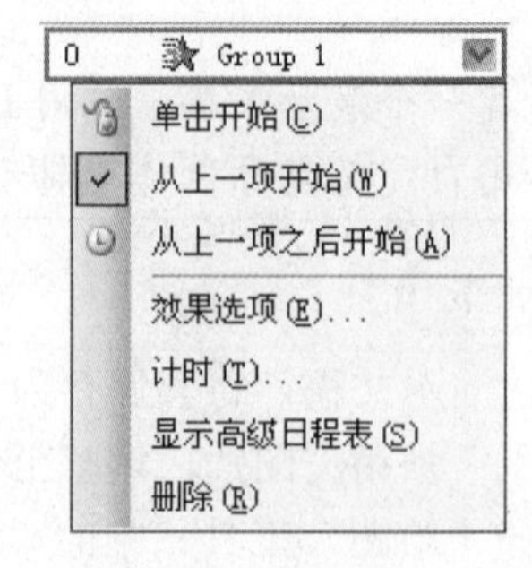

图 27-7 选择命令

⑦ 选择左边的卷轴，选择菜单“幻灯片放映”→“自定义动画”命令，在窗口右侧弹出的“自定义动画”任务窗格中选择“添加效果”→“强调”→“放大/缩小”命令。

⑧ 在“自定义动画”任务窗格的“开始”下拉列表框中选择“之前”选项，在“尺寸”下拉列表中设置“30%水平”，如图 27-9 所示，在“速度”下拉列表框中选择“慢速”选项。

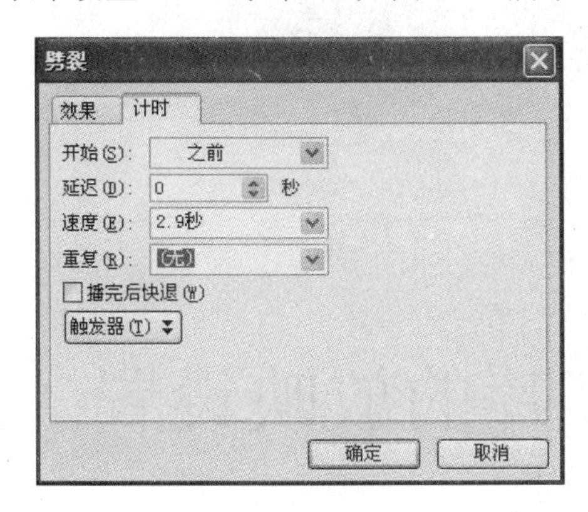

图 27-8 设置效果速度

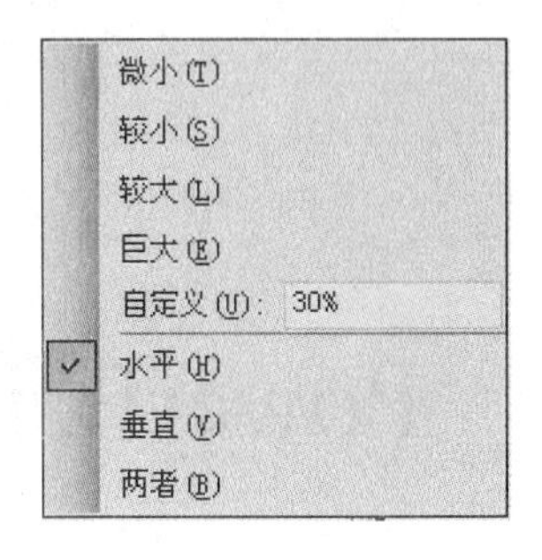

图 27-9 设置尺寸

⑨ 选择左边的卷轴，选择菜单“幻灯片放映”→“自定义动画”命令，在窗口右侧弹出的“自定义动画”任务窗格中选择“添加效果”→“动作路径”→“绘制自定义路径”→“直线”选项，按下鼠标左键从卷轴当前位置到终点位置绘制一条直线路径。

⑩ 在“自定义动画”任务窗格中的“开始”下拉列表框中选择“之前”选项，在“路径”下拉列表框中选择“解除锁定”选项，在“速度”下拉列表框中选择“慢速”选项。

⑪ 使用相同的方法为右边的卷轴添加“放大/缩小”及“自定义路径”动画，设置完成后的效果如图 27-10 所示。

图 27-10 设置完成后的效果

⑫ 播放演示文稿即可观看卷轴动画。

注意

本实验中的卷轴动画参数仅针对当前实例，读者在制作过程中需要根据具体操作的实际情况更改相应的参数。

实验 28

PowerPoint 幻灯片的放映设置

实验目的

- 掌握 PowerPoint 2003 自定义放映的设置。
- 掌握 PowerPoint 2003 幻灯片放映方式的设置。

实验内容

- PowerPoint 2003 自定义放映的设置。
- PowerPoint 2003 幻灯片放映方式的设置。

实训步骤

一、PowerPoint 2003 自定义放映的设置

要求：

打开任意一个演示文稿（根据具体情况选择或者创建），新建自定义放映，设置幻灯片放映名称为 myplay，其中，只放映演示文稿的第 1 ~ 7 张幻灯片。

操作如下

① 打开一个已有的演示文稿（或者创建一个演示文稿，其中至少包含 10 张幻灯片），选择菜单“幻灯片放映”→“自定义放映”命令，弹出“自定义放映”对话框，如图 28-1 所示。在该对话框中单击“新建”按钮，弹出“定义自定义放映”对话框，在“幻灯片放映名称”文本框中输入“myplay”，在“在演示文稿中的幻灯片”列表框中选择第 1～7 张幻灯片，单击“添

加”按钮，参数设置如图 28-2 所示，再单击“确定”按钮，最后单击“放映”按钮。

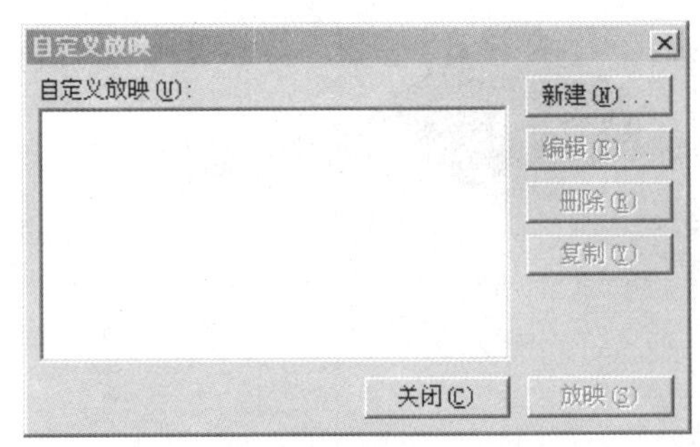

图 28-1　“自定义放映”对话框

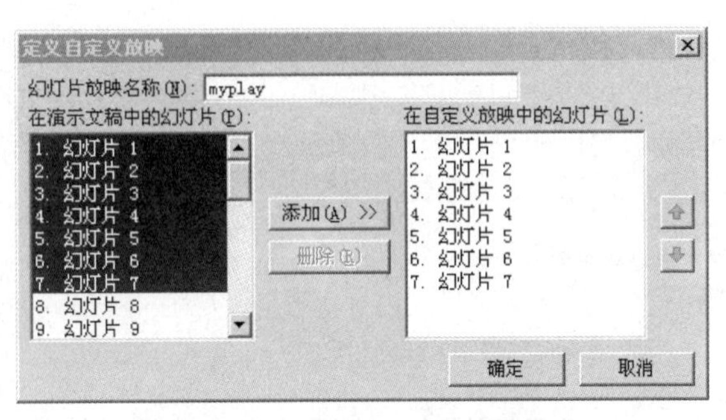

图 28-2　设置自定义放映参数

② 保存该演示文稿。

二、PowerPoint 2003 幻灯片放映方式的设置

要求：

（1）打开上一操作所保存的演示文稿。

（2）设置该演示文稿的幻灯片放映方式：放映类型为演讲者放映(全屏幕)；放映时不加动画；自定义放映 myplay；换片方式为手动；绘图笔颜色为红色。

操作如下

① 打开上一操作所保存的演示文稿（操作同演示文稿的打开）。

② 选择菜单“幻灯片放映”→“设置放映方式”命令，弹出“设置放映方式”对话框。在“放映类型”选项组中选择“演讲者放映(全屏幕)”单选按钮，在“放映选项”选项组中选中“放映时不加动画”复选框，在“绘图笔颜色”下拉列表框中选择红色；在“放映幻灯片”选项组中选中“自定义放映”单选按钮，再在其下拉列表框中选择 myplay 选项；在“换片方式”选项组中选中“手动”单选按钮，此时完成了该演示文稿放映方式的设置，读者也可根据自己的需要选择适当的幻灯片放映方式，参数设置如图 28-3 所示。

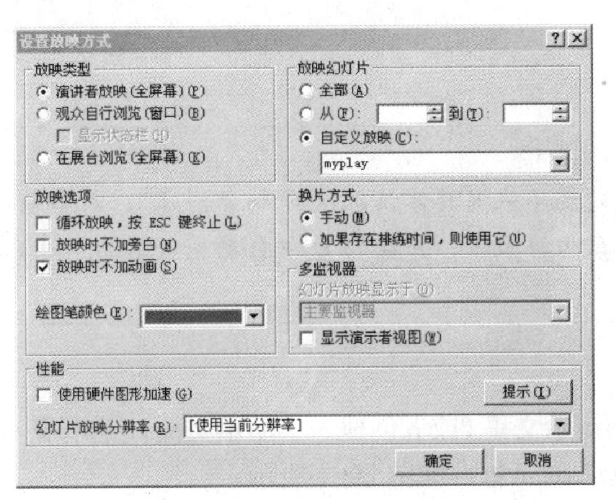

图 28-3　设置放映方式

实验 29

演示文稿的打包和打印

实验目的

- 掌握演示文稿打包的相关设置。
- 掌握演示文稿打印的相关设置。

实验内容

- 演示文稿打包的设置。
- 演示文稿打印的设置。

实训步骤

一、演示文稿打包

要求：

打开任意一个演示文稿（根据具体情况选择或者创建），对当前打开的演示文稿打包，将打包后的文件存放于D盘根目录下，并在D盘中自动生成名为“PPT打包”的文件夹，打包时包含链接文件。

操作如下

① 打开一个已有的演示文稿（或者创建一个演示文稿），选择菜单“文件”→“打包成CD”命令，弹出“打包成CD”对话框，如图29-1所示。

② 单击“选项”按钮，此时弹出“选项”对话框，如图29-2所示，按要求选择相应的选

项，单击“确定”按钮返回“打包成 CD”对话框。

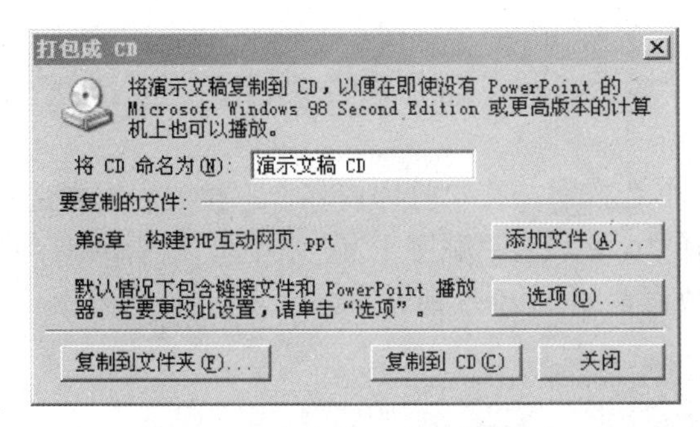

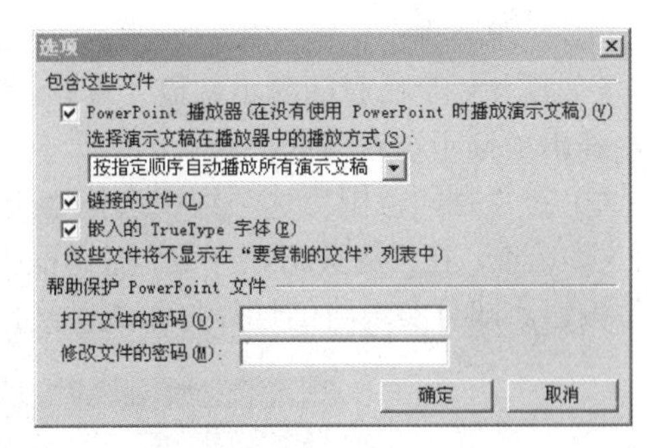

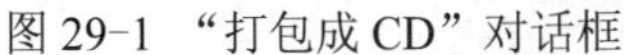

图 29-1 “打包成 CD”对话框　　　　图 29-2 “选项”对话框

③ 单击“复制到文件夹”按钮，此时弹出“复制到文件夹”对话框，在“文件夹名称”文本框中输入“PPT 打包”，在“位置”组合框中输入“D:\”，如图 29-3 所示。

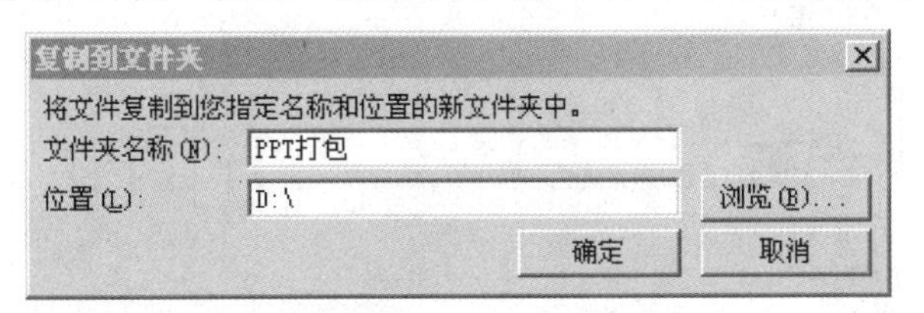

图 29-3 设置文件复制后的名称和位置

④ 此时会进行演示文稿的打包操作，完成后，D 盘会出现名为“PPT 打包”的文件夹，该文件夹中包含的文件如图 29-4 所示。

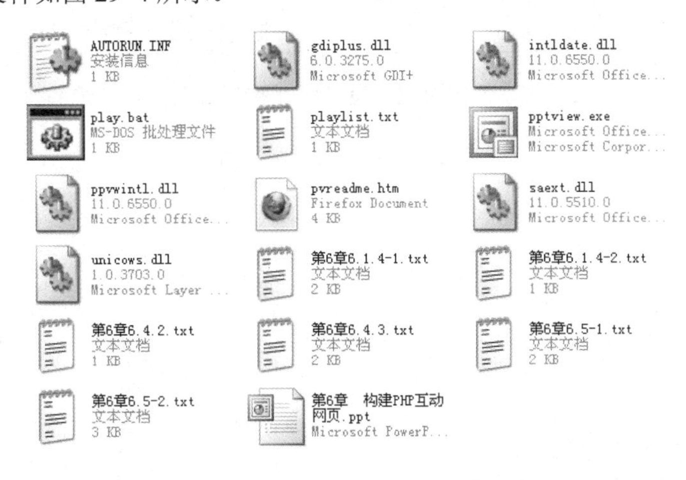

图 29-4 打包后文件夹中包含的文件

二、演示文稿打印

要求：

打开任意一个演示文稿（根据具体情况选择或者创建），将当前打开的演示文稿打印成讲义，其中每页 6 张幻灯片，按水平顺序排列。

操作如下

① 打开一个已有的演示文稿（或者创建一个演示文稿），选择菜单“文件”→“打印”命令，弹出“打印”对话框。

② 在“打印范围”选项组中选择“全部”单选按钮，在“打印内容”下拉列表框中选择“讲义”选项，在“每页幻灯片数”微调框中选择“6”，设置“顺序”为“水平”，最后单击“确定”按钮，即可实现将幻灯片打印成讲义，参数设置如图 29-5 所示。

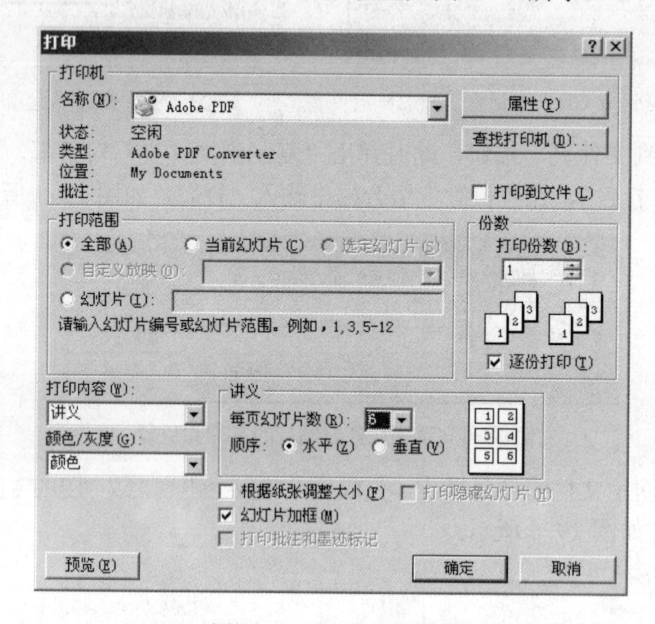

图 29-5 设置打印参数

（五）

网络基础应用篇

实验 30

TCP/IP 网络配置与局域网资源共享

实验目的

- 掌握本地计算机的 TCP/IP 网络配置。
- 掌握建立和测试网络设置的方法。
- 掌握建立本地网络资源的共享与访问网络共享资源。

实验内容

- 本地计算机的 TCP/IP 网络配置。
- 测试网络设置。
- 建立本地网络资源。
- 查找、访问网络共享资源。

实训步骤

一、本地计算机的 TCP/IP 网络配置

要实现网络的通信，首先就得在本地计算机上安装网络通信协议，网络通信协议就是计算机通过网络相互对话的语言，目前，计算机之间采用相同的 TCP/IP 协议进行通信。下面在 Windows XP 操作系统下对 TCP/IP 网络进行配置。

操作如下

① 在 Windows XP 系统下，首先应该安装好网卡驱动程序（默认已经安装）。

② 在操作系统桌面上右击“网上邻居”图标，在弹出的快捷菜单中选择“属性”命令，打开“网络连接”窗口，如图 30-1 所示。

图 30-1 “网络连接”窗口

③ 右击图 30-1 中的“本地连接”选项，在弹出的快捷菜单中选择“属性”命令，打开“本地连接 属性”对话框，如图 30-2 所示。

④ 双击“Internet 协议（TCP/IP）”选项，打开“Internet 协议（TCP/IP）属性”对话框，如图 30-3 所示。

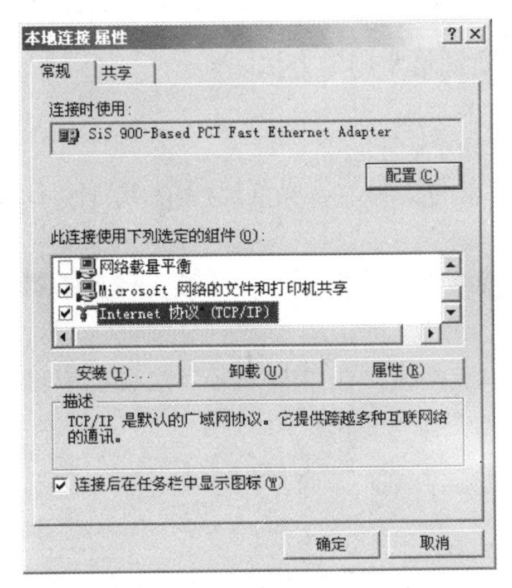

图 30-2 “本地连接 属性”对话框

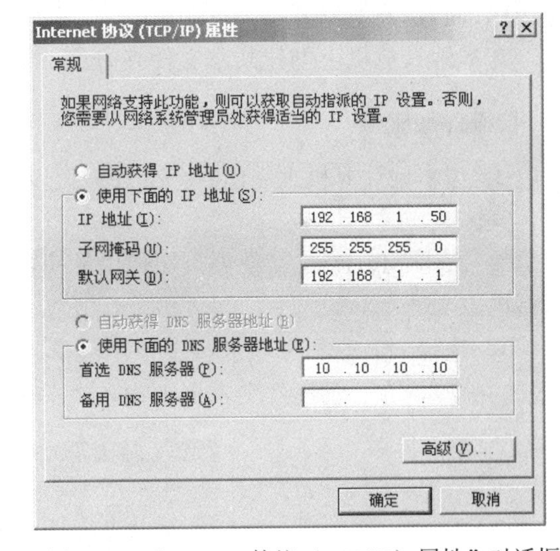

图 30-3 “Internet 协议（TCP/IP）属性”对话框

⑤ 选择“使用下面的 IP 地址”单选按钮，然后输入具体的 IP 地址、子网掩码、默认网关，然后设置 DNS 服务器地址，单击“确定”按钮完成对网络的设置。

二、测试网络设置

通过以上的步骤已经完成了对 TCP/IP 网络的设置过程，接下来就是测试刚才的设置是否成功。

操作如下

① 选择菜单“开始”→“运行”命令。

② 在“运行”对话框中输入“command”或者“cmd”命令，单击“确定”按钮，进入

MS-DOS 环境，如图 30-4 所示。

③ 在命令行窗口中输入“ping 192.168.1.50”后按 Enter 键，如果出现如图 30-5 所示的数据，则说明刚才的网络设置是成功的，否则，刚才的设置没有生效。

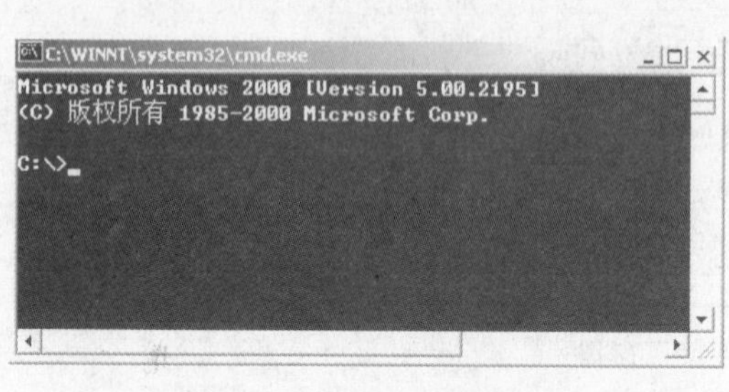

图 30-4 MS-DOS 环境

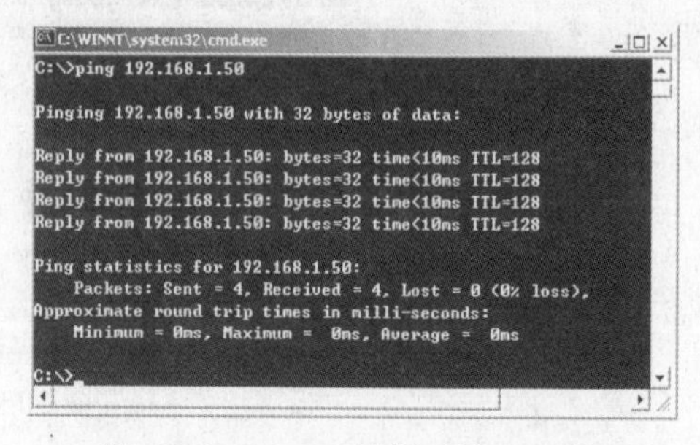

图 30-5 TCP/IP 连通时的 ping 结果

三、创建本地网络资源

网络的主要功能就是实现网络通信与资源的共享，对本地网络设置成功以后，接下来就是怎么样来创建网络资源。

在本地计算机上创建共享文件夹方法，是共享网络资源最常用的方法之一。

操作如下

① 在本地计算机上创建一个文件夹，以存放需要共享的资源，这里创建一个 E:\My_Data 文件夹。

② 右击 My_Data 文件夹，在弹出的快捷菜单中选择“共享”命令，打开该文件夹的属性对话框。

③ 选择“共享”选项卡，选择“共享该文件夹”单选按钮，在“共享名”组合框中输入“我的共享”，在“备注”文本框中输入“关于 XX 方面的资源”，如图 30-6 所示。

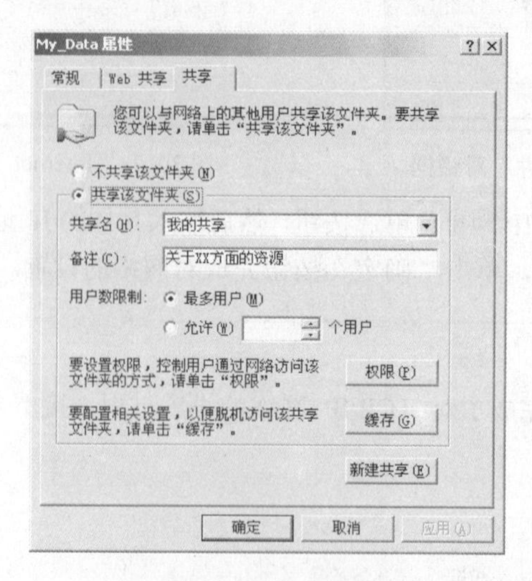

图 30-6 My_Data 属性设置

④ 单击“权限”按钮，可以为共享文件夹设置相应的权限，包括完全控制、更改和读取的权限。根据具体需求选择一定的权限，这里选择“读取”权限。

⑤ 最后单击“确定”按钮，完成共享文件夹的设置。

这时，该文件夹图标上将会出现一只小手。

说明

- 共享名：指的是该文件夹的共享名，当在网络上访问时看到的就是此共享名，并不是具体的文件夹的名称。
- 备注：是对该文件夹进行的描述。
- 用户数限制：指的是允许多少网络用户同时访问该共享文件夹。
- 权限：设置对该共享文件夹进行的操作。

四、访问网络共享资源

用户可以通过以下方法来访问网络上的共享资源。

1．使用 File 协议

操作如下

① 选择菜单“开始”→“运行”命令，打开“运行”对话框，在“运行”文本框中输入“file://计算机名（或者 IP 地址）”，这里输入“file://yujie”后按 Enter 键，就会把计算机名为 yujie 的计算机上的所有共享资源显示在窗口里，如图 30-7 所示。

② 双击需要访问的共享文件，即可进入该共享文件，从而实现网络资源的访问。这里双击“我的共享”文件夹。

2．映射网络驱动器

映射网络驱动器的功能，就是把网络上的共享文件夹映射到本地计算机的“我的电脑”窗口中，当需要访问该网络资源时，只需要在本地计算机的“我的电脑”窗口中双击该映射驱动器即可。

操作如下

① 在图 30-7 中右击需要映射的共享文件（这里是“我的共享”），在弹出的快捷菜单中选择“映射网络驱动器”命令，打开如图 30-8 所示的对话框。

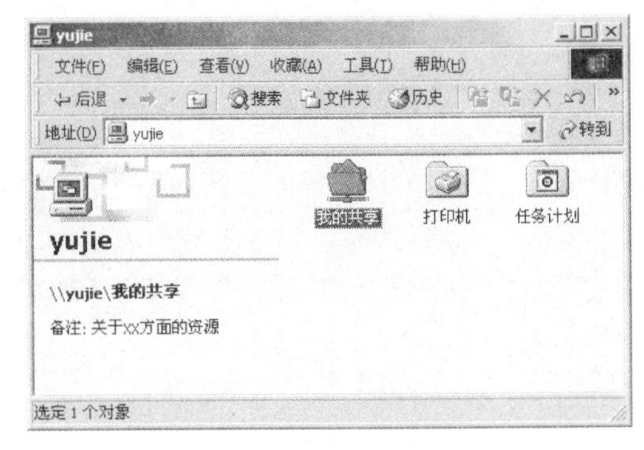

图 30-7　计算机 yujie 上的共享资源

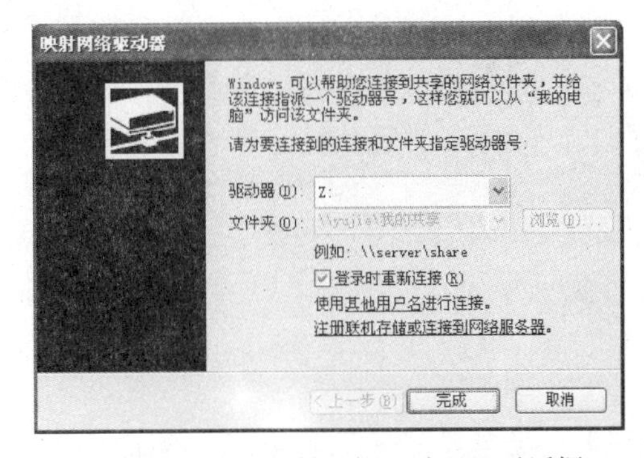

图 30-8　“映射网络驱动器”对话框

② 设置驱动器号，这里设置为 Z:，然后单击“完成”按钮。

③ 这时在本地计算机的“我的电脑”窗口中就会出现如图 30-9 所示的结果。这时，只需要双击该网络映射驱动器，就可进入到该共享文件夹所提供的资源，从而实现网络共享资源的访问。

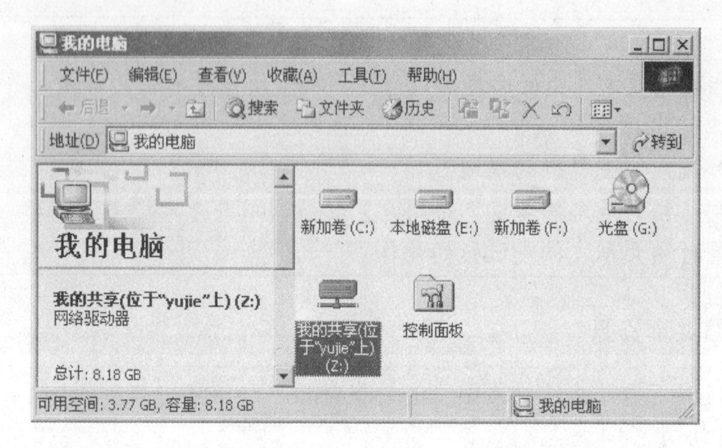

图 30-9 “我的电脑”窗口中添加了一个网络映射驱动器

实验 31

网 上 浏 览

实验目的

- 掌握正确使用 Internet Explorer（IE）浏览器访问网页的方法。
- 掌握对 IE 浏览器的基本设置。
- 掌握使用搜索引擎在网上搜索资源。

实验内容

- IE 浏览器窗口的认识。
- IE 浏览器的基本设置。
- 使用 Internet Explorer（IE）浏览器访问网页。
- 在网上搜索资源。

实训步骤

一、IE 浏览器窗口的认识

Internet Explorer 是与 Windows 系统集成在一起的一款浏览器软件，也就是说，当人们正确安装了 Windows 操作系统后，IE 也随之安装了。一般在桌面上有 IE 的快捷启动图标，人们只需要双击就可以启动 IE 浏览器了。

操作界面窗口化是 Windows 操作系统的一大特点，当 IE 浏览器启动后，也是以图形窗口化进行操作的，如图 31-1 所示。

从图 31-1 中可以看出，IE 浏览器的窗口由标题栏、菜单栏、“常用”工具栏、地址栏、链接工具栏、浏览窗口、状态栏等组成。

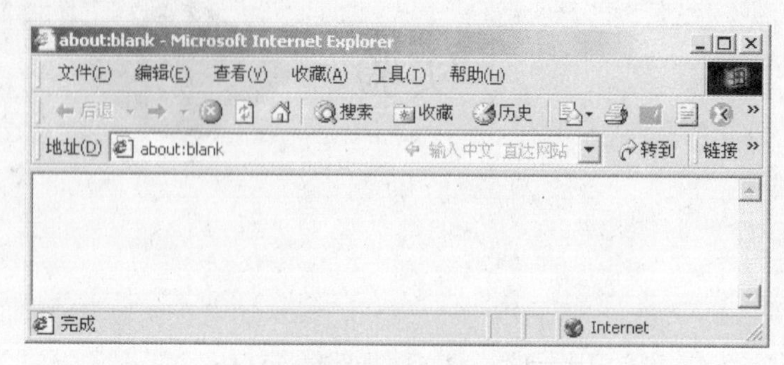

图 31-1　IE 浏览器界面

- 标题栏：显示当前显示页面的标题或名称。
- 菜单栏：集中了 IE 提供的所有操作命令。
- “常用”工具栏：为管理浏览器提供了一系列常用的功能和命令。
- 地址栏：显示当前要访问的 Web 站点的地址。当要访问某个 Web 站点时，直接在地址栏里输入其 Web 地址（URL），按 Enter 键即可。
- 浏览窗口：显示目前的 Web 页面。
- 状态栏：显示当前鼠标指针指向链接的地址。

二、IE 浏览器的基本设置

在 IE 窗口中，可以选择菜单“工具”→“Internet 选项”命令，在打开的对话框中设置 IE 浏览器，如图 31-2 所示，对 Internet 选项的设置包含常规、安全、内容、连接、程序、高级等选项。

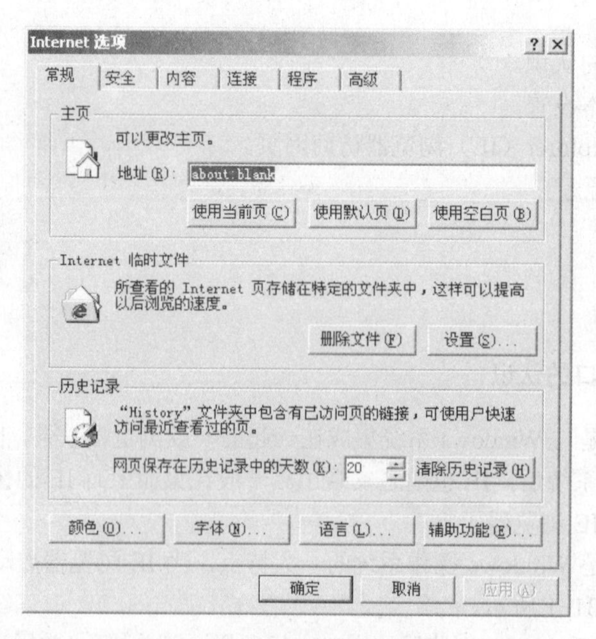

图 31-2　Internet 选项设置

将IE浏览器的主页设置为http://www.163.com，并清除保存在历史记录中的网页。

操作如下

① 在IE窗口中，选择菜单“工具”→“Internet选项”命令，在打开的对话框中选择“常规”选项卡。

② 在“主页”选项组的“地址”文本框中输入“http://www.163.com”。

③ 单击“清除历史记录”按钮。

④ 单击“确定”按钮，将保存在历史记录中的网页从IE中删除。

⑤ 单击“Internet选项”对话框中的“应用”按钮，再单击“确定”按钮。

⑥ 关闭IE浏览器。

三、使用Internet Explorer（IE）浏览器访问网页

1. 通过URL方式访问Web站点

操作如下

① 启动IE浏览器。

② 在IE浏览器的地址栏里输入URL地址，这里输入“www.baidu.com”。

③ 按Enter键即可进入“百度”首页。

2. 在网页里采用超链接方式访问Web站点

操作如下

① 启动IE浏览器。

② 在IE浏览器的地址栏里输入URL地址，这里输入“www.163.com”， 按Enter键即可进入“网易”首页。

③ 在“网易”首页里，单击任意超链接选项，即可进入该超链接的Web界面，从而实现在IE浏览器中以超链接方式访问Web站点。

3.“收藏”网页

IE浏览器中的“收藏”如同现实生活中“收藏”之意，只不过对象不同而已。在IE浏览器里访问网页时，发现好的网站或自己感兴趣的内容时，就可以把它的地址收藏起来，以待日后使用。

下面进行收藏“网易”首页的操作。

操作如下

① 在IE浏览器里的地址栏里输入“www.163.com”，按Enter键。

② 在IE浏览器中，选择菜单“收藏”→“添加到收藏夹”命令，打开“添加到收藏夹”对话框。

③ 在“名称”文本框中输入对该收藏页面的描述（这里输入“网易首页”）。

④ 单击“确定”按钮，即可完成对该网页的收藏。

4．实现脱机浏览

在收藏某网站时，不仅可以采用上面介绍的方式来收藏某一网站的地址，还可以把该站点上的页面内容一起收藏起来，并可根据设定的时间更新数据，从而实现脱机浏览的功能。

下面对“网易”首页设置“脱机浏览”。

操作如下

① 在IE浏览器里的地址栏里输入“www.163.com”，按Enter键。

② 在IE浏览器中，选择“收藏”→“添加到收藏夹”命令，打开“添加到收藏夹”对话框。

③ 选中“允许脱机使用”复选框，如图31-3所示。

图31-3　脱机浏览设置

④ 在“名称”文本框中输入对该收藏页面的描述（这里输入“网易”）。

⑤ 单击“确定”按钮，以完成对该网页的收藏。

四、在网上搜索资源

人们可在网络上利用搜索引擎来查找很多自己感兴趣的东西。著名的搜索引擎有网易、雅虎、Google、百度。

下面使用百度搜索引擎查找所需要的内容。

操作如下

① 在IE浏览器的地址栏里输入“www.baidu.com”，按Enter键。

② 在搜索引擎文本框中输入要查找内容的名称。单击“搜索”按钮，搜索引擎就开始查找，并把查找到的结果显示出来。

实验 32

计算机的日常维护

实验目的

- 掌握正确使用杀毒软件的方法。
- 掌握对计算机进行日常维护的方法。
- 掌握对计算机进行优化的方法。

实验内容

- 对计算机状况的优化。
- 木马、病毒的查杀。
- 系统漏洞的修复。
- 对计算机垃圾的清理。
- 对计算机优化的加速。
- 对计算机出现的常用问题诊断。

实训步骤

一、计算机状况的优化

用户应该养成经常关注计算机运行情况的习惯，这样可以非常清楚地知道计算机的整体情况。用户可以使用 360 安全卫士对计算机做一次彻底的体检，计算机体检主界面如图 32-1 所示。

在这里单击“立即体检”按钮，即可对计算机的整体状况进行体检，如图 32-2 所示。这样，人们就可以非常方便地知道计算机哪些地方有问题，然后，可以一键修复这些问题。

图 32-1　计算机体检主界面

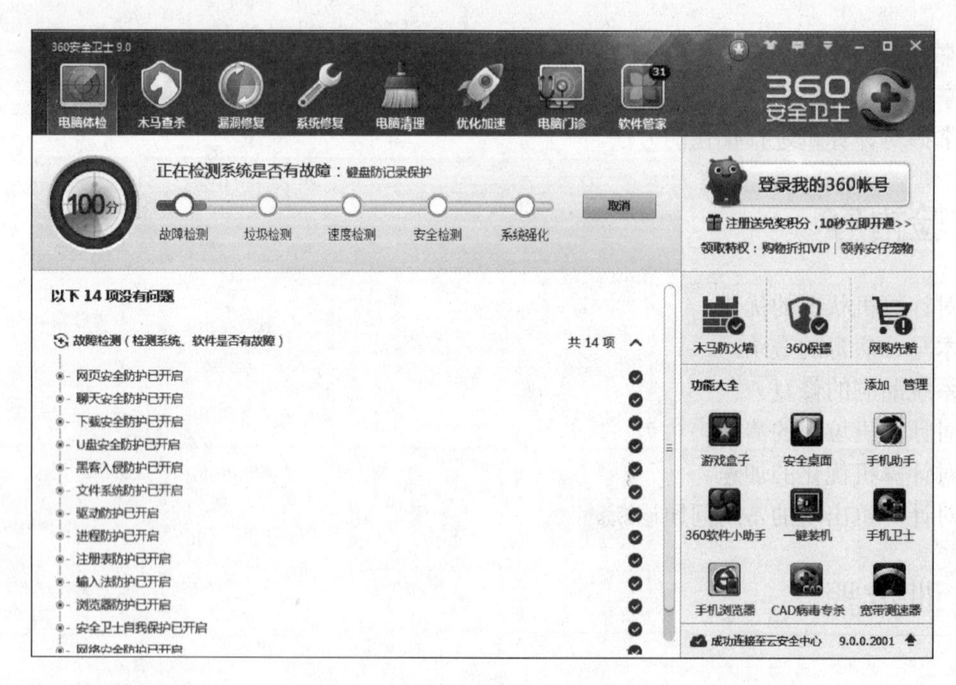

图 32-2　计算机体检进行中的界面

二、木马、病毒的查杀

木马、病毒对计算机产生的危害非常大，但是，只要使用计算机，这又是不可避免的，所以需要经常对计算机进行木马、病毒的查杀工作，以尽量不给木马、病毒提供生长的空间。如

图 32-3 所示就是木马、病毒查杀的主界面。

图 32-3 木马、病毒查杀的主界面

在图 32-3 中有 3 个选择，第 1 个是“快速扫描”，第 2 个是“全盘扫描”，第 3 个是“自定义扫描”。“快速扫描”是软件已经设置好的，只对系统的高度安全区域进行扫描；“全盘扫描”可对计算机所有地址进行扫描；“自定义扫描”可以让用户自己来设置扫描哪些区域，如图 32-4 所示。

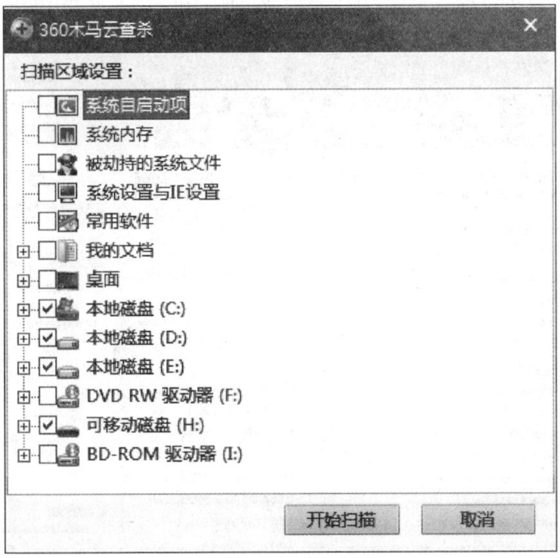

360木马云查杀
扫描区域设置：
系统自启动项
系统内存
被劫持的系统文件
系统设置与IE设置
常用软件
我的文档
桌面
本地磁盘 (C:)
本地磁盘 (D:)
本地磁盘 (E:)
DVD RW 驱动器 (F:)
可移动磁盘 (H:)
BD-ROM 驱动器 (I:)
开始扫描 取消

图 32-4 自定义扫描界面

三、系统漏洞的修复

在这里可以检测出操作系统存在的漏洞，这些漏洞是操作系统自身的问题，所以，操作系统开发公司会不断地提供系统漏洞的补丁，以修复操作系统所存在的问题。如图 32-5 所示就是操作系统漏洞修复的主界面。

图 32-5　操作系统漏洞修复的主界面

四、计算机垃圾的清理

随着对计算机的使用，会不断地产生大量的无用数据，通常称之为“系统垃圾”，人们应该不定期地对计算机的垃圾进行清理。如图 32-6 所示就是计算机垃圾清理的主界面。

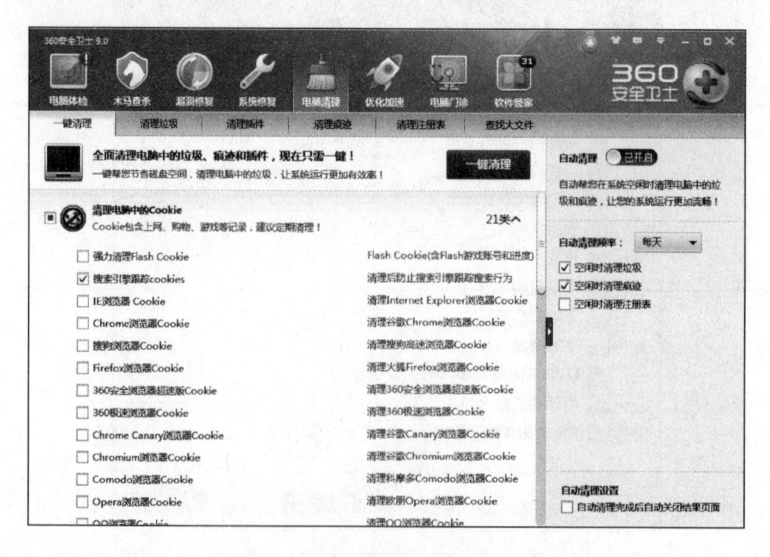

图 32-6　计算机垃圾清理的主界面

五、计算机系统的优化

如图 32-7 所示，从中可以实现对计算机的优化操作。

图 32-7　计算机系统优化

在优化中，有一项非常重要，那就是很多软件在安装以后都会修改注册表，以让自己在计算机开机后自动运行，这样就会大大影响开机的效率。因为有些软件根本就没必要在开机时运行，当人们需要使用这个软件时再打开就行了，所以可以在开机启动项中禁用这些软件运行。如图 32-8 所示为计算机启动项设置。

图 32-8　计算机启动项设置

第二部分

计算机等级考试强化训练题库

训练 1

计算机应用基础

一、填空题

1．世界上第一台计算机 ENIAC 于__________年诞生于__________国。

2．从第一代计算机到第四代计算机所采用的电子器件分别是电子管、__________、__________和大规模超大规模集成电路。

3．计算机应用领域包括__________、__________、__________、__________、__________。

4．目前，我国计算机界把计算机分为巨型机、大型机、中型机、小型机和__________五类。

5．从发展趋势来看，未来的计算机将是__________技术、__________技术和电子仿生技术相结合的产物。

6．计算机存储单位之间的关系是 1 GB=__________MB=__________KB=__________B。

7．数字化信息编码的两大要素是__________和__________。

8．计算机的主机由__________和__________组成。

9．计算机是由__________、__________、__________、__________、__________五大部分组成的。其中__________与__________合称中央处理器，也叫__________。

10．CPU 的主要任务是进行__________和__________运算，控制计算机各部件协调工作。其主要性能指标有__________和__________。

11．根据工作方式的不同，可将内存储器分为__________和__________两种。微机中，RAM 的中文意义是__________，ROM 的中文意义是__________。

12．显示器是微机系统的__________设备。

13．常用键盘的 4 个分区分别是__________、__________、__________、__________。

14．鼠标是一种比传统键盘的光标移动更加方便、更加准确的__________设备。

15．显示器按工作原理可分为__________显示器和__________显示器两种。

16．常用的打印机有__________、__________、__________3种，它们属于__________设备。

17．计算机软件系统包括__________软件和__________软件。操作系统是一种__________软件，它是__________和__________的接口。

18．$(520)_{10}$=（__________）$_{16}$=（__________）$_{8}$=（__________）$_{2}$。

19．计算机程序设计语言按其发展大致分为__________语言、__________语言和__________语言。__________语言和__________语言让计算机执行时，必须先转换成__________语言。

20．已知英文字母符号 A 的 ASCII 码为 65，则英文字母符号 F 的 ASCII 码为__________。已知数字符号 9 的 ASCII 码为 57，则数字符号 5 的 ASCII 码为__________。

21．与十六进制数 FE 相等的二进制数是__________，八进制数是__________。

22．十进制数 88 表示成二进制数是__________，十六进制数是__________。

23．只读存储器的英文单词缩写是__________。

24．八进制数的基数是__________，每一位数可取的最大值是__________。

25．十进制数 50 转换成八进制数是__________。

26．十进制数 98 转换成二进制数是__________，八进制数是__________。

27．八进制数 100 转换成二进制数是__________，十进制数是__________。

28．八进制数 120 转换成十六进制数是__________。

29．RAM 叫做__________。

30．在计算机中规定一个字节由__________个二进制位构成。

31．存储一个 32×32 点阵汉字，需要__________字节存储空间。

32．在计算机的存储单位中，1 TB=__________GB，1 GB=__________MB，1 MB=__________KB。

33．人们通常所说的 80 GB 的硬盘的 80 GB=__________MB。

34．二进制数 1111110000001111100001 转换成十六进制数为__________。

35．对西文字符最常用的编码是__________。

36．计算机内部的数据和指令是用__________表示的。

37．一个完整的计算机系统是由__________和__________组成的。

38．冯·诺依曼思想确立了计算机的硬件系统由__________、__________、__________、__________、__________组成。

39．人们通常所说的 CPU 由__________和__________组成。

40．运算器又称做算术逻辑单元，它主要负责对二进制进行__________和__________运算。

41．存储器分为内存储器和__________。其中，内存是由半导体材料制作的，半导体存储器包括 RAM 和 ROM 两种。RAM 叫做__________，特点是__________；ROM 叫做__________，特点是__________。

42．人们常说的“裸机”指的是__________。

43．I/O 总线就是 CPU 互连 I/O 设备以及提供外设访问系统服务器和 CPU 资源的通道。根据传送信号的不同，总线分为数据总线、__________、__________。

二、单项选择题

1．我国的第一台电子计算机于（　　）年试制成功。

A．1953　　B．1958　　C．1964　　D．1978

2．电子计算机主要是以（　　）来划分发展阶段的。

A．集成电路　　B．电子元件

C．电子管　　D．晶件管

3．第一台电子计算机诞生于（　　）年。

A．1940　　B．1945

C．1946　　D．1950

4．第一台电子计算机诞生于（　　）。

A．德国　　B．美国

C．英国　　D．中国

5．第一代电子计算机主要采用（　　）元件制造成功。

A．晶件管　　B．电子管

C．大规模集成电路　　D．中、小规模集成电路

6．世界上第一台具有存储程序功能的计算机叫（　　）。

A．UNIVAC-I　　B．IAS

C．ENIAC　　D．EDVAC

7．下列对第一台现代电子计算机 ENIAC 的叙述中，（　　）是错误的。

A．它的主要元件是电子管和继电器

B．它的主要工作原理是存储程序和程序控制

C．它是 1946 年在美国发明的

D．它的指令系统是用二进制代码进行编译的

8．第四代电子计算机主要采用（　　）元件制造成功。

A．晶件管　　B．电子管

C．大规模集成电路　　D．中、小规模集成电路

9．微型计算机是随着（　　）的发展而发展起来的。

A．晶件管　　B．电子管

C．网络　　D．集成电路

10．第一台电子计算机在当时主要用于（　　）。

A．自然科学研究　　B．工业控制

C．企业管理　　D．国防事业

11．最早的计算机的用途是用于（　　）。

A．科学计算　　B．自动控制

C．系统仿真　　D．辅助设计

12．数字计算机又分为通用计算机和（　　）两类。

A．模拟计算机　　B．微型计算机

C．大型计算机　　D．专用计算机

13．计算机能够自动、准确、快速地按照人们的意图进行运行的最基本思想是（　　）。

A．采用超大规模集成电路　　B．采用 CPU 作为中央核心部件

C．采用操作系统　　D．存储程序和程序控制

14．计算机所具有的存储程序和程序控制原理是（　　）提出的。

A．图灵　　B．布尔

C．冯・诺依曼　　D．爱因斯坦

15．将十进制数 512 转换成二进制数，其值是（　　）。

A．1000000000　　B．1000000001

C．100000000　　D．100000001

16．汉字在计算机内以（　　）码存储。

A．内　　B．五笔字型

C．拼音　　D．输入

17．计算机所能辨认的最小信息单位是（　　）。

A．位　　B．字节

C．字　　D．字符串

18．字长为 32 bit 的计算机，表示它能作为一个整体进行传送的数据长度可为（　　）个字节。

A．1　　B．2　　C．4　　D．8

19．一个字节占（　　）个二进制位。

A．1　　B．2　　C．4　　D．8

20．ASCII 是（　　）。

A．条件码　　B．二—十进制编码

C．二进制码　　D．美国信息交换标准代码

21．人们说某计算机的内存是 16 MB，就是指它的容量为（　　）字节。

A．16×1 024×1 024　　B．16×1 000×1 000

C．16×1 024　　D．16×1 000

22．衡量计算机存储容量的单位通常是（　　）。

A．块　　B．字节

C．比特　　D．字长

23．计算机内所有的信息都是以（　　）数码形式表示的。

A．八进制　　B．十进制

C．二进制　　D．十六进制

24．在计算机中，（　　）个字节称为一个 MB。

A．10 K　　B．100 K

C．1 024 K　　D．1 000 K

25．在计算机中，（　　）个字节称为一个 KB。

A．10　　B．100

C．1 024　　D．1 000

26．在计算机中，1 GB 表示（　　）。

A．1 024 K 个字节　　B．1 024 K 个汉字

C．1 024 M 个字节　　D．1 024 M 个汉字

27．计算机的硬件系统由（　　）组成。

A．控制器、显示器、打印机、主机、键盘

B．控制器、运算器、存储器、输入/输出设备

C．CPU、主机、显示器、打印机、硬盘、键盘

D．主机箱、集成块、显示器、电源、键盘

28．计算机系统由（　　）两部分组成。

A．主机系统和显示器系统　　B．硬件系统和软件系统

C．主机和打印机系统　　D．主机系统和视窗 95 系统

29．通常说的 CPU 是指（　　）。

A．内存储器和控制器　　B．控制器和运算器

C．内存储器和运算器　　D．内存储器、控制器和运算器

30．CPU 的中文名称是（　　）。

A．中央处理器　　B．外（内）存储器

C．微机系统　　D．微处理器

31．计算机内进行算术与逻辑运算的功能部件是（　　）。

A．硬盘驱动器　　B．运算器

C．控制器　　D．RAM

32．运算器的主要功能是完成（　　）。

A．加法和移位操作　　B．算术运算

C．逻辑运算　　D．算术运算和逻辑运算

33．实现计算机和用户之间信息传递的设备是（　　）。

A．存储系统　　B．控制器和运算器

C．输入/输出设备　　D．CPU 和输入/输出接口电路

34．完整的计算机系统包括（　　）。

A．硬件系统和软件系统　　B．主机和外部设备

C．主机和实用程序　　D．运算器、存储器和控制器

35．计算机存储器容量以 KB 为单位，1 KB 等于（　　）。

A．1 000 bit　　B．1 024 bit

C．1 000 Byte　　D．1 024 Byte

36．在计算机术语中经常用 RAM 表示（　　）。

A．只读存储器　　B．可编程只读存储器

C．动态随机存储器　　D．随机存取存储器

37．操作系统是（　　）。

A．应用软件　　B．系统软件

C．字表处理软件　　D．计算软件

38．为达到某一目的而编制的计算机指令序列称为（　　）。

A．软件　　B．程序

C．字符串　　D．命令

39．机器语言中，每一个语句又称为（　　）。

A．命令　　B．字符串

C．操作　　D．指令

40．汇编程序的作用是将汇编语言源程序翻译为（　　）。

A．目标程序　　B．临时程序

C．应用程序　　D．可执行程序

41．编译程序的作用是将高级语言源程序翻译成（　　）。

A．目标程序　　B．临时程序

C．应用程序　　D．可执行程序

42．计算机能直接识别和执行的语言是（　　）。

A．机器语言　　B．汇编语言

C．C 语言　　D．BASIC 语言

43．能把高级语言源程序翻译成目标程序的处理程序是（　　）。

A．汇编程序　　B．编译程序

C．解释程序　　D．编辑程序

44．电子计算机能直接执行的指令一般包含（　　）两部分。

A．操作码和数字　　B．操作码和操作对象

C．操作码和运算符　　D．操作码和文字

45．ASCII 码包含（　　）个字符。

A．128　　B．256　　C．100　　D．512

46．管理、控制计算机系统全部资源的软件是（　　）。

A．数据库　　B．应用软件

C．软件包　　D．操作系统

47．操作系统的作用是（　　）。

A．软硬件的接口　　B．进行编码转换

C．把源程序翻译成机器语言程序　　D．控制和管理系统资源的使用

48．计算机软件一般包括系统软件和（　　）。

A．源程序　　B．科学软件

C．管理软件　　D．应用软件

49．机器语言是由一串用 0、1 代码构成指令的（　　）。

A．高级语言　　B．低级语言

C．汇编语言　　D．通用语言

50．计算机软件一般包括（　　）和应用软件。

A．实用软件　　B．系统软件

C．培训软件　　D．编辑软件

51．微型计算机系统中的中央处理器通常是指（　　）。

A．内存储器和控制器　　B．内存储器和运算器

C．控制器和运算器　　D．内存储器、控制器和运算器

52．存储器可分为（　　）两类。

A．RAM 和 ROM　　B．硬盘和软盘

C．内存储器和外存储器　　D．ROM 和 EPROM

53．计算机的内存储器与硬盘存储器相比，内存储器（　　）。

A．速度慢　　B．速度快

C．存储量大　　D．能存储用户信息而不丢失

54．内存储器可与 CPU（　　）交换信息。

A．不　　B．直接

C．部分　　D．间接

55．内存储器可分为（　　）和 ROM。

A．RAM　　B．软盘

C．CD-ROM　　D．硬盘

56．内存储器可分为随机存取存储器和（　　）。

A．硬盘存储器　　B．动态随机存储器

C．只读存储器　　D．光盘存储器

57．软盘驱动器属于（　　）。

A．主存储器　　B．CPU 的一部分

C．外部设备　　D．数据通信设备

58．硬盘是一种（　　）。

A．外存储器　　B．廉价的内存

C．CPU 的一部分　　D．RAM

59．内存储器与硬盘相比，内存储器（　　）。

A．容量小，速度快　　B．容量大，速度慢

C．容量大，速度快　　D．容量小，速度慢

60．ROM 存储器是指（　　）。

A．光盘存储器　　B．磁介质表面存储器

C．只读存储器　　D．随机存储存储器

61．ROM 存储器在断电后，其中的数据（　　）。

A．丢失　　B．自动保存

C．不变化　　D．需人工保存

62．存放于计算机（　　）上的信息，关机后就消失。

A．ROM　　B．RAM

C．硬盘　　D．软盘

63．RAM 是指（　　）。

A．外存储器　　B．只读存储器

C．寄存器　　D．随机存取存储器

64．软盘驱动器在寻找数据时（　　）。

A．盘片转动、磁头不动　　B．盘片不动、磁头移动

C．盘片转动、磁头移动　　D．盘片、磁头都不动

65．若在计算机工作时使用了存盘命令，那么，信息将存放在（　　）中。

A．磁盘　　B．RAM

C．ROM　　D．CD-ROM

66．在下列设备中，在微型计算机中访问速度最快的是（　　）。

A．软盘驱动器　　B．硬盘驱动器

C．内存储器　　D．CD-ROM

67．在下列设备中，（　　）不能作为微型计算机的输出设备。

A．打印机　　B．显示器

C．绘图仪　　D．键盘

68．在微型计算机系统中，微处理器又称为（　　）。

A．ROM　　B．RAM

C．CPU　　D．VGA

69．计算机常用的输入设备有（　　）。

A．显示器　　B．键盘、显示器

C．打印机　　D．键盘、鼠标、扫描仪

70．既可作为输入设备，又可以作为输出设备的是（　　）。

A．打印机　　B．软盘驱动器

C．键盘　　D．显示器

71．十六进制数 112 转换为八进制数是（　　）。

A．352　　B．422

C．502　　D．112

72．对于任意 R 进制的数，其每一个数位可以使用的数字符号个数为（　　）。

A．12 个　　B．R-1

C．R　　D．R+1

73．英文字母“C”与“a”的 ASCII 码值之间的关系是（　　）。

A．C 的 ASCII 码>a 的 ASCII 码　　B．C 的 ASCII 码<a 的 ASCII

C．C 的 ASCII 码>=a 的 ASCII 码　　D．无法比较

74．人工智能的应用领域之一是（　　）。

A．专家系统　　B．办公自动

C．计算机辅助设计　　D．计算机网络

75．CAD 是计算机（　　）的缩写。

A．辅助设计　　B．辅助教学

C．辅助制造　　D．辅助测试

76．五笔字型输入法属于（　　）。

A．字型编码法　　B．字音编码法

C．形音编码法　　D．数字编码法

77．扫描仪属于计算机的（　　）。

A．输入设备　　B．输出设备

C．通信设备　　D．显示设备

78．八进制数 556 转换成二进制数是（　　）。

A．101101110　　B．111111

C．111100010　　D．101110110

79．微型计算机属于（　　）。

A．数字计算机　　B．模拟计算机

C．数字、模拟计算机　　D．电子管计算机

80．计算机的 CPU 中除了包含运算器外，还包含（　　）。

A．控制器　　B．存储器

C．显示器　　D．处理器

81．在微机中，1 MB 的准确含义是（　　）。

A．1 024×1 024 个字　　B．1 024×1 024 个字节

C．1 000×1 000 个字节　　D．1 000×1 000 个字

82．ROM 是（　　）存储器。

A．高速　　B．只读

C．虚拟　　D．随机

83．汉字国标码（GB2312—80）规定的汉字编码，每个汉字的内码用（　　）。

A．一个字节表示　　B．两个字节表示

C．3 个字节表示　　D．4 个字节表示

84．显示器是目前微型机中使用最广的（　　）。

A．存储设备　　B．输入设备

C．控制设备　　D．输出设备

85．在微型计算机中，通常所说的 80586 指的是（　　）。

A．产品型号　　B．主频速度

C．微机系统名称　　D．中央处理器（CPU）的型号

86．微机基本内存是 640 KB，这里的 1 KB 为（　　）。

A．1 024 个字节　　B．1 000 个字节

C．1 024 个二进制位　　D．1 000 个字

87．通常，人们所说的一个完整的计算机系统应该包括（　　）。

A．主机、键盘和显示器　　B．系统软件和应用软件

C．主机和它的外部设备　　D．硬件系统和软件系统

88．下列设备中，（　　）不能作为计算机的输出设备。

A．打印机　　B．显示器
C．绘图仪　　D．键盘

89．微型计算机的性能主要取决于（　　）的性能。
A．CPU　　B．硬盘
C．RAM　　D．显示器

90．二进制数 1110011 转换成为十进制数是（　　）。
A．115　　B．91
C．171　　D．71

91．在微机中，常用的英文单词 bit 的中文意思是（　　）。
A．二进制位　　B．字符
C．字节　　D．字长

92．一个字节由（　　）个二进制位组成。
A．4　　B．2　　C．6　　D．8

93．1 KB 的准确数值是（　　）。
A．1 024 个字节　　B．1 000 个字节
C．1 024 个二进制位　　D．1 000 个字

94．微机中采用的 ASCⅡ编码用 7 位二进制数表示一个字符，ASCⅡ码集有（　　）个不同代码。
A．256　　B．64
C．127　　D．128

95．在微机中，国标码存储一个汉字采用的内码所需字节数为（　　）。
A．1　　B．2　　C．3　　D．4

96．五笔字型汉字输入法的编码属于（　　）。
A．音码　　B．形声码
C．区位码　　D．形码

97．下列存储器中，访问周期最短的是（　　）。
A．硬盘存储器　　B．外存储器
C．内存储器　　D．软盘存储器

98．运算器的功能是进行（　　）。
A．逻辑运算　　B．算术运算
C．初等函数运算　　D．算术运算和逻辑运算

99．计算机系统由（　　）两大部分组成。
A．系统软件和应用软件　　B．主机和外设
C．硬件系统和软件系统　　D．输入设备和输出设备

100．计算机病毒是指“能够侵入计算机系统并在计算机系统中破坏系统正常工作的一种具有繁殖能力的（　　）。
A．流行感冒病毒　　B．指令序列
C．特殊微生物　　D．源程序

三、多项选择题

1．计算机中采用二进制的主要原因是（ ）。

A．二进制只有两个状态，系统容易实现，成本低

B．运算法则简单

C．十进制无法在计算机中实现

D．可以进行逻辑运算

2．下列程序语言中属于高级语言范畴的有（ ）。

A．Visual FoxPro　　B．Java

C．Visual C　　D．机器语言

3．十进制数100可以转换为（ ）。

A．二进制数1100100　　B．八进制数 144

C．十六进制数64　　D．十六进制数65

4．以下关于ASCII码概念的论述中，正确的有（ ）。

A．ASCII码中的字符全部可以在屏幕上显示

B．ASCII码基本字符集由7个二进制数码组成

C．ASCII码包括128个基本字符

D．可以用ASCII码表示汉字

5．计算机系统由（ ）组成。

A．计算机软件系统　　B．计算机硬件系统

C．UPS系统　　D．主机

6．计算机中一个字节可以表示（ ）。

A．两位十六进制数　　B．4位十进制数

C．一个ASCII码　　D．8位二进制数

7．以下设备中，既是输入设备又是输出设备的有（ ）。

A．显示器　　B．CD-ROM

C．硬盘　　D．软盘驱动器

8．电子计算机的特点有（ ）。

A．计算速度快　　B．具有对信息的记忆能力

C．具有思考能力　　D．具有逻辑处理能力

9．计算机内可以被硬件直接处理的数据是（ ）。

A．二进制数　　B．八进制数

C．十六进制数　　D．汉字

10．计算机辅助技术包括（ ）。

A．CAD　　B．CAT

C．CAM　　D．CAI

11．计算机病毒具有（ ）特点。

A．传染性　　B．潜伏性

C．针对性　　D．破坏性

12．以下设备中，属于输入设备的有（　　）。

A．显示器　　B．鼠标

C．键盘　　D．手写板

13．以下设备中，属于输出设备的有（　　）。

A．显示器　　B．鼠标

C．键盘　　D．绘图仪

14．与二进制数 10001111 相等的数有（　　）。

A．十进制数 143　　B．八进制数 218

C．十六进制数 8F　　D．十进制数 134

15．电子计算机按用途可分为（　　）。

A．微型计算机　　B．通用计算机

C．中型计算机　　D．大型计算机

E．专用计算机

四、判断正误题（正确填 A，错误填 B）

1．计算机辅助教学的英文缩写是 CAT。（　　）

2．7 个二进制位构成一个字节。（　　）

3．计算机病毒是因计算机程序长时间未使用而动态生成的。（　　）

4．计算机内部最小的信息单位是“位”。（　　）

5．存储器具有记忆能力，而且任何时候都不会丢失信息。（　　）

6．操作系统是用户和计算机之间的接口。（　　）

7．裸机是指不含外部设备的主机。（　　）

8．控制器通常又称中央处理器，简称“CPU”。（　　）

9．第二代计算机的主存储器采用的是磁芯存储器。（　　）

10．第一代计算机的主存储器用的是磁鼓。（　　）

11．计算机辅助设计是计算机辅助教育的主要应用领域之一。（　　）

12．计算机辅助设计的英文缩写是 CAD。（　　）

13．ASCII 编码专用于表示汉字的机内码。（　　）

14．计算机辅助教学的英文缩写是 CAM。（　　）

15．按接收和处理信息的方式分类，可以把计算机分为数字计算机和模拟计算机。（　　）

16．目前，计算机病毒的传播途径主要是计算机网络。（　　）

17．计算机软件分为基本软件、计算机语言和应用软件三大部分。（　　）

18．只有用机器语言编写的程序才能被计算机直接执行，用其他语言编写的程序必须经过“翻译”才能正确执行。（　　）

19．数字计算机只能处理单纯的数字信息，不能处理非数字信息。（　　）

20．Visual C 语言属于计算机高级语言。（　　）

21．计算机病毒是一种可以自我繁殖的特殊程序。（　　）

22．人工智能是指利用计算机技术来模仿人的智能的一种技术。（　　）

23．计算机辅助制造的英文缩写是 CAM。（　　）

24．计算机辅助教学的英文缩写是 CAI。（　　）

25．在计算机内部，利用电平的高低组合来表示各类信息。（　　）

26．在计算机中使用八进制和十六进制，是因它们占用的内存容量比二进制少，运算法则也比二进制简单。（　　）

27．计算机的字长是指一个英文字符在计算机内部存放时所需要的二进制位数。（　　）

28．每个 ASCII 码的长度是 8 位二进制位，因此每个字节是 8 位二进制位。（　　）

29．在人们使用计算机时，经常使用十进制数，因为计算机是采用十进制进行运算的。（　　）

30．人们衡量一个文件的大小、信息量的多少都是以“字节”为单位的。（　　）

31．鼠标是一种输出设备。（　　）

32．存储器分为内存储器和外存储器。（　　）

33．内存储器和 CPU 合称为主机。（　　）

34．人们通常所说的裸机就是指没有上机箱壳的计算机。（　　）

35．人们通常所说的“中央处理器”指的就是 UPS。（　　）

训练 2

计算机系统的基本组成

一、填空题

1．微机硬件系统一般包括I/O设备、__________和__________。

2．显示器一般可以分为彩色显示器和__________显示器。

3．__________技术是处理文字、图形和图像等的综合技术。

4．计算机应用中常把字节作为信息的计量单位，一个字节等于__________个位。

5．__________总线是用于传送存储器单元地址和输入/输出接口地址信息的。

6．通常用屏幕水平方向上显示的点数乘垂直方向上显示的点数来表示显示器的清晰程度，该指标称为__________。

7．计算机指令一般由__________和操作数两部分组成。

8．中央处理器也称__________。

9．可以在计算机上直接运行的是__________语言。

10．对于软盘驱动器，系统一般规定用A和__________作为盘符。

11．鼠标是计算机中的一种常用的__________设备。

12．计算机的结构一般可以分为__________个部分。

13．随机存储器可以分为SRAM和__________。

14．计算机硬件包括运算器、__________、__________、__________和输出设备五大部件。

15．Cache和主存之间是通过__________交换数据的。

16．计算机可以直接执行的程序语言是__________。

17．__________技术的引入是为了解决内存和外存之间速度的差异的问题。

18．从存储器中取出数据的操作称为__________；向存储器中存入新信息，并抹去原有内容的操作称为__________。

19．设备或程序可以用于多种系统，这种性能称为__________。

20．计算机软件可分为系统软件和__________软件两大类。

21．控制器主要由指令部件、时序部件和__________部件组成。

22．__________和__________是高级语言翻译的两种工作方式。

23．在计算机中增加 Cache 高速缓冲存储器是为了提高__________的速度。

24．指令由操作码和地址码组成，操作码指明__________，地址码指出操作数的存储单元。

25．与内存相比，硬盘的存取数据的速度__________，容量__________。

26．通常，一片 3.5 英寸双面高密度软盘的容量为__________MB。

27．在具有多媒体功能的微型计算机系统中，常用的 CD-ROM 是__________。

28．每个盘可有多个子目录，但只有一个__________目录。

29．一个多媒体计算机系统是由多媒体硬件平台、__________、图形用户界面和支持多媒体数据开发的应用工具软件组成。

30．计算机的结构由__________、控制器、存储器、输入设备和输出设备组成。

31．数字化仪可作为计算机能接收数字信号的图形__________设备。

32．程序设计语言通常分为__________、__________和__________三大类。

33．使用__________语言编写的程序具有通用性和可移植性。

34．__________将高级语言写成的源程序编译成计算机可以重复执行的机器语言程序。

35．使用__________语言编写的程序可以由计算机直接运行。

36．在计算机系统中，通常把运算器、控制器和存储器合称为__________。

37．计算机的字长是由__________总线的宽度来决定的。

38．操作系统的五大管理功能包括处理器管理、存储器管理、__________、设备管理和作业管理功能。

39．计算机中的输入/输出设备必须通过__________接口电路才能和系统总线相连接。

40．在计算机系统中，外部设备通常是__________和__________的合称。

41．用户打开的文档所存放的内存空间属于__________存储器。

42．显示器和打印机是当前微机系统中最常用的__________设备。

43．I/O 总线就是 CPU 互连 I/O 设备以及提供外设访问系统服务器和 CPU 资源的通道。在 I/O 总线上，通常传送 3 种信号，因此总线分为数据总线、地址总线和__________。

44．存储器进行连续存取操作所允许的最短时间间隔称为__________。

45．指令通常由操作码和__________两部分组成。

46．计算机软件系统由__________和__________两部分组成。

47．为了区分内存中的不同存储单元，可为每个存储单元分配一个唯一的编号，称为内存的__________。

48．1.44 MB 软盘的磁道数为 80，每个磁道划分的扇区数是__________。

49．时钟周期可反映计算机的__________。

50．鼠标按其结构分类有__________和光电式两类。

51．功能最强的计算机是巨型机，通常使用的规模较小的计算机是__________。

52．非击打式打印机的主要技术指标是分辨率和__________。

53．操作系统是用来管理计算机__________，控制计算机工作流程，并能方便

________使用计算机的一系列程序的总和。

54．通常用屏幕水平方向上显示的点数乘垂直方向上显示的点数来表示显示器的清晰度，该指标称为________。

55．存储器是用来存储程序和________的。

56．作为外存储器的磁盘驱动器属于________设备。

57．KV3000 是一种流行的计算机________的名称。

58．通常所使用的鼠标和键盘属于________设备。

59．访问一次内存储器所花的时间称为________。

60．在计算机工作时，内存储器用来存储________。

61．打印机按印字方式可分为击打和________两大类。

62．微型机硬件的最小配置包括主机、键盘和________。

63．计算机程序是完成某项任务的________序列。

64．内存储器是由________和________组成的。

65．在微机系统中，高级语言的源程序是通过________系统建立起来的。

66．计算机硬件中最核心的部件是________。

67．磁盘可分为________和________两大类。

68．微处理器是由________和________组成的。

二、单项选择题

1．微机的主机箱内没有（　　）。

A．磁盘驱动器　　B．系统主板

C．扬声器　　D．音箱

2．在半导体存储器中，动态 RAM 的特点是（　　）。

A．信息在存储介质中移动　　B．按字结构方式存储

C．每隔一定时间进行一次刷新　　D．按位结构方式存储

3．微型计算机显示器一般有两组引线，它们是（　　）。

A．信号线和地址线　　B．电源线与信号线

C．控制线与地址线　　D．电源线与控制线

4．下列关于微型计算机的叙述中，正确的是（　　）。

A．微型计算机是以微处理器为核心，配有存储器、输入/输出接口电路、系统总线

B．微型计算机是第三代计算机

C．微型计算机以半导体器件为逻辑元件，以磁芯为存储器

D．微型计算机是运算速度超过每秒 1 亿次的计算机

5．通常所说的主机主要包括（　　）。

A．CPU　　B．CPU、内存和外存

C．CPU、内存硬盘　　D．CPU 和内存

6．CPU 不能直接访问的存储器是（　　）。

A．ROM　　B．Cache

C．外存储器　　D．RAM

7．下列存储器中，存取速度最快的是（　　）。

A．内存　　B．硬盘

C．软盘　　D．光盘

8．之所以有“高级语言”这样的称呼，是因为它们（　　）。

A．必须由经过良好训练的程序员使用

B．“离开”机器硬件较远

C．开发所用时间较长

D．必须在高度复杂的计算机上运行

9．计算机操作系统是对计算机软硬件资源进行管理和控制的系统软件，也为（　　）之间进行交流信息提供方便。

A．用户和计算机　　B．软件和硬件

C．计算机和控制对象　　D．主机和外设

10．和外存相比，内存的主要特征是（　　）。

A．存储正在运行的程序　　B．能同时存储程序和数据

C．能长期保存信息　　D．能存储大量信息

11．3.5 英寸软盘的一个角上有一个滑动块，如果移动该滑动块露出一个小孔，则该盘（　　）。

A．不能读也不能写　　B．不能读但能写

C．只能读不能写　　D．能读写

12．在微机中，主机由微处理器与（　　）。

A．软盘存储器组成　　B．内存储器组成

C．磁盘存储器组成　　D．运算器组成

13．通常，一个完整的计算机系统应包括（　　）。

A．计算机及其外部设备　　B．主机与输入、输出设备

C．硬件系统与软件系统　　D．系统软件与系统硬件

14．电子数字计算机最主要的工作特点是（　　）。

A．记忆力强　　B．存储程序与程序控制

C．高精度　　D．高速度

15．运算器是计算机中的核心部件之一，它主要用于完成（　　），它从存储器中取得参与运算的数据，运算完成后，把结果又送到存储器中，通常把运算器和控制器合称为CPU。

A．中断处理　　B．控制磁盘读写

C．传送控制信息　　D．算术逻辑运算

16．下列设备中，只能作为输出设备的是（　　）。

A．鼠标　　B．PRN

C．NUL　　D．CON

17. 一般情况下，在断电后，硬盘中的数据会（ ）。

A. 大部分丢失　　B. 小部分丢失
C. 完全丢失　　D. 不丢失

18. 在购买微机时，所谓 486/33 是指（ ）。

A. CPU 时钟频率　　B. 最大内存容量
C. 运算速度　　D. 总线宽度

19. 断电后使得（ ）中所存储的数据丢失。

A. ROM　　B. 磁盘
C. RAM　　D. 光盘

20. 计算机的 CPU 每执行一条（ ），就完成一步基本运算或判断。

A. 程序　　B. 软件
C. 语句　　D. 指令

21. 在微型计算机系统中运行某一程序时，若存储容量不够，可以通过（ ）的方法来解决。

A. 扩展内存　　B. 采用光盘
C. 采用高密度软盘　　D. 增加硬盘容量

22. 通常所说的 486 是指（ ）。

A. 其字长是为 486 位　　B. 其所用的微处理器芯片型号为 486
C. 其内存容量为 486 KB　　D. 其主频为 486 MHz

23. 总线是连接计算机各部件的一组公共信号线，它由（ ）组成。

A. 地址总线和数据总线　　B. 地址总线、数据总线和控制总线
C. 地址总线和控制总线　　D. 数据总线和控制总线

24. 计算机被病毒感染的可能途径是（ ）。

A. 电源不稳定　　B. 运行错误的操作命令
C. 运行来历不明的外来文件　　D. 磁盘表面不清洁

25. 下列说法中，（ ）是正确的。

A. 软盘可以是几张磁盘合成的一个磁盘
B. 软盘的数据存储量远比硬盘少
C. 读取硬盘上的数据所需的时间较软盘多
D. 软盘的体积比硬盘大

26. 某单位人事管理系统程序属于（ ）。

A. 字处理软件　　B. 系统软件
C. 工具软件　　D. 应用软件

27. 微处理器的字长、主频、运算器结构及（ ）是影响其处理速度的主要因素。

A. 有无 DMA 功能　　B. 有无中断处理
C. 是否微程序控制　　D. 有无 Cache 存储器

28. 下列设备中，（ ）为输出设备。

A. 键盘　　B. 打印机

C．扫描仪　　D．鼠标

29．计算机能直接运行的程序在计算机内部以（　　）编码形式存放。

A．二进制　　B．二十一进制

C．十六进制　　D．条形码

30．二进制数 101110 转换为等值的八进制数是（　　）。

A．56　　B．78

C．67　　D．45

31．在计算机内部，所有需要计算机处理的数字、字母、符号都是以（　　）来表示的。

A．十六进制码　　B．二进制代码

C．八进制码　　D．十进制码

32．常用主机的（　　）来反映微机的速度指标。

A．内存容量　　B．字长

C．时钟频率　　D．存取速度

33．封上软盘的写保护口后，（　　）。

A．不能从该盘向外复制文件　　B．该盘不能再使用

C．该盘中没有病毒　　D．不能向该盘复制新文件

34．下面关于计算机系统硬件的说法中，不正确的是（　　）。

A．CPU 主要由运算器、控制器和寄存器组成

B．软盘和硬盘上的数据均可由 CPU 直接存取

C．软盘既可以作为输入设备，也可以作为输出设备

D．当关闭计算机电源后，RAM 中的程序和数据就消失了

35．微型计算机中的外存储器，可以与（　　）直接进行数据传送。

A．内存储器　　B．微处理器

C．控制器　　D．运算器

36．运算器是计算机的核心部件之一，它主要用于完成算术和逻辑运算，它从存储器中取得参与运算的数据，运算完成后，把结果又送到存储器中，通常把运算器和（　　）合称为 CPU。

A．I/O 设备　　B．中央处理器

C．控制器　　D．存储器

37．具有多媒体功能的微机系统常用 CD-ROM 作为外存储器，它是（　　）。

A．只读光盘　　B．只读内存储器

C．只读大容量软盘　　D．只读硬盘

38．操作系统（　　）。

A．是主机和外设之间的接口　　B．是用户和计算机之间的接口

C．是软件和硬件之间的接口　　D．是源程序和目标程序之间的接口

39．在计算机中存储数据的最小单位是（　　）。

A．位　　B．KB

C．字节　　D．字

40. BASIC 语言是一种（ ）。

A. 低级语言　　B. 机器语言
C. 汇编语言　　D. 高级语言

41. 世界上第一台电子计算机诞生的地点是（ ）。

A. 美国　　B. 英国
C. 匈牙利　　D. 德国

42. 发现计算机病毒后，较为彻底的清除方法是（ ）。

A. 格式化磁盘　　B. 用查毒软件处理
C. 用杀毒软件处理　　D. 删除磁盘文件

43. 计算机病毒是（ ），它隐藏在计算机系统的数据资源或程序中，借助系统运行和共享资源而进行繁殖、传播和生存，扰乱计算机系统的正常运行，篡改或破坏系统和用户的数据资源及程序。

A. Boot　　B. 可向人传染疾病的
C. 一种人为编制的计算机程序　　D. 计算机系统自身的

44. 世界上第一台电子计算机诞生的时间是（ ）。

A. 19 世纪　　B. 第一次世界大战
C. 1950 年　　D. 第二次世界大战末

45. 计算机系统存储器容量的基本单位是（ ）。

A. 字节　　B. 字
C. 块　　D. 位

46. 在微机系统中，对输入/输出设备进行管理的基本程序放在（ ）。

A. RAM 中　　B. 硬盘上
C. ROM 中　　D. 寄存器中

47. 在微型计算机中，通用寄存器的位数是（ ）。

A. 8 位　　B. 计算机字长
C. 32 位　　D. 16 位

48. 计算机软件系统一般包括（ ）。

A. 系统软件和应用软件　　B. 应用软件和管理软件
C. 系统软件和字处理软件　　D. 操作系统和程序设计语言

49. 一台计算机的基本配置包括（ ）。

A. 系统软件和应用软件　　B. 硬件系统和软件系统
C. 计算机与外部设备　　D. 主机、键盘和显示器

50. 磁盘格式化后被划为若干磁道，每个磁道又被划为若干扇区，每个扇区的标准容量是（ ）。

A. 512 字节　　B. 1 KB
C. 1 字长　　D. 1 字节

51. 用电子管作为电子器件制成的计算机属于（ ）。

A. 第一代　　B. 第二代

C．第三代　　　　D．第四代

52．应用软件是指（　　）。

A．所有微机上都能使用的基本软件

B．专门为某一应用目的而编制的软件

C．能被各应用单位共同使用的某种软件

D．所有能够使用的软件

53．计算机字长取决于（　　）的宽度。

A．通信总线　　　　B．控制总线

C．数据总线　　　　D．地址总线

54．运算器是计算机中的核心部件之一，它主要用于完成（　　），它从存储器中取得参与运算的数据，运算完成后把结果又送到存储器中，通常把运算器和控制器合称为CPU。

A．传送控制信息　　　　B．控制磁盘读写

C．算术和逻辑运算　　　　D．中断处理

55．个人计算机属于（　　）。

A．小型计算机　　　　B．中型计算机

C．巨型机　　　　D．微型计算机

56．计算机病毒是可以造成机器故障的（　　）。

A．一种计算机部件　　　　B．一种计算机设备

C．一种计算机程序　　　　D．一块计算机芯片

57．BASIC语言编制的源程序要变成目标程序，必须经过（　　）。

A．解释　　　　B．编译

C．汇编　　　　D．编辑

58．下面不属于计算机病毒特征的是（　　）。

A．免疫性　　　　B．潜伏性

C．破坏性　　　　D．传染性

59．在操作系统中，文件管理程序的主要功能是（　　）。

A．实现文件压缩

B．实现对文件按名存取

C．实现对文件按内容存取

D．实现文件的显示和打印

60．软盘上的信息被读入内存，是通过软盘上的（　　）完成的。

A．读写口　　　　B．盘套

C．写保护口　　　　D．中间的大圆孔

61．计算机通常称做386、486、586机，这是指该机配置的（　　）而言。

A．CPU的速度　　　　B．总线标准的类型

C．内存容量　　　　D．CPU的型号

62．描述存储容量常用KB表示，例如4 KB表示存储单元有（　　）。

A．4 000个字　　　　B．4 096个字

C. 4 000 个字节　　D. 4 096 个字节

63. 在微机中常有 VGA、EGA 等说法，它们的含义是（　　）。

A. 显示器型号　　B. 显示标准

C. 微机型号　　D. 键盘型号

64. 一张软盘上所存放的有效信息在下列（　　）情况下会丢失。

A. 放在盒内半年没有使用　　B. 放在-10℃的库房中

C. 放在强磁场附近　　D. 通过海关的 X 射线监视仪

65. 计算机的内存储器一般由（　　）构成。

A. 硬质塑料　　B. 铝合金器材

C. 金属膜　　D. 半导体器件

66. 高级语言编译程序是一种（　　）。

A. 诊断软件　　B. 应用软件

C. 系统软件　　D. 工具软件

67. 在计算机系统中，（　　）的存储量最大。

A. ROM　　B. CACHE

C. 硬盘　　D. 内存储器

68. 微型计算机中，普遍使用的字符编码是（　　）。

A. ASCII 码　　B. 原码

C. 汉字编码　　D. 补码

69. 超大规模集成电路作为电子器件而制成的计算机属于（　　）。

A. 第一代　　B. 第二代

C. 第三代　　D. 第四代

70. 对于 r 进制数，每一位上的数字可以有（　　）个。

A. $r/2$　　B. $r-1$

C. $r+1$　　D. r

71. （　　）不是硬盘驱动器接口电路。

A. USB　　B. SCSI

C. EIDE　　D. IDE

72. 计算机病毒造成的危害是（　　）。

A. 破坏程序和数据　　B. 减短计算机使用寿命

C. 磁盘和保存在其中的数据被损坏　　D. 磁盘被彻底划坏

73. 新软盘在使用前，必须（　　）。

A. 写数据　　B. 格式化

C. 清洗　　D. 划分扇区

74. 计算机病毒是一种（　　）。

A. 幻觉　　B. 微生物感染

C. 程序　　D. 化学感染

75．微型计算机中，ROM 是（　　）。

A．高速缓冲存储器　　B．只读存储器

C．顺序存储器　　D．随机存储器

76．UPS 的中文名称是（　　）。

A．高能奔腾　　B．阴极射线管

C．电子交流稳压器　　D．不间断电源

77．在描述计算机的主要性能指标中，字长、存储容量和运算速度应属于（　　）的性能指标。

A．CPU　　B．软件系统

C．硬件系统　　D．以上均不正确

78．拥有计算机并用拨号方式接入网络的用户需要使用（　　）。

A．电话机　　B．CD-ROM

C．鼠标　　D．Modem

79．在存储系统中，PROM 是指（　　）。

A．可再编程只读存储器　　B．可读写存储器

C．可编程只读存储器　　D．固定只读存储器

80．为了保护计算机系统，从开机到关机、关机到开机，一般情况（　　）。

A．有很长一段时间间隔　　B．有一段时间间隔

C．有没有时间间隔都可以　　D．不需要间隔

81．计算机键盘上的 F1～F12 键一般被称为计算机的（　　）。

A．编辑键　　B．锁定键

C．功能键　　D．帮助键

82．目前使用的防病毒软件的主要作用是（　　）。

A．检查计算机是否感染病毒

B．检查计算机是否被已知病毒感染，并清除该病毒

C．检查计算机是否感染病毒，并清除已被感染的任何病毒

D．杜绝病毒对计算机的侵害

83．在微机系统中，最基本的输入/输出模块 BIOS 存放在（　　）。

A．RAM 中　　B．硬盘中

C．ROM 中　　D．寄存器中

84．计算机系统启动时的加电顺序应是（　　）。

A．先开主机，后开显示器　　B．任意先开哪一部分都可以

C．开主机，后开外部设备　　D．开外部设备，后开主机

85．世界上首次提出存储程序计算机体系结构的是（　　）。

A．冯·诺依曼　　B．乔治·布尔

C．艾仑·图灵　　D．莫奇莱

86．用某种高级语言编制的程序称为（　　）。

A．可执行程序　　B．目标程序

C．用户程序　　D．源程序

87．内存容量是指（　　），它在微机中通常以 Byte 为单位表示。

A．允许存放程序的数量　　B．内存储器和运算器的传送位数

C．内存储器的存储单元位数　　D．内存储器的存储单元总数

88．PC 在工作中突然电源中断，（　　）中的信息全部丢失。

A．RAM　　B．RAM 和 ROM

C．ROM　　D．硬盘

89．防止软盘感染病毒的方法之一是（　　）。

A．定期对软盘格式化　　B．不要把软盘和病毒盘放在一起

C．在写保护口贴上胶条　　D．保持机房清洁

90．下列设备中，既可作为输入设备又可作为输出设备的是（　　）。

A．显示器　　B．磁盘驱动器

C．键盘　　D．鼠标

91．只有（　　）的计算机被称为“裸机”。

A．硬件　　B．CPU

C．软件　　D．外部设备

92．计算机系统中，软件与硬件（　　）。

A．二者相互依靠支持，共同决定计算机系统的功能强弱

B．相互独立

C．硬件决定计算机系统的功能强弱

D．以上都不正确

93．巨型机是指（　　）的计算机系统。

A．耗电量大　　B．大公司生产

C．速度快　　D．体积大

94．声频卡具有（　　）功能。

A．MIDI 与音效　　B．数字音频

C．音乐合成　　D．以上全是

95．微型计算机中使用的鼠标连接在（　　）。

A．串行接口上　　B．并行接口上

C．显示器接口上　　D．打印机接口上

96．下列描述中，正确的是（　　）。

A．计算机运行速度可用每秒钟执行指令的条数来表示

B．操作系统是一种应用系统软件

C．喷墨打印机是击打式打印机

D．磁盘驱动器是内存储器

97．在微型计算机中，运算器的主要功能是进行（　　）。

A．初等函数运算　　B．算术和逻辑运算

C．算术运算　　D．逻辑运算

98. 计算机硬件的基本构成是（　　）。

A．主机、显示器、输入设备

B．键盘、打印机、显示器、运算器

C．主机、输入设备、存储器

D．控制器、运算器、存储器、输入和输出设备

99. Modem 的功能是实现（　　）。

A．数字信号的编码　　B．模拟信号的放大

C．模拟信号与数字信号的转换　　D．数字信号的整形

100. 下列 4 种磁盘可以在 1.44 MB、3.5 英寸软盘驱动器中使用的是（　　）。

A．1.2 MB，5.25 英寸　　B．360 KB，5.25 英寸

C．720 KB，3.5 英寸　　D．1.44 MB，5.25 英寸

101. 软盘格式化时，被划分为一定数量的同心圆磁道，软盘上最外面的磁道是（　　）。

A．0 磁道　　B．39 磁道

C．1 磁道　　D．80 磁道

102. 一张 3.5 英寸双面高密度软盘的容量为（　　）。

A．1.2 MB　　B．1.44 MB

C．720 KB　　D．360 KB

103. 在微机中，当移动 3.5 英寸软盘的滑动块露出写保护口时，该盘（　　）。

A．不起任何作用　　B．能写能读

C．只能写，不能读　　D．只能读，不能写

104. 第一台数字电子计算机 ENIAC 诞生于（　　）。

A．1927 年　　B．1938 年

C．1946 年　　D．1951 年

105. 目前普遍使用的微机，所采用的逻辑元件是（　　）。

A．小规模集成电路　　B．大规模和超大规模集成电路

C．电子管　　D．晶体管

106. 通常所说的 24 针打印机属于（　　）。

A．激光打印机　　B．热敏打印机

C．击打式打印机　　D．喷墨打印机

107. 通常所说的计算机系统包括（　　）。

A．CPU、RAM 和输入/输出设备　　B．主机和外部设备

C．硬件系统和软件系统　　D．主机、键盘和显示器

108. 通常，计算机的系统资源是由（　　）来管理的。

A．监控程序　　B．程序

C．系统软件　　D．操作系统

109. 某微机的硬盘容量为 2 GB，其中，1 GB 表示（　　）。

A．1 024 MB　　B．1 000 KB
C．1 000 MB　　D．1 024 KB

110．计算机工作时，内存储器用来存储（　　）。
A．程序和数据　　B．ASCII 码和汉字
C．程序和指令　　D．数据和信号

111．一般情况下，外存储器中存储的信息在断电后（　　）。
A．不会丢失　　B．局部丢失
C．大部丢失　　D．全部丢失

112．完整的计算机系统包括（　　）。
A．主机和使用的程序　　B．硬件系统和软件系统
C．运算器、存储器和控制器　　D．主机和外部设备

113．在多媒体系统中，最适合存储声、图、文等多媒体信息的是（　　）。
A．CD-ROM 光盘　　B．ROM
C．激光视盘　　D．硬盘

114．硬盘是一种（　　）。
A．半导体存储器
B．存储在上面的信息不能由用户改变的设备
C．内存储器
D．外存储器

115．软盘上第（　　）磁道最重要，一旦破坏，该盘就不能使用了。
A．0 磁道　　B．1 磁道
C．79 磁道　　D．80 磁道

116．微处理器又称（　　）。
A．逻辑器　　B．中央处理器
C．控制器　　D．存储器

117．在第三代计算机时代，其硬件逻辑元件采用（　　）。
A．大规模集成电路　　B．晶体管
C．集成电路　　D．超大规模集成电路

118．微型计算机中，I/O 设备的含义是（　　）。
A．输入设备　　B．控制设备
C．输出设备　　D．输入/输出设备

119．硬盘工作时，应特别注意避免（　　）。
A．噪声　　B．环境卫生不好
C．强烈震动　　D．光线直射

120．微型计算机与并行打印机连接时，信号线插头是插在（　　）。
A．并行 I/O 插座上　　B．扩展 I/O 插座上
C．串行 I/O 插座上　　D．二串一并 I/O 插座上

121．运算器是计算机的核心部件之一，它主要用于完成算术和逻辑运算，它从（　　）中取得参与运算的数据，运算完成后，把结果又送到（　　）中，通常把运算器和控制器合称为CPU。

A．控制器　　B．I/O设备

C．中央处理器　　D．存储器

122．速度最快、分辨率最高的打印机类型是（　　）。

A．激光打印机　　B．击打式打印机

C．针式打印机　　D．喷墨打印机

123．计算机病毒是（　　）。

A．程序　　B．幻觉

C．微生物感染　　D．化学感染

124．微型计算机的显示器显示西文字符时，一般情况下，一屏最多可显示（　　）。

A．20行，每行60个字符　　B．20行，每行80个字符

C．25行，每行60个字符　　D．25行，每行80个字符

125．微机的字长是（　　）。

A．8位　　B．16位

C．32位　　D．64位

126．计算机内存比外存（　　）。

A．存取速度快　　B．便宜

C．虽贵但能存储更多的信息　　D．存储容量大

127．Cache是一种高速度、容量相对较小的存储器。在计算机中，它处于（　　）。

A．CPU和主存之间　　B．RAM和ROM之间

C．硬盘和光驱之间　　D．内存与外存之间

128．第一台电子计算机所使用的元件是（　　）。

A．集成电路　　B．继电器

C．电子管　　D．晶体管

129．输入设备是（　　）。

A．从计算机外部获取信息的设备

B．键盘、鼠标和打印机等

C．从磁盘上读取信息的电子线路

D．磁盘文件等

130．在微机中，硬盘连同其驱动器属于（　　）。

A．主（内）存储器　　B．外（辅助）存储器

C．输入设备　　D．输出设备

131．数字小键盘区既可用做数字键也可用做编辑键，通过按（　　）键可进行切换。

A．Insert　　B．Shift

C．Caps Lock　　D．Num Lock

132．计算机的核心是（ ）。

A．CPU　　B．存储器

C．运算器　　D．控制器

133．计算机上配有某种高级语言，是指该计算机（ ）。

A．能直接执行这种高级语言的程序

B．只能执行这种高级语言程序

C．配有这种高级语言的语言处理程序

D．以上说法都不对

134．若用十六进制数给某存储器的各字节单元编地址，其地址编号从 0000 到 FFFF，则该存储器的容量为（ ）。

A．3 KB　　B．64 KB

C．320 KB　　D．640 KB

135．下列 4 种存储器中，存取速度最快的是（ ）。

A．硬盘　　B．内存储器

C．软盘　　D．磁带

136．所谓的"裸机"是指（ ）。

A．只装备操作系统的计算机　　B．不装备任何软件的计算机

C．单板机　　D．单片机

137．下面关于机器语言的叙述，不正确的是（ ）。

A．机器语言程序需要编译后才能运行

B．机器语言编写的程序是机器化代码的集合

C．机器语言程序执行效率高

D．机器语言是第一代语言，从属于硬件设备

138．CPU 进行运算和处理的最有效长度称为（ ）。

A．位　　B．字节

C．字长　　D．字

139．计算机病毒程序的特征是（ ）。

A．传染性、隐蔽性、破坏性、潜伏性

B．删除磁盘文件

C．用杀毒软件处理

D．格式化磁盘

140．磁盘的存储容量是由（ ）决定的。

A．盘面号、磁道号、扇区号　　B．磁道号

C．磁头号　　D．扇区号

141．在计算机内部，一切信息的存取、处理与传送均采用（ ）。

A．二进制　　B．BCD 码

C．ASCII 码　　D．十六进制

142．一个 1.2 MB 的软盘大约可以存储（　　）个汉字。

A．12 万　　B．60 万

C．80 万　　D．120 万

143．计算机执行的指令和数据存放在机器的（　　）中。

A．运算器　　B．控制器

C．输入/输出设备　　D．存储器

144．微机的外部设备中，属于输入设备的有（　　）。

A．扫描仪　　B．显示器

C．打印机　　D．扬声器

145．下列因素中，对微型计算机工作影响最小的是（　　）。

A．噪声　　B．磁场

C．湿度　　D．温度

146．下列有关存储器读写速度的排列，正确的是（　　）。

A．RAM>硬盘>软盘> Cache　　B．Cache>硬盘>RAM>软盘

C．Cache>RAM>硬盘>软盘　　D．RAM>Cache>硬盘>软盘

147．对存储器按字节编址，若某存储器芯片共有 10 根地址线的引脚，则该存储器芯片的存储容量为（　　）。

A．512 B　　B．1 KB

C．2 KB　　D．4 KB

148．以下关于“计算机指令”的叙述中，正确的是（　　）。

A．具有与计算机相同的指令格式

B．指令就是程序的集合

C．指令通常由操作码和操作数两部分组成

D．指令是一组二进制或十六进制代码

149．操作系统的主要功能是（　　）。

A．进行数据处理　　B．把源程序转换为目标程序

C．实现软、硬件转换　　D．管理所有的软、硬件资源

150．微型计算机内部存储器的地址是（　　）。

A．按字节编码　　B．按二进制位编码

C．根据微处理器型号的不同而编码　　D．按不同字长编码

151．新买的未格式化的软盘（　　）计算机病毒。

A．可能会有

B．与带病毒的软盘放在一起会有

C．一定没有

D．拿过带疾病的软盘的手再拿该空白盘后会有

152．在微机中，与 VGA 密切相关的设备是（　　）。

A．打印机　　B．扫描仪

C．显示器　　D．键盘

153．微机键盘上的 Shift 键是（　　）。

A．上档键　　B．回车换行键

C．输入键　　D．退出键

154．下列设备中，只能作为输出设备的是（　　）。

A．鼠标　　B．存储器

C．显示器　　D．磁盘驱动器

155．微型计算机系统由（　　）构成。

A．硬件系统和软件系统　　B．运算器、控制器和存储器

C．主机和应用程序　　D．主机和外设

156．显示器是目前使用最多的（　　）设备。

A．输入　　B．输出

C．存储　　D．控制

157．硬件系统一般包括主机和（　　）。

A．内存储器　　B．外部设备

C．存储器　　D．运算器和控制器

158．通常所说的 24 针打印机是属于（　　）打印机。

A．击打式　　B．喷墨

C．激光　　D．热敏

159．微机中的运算器、控制器及内存储器总称为（　　）。

A．MPU　　B．主机

C．ALU　　D．CPU

160．VGA 在微机中的含义是（　　）。

A．显示器型号　　B．鼠标型号

C．微型计算机型号　　D．显示标准

161．在微型计算机中，运算器所实现的主要功能是（　　）。

A．进行逻辑运算　　B．进行算术和逻辑运算

C．进行函数运算　　D．进行算术运算

162．微型计算机中，与 TVGA 密切相关的设备是（　　）。

A．显示器　　B．键盘

C．鼠标　　D．打印机

163．微型计算机的 386 或 486 指的是（　　）。

A．主板型号　　B．存储容量

C．CPU 的类型　　D．运算速度

164．下列叙述正确的是（　　）。

A．显示器是输入/输出设备　　B．显示器是存储设备

C．显示器是输入设备　　D．显示器是输出设备

165．在微机中，运算器和控制器合称为（　　）。

A．ALU　　B．CPU

C．主机　　　　　　　　　　D．集成器

166．（　　）类型的打印机速度快、分辨率高。

A．点阵式　　　　　　　　　B．激光

C．击打式　　　　　　　　　D．非击打式

167．控制器在微型计算机中的基本功能是（　　）。

A．存储各种控制信息　　　　B．实现算术运算和逻辑运算

C．控制各个部件协调一致工作　　D．保持各种控制状态

168．当信号线插头插在（　　）时，微型计算机便可与并行打印机相连接。

A．串行插口上　　　　　　　B．并行插口上

C．扩展插口上　　　　　　　D．串并行插口上

169．计算机的主机包括（　　）。

A．运算器和显示器　　　　　B．运算器和内存储器

C．CPU 和控制器　　　　　　D．CPU 和内存储器

170．I/O 设备在微机中是指（　　）。

A．输入设备　　　　　　　　B．输出设备

C．输入/输出设备　　　　　 D．网络设备

171．下列选项中，（　　）是对计算机的数据进行加工处理的部件。

A．控制器　　　　　　　　　B．运算器

C．存储器　　　　　　　　　D．显示器

172．下面的设备中，属于计算机输入设备的是（　　）。

A．显示器　　　　　　　　　B．绘图仪

C．鼠标　　　　　　　　　　D．服务器

173．计算机内存容量的大小，一般是对（　　）而言。

A．Cache　　　　　　　　　 B．SRAM

C．ROM　　　　　　　　　　 D．RAM

174．PCI 系列 P586/500 微机中的 PCI 指的是（　　）。

A．操作系统版本　　　　　　B．微机型号

C．总线标准　　　　　　　　D．CPU 型号

175．下面设备中，全部属于输入设备的一组是（　　）。

A．键盘、鼠标和打印机　　　B．键盘、扫描仪和鼠标

C．键盘、磁盘和显示器　　　D．硬盘、打印机和鼠标

176．微机中的总线是由（　　）3 部分构成的。

A．数据总线、控制总线和地址总线

B．逻辑总线、信号总线和传输总线

C．控制总线、运算总线和地址总线

D．信号总线、通信总线和数据总线

177．微型计算机的外存储器比内存储器（　　）。

A．存储量小　　　　　　　　B．存储量大

C．读写速度快　　D．以上 3 项都不对

178．计算机字长取决于（　　）总线的宽度。

A．外部　　B．数据

C．地址　　D．控制

179．在下列存储器中，访问周期最短的存储器是（　　）。

A．硬盘存储器　　B．外存储器

C．内存储器　　D．软盘存储器

180．用于微处理器、存储器和输入/输出设备之间传送数据的总线称为（　　）。

A．数据总线　　B．地址总线

C．控制总线　　D．外部总线

181．断电后会使存储器数据丢失的存储器是（　　）。

A．RAM　　B．硬盘

C．ROM　　D．软盘

182．计算机的软件系统可分为（　　）。

A．程序、数据与文档　　B．程序和数据

C．系统软件和应用软件　　D．操作系统与语言处理系统

183．ROM 是（　　）。

A．随机存储器　　B．高速缓冲存储器

C．顺序存储器　　D．只读存储器

184．下列软件中属于应用软件的是（　　）。

A．财务管理系统　　B．C 语言编译程序

C．Windows NT　　D．BASIC 解释程序

185．在微型计算机内存储器中，不能用指令修改其存储内容的部分是（　　）。

A．RAM　　B．ROM

C．DRAM　　D．SRAM

186．学校的学籍管理软件属于（　　）。

A．系统软件　　B．工具软件

C．应用软件　　D．字处理软件

187．SRAM 存储器是（　　）。

A．动态随机存储器　　B．静态只读存储器

C．动态只读存储器　　D．静态随机存储器

188．下列软件中属于系统软件的是（　　）。

A．Excel　　B．Word

C．PowerPoint　　D．UNIX

189．静态 RAM 的特点是（　　）。

A．在不断电的情况下，其中的信息保持不变，因而不必定期刷新

B．在不断电的情况下，其中的信息不能长期保持，因而必须定期刷新才不至于丢失信息

C. 其中的信息只能读不能写

D. 其中的信息断电后也不会丢失

190. 输入/输出设备必须通过 I/O 接口电路才能和（　　）相连接。

A. 内存储器　　B. 外存储器

C. 系统总线　　D. 微处理器

191. 下列叙述中，正确的一项是（　　）。

A. PC 在使用过程中突然断电，SRAM 中存储的信息不会丢失

B. 假若 CPU 向外输出 20 位地址，则它能直接访问的存储空间可达 1 MB

C. PC 在使用过程中突然断电，DRAM 中存储的信息不会丢失

D. 外存储器中的信息可以直接被 CPU 处理

192. 下列叙述中错误的是（　　）。

A. 微型计算机房的湿度不宜过大

B. 微处理器的主要性能指标是字长和主频

C. 微型计算机应避免磁场的干扰

D. 内存容量是指微型计算机硬盘所能容纳信息的字节数

193. 微型计算机存储器系统中的 Cache 是（　　）。

A. 可擦除的可编程只读存储器　　B. 高速缓冲存储器

C. 只读存储器　　D. 可编程只读存储器

194. 在具有多媒体功能的微型计算机系统中，常用的 CD-ROM 是（　　）。

A. 半导体只读型光盘　　B. 只读型硬盘

C. 只读型光盘　　D. 只读型大容量软盘

195. 对 3.5 英寸软盘，移动滑块并露出写保护口（　　）。

A. 只能写入信息，不能读取信息

B. 能安全存取信息

C. 只能读取信息，不能写入信息

D. 只能长期保存信息，不能存取信息

196. 在多媒体计算机系统中，不能用于存储多媒体信息的是（　　）。

A. 光盘　　B. 光缆

C. 磁盘　　D. 磁带

197. 在 3.5 英寸软盘上有一个带滑块的小方孔，其作用是（　　）。

A. 进行写保护　　B. 进行读写保护

C. 进行读保护　　D. 没有任何作用

198. 下列设备中，属于多媒体计算机所特有的设备是（　　）。

A. 键盘　　B. 打印机

C. 鼠标　　D. 视频卡

199. 在微机中，硬盘连同其驱动器属于（　　）。

A. 内存储器　　B. 外存储器

C．输出设备　　D．输入设备

200．解释程序的功能是（　　）。

A．解释执行高级语言程序　　B．将高级语言程序转换为目标程序

C．解释执行汇编语言程序　　D．将汇编语言程序转换为目标程序

201．下列设备中，既可以作为输入设备又可以作为输出设备的是（　　）。

A．显示器　　B．图形扫描仪

C．硬盘驱动器　　D．绘图仪

202．下列关于解释程序和编译程序的叙述中正确的是（　　）。

A．编译程序能产生目标程序，解释程序则不能产生目标程序

B．编译程序不能产生目标程序，解释程序能产生目标程序

C．编译程序和解释程序均能产生目标程序

D．编译程序和解释程序均不能产生目标程序

203．硬盘工作时，应特别注意避免（　　）。

A．光线直射　　B．强烈震动

C．卫生环境　　D．噪声

204．下列关于地址的叙述中，错误的是（　　）。

A．地址总线上除了传送地址信息外，不可传输控制信息和其他信息

B．地址总线上既能传送地址信息，也可传输控制信息和其他信息

C．地址码是指令中给出源操作数地址或运算结果的目的地址的信息

D．地址寄存器是用来存储地址的寄存器

205．在一般情况下，软盘中存储的信息在断电后（　　）。

A．局部丢失　　B．大部分丢失

C．全部丢失　　D．不会丢失

206．配置 Cache 的目的是解决（　　）。

A．主机与外设之间速度不匹配问题

B．CPU 与内存储器之间速度不匹配问题

C．CPU 与辅助存储器之间速度不匹配问题

D．内存与辅助存储器之间速度不匹配问题

207．在微型计算机中，把数据传送到软盘上，称为（　　）。

A．输入　　B．格式化

C．写盘　　D．读盘

208．CPU 不能直接访问的存储器是（　　）。

A．Cache　　B．RAM

C．ROM　　D．外存储器

209．下列设备中，既能向主机输入数据又能接收主机输出的数据的是（　　）。

A．光笔　　B．软磁盘驱动器

C．CD-ROM　　D．外存储器

210．下列叙述中，正确的一项是（　　）。

A．操作系统只是对硬盘进行管理的程序

B．硬盘装在主机箱内，因此硬盘属于主存

C．磁盘驱动器属于外部设备

D．存储在任何存储器中的信息，断电后都不会丢失

211．在下列设备中，（　　）属于输出设备。

A．显示器　　B．鼠标

C．软盘　　D．键盘

212．微机键盘上的 Tab 键是（　　）。

A．退格键　　B．控制键

C．交替换档键　　D．制表定位键

213．微机键盘上的 Enter 键是（　　）。

A．输入键　　B．回车换行键

C．空格键　　D．换档键

214．微机键盘上的 Alt 键是（　　）。

A．控制键　　B．上档键

C．退格键　　D．交替换档键

215．微机键盘上的 Ctrl 键称为（　　）。

A．上档键　　B．控制键

C．回车键　　D．强行退出键

三、多项选择题

1．软盘被置为写保护后，正确的说法有（　　）。

A．不能写入信息　　B．能读出信息

C．可避免病毒侵入　　D．可读可写信息

2．电源断电后，仍能保留数据信息的有（　　）。

A．EPROM　　B．磁盘

C．RAM　　D．ROM

3．程序设计语言包括（　　）。

A．高级语言　　B．机器语言

C．汇编语言　　D．数据库

4．发现软盘已感染上病毒，此时可采取的措施有（　　）。

A．可继续使用软盘上未感染病毒的程序

B．对软盘进行格式化后再用

C．使用各种防病毒软件消除软盘上的病毒

D．打开此软盘的写保护口

5．下列叙述错误的有（　　）。

A．计算机不能对实数进行运算

B．外存中的程序只有调入内存后才能运行

C．计算机区别于其他计算工具的本质特点是能存储数据和程序

D．裸机是指不含外部设备的主机

6．计算机主机通常包括（　　）。

A．显示器　　B．存储器

C．运算器　　D．控制器

7．对微机中主存储器论述正确的有（　　）。

A．主存是依照数据对存储单元存取信息

B．主存是依照地址对存储单元存取信息

C．主存掉电后不能保存信息

D．主存是用半导体集成电路构造的

8．常见的操作系统有（　　）。

A．UNIX　　B．BASIC

C．PC-DOS　　D．Windows

9．下列（　　）是低级语言。

A．汇编语言　　B．机器语言

C．BASIC　　D．C++

10．下面不会破坏软盘信息的有（　　）。

A．周围环境太嘈杂　　B．读写频率太高

C．弯曲、折叠盘片　　D．将软盘靠近磁场

11．断电后仍能保存信息的存储器为（　　）。

A．ROM　　B．CD-ROM

C．RAM　　D．硬盘

12．以下关于“操作系统”的叙述中正确的是（　　）。

A．是一种操作规范　　B．能把源代码翻译成目的代码

C．能控制和管理系统资源　　D．是一种系统软件

13．下列软件中（　　）是系统软件。

A．用C语言编写的CAI课件　　B．操作系统的各种管理程序

C．编译程序　　D．用BASIC语言编写的计算程序

14．关于中央处理器的叙述中，正确的是（　　）。

A．时钟频率是中央处理器的主要性能指标之一

B．存储容量是中央处理器的主要性能指标之一

C．中央处理器简称为主机

D．中央处理器的英文缩写为CPU

15．计算机内存包括（　　）。

A．软盘　　B．只读存储器

C．硬盘　　D．随机存储器

16．以下关于微机内存的叙述中正确的是（　　）。

A．掉电后均不能保存信息

B．是用半导体集成电路构成的

C．是依照地址对存储单元进行存取信息

D．是依照数据对存储单元进行存取信息

17．汇编语言是一种（　　）。

A．目标程序　　B．程序设计语言

C．低级语言　　D．高级语言

18．即使断电也不会使数据丢失的存储器是（　　）。

A．硬盘　　B．RAM

C．软盘　　D．ROM

19．CPU 能直接访问的存储器是（　　）。

A．外存储器　　B．RAM

C．Cache　　D．ROM

20．存储器 ROM 的特点是（　　）。

A．ROM 的访问速度高于磁盘

B．ROM 是一种半导体存储器

C．ROM 中的信息可长期保存

D．ROM 中的信息可读可写

21．计算机的主要性能指标包括（　　）。

A．存储容量　　B．字长

C．运算速度　　D．性能价格比

22．下列（　　）是高级语言。

A．Pascal　　B．BASIC

C．机器语言　　D．汇编语言

23．与内存相比，外存的主要优点是（　　）。

A．存取速度快　　B．存储单位信息的价格便宜

C．信息可长期保存　　D．存储容量大

24．在微机中，若 3.5 英寸的写保护口开着，则下面叙述中不正确的是（　　）。

A．不起任何作用　　B．既能读又能写

C．只能写不能读　　D．只能读不能写

25．封上软盘的写保护口可以防止（　　）。

A．病毒侵入　　B．数据丢失

C．数据写入　　D．数据读出错误

26．以下可以预防计算机病毒侵入的措施有（　　）。

A．安装不间断电源　　B．保持周围环境清洁

C．软盘写保护　　D．不运行来历不明的软件

27．存储器 RAM 的特点是（　　）。

A．RAM 是一种半导体存储器　　B．RAM 的存取速度高于磁盘

C．RAM 中的信息可长期保存　　D．RAM 中的信息可读可写

28．微型计算机主机箱中装有（　　）。

A．主机电源　　B．CPU 及存储器

C．磁盘驱动器　　D．显示器接口

29．不能够直接与外存交换数据的是（　　）。

A．运算器　　B．控制器

C．键盘　　D．RAM

30．构造计算机网络的主要意义是（　　）。

A．软、硬件资源分享　　B．仅软件共享

C．软、硬资源共享　　D．信息相互传递

31．下面列出的 4 项中，（　　）属于计算机病毒特征。

A．传播性　　B．免疫性

C．激发性　　D．潜伏性

32．硬盘和软盘驱动器是一种（　　）。

A．能读能写的设备　　B．内存储器

C．只能读不能写的设备　　D．外存储器

33．存储程序的工作原理的基本思想是（　　）。

A．自动将程序从存放的地址取出并执行

B．在人工控制下执行每条指令

C．将程序存储在计算机中

D．事先编好程序

34．在下列设备中，只能进行读操作的设备是（　　）。

A．硬盘　　B．RAM

C．CD-ROM　　D．ROM

35．在微机系统中，可用做数据输入的设备有（　　）。

A．磁盘驱动器　　B．显示器

C．打印机　　D．键盘

36．下列描述中，不正确的是（　　）。

A．操作系统是一种应用软件

B．激光打印机是击打式打印机

C．计算机运算速度可用每秒执行指令的条数来表示

D．软磁盘是内存储器

37．以下关于计算机程序设计语言的说法中错误的有（　　）。

A．高级语言是高级计算机才能执行的语言

B．计算机可以直接执行汇编语言程序

C．计算机只能直接执行机器语言程序

D．机器语言和汇编语言合称为低级语言

38．下列设备中，不属于输出设备的是（　　）。

A．软盘　　B．鼠标
C．键盘　　D．显示器

39．下列设备中，可作为输入设备的有（　　）。
A．绘图仪　　B．键盘
C．显示器　　D．鼠标

40．计算机不能直接识别和处理的语言是（　　）。
A．高级语言　　B．机器语言
C．自然语言　　D．汇编语言

41．以下设备中，属于输出设备的有（　　）。
A．键盘　　B．磁盘驱动器
C．打印机　　D．显示器

42．计算机中，字符 a 的 ASCII 码值是$(01100001)_2$，那么字符 c 的 ASCII 码值是（　　）。
A．$(01100010)_2$　　B．$(01100011)_2$
C．$(143)_8$　　D．$(63)_{16}$

43．下面是关于计算机病毒的叙述，其中不正确有（　　）。
A．计算机病毒是一种人为编制的特殊的计算机程序，它隐藏在计算机系统内部或附在其他程序（或数据）文件上
B．计算机病毒只破坏磁盘上的程序和数据
C．计算机病毒只破坏内存中的程序和数据
D．禁止在计算机上游戏是预防计算机病毒入侵的唯一措施

44．在计算机系统中，可以与 CPU 直接交换信息的是（　　）。
A．RAM　　B．ROM
C．硬盘　　D．CD-ROM

四、判断正误题（正确填 A，错误填 B）

1．机器语言是人类不能理解的计算机专用语言。（　　）
2．任何型号的计算机系统均采用统一的指令系统。（　　）
3．系统软件包括操作系统、语言处理程序和各种服务程序等。（　　）
4．程序设计语言是计算机可以直接执行的语言。（　　）
5．计算机中的时钟主要用于系统计时。（　　）
6．磁道是一系列的同心圆。（　　）
7．内存储器是指安放在计算机机箱内的各种存储设备。（　　）
8．应用软件全部是由最终用户自己设计和编写的。（　　）
9．一个有效的计算机病毒清除软件，在带病毒的环境中正好施展其威力。（　　）
10．微型计算机就是体积微小的计算机。（　　）
11．严禁在计算机上玩各种游戏是预防病毒的有效措施之一。（　　）
12．计算机机内数据的运算可以采用二进制、八进制或十六进制形式。（　　）

13．通常把控制器、运算器、存储器和输入/输出设备统称为计算机系统。（ ）

14．操作系统是用户和计算机之间的接口。（ ）

15．软盘比硬盘更容易损坏。（ ）

16．存储器具有记忆能力，而且任何时候都不会丢失信息。（ ）

17．程序一定要调入内存后才能运行。（ ）

18．软盘的读写速度比硬盘快。（ ）

19．裸机是指不含外部设备的主机。（ ）

20．计算机与计算器的差别主要在于中央处理器速度的快慢。（ ）

21．计算机病毒是一种能入侵并隐藏在文件中的程序，但它并不危害计算机的软件系统和硬件系统。（ ）

22．高级程序员使用高级语言，普通用户使用低级语言。（ ）

23．微型机主机包括主存储器和 CPU 两部分。（ ）

24．所有微处理器的指令系统都是通用的。（ ）

25．磁盘既可作为输入设备又可作为输出设备。（ ）

26．解释程序的功能是解释执行汇编语言程序。（ ）

27．计算机的指令是一组二进制代码，是计算机可以直接执行的操作命令。（ ）

28．无论当前工作的计算机上是否有“病毒”，只要格式化磁盘，则该磁盘一定是不带病毒的。（ ）

29．汇编语言是各种计算机机器语言的总称。（ ）

30．控制器通常又称中央处理器，简称“CPU”。（ ）

31．键盘上每一个按键对应一个唯一的 ASCII 码。（ ）

32．SRAM 存储器是动态随机存储器。（ ）

33．磁盘的 0 磁道在磁盘的最外侧。（ ）

34．所有高级语言使用相同的编译程序完成翻译工作。（ ）

35．磁道是生产磁盘时直接刻在磁盘上的。（ ）

36．计算机病毒只破坏磁盘上的数据和程序。（ ）

37．程序是能够完成特定功能的一组指令序列。（ ）

38．计算机系统的功能强弱完全由 CPU 决定。（ ）

39．通常，没有操作系统的计算机是不能工作的。（ ）

40．16 位字长的计算机是指计算最大为 16 位十进制数的计算机。（ ）

41．运算器的功能就是算术运算。（ ）

42．存储器须在电源电压正常时才能存储信息。（ ）

43．存储器容量的大小可用 KB 作为单位来表示，1 KB 表示 1 024 个二进制数位。（ ）

44．存入存储器中的数据可以反复取出使用而不被破坏。（ ）

45．机器语言程序是计算机能直接执行的程序。（ ）

46．一张磁盘的 0 磁道坏了，其余磁道正常，则仍能使用。（ ）

47．磁盘是计算机中的一种重要的外部设备。没有磁盘，计算机就无法运行。（ ）

48．计算机显示器只能显示字符，不能显示图形。（ ）

49．一般来说，不同的计算机具有不同的指令系统和指令格式。（　　）
50．由电子线路构成的计算机硬件设备是计算机裸机。（　　）
51．低级语言的学习和使用都很困难，所以已被淘汰。（　　）
52．主存储器可以比辅存储器存储更多信息，且读写速度更快。（　　）
53．SRAM 存储器是静态随机存储器。（　　）
54．打印机只能打印字符，绘图机才能绘图形。（　　）
55．计算机中的总线也就是传递数据用的数据线。（　　）
56．应用软件的编制及运行，必须在系统软件的支持下进行。（　　）
57．微型计算机的地址线是指微机中的各种连接线。（　　）
58．一般来说，外存储器的容量大于内存储器的容量。（　　）
59．存储器中的信息既可以是指令，也可以是数据。（　　）

训练 3

操作系统

一、填空题

1．Windows 98 提供了许多种字体，字体文件存放在__________（请填英文大写）文件夹中。

2．Windows 98 中用__________+Space 组合键可以进行全角/半角的切换（请填英文大写）。

3．打印机在打印某个文档时，如果要取消打印，应该用__________菜单中的“取消打印”命令。

4．查找所有的 BMP 文件，应在“查找”对话框的“名称和位置”文本框中输入__________（请填英文大写）。

5．Windows 资源管理器中，文件和文件夹的排序方式有__________种。

6．用“附件”菜单中的__________命令，可以实现磁盘碎片的收集。

7．单击窗口上的“关闭”按钮后，窗口在屏幕上消失，并且图标也从__________上消失。

8．某个应用程序不再响应用户的操作时，可以按__________组合键（请填英文大写），弹出“关闭程序”对话框，然后选择所要关闭的应用程序，单击“结束任务”按钮退出该应用程序。

9．Windows 98 中，改变窗口的排列方式可以通过在__________栏的空白处单击鼠标右键，在弹出的快捷菜单中选取要排列的方式。

10．Windows 98 的“查找”对话框中有 3 个选项卡，它们分别是“名称和位置”、“__________”、“高级”。

11．Windows 98 桌面底部的条形区域被称为“任务栏”，其左端是__________按钮，右端是输入法状态指示器。

12．Windows 98 窗口右上角有“最小化”、“最大化”（或还原）和__________3 个按钮。

13．Windows 98 中，配置声音方案就是定义当发生某些事件时所发出的声音，配置声音方案应通过控制面板中的__________选项。

14．查找所有第一个字母为 A 且含有.wav 扩展名的文件，那么在打开“搜索结果”对话框时，应在“要搜索的文件或文件夹名为”文本框中输入__________（请填写英文大写）。

15．扩展名为.avi、.bmp、.gif、.jpg 和.wav 的文件中，扩展名为__________（请填英文大写）的文件为目前流行的波形声音文件。

16．Windows 98 中格式化磁盘，应当用“我的电脑”或__________两个应用程序窗口完成。

17．运行 Windows 98，至少需要__________MB 内存。

18．Windows 98 中运行应用程序的方式有由“开始”菜单的程序运行，双击桌面上的快捷方式运行，由“开始”菜单的“运行”命令运行，从“我的__________”窗口找到应用程序双击运行。

19．Windows 98 中，要想将当前窗口的内容存入剪贴板中可以按 Alt+__________组合键。

20．选定多个连续的文件或文件夹，应首先选定第一个文件或文件夹，然后按住__________键（请填英文大写），单击最后一个文件或文件夹。

21．Windows 98 中，使用“格式化”对话框格式化一张刚买的新磁盘时，应使用__________格式化。

22．Windows 98 中，剪切文本可用快捷键__________；复制文本可用快捷键__________；粘贴文本可用快捷键__________（请填英文大写）。

23．Windows 98 的“格式化”对话框中，关于格式化类型有 3 个选项，分别是快速（清除）、__________和只复制系统文件。

24．Windows 98 中，文件名的长度可达__________个字符。

25．Windows 98 中，要在各种输入法之间进行切换，使用的组合键是 Ctrl+__________（请填英文大写）。

26．Windows 98 的桌面上，墙纸排列方式有居中、平铺和__________。

27．Windows 中，将剪贴板上的对象复制到当前位置使用的组合键是__________。

28．Windows 98 中，中英文输入方式的切换是用组合键 Ctrl+__________（请填英文大写）实现的。

29．退出 MS-DOS 方式，返回到 Windows 窗口，可通过输入__________命令（请填英文大写）。

30．要将 Windows 98 桌面的颜色设置成“红色”，应选择“显示属性”对话框中的__________选项卡。

31．Windows 中，将选择的对象复制到剪贴板所使用的组合键是__________（请填英文大写）。

32．对 Windows 98 的操作，既可以通过键盘，也可以通过__________来完成。

33．Windows 98 窗口的最上面一栏是__________。

34．Windows 98 中，要快速地获得帮助，使用的快捷键是__________（请填英文大写）。

35．任务栏被隐藏时，用户可以按 Ctrl+__________组合键（请填英文大写）打开“开始”菜单。

36．选定多个不连续的文件或文件夹，应首先选定第一个文件或文件夹，然后按住

_________键（请填英文大写），单击需要选定的文件或文件夹。

37．Windows 98 的“回收站”是_________中的一块区域。

38．Windows 中，关闭窗口的组合键是_________。

39．Windows 资源管理器中，如果要查看某个快捷方式的目标位置，应使用“文件”菜单中的_________命令。

40．在资源管理器的文件夹窗口中，使用鼠标单击某个文件或标识名的作用是_________，双击的作用是_________。

41．在“我的电脑”窗口中可以查看_________中的内容。

42．在安装了中文输入法以后，按快捷键_________可以进行中英文输入的切换。

43．在 Windows 中，鼠标为沙漏状，则表示_________。

44．在 Windows 菜单中，有的命令前有“√”，表示_________。

45．创建一个 Windows 桌面图标后，在磁盘上会自动生成一个扩展名为_________的快捷方式文件（请填英文大写）。

46．选定对象并按下 Ctrl+X 组合键后，所选定的对象保存在_________中。

47．全部选定窗口中文件或文件夹的快捷键是_________（请填英文大写）。

48．在 Windows 窗口的滚动按钮和向上箭头之间的部分单击，可使窗口中的内容向上滚动_________。

49．Windows 中的 OLE 技术是_________技术，它可以实现多个文件之间的信息传递和共享。

50．撤销操作的快捷键为_________（请填英文大写）。

51．_________是改变系统配置的应用程序，通过它可以调整各软件和硬件的选项。

52．剪贴板是_________中的一块存放临时数据的区域。

53．右击“我的电脑”窗口空白处，在弹出的快捷菜单中选择_________命令，可以重新排列图标。

54．在 Windows 中，不同任务的切换可以单击_________上相关的窗口按钮。

55．安装或删除某种汉字输入法，应先启动_________，再打开其中的_________项。

56．Windows 中的_________可以播放 CD、VCD。

57．单击窗口的控制菜单按钮，可以_________。

58．用鼠标指针指向窗口的标题栏同时按下鼠标左键并拖动鼠标，则该窗口将_________。

59．在 Windows 的菜单中，显示暗淡的命令表示_________。

60．被删除的文件或文件夹被临时存放在_________。

61．用鼠标左键_________某图标，可以将该图标打开。

62．在 Windows 中，利用“开始”菜单下的_________命令，可进入 DOS 状态；在 DOS 提示符下输入_________，可返回 Windows。

63．将一个文件或文件夹复制到另一个文件夹中，应选定要复制的文件或文件夹，单击工具栏中的_________按钮，在目标文件夹中，应单击工具栏中的_________按钮。

64．在桌面上创建一个快捷方式图标，当运行该程序时，只要_________快捷图标即可。

65．Windows 98 是真正的__________位图形界面操作系统。

66．Windows 98 主要有两种菜单系统，分别为__________和__________。

67．如果不小心误删除了文件或文件夹，可以在__________里把它恢复。

68．在文件或文件夹的属性对话框中有 4 个复选项，分别是__________、__________、__________、__________。

69．在键盘操作方式中，按__________键可激活活动窗口的菜单条。

70．如果想有选择地启动 Windows 98，应在启动时按__________键，进入 Windows 98 启动菜单进行选择。

二、单项选择题

1．利用组合键（　　）可以将剪贴板中的信息粘贴至文档中的光标插入处。

A．Ctrl+A　　B．Ctrl+C

C．Ctrl+V　　D．Ctrl+Z

2．下列关于剪贴板的描述中，（　　）是错误的。

A．剪贴板中的信息超过一定数量时会自动清空，以便节省内存空间

B．按下 Print Screen 键和 Alt+Print Screen 组合键，都会将信息送入剪贴板

C．有“剪切”和“复制”命令的地方，都可以把信息送至剪贴板保存

D．剪贴板中的信息可以保存到磁盘文件中长期保存

3．当 Windows 程序被最小化后，该程序（　　）。

A．被转入后台运行　　B．不能关闭

C．不能打开　　D．停止运行

4．Windows 98 中，任务栏上任务按钮对应的是（　　）。

A．系统中保存的程序　　B．系统后台运行的程序

C．系统正在运行的程序　　D．系统前台运行的程序

5．在执行删除操作时，（　　）中的文件不能被送入回收站，而是直接删除。

A．B 盘　　B．A 盘

C．C 盘　　D．Windows 安装目录

6．Windows 附件中，写字板与记事本的区别是（　　）。

A．写字板文档中可进行段落设置，记事本不能

B．写字板支持图文混排，记事本只能编辑纯文本文件

C．写字板文档可以保存为 DOC、TXT 格式，记事本文档只能保存为 TXT 格式

D．以上都正确

7．Windows 附件程序组是一组用于（　　）的应用程序。

A．辅助设备使用　　B．硬件参数设置

C．文件管理　　D．办公事务处理

8．当鼠标指针位于窗口边界且形状为水平双向箭头时，可以实现的操作是（　　）。

A．移动窗口的位置　　B．改变窗口的纵向尺寸

C．改变窗口的横向尺寸　　D．窗口中插入文本

9．在 Windows 中，要将活动桌面的内容复制到剪贴板上，应使用快捷键（ ）。

A．Shift+Print Screen　　B．Ctrl+Print Screen

C．Print Screen　　D．Alt+Print Screen

10．在 Windows 系统中，口令应在（ ）设置。

A．资源管理器　　B．“开始”菜单中

C．系统的安装文件中　　D．控制面板

11．打开程序菜单的下拉菜单，可以用（ ）键和各菜单名旁带下画线的字母的组合。

A．Alt　　B．Ctrl

C．Shift　　D．Ctrl+Shift

12．在资源管理器的左窗格中的目录图标上，有“+”号的表示（ ）。

A．一定是根目录　　B．该目录有子目录没有展开

C．是一个可执行的程序　　D．一定是空目录

13．Windows 剪贴板是（ ）中的一个临时存储区，用来临时存放文字或图形。

A．显存　　B．内存

C．硬盘　　D．应用程序

14．Windows 剪贴板程序的扩展名为（ ）。

A．.txt　　B．.clp　　C．.pif　　D．.bmp

15．当将鼠标指针指向窗口的两边时，鼠标指针形状变为（ ）。

A．十字形状　　B．沙漏状

C．双向箭头　　D．问号状

16．在 Windows 中，应用程序管理应该在（ ）中进行。

A．剪贴板　　B．桌面

C．我的电脑　　D．控制面板

17．在资源管理器中，为文件更名的操作是（ ）。

A．单击文件名两次，直接输入新的文件名后按 Enter 键

B．单击文件名，直接输入新的文件名后按 Enter 键

C．双击文件名，直接输入新的文件名后按 Enter 键

D．单击两次文件名，直接输入新的文件名后单击“确定”按钮

18．在 Windows 98 中，文件名（ ）。

A．可以任意长度　　B．可以用任意字符

C．可以用中文文字作为文件名　　D．可以用空格

19．下面关于 Windows 98 窗口的叙述中，（ ）是不正确的。

A．窗口中可以有工具栏，工具栏中的每个按钮就是一个命令

B．不一定每一个应用程序窗口都能建立多个文档窗口

C．在 Windows 98 中启动一个应用程序，就打开了一个窗口

D．一个应用程序窗口只能显示一个文档窗口

20．记事本是 Windows（ ）中的应用程序。

A．控制面板　　B．附件

C．菜单　　D．画图

21．在Windows 98中，若鼠标指针变成“I”字形，表示（　　）。

A．可以改变窗口大小　　B．还有对话框出现

C．可以在光标所在位置输入文字　　D．当前系统正忙

22．撤销上一次操作命令的方法是（　　）。

A．Ctrl+A　　B．Ctrl+C

C．Ctrl+V　　D．Ctrl+Z

23．激活窗口控制菜单的方法是（　　）。

A．单击窗口标题栏中的应用程序图标

B．双击窗口标题栏中的应用程序图标

C．单击窗口左上角的控制图标

D．双击窗口左上角的控制图标

24．在窗口中，“查看”菜单可以提供不同的显示方式，下列选项中，不可以实现的是（　　）。

A．按文件类型显示　　B．按文件创建者名称显示

C．按文件大小显示　　D．按日期显示

25．Windows 98是一个（　　）操作系统。

A．32位　　B．16位

C．64位　　D．128位

26．切换资源管理器的左右窗格中目录的选择状态，使用的快捷键是（　　）。

A．F1　　B．F2

C．F3　　D．F6

27．在对话框中，选择某一单选项后，被选中项的左侧将出现的符号是（　　）。

A．方框中有一个“√”　　B．方框中有一个“•”

C．圆圈中有一个“√”　　D．圆圈中有一个“•”

28．在对话框中，复选框是指在所列的选项中（　　）。

A．仅选一项　　B．必须选多项

C．可以选多项　　D．必须选全部项

29．在Windows的资源管理器中，（　　）可以实现在不同驱动器之间移动文件或文件夹。

A．按住Ctrl键同时用鼠标拖动

B．不按任何键，用鼠标直接拖动

C．使用“编辑”菜单中的“剪切”和“粘贴”命令

D．使用“编辑”菜单中的“复制”和“粘贴”命令

30．Windows 98控制面板的颜色选项（　　）。

A．能改变许多屏幕元素的颜色

B．只能改变桌面的颜色

C．只能改变桌面、窗口和对话框的颜色

D．只能改变桌面和窗口边框颜色

31．如果要在下拉菜单中选择命令，以下操作正确的是（　　）。

A．直接按住该命令选项后面的括号中带有下画线的字母

B．双击该命令选项

C．单击该命令选项

D．同时按住 Alt 键和该命令选项后面的括号中带有下画线的字母

32．在 Windows 98 环境下，每一个应用程序或程序组都有一个标识自己的（　　）。

A．编码　　B．图标

C．编号　　D．缩写名称

33．以下各操作中，不能进行中英文切换操作的是（　　）。

A．按 Shift+Space 组合键　　B．用语言指示器菜单

C．单击中英文切换按钮　　D．按 Ctrl+Space 组合键

34．Windows 任务栏中存放的是（　　）。

A．系统保存的所有程序　　B．系统后台运行的程序

C．系统正在运行的所有程序　　D．系统前台运行的程序

35．运行中的 Windows 应用程序，列在桌面任务栏的（　　）。

A．活动任务区　　B．快捷启动工具栏

C．系统区　　D．地址工具栏

36．在 Windows 98 中，有（　　）扩展名的文件不是程序文件。

A．.wmp　　B．.exe　　C．.bat　　D．.com

37．应用程序窗口和文档窗口的区别在于（　　）。

A．有没有菜单栏　　B．有没有“最小化”按钮

C．有没有系统菜单　　D．有没有标题栏

38．在桌面上要移动任何 Windows 窗口，可用鼠标拖动该窗口的（　　）。

A．标题栏　　B．边框

C．滚动条　　D．控制菜单项

39．在 Windows 的资源管理器中不允许（　　）。

A．同时选择多个文件

B．一次删除多个文件

C．一次复制多个文件

D．同时启动多个应用程序

40．“平铺”命令的功能是将窗口（　　）。

A．层层嵌套　　B．并列排列

C．折叠起来　　D．顺序编码

41．下列 4 项中，（　　）不是 Windows 的特点。

A．链接与嵌入

B．硬件即插即用

C．主文件名最多8个字符，扩展名最多3个字符

D．所见即所得

42．在Windows 98下，对任务栏的描述错误的是（　　）。

A．任务栏不可隐藏

B．任务栏的位置、大小均可改变

C．任务栏的尾端可以添加图标

D．任务栏内显示的是已打开文档或已运行程序的标题

43．Windows 98中，为了启动应用程序，正确的操作是（　　）。

A．双击该应用程序图标

B．用键盘输入应用程序图标下的标识

C．将该应用程序图标最大化成窗口

D．将应用程序图标拖动到窗口的最上方

44．在Windows 98的命令菜单中，浅色的菜单表示（　　）。

A．该命令正在起作用　　B．该命令当前不能用

C．该命令的快捷方式　　D．将弹出对话框

45．在Windows中，桌面是指（　　）。

A．电脑桌

B．活动窗口

C．窗口、图标及对话框所在的屏幕背景

D．资源管理器窗口

46．在“画图”程序中，选择“矩形”工具后，移动鼠标指针到绘图区，按下鼠标左键并拖动鼠标时按住（　　）键，可以绘制正方形。

A．Ctrl　　B．Alt

C．Shift　　D．Delete

47．在Windows中，文件夹是指（　　）。

A．程序　　B．文档

C．磁盘　　D．目录

48．在菜单操作时，各菜单项后有用方括号括起来的大写字母，表示该项可通过按（　　）组合键实现。

A．Alt+字母　　B．Ctrl+字母

C．Shift+字母　　D．Space+字母

49．下列关于关闭窗口的方法的叙述中，错误的是（　　）。

A．单击右上角的▬按钮

B．双击左上角应用程序图标

C．选择“文件”菜单中的“关闭”命令

D．单击右上角的×按钮

50．Windows 98为窗口提供了联机帮助的功能，按下功能键（　　），可以查看与该窗口

操作有关的帮助信息。

A．F1　　B．F2　　C．F3　　D．F4

51．若屏幕上同时显示多个窗口，可以根据窗口中（　　）栏的特殊颜色来判断它是否为当前活动窗口。

A．标题　　B．状态
C．菜单　　D．符号

52．Windows 98 的窗口分为 3 类，下面（　　）不是 Windows 98 的窗口类型。

A．文件窗口　　B．对话框
C．应用程序窗口　　D．快捷菜单窗口

53．在不同的运行着的应用程序间切换，可以利用快捷键（　　）。

A．Alt+Tab　　B．Ctrl+Tab
C．Alt+Esc　　D．Ctrl+Esc

54．在 Windows 98 中，不能从（　　）启动应用程序。

A．资源管理器　　B．"开始"菜单
C．任务列表　　D．我的电脑

55．在 Windows 98 中，当运行多个应用程序时，屏幕上显示的是（　　）。

A．多个窗口的叠加　　B．系统的当前窗口
C．最后一个程序窗口　　D．第一个程序窗口

56．剪贴板是（　　）中的一块临时存放交换信息的区域。

A．ROM　　B．RAM
C．应用程序　　D．硬盘

57．单击"开始"按钮，指向"设置"命令，再指向（　　）并单击，可用其中的项目进一步调整系统装置或添加/删除程序。

A．活动桌面　　B．文件夹选项
C．任务栏　　D．控制面板

58．关于 Windows 98 桌面任务栏中的状态栏的功能，以下说法（　　）是正确的。

A．实现应用程序间的切换　　B．启动或退出应用程序
C．创建和管理桌面图标　　D．设置桌面外观

59．在 Windows 98 中，（　　）可释放一些内存。

A．从使用壁纸改为不使用壁纸
B．使用 True Type 字体
C．以窗口代替全屏幕运行非 Windows 98 应用程序
D．将应用程序窗口最小化

60．关闭一个活动应用程序窗口，可以按快捷键（　　）。

A．Alt+Esc　　B．Ctrl+Esc
C．Alt+F4　　D．Ctrl+F4

61．下列选项中，（　　）符号在菜单命令项中不可能出现。

A．▲　　B．•　　C．√　　D．▶

62．在菜单或对话框中，有下级菜单的选项上有一个（　　）标记。

A．黑三角　　B．三个圆点

C．单圆点　　D．对钩

63．Windows 是一个（　　）的操作系统。

A．实时　　B．重复任务

C．多任务　　D．单任务

64．用鼠标（　　）桌面上的图标，可以把它的窗口打开。

A．左键单击　　B．右键单击

C．左键双击　　D．右键双击

65．用鼠标（　　）菜单里的选项图标，可以把它的窗口打开。

A．左键单击　　B．右键单击

C．左键双击　　D．右键双击

66．快捷菜单是用鼠标（　　）目标调出的。

A．左键单击　　B．右键单击

C．左键双击　　D．右键双击

67．在 Windows 中，各应用程序之间的信息交换是通过（　　）进行的。

A．写字板　　B．记事本

C．画图　　D．剪贴板

68．Windows 98 中的“回收站”是（　　）。

A．硬盘上的一块区域　　B．内存上的一块区域

C．软盘上的一块区域　　D．高速缓存中的一块区域

69．下面的描述中，（　　）符合 Windows 选择操作的含义。

A．双击一个项目，可以完成选择操作

B．单击一个项目，再按 Enter 键，可以完成选择操作

C．单击一个项目，使之高亮度显示

D．在对话框中，单击一个项目，再单击“确定”按钮，可以完成选择操作

70．在“资源管理器”中，剪切一个文件后，该文件被（　　）。

A．删除　　B．临时存放在桌面上

C．放到“回收站”　　D．临时存放在剪贴板上

71．如果要打开菜单，可以用控制键（　　）和各菜单名旁带下画线的字母的组合。

A．Alt　　B．Ctrl

C．Shift　　D．Esc

72．快捷菜单是用户（　　）打开的。

A．单击鼠标左键　　B．单击鼠标右键

C．双击鼠标左键　　D．双击鼠标右键

73．Windows 98 系统安装并启动后，由系统安排在桌面上的图标有（　　）。

A．资源管理器　　B．Microsoft Word

C．Microsoft Excel　　D．回收站

74. 在 Windows 98 中，先有文件名 Reports.Sales.Davi.May99，后有文件名 Reports.Sales.Milly.May99，第二个文件名的 DOS 文件名是（　　）。

A. REPORTSS.MAY　　B. REPORT～1.MAY

C. Reportss.May　　D. REPORT-1.MAY

75. 关于 Windows 快捷方式的说法正确的是（　　）。

A. 一个对象可有多个快捷方式

B. 一个快捷方式可指向多个目标对象

C. 只有文件和文件夹对象可建立快捷方式

D. 不允许为快捷方式建立快捷方式

76. 以下关于格式化软盘的说法正确的是（　　）。

A. 可删除原有信息，也可不删除

B. 删除部分原有信息，保留部分原有信息

C. 删除软盘上的原有信息，在软盘上建立一种系统能识别的格式

D. 保留软盘上原有信息，对剩余空间格式化

77. 操作系统的主体是（　　）。

A. 内存　　B. 数据

C. 程序　　D. CPU

78. Windows 98 桌面的外观是在“控制面板”中的（　　）属性中设置的。

A.“多媒体”　　B.“区域设置”

C.“系统”　　D.“显示”

79. 文件夹中不可存放（　　）。

A. 字符　　B. 文件

C. 文件夹　　D. 多个文件

80. 若因突然停电造成 Windows 操作系统非正常关闭，那么（　　）。

A. 再次开机启动时必须修改 CMOS 设定

B. 再次开机启动时，大多数情况下，系统自动修复由停电造成损坏的程序

C. 再次开机启动时，系统只能进入 DOS 操作系统

D. 再次开机启动时必须使用软盘启动盘，系统才能进入正常状态

81. 下列关于 Windows 磁盘扫描程序的叙述中，正确的是（　　）。

A. 磁盘扫描程序可以用来检测和修复磁盘

B. 磁盘扫描程序只可以用来检测磁盘，不能修复磁盘

C. 磁盘扫描程序不能检测压缩过的磁盘

D. 磁盘扫描程序可以检测和修复硬盘、软盘片、可读写光盘

82. 下列关于操作系统的描述，错误的是（　　）。

A. 操作系统是最基本的系统软件

B. 操作系统与用户对话的界面必定是图形界面

C. 操作系统直接运行在裸机上，是对计算机硬件系统的第一次扩充

D. 用户程序必须在操作系统的支持下才能运行

83．在 Windows 环境中，鼠标指针成漏斗状表示（　　）。

A．Windows 执行的程序出错，中止其执行

B．提示用户注意某个事项，不影响计算机工作

C．等待用户输入“Y”或“N”，以便继续

D．Windows 正在执行某一项处理任务，请用户等待

84．（　　）在内存中以 ASCII 码存放。

A．以.com 为扩展名的文件　　B．以.txt 为扩展名的文件

C．以.exe 为扩展名的文件　　D．以.bmp 为扩展名的文件

85．下面关于 Windows 窗口的描述中，（　　）是错误的。

A．Windows 98 的桌面也是 Windows 窗口

B．窗口是 Windows 98 应用程序的用户界面

C．窗口主要由边框、标题栏、菜单栏、工作区、状态栏、滚动条等组成

D．用户可以改变窗口的大小，并可在屏幕上移动窗口

86．对于 Windows 98 桌面上窗口的大小，一般情况下（　　）。

A．大小都可变　　B．仅能变大

C．仅能变小　　D．不能变大和变小

87．控制面板是 Windows 为用户提供的一种用来调整（　　）的应用程序，它可以调整各种硬件和软件的任选项。

A．文件　　B．系统配置

C．程序　　D．分组窗口

88．Windows 98 的“开始”菜单中的“文档”菜单项（　　）。

A．包含最近使用的文本文件

B．包含最近使用的 15 个图形文件

C．包含最近使用的 15 个 Word 文档

D．包含最近使用的全部文档，最多 15 个

89．下面关于 Windows 的说法正确的是（　　）。

A．桌面上的图标不能放到任务栏上的“开始”菜单中

B．桌面上所有的文件夹都可以重命名

C．桌面上所有的文件夹都可以删除

D．桌面上的图标可以放到任务栏上的“开始”菜单中

90．以下关于软盘格式化的说法中错误的是（　　）。

A．格式化可使以后存储的信息有序排列

B．格式化可清除盘中的病毒

C．格式化既可单面又可双面进行

D．格式化可清除盘中的所有信息

91．对话框的组成中不包含（　　）。

A．单选按钮、复选框、列表框、文本框

B．选项卡、命令按钮

C．滑块、增量按钮

D．菜单栏

92．关于 Windows 窗口的说法，以下（　　）是正确的。

A．每个窗口都有“最大化”、“最小化”按钮

B．每个窗口都有“还原”按钮

C．每个窗口都有标题栏

D．每个窗口都有滚动条

93．在 Windows 98 中，“我的电脑”是用来（　　）的。

A．进行网络管理　　B．进行二进制信息管理

C．进行资源管理　　D．进行文件打印管理

94．Windows 98 中的图标实际被保存在（　　）。

A．图形文件中　　B．CMOS

C．EPROM　　D．内存中

95．在 Windows 98 中，执行了删除文件或文件夹操作后，（　　）。

A．该文件或文件夹被送入回收站，不可恢复

B．该文件或文件夹被送入回收站，可以恢复

C．该文件或文件夹被送入 TEMP 文件夹

D．该文件或文件夹被彻底删除

96．关于 Windows 直接删除文件而不进入回收站的操作中，正确的是（　　）。

A．选定文件后，同时按下 Ctrl 与 Delete 键

B．选定文件后，同时按下 Shift 与 Delete 键

C．选定文件后，同时按下 Alt 与 Delete 键

D．选定文件后，按 Delete 键

97．在 Windows 中，操作的特点是（　　）。

A．操作对象和操作命令需同时选择　　B．视具体任务而定

C．先选定操作命令，再选择操作对象　　D．先选定操作对象，再选择操作命令

98．在 Windows 98 中，在某些窗口中只可看到若干小的图形符号，这些图形符号在 Windows 98 中称为（　　）。

A．图标　　B．文件

C．按钮　　D．窗口

99．将一个应用程序添加到（　　）文件夹中，以后启动 Windows，即会自动启动该应用程序。

A．文档　　B．程序

C．启动　　D．控制面板

100．为了屏幕的简洁，可将目前不使用的程序最小化，缩成按钮放置在（　　）。

A．状态栏　　B．工具栏

C．格式栏　　D．任务栏

101．“剪切”命令用于删除文本和图形，并将删除的文本或图形放置到（　　）。

A．剪贴板上　　B．软盘上

C．文档上　　D．硬盘上

102．关于查找文件或文件夹的说法正确的是（　　）。

A．找到的文件或文件夹由资源管理器窗口列出

B．只能按名称、修改日期或文件类型查找

C．有多种方法打开查找窗口

D．只能利用“我的电脑”打开查找窗口

103．桌面上的“我的电脑”图标是（　　）。

A．用来暂存用户删除的文件、文件夹等内容的

B．用来管理网络资源的

C．用来保持网络中的便携机和办公室中的文件同步的

D．用来管理计算机资源的

104．关闭其他应用程序后，退出 Windows 98 的正确操作是（　　）。

A．直接关闭电源

B．单击“开始”按钮，从打开的菜单中选择“关闭计算机”命令

C．按 Alt+Ctrl+Delete 组合键进行热启动

D．按 Ctrl+Break 组合键中断运行

105．在 Windows 98 的下拉菜单中，要打开对话框，在该菜单项上会有（　　）标记。

A．省略号　　B．圆点

C．无标记　　D．黑三角

106．单击正在运行的某一应用程序窗口的“最小化”按钮后，该应用程序（　　）。

A．窗口缩小为图标放到任务栏中，程序还在运行

B．窗口缩小为图标放到任务栏中，程序停止运行

C．窗口被关闭，程序停止运行

D．窗口被关闭，程序还在运行

107．一个应用窗口被最小化后，该应用程序窗口的状态是（　　）。

A．被终止运行　　B．保持不变

C．被转入后台运行　　D．继续在前台运行

108．在 Windows 98 中，所有的操作都要在窗口中进行。通常，窗口可分为 3 类，即应用程序窗口、对话框窗口和（　　）。

A．绘画窗口　　B．文档窗口

C．文件窗口　　D．浏览窗口

109．关于 Windows 98 文件的删除操作，正确的说法是（　　）。

A．用鼠标将文件拖动到回收站，则该文件在逻辑上被删除

B．用鼠标将文件拖动到回收站，则该文件在物理上被删除

C．放入回收站的文件在任何情况下都可以恢复

D．文件一旦被删除就不能被恢复

110．选择好文件夹后，下列操作中不能删除文件夹的是（ ）。

A．用鼠标右键单击该文件夹，打开快捷菜单，然后选择“删除”命令

B．在键盘上按 Delete 键

C．在“文件”菜单中选择“删除”命令

D．用鼠标左键双击该文件夹

111．Windows 98 的“开始”菜单中包括了 Windows 98 系统的（ ）。

A．主要功能　　B．部分功能

C．全部功能　　D．初始化功能

112．在 Windows 98 环境中，对磁盘文件进行有效管理的工具是（ ）。

A．写字板　　B．我的公文包

C．文件管理器　　D．资源管理器

113．在使用 Windows 98 的过程中，若鼠标发生故障无法使用，则可以打开“开始”菜单的操作是（ ）。

A．按 Ctrl+Space 组合键　　B．按 Shift+Tab 组合键

C．按 Space 键　　D．按 Ctrl+Esc 组合键

114．选定要删除的文件，然后按（ ）键，即可删除文件。

A．Ctrl　　B．Alt　　C．Esc　　D．Delete

115．在 Windows 98 中，能完成复制某对象的鼠标操作是（ ）。

A．单击　　B．右击

C．双击　　D．按住 Ctrl 键拖动

116．如果 Windows 98 的“回收站”图标中没有纸张图标露出，则表明该回收站（ ）。

A．已满　　B．已被清空

C．不能用　　D．以上说法均不对

117．Windows 98 能动态管理的内存空间最大为（ ）。

A．1 MB　　B．640 KB

C．4 GB　　D．无限制

118．移动窗口上的（ ），可以把窗口拖放到桌面的任何位置。

A．窗口工作区　　B．右上角按钮

C．标题栏　　D．窗口边框

119．对话框用于显示或输入对话信息，选择菜单中（ ）的命令时即出现。

A．右侧带组合键　　B．右侧带省略号

C．右侧带朝右箭头　　D．左侧带黑圆点

120．在 Windows 98 中，要移动窗口，可用鼠标（ ）。

A．双击标题栏　　B．双击菜单栏

C．拖动标题栏　　D．拖动菜单栏

121．在 Windows 98 的资源管理器窗口内，不能实现的操作为（ ）。

A．可以同时显示出某个磁盘中几个文件夹各自下属的子文件夹树形结构示意图

B．可以同时显示出几个磁盘中各自的树状文件夹结构示意图

C．可以同时显示出某个文件夹下属的所有文件简要列表或详细情况

D．可以同时显示出几个文件夹各自下属的所有文件情况

122．设置发生某事件时的声音，需通过（　　）。

A．资源管理器中的“声音”选项　　B．“网上邻居”中的“工具”菜单

C．“我的电脑”中的“工具”菜单　　D．“控制面板”中的“声音”选项

123．Windows 是一种（　　）操作系统。

A．窗口方式多任务　　B．窗口

C．图形化　　D．命令

124．在 Windows 中，“画图”程序默认的文件类型是（　　）。

A．PPT　　B．BMP　　C．WAV　　D．TXT

125．文档中的一部分文本内容移动到另一位置，先要进行的操作是（　　）。

A．选定内容　　B．光标定位

C．复制　　D．粘贴

126．在资源管理器中，单击文件夹中的图标即可（　　）。

A．在右窗格中显示该文件夹中的子文件夹和文件

B．在左窗格中扩展该文件

C．在右窗格中显示该文件夹中的文件

D．在左窗格中显示子文件夹

127．用户在一段时间（　　），Windows 将启动执行屏幕保护程序。

A．没有使用打印机　　B．没有移动鼠标

C．没有按键盘　　D．既没有按键盘也没有移动鼠标

128．一个网络要正常工作，需要有（　　）的支持。

A．分时操作系统　　B．网络操作系统

C．多用户操作系统　　D．批处理操作系统

129．在 Windows 98 中，“窗口还原”是指将窗口还原到原来指定的（　　）。

A．尺寸　　B．程序

C．图标　　D．窗口

130．Windows 98 能处理多种对象，其中包括（　　）。

A．程序、文件、文件夹和图标　　B．程序、文件、文件夹和快捷键

C．程序、文件、快捷键　　D．程序、文件、文件夹

131．常把可以直接启动或执行的文件称为（　　）。

A．多媒体文件　　B．文本文件

C．数据文件　　D．程序文件

132．“文件”菜单中的“发送”命令用于（　　）。

A．把选择好的文件或文件夹复制到一张软盘

B．把选择好的文件或文件夹装入内存

C．把选择好的文件交给某个应用程序去处理

D．把选择好的文件复制到另一个文件夹中

133．下面有关菜单的论述，错误的是（ ）。

A．右键单击某一位置或选中的对象，一般均可调出快捷菜单

B．右键单击菜单栏中的某一菜单，即可调出下拉菜单

C．菜单分为下拉菜单和快捷菜单

D．左键单击菜单栏中的某一菜单，即可调出下拉菜单

134．Windows 98 窗口的标题栏上不可能存在的按钮是（ ）。

A．“最大化”按钮　　B．“最小化”按钮

C．“还原”按钮　　D．“确定”按钮

135．下面的操作可以实现一段文本复制的是（ ）。

A．选定一段文字，在指定区域内单击鼠标右键，在弹出的快捷菜单中选择“复制”命令，然后移动鼠标指针到想复制的位置，单击鼠标右键，在弹出的快捷菜单中选择“粘贴”命令

B．选定一段文字，直接在指定区域内单击鼠标右键，在弹出的快捷菜单中选择“粘贴”命令

C．选定一段文字，直接在指定区域内单击鼠标右键，在弹出的快捷菜单中选择“复制”命令

D．选定一段文字，在指定区域内单击鼠标右键，在弹出的快捷菜单中选择“粘贴”命令，然后移动鼠标指针到想复制的位置，单击鼠标右键，在弹出的快捷菜单中选择“复制”命令

136．Windows 98“开始”菜单中的“运行”命令（ ）。

A．仅可运行 DOS 内部命令

B．可运行 DOS 全部命令

C．可运行 DOS 的外部命令和可执行文件

D．仅可运行 DOS 外部命令

137．在“我的电脑”窗口中，双击“软盘 A:”图标，将会（ ）。

A．格式化该软盘　　B．显示该软盘的内容

C．把该软盘内容复制到硬盘　　D．删除该软盘的所有文件

138．菜单命令的快捷键一般在（ ）可以查到。

A．命令名旁带下画线的字母中　　B．菜单命令旁

C．单击鼠标右键出现的菜单里　　D．单击鼠标左键出现的菜单里

139．在 Windows 98 的任务栏中，可以迅速在（ ）应用程序之间进行切换。

A．5 个　　B．20 个

C．30 个　　D．多个

140．下面各种程序中，不属于“附件”的是（ ）。

A．增加新硬件　　B．写字板

C．记事本　　D．计算器

141．在 Windows 中，要删除已安装并注册了的应用程序，其操作是（　　）。

A．在 MS-DOS 方式下，用 Del 命令删除指定的应用程序

B．删除“开始”→“程序”子菜单中对应的项

C．选择控制面板中的“添加/删除程序”选项

D．在资源管理器中找到对应的程序文件后直接删除

142．Windows 中运行的程序最小化后，该应用程序的状态是（　　）。

A．在前台运行　　B．暂时停止运行

C．程序被关闭　　D．在后台运行

143．在 Windows 98 中，下列叙述正确的是（　　）。

A．不同的磁盘间，不能用鼠标拖动文件名的方法实现文件的移动

B．Windows 98 的操作只能用鼠标实现

C．Windows 98 为每个任务自动建立一个显示窗口，其位置、大小不能改变

D．Windows 98 打开的多个窗口，既可平铺，也可层叠

144．将 Windows 98 的窗口和对话框进行比较，窗口可以移动和改变大小，对话框（　　）。

A．既能移动，也能改变大小　　B．仅可以改变大小，不能移动

C．仅可以移动，不能改变大小　　D．既不能移动，也不能改变大小

145．Windows 98 的文件名（　　），但同一个文件夹中文件名不能相同。

A．可由汉字、英文字母、数字等字符组成，长度在 255 个字节以内

B．可由英文字母、数字等字符组成，但长度不能超过 8 个字符

C．可由汉字、英文字母、数字等字符组成，但长度不能超过 8 个字符

D．可由汉字、英文字母、数字等字符组成，长度不超过 256 个汉字

146．下列关于剪贴板的叙述中，错误的是（　　）。

A．剪贴板中的信息可以保存到磁盘文件中长期保存

B．剪贴板中的信息超过一定数量时，会自动清空，以便节省内存空间

C．有“剪切”和“复制”命令的地方，都可以把选取的信息送到剪贴板中去

D．按 Alt+Print Screen 组合键或 Print Screen 键都会往剪贴板中送信息

147．Windows 98 中剪贴板是（　　）。

A．硬盘上的一个区域　　B．软盘上的一块区域

C．内存中的一块区域　　D．Cache 中的一块区域

148．一个文件的路径为 D:\AA\BB\CC.TXT，其中，BB 是一个（　　）。

A．文件　　B．根文件夹

C．文本文件　　D．文件夹

149．在 Windows 98 中，若要利用鼠标来改变窗口的大小，则鼠标指针应（　　）。

A．置于任意位置　　B．置于窗口边框

C．置于窗口内　　D．置于菜单项

150．在“我的电脑”或资源管理器窗口中，对软盘进行“全盘复制”，可采用的方式是（　　）。

A．使用鼠标右键单击软驱图标后，在弹出的快捷菜单中选择相应命令
B．选定一个软盘上的全部文件或文件夹，然后利用“文件”菜单中的“发送”命令
C．选定一个软盘上的全部文件或文件夹，然后用鼠标左键拖到目的磁盘上
D．使用鼠标拖动一个软驱图标到另一个软驱图标

151．选择文件或文件夹的方法是（ ）。
A．将鼠标指针移到要选择的文件或文件夹，双击鼠标右键
B．将鼠标指针移到要选择的文件或文件夹，单击鼠标右键
C．将鼠标指针移到要选择的文件或文件夹，单击鼠标左键
D．将鼠标指针移到要选择的文件或文件夹，双击鼠标左键

152．复制磁盘选项只有在（ ）中才有。
A．文件夹快捷菜单 B．软盘驱动器快捷菜单
C．硬盘驱动器快捷菜单 D．文件快捷菜单

153．Windows 98 中所指的对象是（ ）。
A．窗口 B．图标
C．窗口和图标都是 D．以上都不是

154．对话框与窗口类似，但对话框中（ ）等。
A．有菜单栏，尺寸是固定的，比窗口多了标签和按钮
B．没有菜单栏，尺寸是固定的，比窗口多了标签和按钮
C．有菜单栏，尺寸是可变的，比窗口多了标签和按钮
D．没有菜单栏，尺寸是可变的，比窗口多了标签和按钮

155．在 Windows 98 中，为了启动一个应用程序，下列操作中正确的是（ ）。
A．使用鼠标将应用程序图标拖到窗口最上方
B．使用键盘输入该应用程序图标下的标识
C．将应用程序图标最大化成窗口
D．使用鼠标双击该应用程序图标

156．启动程序或窗口，只要（ ）对象的图标即可。
A．用鼠标右键单击 B．用鼠标左键单击
C．用鼠标右键双击 D．用鼠标左键双击

157．两个文件不能放在同一个文件夹中的是（ ）。
A．abc.com 与 abc.exe B．abc.com 与 abc
C．abc.com 与 bbb.com D．ABC.COM 与 abc.com

158．在 Windows 中，当鼠标指针自动变成双向箭头时，表示可以（ ）。
A．关闭窗口 B．滚动窗口内容
C．移动窗口 D．改变窗口大小

159．以下关于 Windows 98 的叙述中，正确的是（ ）。
A．不能同时容纳多个窗口 B．只支持鼠标操作
C．可同时运行多个程序 D．可运行所有的 DOS 应用程序

160．如果要在记事本应用程序中创建一个新的文档，则应在窗口的“文件”菜单中选择（　　）命令。

A.“新建”　　B.“打开”

C.“保存”　　D.“页面设置”

161．在资源管理器中，选定多个相邻文件或文件夹的操作步骤是（　　）。

（a）选中第一个文件或文件夹。

（b）按住 Shift 键。

（c）按住 Ctrl 键。

（d）选中最后一个文件或文件夹。

A．abd　　B．acd　　C．da　　D．ad

162．在 Windows 98 中，窗口最小化是将窗口（　　）。

A．关闭　　B．变成一个小窗口

C．缩小为任务栏的一个按钮　　D．平铺

163．在 Windows 98 的资源管理器窗口中，左部显示的内容是（　　）。

A．系统的树形文件夹

B．所有未打开的文件夹

C．所有已打开的文件夹

D．打开的文件夹下的子文件夹及文件

164．Windows 98 是一个（　　）。

A．DOS 管理下的图形窗口软件

B．建立在 DOS 基础上的具有图形用户界面的系统操作平台

C．脱离了 DOS 操作系统，因而不能运行原来 DOS 下的程序

D．脱离了 DOS 的 32 位操作系统

165．任务栏通常是在（　　）的一个长条，左端是“开始”菜单，右端显示时钟、输入法等。当启动程序或打开窗口后，任务栏上会出现带有该窗口标题的按钮。

A．桌面上部　　B．桌面底部

C．桌面左边　　D．桌面右边

166．在 Windows 98 中，撤销一次或多次操作，可以用（　　）组合键。

A．Alt+Z　　B．Ctrl+Z

C．Alt+Q　　D．Ctrl+Q

167．在 Windows 中，“记事本”程序默认的文件类型是（　　）。

A．DOC　　B．AIF　　C．TXT　　D．LST

168．下列的 Windows 98 文件名中，非法的是（　　）。

A．caaa“22”　　B．class.dat

C．myfile　　D．baaassddd

169．在 Windows 98 中，执行“剪切”操作的快捷键是（　　）。

A．Ctrl+C　　B．Ctrl+V

C．Ctrl+X　　　　　　　　　　D．Ctrl+A

170．下面关于 Windows 窗口的描述中，（　　）是不正确的。

A．在应用程序窗口中出现的其他窗口称为文档窗口

B．在 Windows 中启动一个应用程序，就打开了一个窗口

C．Windows 窗口有两种类型：应用程序窗口和文档窗口

D．每个应用程序窗口都有自己的文档窗口

171．假设在 C 盘的 DOS 文件夹中，有一个用 Windows 98 中的“写字板”创建的名为 ABC.BAT 的批处理文件，要阅读该文件的内容，最可靠的操作是（　　）。

A．在资源管理器中找到该文档，然后双击它

B．在“我的电脑”窗口中找到该文档，然后单击它

C．在“开始”菜单的“文档”中打开它

D．在“开始”菜单的“程序”中打开“写字板”窗口，然后在该窗口中用“文件”菜单中的“打开”命令打开它

172．关于 Windows 98 对文件的查找操作，（　　）。

A．如果查找失败，可直接输入新内容后单击“开始查找”按钮

B．只能按文件类型进行查找

C．不能使用通配符

D．在“查找结果”列表框中不能直接对查找结果进行复制或删除操作

173．在 Windows 98 的资源管理器左窗格中，若显示的文件夹图标前带有“+”号，则意味着该文件夹（　　）。

A．仅含有文件　　　　　　　　B．不含下级文件夹

C．含有下级文件夹　　　　　　D．是空文件夹

174．在 Windows 98 中，利用“回收站”（　　）。

A．可以在任何时刻恢复以前被删除的所有文件、文件夹

B．只能在一定时间范围内恢复被删除的硬盘上的文件、文件夹

C．只能在一定时间范围内恢复被删除的软盘上的文件、文件夹

D．只能恢复刚刚被删除的文件、文件夹

175．Windows 98 具有许多 DOS 所不具备的功能特点，例如，（　　）。

A．可完全利用鼠标，而不使用键盘进行各种操作

B．可同时运行多个程序，用户与这个程序之间可同时进行交互操作

C．可使计算机不再需要程序，只需用户单击鼠标就能完成各种任务

D．支持即插即用，当插入新插件后，系统能自动识别并进行相关配置

176．DOS 是目前微机上常用的一种操作系统，而 Windows 98 是（　　）。

A．建立在 DOS 基础上的一种操作系统

B．DOS 管理下的一种人机界面环境

C．信赖于 DOS 的一种全新窗口操作环境

D．与 DOS 无关的另一个操作系统

177．关于删除文件夹的操作，以下说法正确的是（　　）。

A．一次只能删除一个文件或文件夹

B．只有当文件夹为空时，才能被删除

C．删除一个文件夹，其中的文件及下属的文件夹也被删除

D．只有当文件夹为空时，才能被删除

178．下列创建文件夹的操作中，错误的是（　　）。

A．在资源管理器的“文件”菜单中选择“新建”命令

B．在“我的电脑”窗口中确定磁盘或上级文件夹，然后选择“文件”菜单中的“新建”命令

C．在MS-DOS下用MD命令

D．在“开始”菜单中选择“运行”命令，再执行MD命令

179．（　　）称做桌面。

A．窗口的内部区域

B．启动Windows 98后屏幕中间的欢迎窗口

C．摆放计算机的台面

D．启动Windows 98后的整个屏幕

180．下面关于中文Windows 98文件名的叙述中，错误的是（　　）。

A．文件名允许使用竖线“|”　　B．文件名允许使用空格

C．文件名允许使用多个圆点分隔符　　D．文件名允许使用汉字

181．操纵Windows 98最方便的工具是（　　）。

A．打印机　　B．屏幕

C．键盘　　D．鼠标

182．为了正常退出Windows 98，用户采取的安全操作是（　　）。

A．选择“开始”菜单中的“关闭系统”命令，并进行人机对话

B．在没有任何程序执行的情况下关掉计算机的电源

C．在没有任何程序执行的情况下按Alt + Ctrl + Delete组合键

D．在任意时刻关掉计算机电源

183．在Windows 98中，任务栏的主要作用是（　　）。

A．显示系统的所有功能　　B．只显示正在后台工作的窗口名

C．只显示当前活动窗口名　　D．实现窗口间的切换

三、多项选择题

1．单击“开始”按钮可打开“开始”菜单，这个菜单为用户提供了任务栏的大多数功能，其中包括（　　）。

A．“程序”和“运行”　　B．“设置”和“帮助”

C．“文档”和“查找”　　D．“关闭系统”

2．属于操作系统的软件是（　　）。

A．OS/2　　B．DOS

C．Windows　　D．Office 97

3．资源管理器窗口的“文件”菜单中“新建”命令的作用是（　　）。

A．创建一个新的文件夹　　B．创建一个快捷方式

C．创建不同类型的文件　　D．选择一个对象文件

4．在 Windows 98 中，将某个打开的窗口切换为活动窗口的操作为（　　）。

A．连续按 Ctrl+Space 组合键

B．直接单击需要激活窗口的任意部分

C．按住 Alt 键不放，并且连续按下 Tab 键

D．单击任务栏上该窗口的对应按钮

5．Windows 98 的桌面上一般有（　　）图标。

A．我的电脑　　B．回收站

C．我的公文包　　D．收件箱

6．在 Windows 中移动或复制文件有（　　）种基本方式。

A．用鼠标右键单击一个文件，在弹出的快捷菜单中选择“发送”命令

B．执行拖放操作

C．使用“剪切”、“复制”、“粘贴”命令来移动或复制文件

D．使用 COPY 命令

7．下列（　　）字符不能在长文件中使用。

A．=　　B．？　　C．#　　D．*

8．下面关于 Windows 正确的叙述有（　　）。

A．Windows 的操作既能用键盘也能用鼠标

B．Windows 中可以运行某些 DOS 下研制的应用程序

C．Windows 提供了友好、方便的用户界面

D．Windows 98 是真正 32 位的操作系统

9．Windows 中，可完成的磁盘操作有（　　）。

A．磁盘格式化　　B．软盘复制

C．磁盘清理　　D．整理碎片

10．Windows 中为一个文件命名时，（　　）。

A．允许使用空格

B．扩展名中允许使用多个分隔符

C．不允许使用大于号（>）、问号（？）、冒号（：）等符号

D．文件名的长度不允许超过 8 个字符

11．查找的快捷键是（　　），替换的快捷键是（　　）。

A．Ctrl+C　　B．Ctrl+V

C．Ctrl+F　　D．Ctrl+H

E．Ctrl+X

12．用快捷键选择输入方法应按组合键（　　），用快捷键切换中英文输入应按组合键（　　）。

A．Ctrl+Space　　B．Shift+Space

C．Ctrl+Shift　　D．Alt+Shift

13．在Windows中，浏览计算机资源可通过（　　）进行。

A．我的电脑　　B．资源管理器

C．“帮助”选项　　D．“设置”选项

14．鼠标指针置于某窗口内，按下（　　）+（　　）组合键，可将该窗口放入剪贴板。

A．Ctrl　　B．Print Screen

C．Alt　　D．Insert

15．在 Windows 中，进行菜单操作可以（　　）的方式。

A．用鼠标　　B．用键盘

C．使用快捷键　　D．使用功能键

16．关于 Windows 98，论述正确的为（　　）。

A．是多用户多任务的操作系统　　B．是具有友好图形界面的操作系统

C．是大型的图形窗口式应用软件　　D．是计算机和用户之间的接口

17．在 Windows 中使用键盘可完成以下（　　）等窗口操作。

A．最大化　　B．最小化

C．移动　　D．关闭

18．在 Windows 中进行中文/英文切换时，可以（　　）。

A．单击任务栏　　B．单击输入法状态指示器并进行选择

C．按 Shift+Space 组合键　　D．按 Ctrl+Space 组合键

19．关于 Windows 操作系统论述正确的有（　　）。

A．Windows 操作系统不依赖于 DOS

B．Windows 95 和 Windows 3.2 都是 32 位操作系统

C．Windows 是单用户操作系统

D．Windows 是一个多任务操作系统

20．在资源管理器的“查看”菜单中，改变对象显示方式的命令有（　　）。

A．“大图标”　　B．“小图标”

C．“列表”　　D．“详细资料”

21．在 Windows 中，有（　　）按钮。

A．命令　　B．单选

C．复选　　D．数字选择

22．关于 Windows 任务栏的说法正确的有（　　）。

A．在任务栏中有“开始”按钮

B．当关闭程序窗口时，任务栏也随之消失

C．通过任务栏可实现任务切换

D．任务栏始终显示在屏幕底端

23．剪切文本可通过快捷键（　　），复制文本可用快捷键（　　），粘贴文本可用快捷键（　　）。

A．Ctrl+C　　B．Ctrl+V
C．Ctrl+X　　D．Ctrl+Z
E．Ctrl+Y

24．在 Windows 98 中，窗口所具有的特点有（　　）。
A．窗口有菜单栏
B．窗口没有菜单栏
C．窗口右上角设有“最大化”、“最小化”按钮
D．窗口的大小可以改变

25．在 Windows 98 中，通过“开始”菜单运行程序的方法有（　　）。
A．使用“程序”命令　　B．双击程序图标
C．使用“运行”命令　　D．单击程序图标

26．在 Windows 98 中，能够关闭一个程序窗口的操作有（　　）。
A．按 Alt+F4 组合键
B．双击菜单栏
C．选择“文件”菜单中的“关闭”命令
D．单击菜单栏右端的“关闭”按钮

27．在 Windows 98 窗口的标题栏上可能存在的按钮有（　　）。
A．“最小化”按钮　　B．“最大化”按钮
C．“关闭”按钮　　D．“还原”按钮

28．在 Windows 98 的查找操作中，（　　）。
A．可以按文件类型进行查找
B．不能使用通配符
C．如果查找失败，可直接在输入新内容后单击“开始查找”按钮
D．在“查找结果”列表框中可直接进行复制或删除操作

29．在 Windows 98 的“关闭系统”对话框中，有（　　）种选择。
A．关闭计算机
B．重新启动计算机
C．关闭程序窗口
D．重新启动计算机并切换到 MS-DOS 方式

30．文本输入时，大小写切换键是（　　），还可在按（　　）键的同时按字母来改变大小写。
A．Tab　　B．Caps Lock
C．Ctrl　　D．Shift
E．Alt

31．在 Windows 98 中，欲把 D:YYLJ 文件复制到 A 盘，可以使用的方法有（　　）。
A．在资源管理器窗口中，直接把 D:YYLJ 拖到 A
B．在资源管理器窗口中，按住 Ctrl 键不放的同时把 D:YYLJ 拖到 A:
C．右键单击 D:YYLJ，在弹出的快捷菜单选择“发送到”命令，再选择 A:

D．单击 D:YYLJ，单击“常用”工具栏中的“复制”按钮；单击 A:，单击“常用”工具栏中的“粘贴”按钮

32．在 Windows 中，通过资源管理器能浏览计算机上的（　　）等对象。

A．文件　　B．文件夹

C．打印机文件夹　　D．控制面板

33．下列字符中，Windows 长文件名不能使用的有（　　）。

A．:　　B．?　　C．〈　　D．;

34．Windows 窗口有（　　）等几种。

A．对话框　　B．文档窗口

C．组窗口　　D．应用程序窗口

E．快捷方式窗口　　F．对话框标签窗口

35．下列关于即插即用技术的叙述中，正确的是（　　）。

A．增加了新硬件，可以不必安装系统

B．增加了新硬件，可以不必安装驱动程序

C．计算机的硬件和软件都可以实现即插即用

D．既然是即插即用，那么插上就可以用，在插时不必关电源

36．下列叙述中，正确的是（　　）。

A．Windows 中的文件或文件夹删除后，还可以从“回收站”中还原

B．从“回收站”中删除文件或文件夹后，内存中仍有该程序存在

C．一个窗口最大化后，就不能再移动了

D．Windows 允许同时建立多个文件或文件夹

37．关闭应用程序的方法是（　　）。

A．双击标题栏中的应用程序图标　　B．单击窗口右上角的“关闭”按钮

C．单击标题栏中的应用程序图标　　D．选择菜单“文件”→“退出”命令

E．利用 Alt+F4 组合键

38．下列各操作中，可以实现删除功能的有（　　）。

A．选定文件按 Delete 键

B．选定文件→右击→选择“删除”命令

C．选定文件→按 Enter 键

D．选定文件→按 Space 键

E．选定文件→按 Backspace 键

39．在 Windows 资源管理器中，不能（　　）。

A．指定在复制文件夹时只复制其中的文件而不复制它下面的文件夹

B．一次打开多个文件

C．一次复制或移动多个不连续排列的文件

D．在窗口中显示所有文件的属性

E．不按任何控制键，直接拖动鼠标在不同磁盘之间移动文件

F．一次删除多个不连续的文件

40．下列选项中，（　　）不是对话框中的组件。

A．“帮助”按钮　　B．“关闭”按钮

C．“最小化”按钮　　D．“还原”按钮

41．实现文件或文件夹复制的方法有（　　）。

A．选定目标，按住 Ctrl 键的同时拖动鼠标

B．选定目标，单击工具栏中的“复制”按钮

C．选定目标，按 Ctrl+X 组合键

D．选定目标，按 Ctrl+C 组合键

E．选定目标，按 Ctrl+V 组合键

42．在 Windows 中，下列（　　）操作可以新建文件夹。

A．在桌面空白处右击，在弹出的快捷菜单中选择“新建”→“文件夹”命令

B．在“我的电脑”窗口中选择菜单“文件”→“新建”命令

C．将“回收站”中的文件夹还原

D．选择菜单“开始”→“查找”命令

E．右击桌面上“我的电脑”图标，从菜单中选择“打开”命令

43．Windows 的菜单类型有（　　）。

A．下拉菜单　　B．固定菜单

C．快捷菜单　　D．用户自定义菜单

E．压缩菜单

44．“附件”程序组中的系统工具包括（　　）。

A．磁盘扫描程序　　B．磁盘碎片整理程序

C．磁盘格式化程序　　D．压缩磁盘空间程序

45．下列各说法中，属于 Windows 特点的是（　　）。

A．支持多媒体功能　　B．所见即所得

C．硬件设备即插即用　　D．行命令工作方式

46．在“控制面板”窗口中，双击“字体”图标后，可以实现（　　）。

A．设置艺术字体　　B．显示已安装的字体

C．删除已安装的字体　　D．安装新字体

47．在资源管理器中，当已选定文件后，下列操作中不能删除该文件的是（　　）。

A．按 Ctrl+Delete 组合键　　B．单击该文件夹

C．按 Delete 键　　D．在“文件”菜单中选择“删除”命令

E．用鼠标右键单击该文件夹，打开快捷菜单，然后选择“删除”命令

48．窗口中的组件有（　　）。

A．任务栏　　B．滚动条

C．菜单栏　　D．标题栏

49．利用 Windows 的任务栏，可以（　　）。

A．改变桌面所有窗口的排列方式　　B．切换当前应用程序

C．快捷启动应用程序　　D．打开活动应用程序的控制菜单

四、判断正误题（正确填A，错误填B）

1．“文档”菜单中所保留的最近使用过的文档至少有20个。（ ）

2．在Windows 98中，要将当前窗口的内容存入剪贴板，应按Print Screen键。（ ）

3．Windows 98提供了复制活动窗口的图像到剪贴板的功能。（ ）

4．在DOS窗口下删除的文件，可以从Windows 98的回收站中恢复。（ ）

5．在Windows 98中，不用物理键盘就不能向可编辑文件输入字符。（ ）

6．Windows 98的剪贴板中的内容是不可能以文件的方式直接保存的。（ ）

7．多媒体计算机是指能在磁盘、磁带和光盘等多种媒体上存储信息的计算机。（ ）

8．Windows 98的任务栏在默认的情况下位于屏幕的底部。（ ）

9．在Windows 98中，所有菜单只能通过鼠标才能打开。（ ）

10．按下Ctrl+V组合键，可以把剪贴板上的信息粘贴到某个文档窗口的插入点处。（ ）

11．在Windows 98环境下运行MS-DOS应用程序时，只有全屏幕工作方式。（ ）

12．在Windows 98中不能改变图标的间隔距离。（ ）

13．在Windows 98中，要安装一个应用程序，正确的操作应该是打开“控制面板”窗口，然后双击“添加/删除程序”图标。（ ）

14．在Windows 98的桌面上，乱七八糟的图标是可以靠某个菜单选项来排列整齐的。（ ）

15．在Windows 98桌面的任务栏中，显示的是所有已打开的窗口图标。（ ）

16．IP地址包括网络地址和网内计算机，必须符合IP通信协议，具有唯一性，共含有32个二进制位。（ ）

17．在Windows 98中，键盘已经没有作用。（ ）

18．在Windows 98中，若在某一文档中连续进行了多次剪切操作，当关闭该文档后，剪贴板中存放的是所有剪切过的内容。（ ）

19．在Windows 98操作系统中，可以用键盘来执行菜单命令。（ ）

20．用户不能在Windows 98桌面上创建文件夹。（ ）

21．电子邮件就是利用Internet发送电子邮件，具有快速、便宜、功能强大的特点。（ ）

22．在Windows 98中，图标只能代表某个应用程序。（ ）

23．当选定文件或文件夹后，欲改变其属性设置，可以单击鼠标右键，在弹出的快捷菜单中选择“属性”命令。（ ）

24．要将整个桌面的内容存入剪贴板，应按Ctrl+ Print Screen组合键。（ ）

25．鼠标既是输入设备，又是输出设备。（ ）

26．Windows 98具有屏幕保护的功能。（ ）

27．Windows 98具有多媒体功能，但不支持Plugand-play（即插可用）。（ ）

28．Windows 98的剪贴板只能存放文本信息。（ ）

29．在Windows 98中按Shift+Space组合键，可以进行全角/半角的切换。（ ）

30．在资源管理器窗口中，有的文件夹前面带有一个加号，它代表的意思是在此文件夹中一定包含子目录。 ( )

31．在 Windows 98 中，单击对话框中的“确定”按钮与按 Enter 键的作用是一样的。 ( )

32．格式化的磁盘卷标可以有任意多个字符。 ( )

33．在资源管理器窗口中，要想显示隐藏文件，可以利用“工具”菜单下的“文件夹选项”命令中的“查看”设置。 ( )

34．Windows 98 操作系统既允许运行 Windows 文件，也允许运行非 Windows 文件。 ( )

35．Windows 98 允许文件名最多有 255 个字符，可以使用空格。 ( )

36．利用“控制面板”窗口中的“日期/时间”图标，可改变日期，以防止每月 26 日这天 CIH 病毒的发作。 ( )

37．Windows 98 的窗口是可以移动位置的。 ( )

38．在 Windows 98 资源管理器窗口中的状态条中可以看到某个目录下的全部文件大小之和。 ( )

39．在 Windows 98 的任务栏被隐藏时，用户可以用按 Ctrl+Esc 组合键的快捷方式打开“开始”菜单。 ( )

40．在 Windows 98 中，在“我的电脑”窗口中不仅可以进行文件管理，还可以进行磁盘管理。 ( )

41．在 Windows 98 中，可以在任务栏内进行桌面图标的排列。 ( )

42．在“写字板”窗口中按 F1 键会显示“帮助主题”对话框。 ( )

43．在 Windows 98 中，当不小心对文件或文件夹的操作发生错误时，可以利用“编辑”菜单中的“撤销”命令或按 Ctrl+Z 组合键，取消原来的操作。 ( )

44．资源管理器在默认时按文件名对文件排序。 ( )

45．在 Windows 98 画面窗口中绘制的图形，可以粘贴到写字板窗口中。 ( )

46．Windows 98 不允许对硬盘进行格式化。 ( )

47．Windows 98 中的“桌面”是指活动窗口。 ( )

48．在 Windows 98 中，Reports.Sales.Davi.May98 是正确的文件名。 ( )

49．在 Windows 98 的“关闭系统”对话框中选择重新启动系统并切换到 MS-DOS 方式，进入 MS-DOS 系统后，可以输入“QUIT”命令返回 Windows 98。 ( )

50．在 Windows 98 中，资源管理器可以对系统资源进行管理。 ( )

51．通过拨号电话线连接到因特网上的计算机都需要安装 Modem。 ( )

52．当 Windows 98 的任务栏被隐藏时，用户可以按 Ctrl+Tab 组合键的快捷方式打开“开始”菜单。 ( )

53．在资源管理器窗口中，左窗格显示的是计算机中的全部文件结构，右窗格显示的是在左窗格中选取项目的内容。 ( )

54．Windows 98 系统安装并启动后，“回收站”就在桌面上了。 ( )

55．资源管理器只能管理文件和文件夹。 ( )

56．要创建一个名称为 MYFILE.DOC 的文档，利用“文件”菜单中的“打开”命令，在“打开”对话框中输入文件名，就可以实现。（　）

57．Windows 98 不允许用户进行系统（Config）配置。（　）

58．当一个应用程序窗口被最小化后，该应用程序的状态被终止运行。（　）

59．打开一个文档类似于 DOS 的 TYPE 命令只能显示不能修改。（　）

60．在 Windows 98 中可以为应用程序建立快捷图标。（　）

61．Windows 98 的所有操作都可以通过桌面来实现。（　）

62．在 Windows 98 资源管理器窗口中单击某一文件夹的图标，就能看到该文件夹下的所有内容。（　）

63．按下 F5 键即可在资源管理器窗口中更新信息。（　）

64．Windows 98 的窗口是不可改变大小的。（　）

65．在 Windows 98 中，利用“控制面板”窗口中的“安装新硬件”向导工具，可以安装任何类型的新硬件。（　）

66．在 Windows 98 资源管理器窗口中可以只列出文件名。（　）

67．在 Windows 98 资源管理器窗口中创建的子目录，创建后即可在文件夹窗口中看到。（　）

68．在 Windows 98 中按 Shift+Space 组合键，可以在英文和中文输入法之间切换。（　）

69．在 Windows 98 中，一次只能删除一个对象。（　）

70．当启动系统时，当内存检查结束后立即按 F4 键，可以不启动 Windows 98 而直接进入 MS-DOS 系统。（　）

71．Windows 98 中的快捷方式是由系统自动提供的，用户不能修改。（　）

72．无论何时，一旦选择“文档”菜单中的“暂停打印”命令，就能中止打印机当前的工作状态。（　）

73．在 Windows 98 中按 Shift+Space 组合键，可以启动或关闭中文输入法。（　）

74．在计算机网络中，LAN 指的是局域网。（　）

75．Windows 98 资源管理器窗口的标题名是不会改变的。（　）

76．在 Windows 98 中，被删除的文件或文件夹将存放在 TEMP 文件夹中。（　）

77．在 Windows 98 中可以对磁盘进行格式化、整盘复制、磁盘整理等操作。（　）

训练 4

Word 字表处理

一、填空题

1．在输入文本时，按 Enter 键后会产生____________符。

2．显示或隐藏工具栏应使用__________菜单中的命令。

3．Word 文档的默认扩展名是__________。

4．在 Word 环境下，可单击窗口右上角的▬图标来将 Word 程序__________。

5．在 Word 环境下，工具栏上黑体大写的 B 可以为选定的字体添加__________。

6．在 Word 环境下，工具栏上黑体大写的 U 可以把选定的字体改变为带有__________。

7．在 Word 中，新建文件的快捷键为__________，打开文件的快捷键为__________。

8．在 Word 中，🖌图标是__________图标。

9．在 Word 中，要使每次向上卷动的屏幕是一页，应使用组合键 Ctrl+__________。

10．在 Word 中，工具栏上黑体大写的 *I* 可以把选定的字体改变为__________。

11．在 Word 中，保存文件的快捷键为__________。

12．在 Word 中，若想输入特殊符号，应使用____________________菜单中的命令。

13．在 Word 文档中，若表格已被选中，则使用“表格”菜单中的__________命令可删除选定的表格。

14．要对选定的文本进行复制，应使用的快捷键为__________。

15．在 Word 中，对已经复制的文本进行粘贴，应使用的快捷键为__________。

16．在 Word 的编辑状态下，若用原名对文档进行保存，则应使用“文件”菜单下的__________命令。

17．在 Word 的编辑状态下，若用新的文件名对文档进行保存，则应使用“文件”菜单下的__________命令。

18．在 Word 的编辑状态下，若要设置选定文本的动态效果，应使用“格式”菜单中的__________命令。

19．在 Word 中，在默认情况下，Word 文档的中文字体为__________。

20．在 Word 中，图标的功能是__________。

21．在 Word 编辑状态下，要删除图文框，先选定图文框，然后按__________键（如有英文请写大写字母）。

22．在 Word 中，图标的功能是__________。

23．在 Word 中，图标的功能是__________。

24．在 Word 中，按 Ctrl+__________组合键可以把插入点移到文档尾部（请写大写字母）。

25．在 Word 窗口中，最下面的一栏是__________。

26．在 Word 中，保存文档的快捷键为__________。

27．在 Word 中，选择“文件”菜单中的__________命令可新建一个文档。

28．在 Word 中，图标的功能是__________。

29．若要在 Word 文档中加入页眉、页脚，应使用__________菜单中的“页眉和页脚”命令。

30．若要将文档中的文本设置为下标，应使用“格式”菜单中的__________命令。

31．若要将文档中的所有文本全部选定，应使用“编辑”菜单中的__________命令。

32．在 Word 中，图标的功能是显示 Word 的__________信息。

33．在 Word 中，可以按__________键和光标键组合来选定文章中的连续内容。

34．在 Word 中，可以选择__________菜单下的__________命令来统计文档的字数。

35．在 Word 中，若要退出 Word 环境，应使用“文件”菜单下的__________命令。

36．在 Word 中，按功能键__________能获得帮助。

37．当启动 Word 时，Word 将会自动建立一个文件名为__________的空白文档。

38．在 Word 中，图标的功能是为所选段落添加或取消__________。

39．在 Word 中，图标的功能是__________。

40．在 Word 中，要改变字体的种类可以在工具栏上的__________框中进行选择操作。

41．在 Word 中，图标的功能是__________。

42．在 Word 中，工具栏上的“字号”选项可以用来__________。

43．在 Word 中，若要设置选定文本的行距，应使用__________菜单下的__________命令。

44．在 Word 中，图标的功能是检查文档中的__________。

45．在 Word 中，若要将选定的表格的几个单元格合并为一个单元格，应使用“表格”菜单中的__________命令。

46．在 Word 中，若要设置页边距，应使用__________菜单下的“页面设置”命令。

47．在 Word 中，若要取消文档中设置的页码，应使用“视图”菜单中的__________命令。

48．在 Word 中，为了看清文档打印输出的实际效果，应使用__________功能。

49．在 Word 中，选择“表格”菜单中的“选择表格”命令后，被选择的是表格的__________。

50．在 Word 中，工具栏中的__________按钮使得 Word 文档中插入表格。

51．在 Word 中，__________将会提供文档在纸上的打印效果。

52．在 Word 中，所谓悬挂式缩进，是指段落__________不缩进，其余部分相对于__________悬挂缩进。

53．在 Word 中，选择__________菜单的“自动更正”命令，可以打开“自动更正”对话框。

54．在 Word 中，选用__________是建立复杂公式的有效工具。

55．在 Word 中，图标的功能是__________。

56．在 Word 中，按 F8 键__________次整个文档被选中。

57．在 Word 中，通过__________菜单可以给文本加入图片、文本框、图文框等。

58．在 Word 中，要改变字体的种类可以在工具栏上的__________框中进行选择操作。

59．在 Word 中，新建文档时可选择__________来得到合适的文章样本。

60．在 Word 中，选择输出打印机是在__________菜单中的__________功能中设置。

61．双击 Word 主窗口的控制按钮，则__________。

62．在 Word 中，若从预览状态回到编辑状态，可以按__________功能键。

63．在 Word 中，若要将当前表格分为两个表格，应使用“表格”菜单中的__________命令。

64．在 Word 中，若要将磁盘中的 w.doc 的文档内容插入到当前文档中，应使用“插入”菜单中的__________命令。

65．在 Word 中，图标的功能是__________。

66．在 Word 环境下的“打开”对话框中，选择“文件类型”下拉列表框中的__________选项，可查看所有的文件类型。

67．在 Word 中，图标表示为文本加入__________。

68．在 Word 中，图标表示为文本加入__________。

69．在 Word 中，使用工作区上方的__________可以很容易地设置页边界。

70．在 Word 中，磅是一个__________单位。

71．在 Word 的编辑状态下，若要将当前文档按分栏格式排版，应使用__________菜单中的命令。

72．在 Word 的编辑状态下，若不打印当前文档中表格的表线，应使用__________菜单中的__________命令。

73．在 Word 中，若要改变当前文档中英文字母的大小写，应使用“格式”菜单中的__________命令。

二、单项选择题

1．在 Word 中，为了防止突然断电或其他意外事故而使正在编辑的文本丢失，因此应该设置（　　）功能。

A．撤销　　B．自动存盘

C．存盘　　D．重复

2．在 Word 中，不能对文本进行（　　）。

A．上对齐操作　　B．左对齐操作
C．右对齐操作　　D．分散对齐操作

3．在 Word 中，当前文档的窗口经过“还原”操作后，该文档标题栏右侧显示的按钮是（　　）。

A．“最小化”、“还原”和“最大化”按钮
B．“还原”、“最大化”和“关闭”按钮
C．“还原”和“最大化”按钮
D．“最小化”、“最大化”和“关闭”按钮

4．在 Word 中，单击“常用”工具栏中的🗋图标后，（　　）。

A．打开一个已有的文档　　B．新建一个空白文档
C．打印当前文档　　D．保存当前文档

5．在 Word 中，单击“常用”工具栏中的📂图标后，（　　）。

A．新建一个空白文档　　B．打印当前文档
C．打开一个已有的文档　　D．保存当前文档

6．在 Word 中，单击“常用”工具栏中的💾图标后，（　　）。

A．新建一个空白文档　　B．打印当前文档
C．打开一个已有的文档　　D．保存当前文档

7．Word 的“字数统计”命令在（　　）菜单中。

A．“视图”　　B．“格式”
C．“工具”　　D．“插入”

8．在 Word 中，可用（　　）工具栏中的按钮设定字体的大小。

A．常用　　B．格式
C．绘图　　D．数据库

9．在 Word 编辑的文档中，文字下面有红色波浪下画线表示（　　）。

A．输入的内容　　B．文档已修改过
C．可能存在语法错误　　D．可能存在拼写错误

10．在 Word 编辑的文档中，文字下面有绿色波浪下画线表示（　　）。

A．输入的内容　　B．文档已修改过
C．可能存在语法错误　　D．可能存在拼写错误

11．当鼠标指针在 Word 工作区的文档窗口内时，形状为（　　）。

A．I 形　　B．沙漏形
C．箭头　　D．手形

12．在 Word 中，每个段落（　　）。

A．以句号结束　　B．以空格结束
C．自动设定结束　　D．以用户按 Enter 键结束

13．在 Word 中，段落首行的缩进类型包括首行缩进和（　　）。

A．悬挂缩进　　B．插入缩进
C．文本缩进　　D．整版缩进

14．Word 文档的默认文件扩展名是（ ）。

A．.txt B．.doc

C．.bmp D．.wrd

15．在 Word 中，要在文档中插入图形，则应该使用“插入”菜单中的（ ）命令。

A．“图片” B．“文本框”

C．“文件” D．“对象”

16．在 Word 的下拉菜单中，选择后会打开对话框的命令是（ ）。

A．后边带有省略号的命令 B．命令后带有快捷键

C．命令旁边出现图标按钮 D．以上都不是

17．在 Word 中，对当前文档中的文字进行替换操作，应当使用（ ）菜单中的命令。

A．“编辑” B．“格式”

C．“工具” D．“插入”

18．在 Word 中，要选取光标所在位置的一个段落，可按下 F8 键（ ）次。

A．2 B．4 C．3 D．5

19．在 Word 中，设置页边界时，（ ）。

A．只是当前页有效

B．上下页边界的位置是固定的

C．上下边界会影响页脚注的位置

D．对当前文档有效

20．在 Word 中，只有使用（ ）命令删除的文本可以使用“粘贴”命令恢复。

A．清除 B．剪切

C．Delete D．Backspace

21．在 Word 中，使用模板的过程是，选择菜单（ ）命令，在打开的对话框中选择模板名。

A．“文件”→“新建” B．“文件”→“打开”

C．“格式”→“模板” D．“工具”→“选项”

22．在 Word 中，在编辑文本时不可以插入（ ）。

A．图片 B．系统文件

C．表格 D．文本

23．“剪切”命令用于删除文本或图形，并将其放置在（ ）。

A．剪贴板上 B．硬盘上

C．软盘上 D．文档中

24．在 Word 中，设置页面时，以下说法错误的是（ ）。

A．可以改变字体的方向 B．可以自定义页面的大小

C．可以按纵向或横向排版 D．可以设置页面的边距

25．启动 Word 是在启动（ ）的基础上进行的。

A．DOS B．UCDOS

C．WPS D．Windows

26．下列选项不属于 Word 窗口组成部分的是（　　）。

A．标题栏　　B．状态栏

C．对话框　　D．菜单栏

27．Word 主窗口的标题栏右边显示的按钮▬是（　　）。

A．“最小化”按钮　　B．“最大化”按钮

C．“关闭”按钮　　D．“还原”按钮

28．在 Word 中，单击“最小化”按钮后，（　　）。

A．Word 的窗口关闭，变成窗口图表关闭按钮

B．Word 的窗口被关闭

C．Word 的窗口没关闭，是任务栏上一按钮

D．被打开的文档窗口被关闭

29．在 Word 中，为文档插入页码，可以使用（　　）菜单中的命令。

A．“格式”　　B．“编辑”

C．“工具”　　D．“插入”

30．在 Word 文档中，选定文档某行内容后，使用鼠标拖动的方法将其移动时，配合的键盘操作是（　　）。

A．按住 Esc 键　　B．按住 Ctrl 键

C．按住 Alt 键　　D．不做操作

31．在 Word 的编辑状态下，对于选定的文本，以下说法正确的是（　　）。

A．可以移动，不可以复制

B．可以复制，不可以移动

C．可以移动，也可以复制

D．可以进行移动或复制

32．在 Word 中，若要计算表格中某行数值的总和，可使用的函数是（　　）。

A．Sum()　　B．Average()

C．Count()　　D．Total()

33．在 Word 文档中，执行两次“剪切”操作，则剪贴板中（　　）。

A．仅有第一次被剪切的内容　　B．仅有第二次剪切的内容

C．有两次剪切的内容　　D．无内容

34．在 Word 的编辑状态下，绘制一个文本框，应当使用（　　）菜单下的命令。

A．“插入”　　B．“格式”

C．“视图”　　D．“表格”

35．在 Word 的编辑状态下，若统计文档的字数，则需要使用的菜单是（　　）。

A．“文件”　　B．“视图”

C．“工具”　　D．“格式”

36．在 Word 的编辑状态下，对已经输入的文档设置首字下沉，需要使用的菜单是（　　）。

A．“编辑”　　B．“格式”

C．“工具”　　D．“视图”

37. Word 具有的功能是（　　）。

A. 绘制图形　　B. 自动更正

C. 表格处理　　D. 以上都是

38. 在 Word 中，图标的作用是（　　）。

A. 将窗口关闭　　B. 打开已有文档

C. 使当前窗口缩小　　D. 使文档窗口独占屏幕

39. 在 Word 的编辑状态下，若要在当前窗口中打开（或关闭）“常用”工具栏，则（　　）。

A. 选择菜单“工具”→“格式”命令

B. 选择菜单“视图”→“绘图”命令

C. 选择菜单“编辑”→“工具栏”→“常用”命令

D. 选择菜单“视图”→“工具栏”→“常用”命令

40. 进入 Word 后，打开一个已有文档 w.doc，又进行了“新建”操作，则以下说法正确的是（　　）。

A. w.doc 和新建文档均处于打开状态　　B.“新建”操作失败

C. 新建文档被打开但 w.doc 被关闭　　D. w.doc 被关闭

41. 在 Word 的编辑状态下，当前编辑文档中的字体全是宋体，选择了一段文字使之呈反显状，先设定了楷体，又设定了隶书，则（　　）。

A. 文档全文都是楷体　　B. 被选择的内容变为隶书

C. 文档全部文字的字体不变　　D. 被选择的内容仍为宋体

42. 在 Word 中，“剪切”操作的快捷键是（　　）。

A. Ctrl+A　　B. Ctrl+V

C. Ctrl+C　　D. Ctrl+X

43. 在 Word 中，“复制”操作的快捷键是（　　）。

A. Ctrl+A　　B. Ctrl+V

C. Ctrl+C　　D. Ctrl+X

44. 在 Word 中，“粘贴”操作的快捷键是（　　）。

A. Ctrl+A　　B. Ctrl+V

C. Ctrl+C　　D. Ctrl+X

45. 在 Word 的表格操作中，若当前插入点在表格中某行的最后一个单元格内，按 Enter 键后，则（　　）。

A. 插入点所在的列加宽　　B. 对表格不起作用

C. 在插入点下一行增加一空表格行　　D. 插入点所在的行加高

46. 在 Word 的编辑状态下选中整个表格，选择“表格”菜单中的“删除行”命令，则（　　）。

A. 整个表格被删除　　B. 表格中的一列被删除

C. 表格中的一行被删除　　D. 对表格不起作用

47．在 Word 的编辑状态下，对于选定的文字不能进行的操作是（　　）。

A．自动版式　　B．加下画线

C．加着重号　　D．动态效果

48．在 Word 中，要重复上一步进行过的格式化操作，可（　　）。

A．单击“撤销”按钮　　B．选择菜单“编辑”→“复制”命令

C．选择菜单“编辑”→“重复”命令　　D．单击“恢复”按钮

49．在 Word 中，可以利用（　　）很直观地改变段落缩进方式，调整左右边界。

A．标尺　　B．工具栏

C．格式栏　　D．菜单栏

50．在 Word 中，打开一个已有的 Word 文档的快捷键是（　　）。

A．Ctrl+S　　B．Ctrl+V

C．Ctrl+C　　D．Ctrl+O

51．在 Word 的编辑状态下，可以使插入点快速移到文档首部的快捷键是（　　）。

A．Ctrl+Home　　B．Home

C．Alt+Home　　D．PageUp

52．在 Word 的编辑状态下，可以使插入点快速移到文档末尾的快捷键是（　　）。

A．Ctrl+End　　B．End

C．Alt+End　　D．Ctrl+Home

53．在 Word 中，把一个已经打开的文件以新的名称存盘，用做原文件的备份，应当选择（　　）命令。

A．“保存”　　B．“自动保存”

C．“另存为”　　D．“全部保存”

54．Word 可以打开（　　）类型文件。

A．目标程序　　B．可执行

C．文本　　D．系统

55．在 Word 中，关于在文本中插入的图像，以下说法正确的是（　　）。

A．不可以改变位置　　B．不可以改变大小

C．只能是位图格式的图片　　D．可以改变位置和大小

56．在 Word 中，当编辑具有相同格式的多个文档时，可使用（　　）。

A．向导　　B．联机帮助

C．模板　　D．样式

57．在 Word 环境下，当平均分布表格时，（　　）的。

A．是对整个一行而言　　B．是对整个一列而言

C．是对选定的几行或几列而言　　D．是对整个表格而言

58．在 Word 环境下保存文件时，默认的文件扩展名是（　　）。

A．.exe　　B．.txt

C．.com　　D．.doc

59. 在 Word 环境下，以下关于设置字体的说法错误的是（　　）。

A. 可以设置字体的方向　　B. 可以设置字体的颜色

C. 可以设置字体的大小　　D. 只能使用一种字体

60. 在 Word 中，邮件合并操作应当选择（　　）菜单中的“邮件合并”命令。

A.“文件”　　B.“格式”

C.“工具”　　D.“编辑”

61. 在 Word 中，以下说法正确的是（　　）。

A. 只能打开两个文件　　B. 只能打开一个文件

C. 可以打开多个文件　　D. 以上都不对

62. 在 Word 编辑状态下，窗口工作区中闪烁的垂直光条表示（　　）。

A. 插入点位置　　B. 键盘位置

C. 鼠标位置　　D. 光标位置

63. 在 Word 中，实现“粘贴”操作的快捷键是（　　）。

A. Ctrl+V　　B. Ctrl+C

C. Ctrl+X　　D. Ctrl+P

64. 在 Word 编辑状态下，要实现“页面设置”，则应当使用（　　）菜单中的命令。

A.“工具”　　B.“表格”

C.“插入”　　D.“文件”

65. 在 Word 中，删除一个段落标记符后，前后两端的文字将合成一段，关于原段落格式的编排，以下说法正确的是（　　）。

A. 后一段将采用前一段的格式　　B. 前一段变成无格式

C. 前一段将采用后一段的格式　　D. 无变化

66. 在 Word 中，如果在编辑文本时执行了错误操作，（　　）功能可以帮助你恢复原来的状态。

A. 撤销　　B. 复制

C. 粘贴　　D. 清除

67. 在 Word 中，选择（　　）菜单中的“打印”命令，将显示“打印”对话框。

A.“视图”　　B.“工具”

C.“文件”　　D.“格式”

68. 在 Word 的编辑状态下，要为文档设置页码，以下说法正确的是（　　）。

A. 使用“编辑”菜单中的命令　　B. 使用“视图”菜单中的命令

C. 使用“插入”菜单中的命令　　D. 使用“格式”菜单中的命令

69. 在 Word 中，关于表格和文本，以下说法正确的是（　　）。

A. 不能在同一行混排　　B. 可以混排

C. 表格中只能是数字　　D. 以上说法都不对

70. 在 Word 中，不可以将文本的字形设置为（　　）。

A. 倒立　　B. 倾斜

C. 加粗　　D. 加粗并倾斜

71．在 Word 中，选择（　　）菜单中的“样式”命令能显示“样式”对话框。

A．“视图”　　B．“工具”

C．“格式”　　D．“表格”

72．在 Word 中，要为表格绘制斜线表头，应当选择（　　）菜单中的命令。

A．“工具”　　B．“表格”

C．“格式”　　D．“插入”

73．在 Word 的编辑状态下，要计算表格中某一列值的平均值，应当使用的函数是（　　）。

A．Sum()　　B．Average()

C．Count()　　D．Total()

74．在 Word 中，为了处理中文文档，可以使用快捷键（　　）在英文和各种中文输入法之间进行切换。

A．Ctrl+Alt　　B．Shift+W

C．Ctrl+V　　D．Ctrl+Shift

75．Word 是 Microsoft 提供的一个（　　）。

A．操作系统　　B．表格处理软件

C．文字处理软件　　D．数据库

76．在 Word 中，下面（　　）对齐方式不是 Word 的对齐方式。

A．顶端对齐　　B．居中对齐

C．左对齐　　D．右对齐

77．在 Word 中，调整图片大小可以用鼠标拖动图片四周的任一控制点，但只有拖动（　　）控制点才能使图片等比例缩放。

A．上或下　　B．左或右

C．四个角之一　　D．均不可以

78．在 Word 中，当对某段进行“首字下沉”操作后，再选中该段并进行分栏操作，则这时选择菜单“格式”→“分栏”命令无效，原因是（　　）。

A．分栏只能对文字进行操作，不能作用于图形，而首字下沉后的字具有图形效果，只要不选中下沉的字就可进行分栏

B．计算机有病毒，先清除病毒，再分栏

C．Word 软件有问题

D．首字下沉、分栏操作不能同时进行，也就是设置了首字下沉就不能进行分栏

79．在 Word 的“窗口”菜单底部列出的几个文件是（　　）。

A．用于文件的切换　　B．正在打印的文件

C．最近被 Word 打开过的文件　　D．正被 Word 处理的文件名

80．在 Word 默认情况下，输入了错误的英文单词时，会（　　）。

A．在单词下有绿色下画波浪线　　B．自动更正

C．在单词下有红色下画波浪线　　D．系统响铃，提示出错

81．在 Word 的编辑状态下，若要退出“全屏显示”视图方式，应当使用的快捷键是（　　）。

A．Alt+C　　B．Ctrl+C
C．Ctrl+V　　D．Alt+Shift

82．Word 的查找和替换功能很强，下列不属于其中之一的是（　　）。

A．能够查找和替换带格式或样式的文本
B．能够用通配符进行复杂的查找和替换
C．能够查找和替换文本中的格式
D．能够查找图形对象

83．在 Word 中，当鼠标指针位于（　　）时，指针变成指向右上方的箭头形状。

A．文本区中插入的图片或图文框中　　B．文本编辑区
C．文本区上面的标尺　　D．文本区左边的选定区

84．在 Word 中，在对文本进行字体设置时，以下叙述正确的是（　　）。

A．在文本中不能中、英文混用　　B．在文本中不能使用多种字体
C．在文本中不能使用多种字号　　D．以上说法都不正确

85．在文本编辑状态下，选择菜单“编辑”→“复制”命令后，以下说法正确的是（　　）。

A．将选定内容的格式复制到剪贴板　　B．将剪贴板的内容复制到插入点
C．将选定内容复制到剪贴板　　D．将选定的内容复制到插入点

86．在 Word 中，调整表格同列中单元格的宽度时，可以利用（　　）调整。

A．垂直标尺　　B．定格
C．水平标尺　　D．自动套用格式

87．在 Word 中选择菜单“插入”→“图片”命令不可插入（　　）。

A．剪贴画　　B．艺术字
C．自选图形　　D．公式

88．在 Word 中，段落标记是当用户按（　　）之后产生的。

A．句号　　B．分页符
C．Enter 键　　D．Ctrl 键

89．在 Word 的编辑状态下，当前输入的文字显示在（　　）。

A．插入点　　B．当前行尾部
C．文件尾部　　D．鼠标光标处

90．在 Word 的编辑状态下，选择了文档全文，若在“段落”对话框中设置行距为 20 磅的格式，应当选择“行距”下拉列表框中的（　　）选项。

A．“单倍行距”　　B．“1.5 倍行距”
C．“固定值”　　D．“多倍行距”

91．在 Word 中设置了标尺，可以同时显示水平标尺和垂直标尺的视图方式是（　　）。

A．普通方式　　B．页面方式
C．全屏显示方式　　D．大纲方式

92. Word 主窗口的标题栏最右边显示的按钮是（ ）。

A. “还原”按钮　B. “最小化”按钮

C. “最大化”按钮　D. “关闭”按钮

93. 在 Word 的编辑状态下，若要进行字体效果的设置（如上、下标等），首先应打开（ ）。

A. “编辑”菜单　B. “视图”菜单

C. “格式”菜单　D. “工具”菜单

94. 在 Word 的默认状态下，将鼠标指针移到某一行左端的文档选定区，鼠标指针变成指向右上方的箭头，此时单击鼠标左键，则（ ）。

A. 该行被选定　B. 该行的下一行被选定

C. 该行所在的段落被选定　D. 全文被选定

95. 在 Word 中无法实现的操作是（ ）。

A. 在页眉中插入剪贴画　B. 在页眉中插入日期

C. 在页眉中插入分隔符　D. 建立奇偶页内容不同的页眉

96. 图文混排是 Word 2000 的特色功能之一，以下叙述中错误的是（ ）。

A. 可以在文档中插入剪贴画　B. 可以在文档中插入图形

C. 可以在文档中使用文本框　D. 可以在文档中使用配色方案

97. 在 Word 的编辑状态下，若光标位于表格外右侧的行尾处，按 Enter（回车）键，（ ）。

A. 光标移到下一列　B. 光标移到下一行，表格行数不变

C. 插入一行，表格行数改变　D. 在本单元格内换行，表格行数不变

98. 关于 Word 中的多文档窗口的操作，以下叙述中错误的是（ ）。

A. Word 的文档窗口可以拆分为两个文档窗口

B. 多个文档编辑工作结束后，只能一个一个地存盘或关闭文档窗口

C. Word 允许同时打开多个文档进行编辑，每个文档有一个文档窗口

D. 多文档窗口内的内容可以进行剪切、粘贴和复制等操作

99. 在 Word 中，下述关于分栏操作的说法，正确的是（ ）。

A. 可以将指定的段落分成指定宽度的两栏

B. 任何视图下均可看到分栏效果

C. 设置的各栏宽度和间距与页面宽度无关

D. 栏与栏之间不可以设置分隔线

100. 进入 Word 环境的常用方法为（ ）。

A. 在“开始”→“程序”菜单下，单击 Word 图标

B. 在“开始”→“程序”菜单下，双击 Word 图标

C. 在 DOS 环境中，输入“Word”

D. 在程序管理器中，找 Word 程序

101. 新建 Word 文件的快捷键是（ ）。

A. Ctrl+O　B. Ctrl+S

C．Ctrl+N　　D．Ctrl+V

102．用键盘进行文本选定，只要按快捷键（　　）的同时进行光标定位就行了。

A．Shift　　B．Ctrl

C．Alt　　D．Ctrl+Alt

103．用菜单的方法进行删除、复制、移动等操作时，首先选择（　　）菜单。

A．“文件”　　B．“编辑”

C．“视图”　　D．“格式”

104．精确设置各种段落缩进，可在按住快捷键（　　）的同时进行相应的拖动。

A．Ctrl　　B．Alt

C．Shift　　D．Tab

105．在 Word 中编辑表格时，出现的虚线在打印时（　　）出现在纸上。

A．不会　　B．全部

C．一部分　　D．大部分

106．图形对象（　　）像文本一样进行删除、复制、粘贴等操作。

A．可以　　B．不可以

107．在文档中，每一页都要出现的内容应当放到（　　）。

A．文本　　B．图文框

C．页眉/页脚　　D．文档

108．进行多栏排版时，只要分别（　　）对象来进行分栏操作就行了。

A．复制　　B．选择

C．粘贴　　D．剪切

109．用（　　）快捷键退出 Word。

A．Ctrl+F4　　B．Alt+F4

C．Alt+X　　D．Esc

110．Word 中，如果在有文字的区域中绘制图形，则文字与图形的重叠部分（　　）。

A．文字不可能被覆盖　　B．文字可能被覆盖

C．文字小部分被覆盖　　D．文字大部分被覆盖

111．进入 Word 后，打开了一个已有文档 w.doc，又进行了“新建”操作，则（　　）。

A．w.doc 和新建文档均处于打开状态

B．w.doc 被关闭

C．新建文档被打开，但 w.doc 被关闭

D．“新建”操作失败

112．在 Word 中，打印页码范围为 4-7，15，20-，表示打印的是（　　）。

A．第 4～7 页，第 15～20 页

B．第 4 页，第 7 页，第 15 页，第 20 页

C．第 4～7 页，第 15 页，第 20 页到最后

D．第 4 页，第 7 页，第 15 页，第 20 页到最后

113．在 Word 中，当前活动窗口是文档 w.doc 的窗口，单击该窗口的“最小化”按钮后，（　　）。

A．该窗口和 w.doc 文档都被关闭

B．w.doc 文档未被关闭，且继续显示其内容

C．关闭了 w.doc 文档，但该窗口并未关闭

D．不显示 w.doc 文档内容，但 w.doc 文档并未关闭

114．关于 Word 中分页符的描述，以下说法错误的是（　　）。

A．按 Ctrl+Enter 组合键可以插入分页符

B．分页符的作用是分页

C．在“普通视图”下，分页符以虚线显示

D．分页符不可以删除

115．在 Word 中，当选择一段文本以后，不可以进行（　　）操作。

A．块复制　　B．块粘贴

C．块存盘　　D．块删除

116．在 Word 对话框中，（　　）是一种开关形式的选择方式。

A．文本框　　B．下拉列表框

C．复选框　　D．列表框

117．在 Word 中，在（　　）菜单中选择“项目符号和编号”命令，将显示“项目符号和编号”对话框。

A．“编辑”　　B．“工具”

C．“格式”　　D．“插入”

118．选定一行文本的最方便、快捷的方法是（　　）。

A．在行首拖动鼠标至行尾　　B．在该行选定栏位置单击鼠标

C．在行首双击鼠标　　D．在该行位置右击鼠标

119．Word 所提供的多级撤销功能是指（　　）。

A．可以取消已输入的 100 个文字

B．可以取消已做过的 100 步撤销操作

C．可以取消已做过的 100 步编辑和格式编排操作，但取消后无法恢复

D．可以取消已做过的 100 步编辑和格式编排操作，且可以恢复

120．Word 提供以下 5 种段落对齐方式，它们是（　　）。

A．左对齐、小数点对齐、右对齐、居中对齐、分散对齐

B．右对齐、小数点对齐、左对齐、两端对齐、分散对齐

C．右对齐、左对齐、两端对齐、居中对齐、分散对齐

D．左对齐、小数点对齐、两端对齐、居中对齐、分散对齐

121．Word 定时自动保存功能的作用是（　　）。

A．定时自动地为用户保存文档，使用户免存盘之累

B．为用户保存备份文档，以供用户恢复备份时用

C．供 Word 恢复系统时用

D．供用户恢复文档时用

122．在文档中，人工设定分页符的命令是（ ）。

A．菜单“文件”→“页面设置” B．菜单“视图”→“页面”

C．菜单“插入”→“分隔符” D．菜单“格式”→“正文排列”

123．在 Word 编辑窗口中，状态栏上的“改写”字样为灰色表示（ ）。

A．当前的编辑状态为改写 B．当前的编辑状态为插入

C．不能输入任何字符 D．只能输入英文字符

124．在 Word 表格中，表格线（ ）。

A．不能手绘 B．不能擦除

C．不能改变 D．可由用户指定线型

125．执行查找文本功能的快捷键是（ ）。

A．Ctrl+F B．Ctrl+E

C．Alt+F D．Alt+E

126．单击“常用”工具栏上的“编号”按钮后，可在每个新增段落前（ ）。

A．自动加上间断的编号 B．自动加上连续的编号

C．手动加上间断的编号 D．手动加上连续的编号

127．目前在“打印预览”状态，如果要打印文档，则（ ）。

A．必须退出打印预览状态才能进行打印

B．从预览状态不能进行打印

C．可直接从预览状态执行打印

D．只能在预览状态执行打印

128．在 Word 中，用鼠标选中文档的一个段落的操作是（ ）。

A．单击 B．双击

C．三击 D．四击

129．要使得几个段落同在一页中，应该通过（ ）来设置。

A．“段落”对话框中的“缩进和间距”选项卡

B．“段落”对话框中的“换行与分页”选项卡

C．“段落”对话框中的“其他”选项卡

D．“分隔符”对话框

130．如果输入的内容超过了单元格的宽度，那么（ ）。

A．多余的文字将被放在下一个单元格中

B．多余的文字将被视为无效

C．单元格自动增加宽度，以保证文字的输入

D．单元格自动换行，增加高度，以保证文字的输入

131．对于一段两端对称的文字，只选定其中的几个字符，单击“居中”按钮，则（ ）。

A．整个段落均变成居中格式 B．只有被选定的文字变成居中格式

C．整个文档变成居中格式 D．格式不变，操作无效

132．对于编辑文档时的误操作，用户将（　　）。

A．无法挽回

B．重新人工编辑

C．单击“撤销”按钮以恢复原内容

D．选择菜单“工具”→“修订”命令以恢复原内容

133．如果要将选定格式应用于不同位置的文档内容，应该执行的操作是（　　）。

A．单击“格式刷”按钮

B．双击“格式刷”按钮

C．按住 Ctrl 键，单击“格式刷”按钮

D．按住 Ctrl 键，双击“格式刷”按钮

134．下列操作中不能建立一个新文档的是（　　）。

A．选择菜单“文件”→“新建”命令

B．按 Ctrl+N 组合键

C．单击工具栏中的“新建”按钮

D．选择菜单“文件”→“打开”命令

135．在 Word 中，用户可以利用（　　）很直观地改变段落缩进方式、调整左右边界和改变表格的列宽。

A．菜单栏　　B．工具栏

C．格式栏　　D．标尺

136．在 Word 文档编辑区中，要删除插入点左边的字符，应该按快捷键（　　）。

A．Delete　　B．Shift+Delete

C．Enter　　D．Backspace

137．在 Word 文档编辑区中，要删除插入点右边的字符，应该按快捷键（　　）。

A．Delete　　B．Shift+Delete

C．Enter　　D．Backspace

138．以下不能用 Word 打开的文件类型是（　　）。

A．*.doc　　B．*.wps

C．*.dot　　D．*.ext

139．在 Word 中，每个段落都有自己的段落标记，段落标记的位置在（　　）。

A．段落的中间位置　　B．段落的结尾处

C．段落的首部　　D．段落中

140．在 Windows 操作系统中，不同文档之间互相复制信息需要借助于（　　）。

A．记事本　　B．剪贴板

C．写字板　　D．磁盘缓冲器

141．以下关于 Word 的分栏功能的说法正确的是（　　）。

A．各栏的宽度必须相同　　B．各栏的宽度可以不同

C．最多可以设 4 栏　　D．各栏的栏间距是固定的

142．在 Word 的选择框内经常显示一些单位，以下单位最大的是（　　）。

A．cm　　B．mm

C．pt　　D．in

三、多项选择题

1．在 Word 中，当选中了文本后，使用（　　）命令可以使剪贴板内容与选中的内容一致。

A．“粘贴”　　B．“剪切”

C．“复制”　　D．“删除”

2．在 Word 中，选择整个文本的方法有（　　）。

A．选择菜单“文件”→“全选”命令

B．选择菜单“编辑”→“全选”命令

C．按 Ctrl+A 组合键

D．鼠标指针位于选择区，双击左键

3．在 Word 中，启动拼写检查的方法有（　　）。

A．选择菜单“工具”→“拼写和语法”命令

B．按 F7 键

C．在“常用”工具栏中单击“拼写和语法”

D．以上 3 种操作均不正确

4．下面（　　）功能可以用 Word 实现。

A．图文混排　　B．文字输入

C．自动插入页码　　D．制表

5．在 Word 中，在“另存为”对话框中可以（　　）。

A．删除文件　　B．对文件加密

C．新建文件夹　　D．指定文件存盘的路径

6．下列软件包中，包含 Word 文字处理软件的有（　　）。

A．Office 97　　B．Office 2000

C．AutoCAD　　D．Office 2003

7．Word 属于（　　）。

A．应用软件　　B．系统软件

C．操作系统　　D．文字处理软件

8．在 Word 中，合并单元格的操作可以完成（　　）。

A．合并列单元　　B．行列共同合并

C．合并行单元　　D．只能合并列单元

9．在 Word 中，选择一个段落的方法有（　　）。

A．使光标在该段，按 4 次 F8 键　　B．用鼠标单击该段

C．鼠标双击该段文本选择区　　D．鼠标三击该段

10．在 Word 中，不能输入汉字，只能输入英文字母，可能是（　　）。

A．没有进入汉字输入状态　　B．Ctrl 键被按下

C．Alt 键被按下　　D．大写键被锁定

11．以下关于 Word 的叙述正确的是（　　）。

A．Word 不能编辑纯文本文件　　B．支持 RTF 文件格式

C．Word 文件的默认扩展名为.doc　　D．能够编辑任何格式的文件

12．下面关于页眉和页脚的叙述中正确的是（　　）。

A．一般情况下，页眉和页脚适用于整个文档

B．奇数页和偶数页可以有不同的页眉和页脚

C．在页眉和页脚中可以设置页码

D．一次可以为整个文档设置不同的页眉和页脚

13．下列有关“主控文档”的说法正确的是（　　）。

A．使用“主控文档”可以有效地对长文档进行组织和维护

B．创建“子文档”必须在“主控文档视图中”

C．使用“主控文档”不必一一打开即可打印多篇“子文档”

D．创建后的子文档不能再被拆分

14．欲删除刚输入的汉字“我”字，正确的操作是（　　）。

A．选择菜单“编辑”→“撤销”命令　　B．按 Ctrl+Z 组合键

C．单击工具栏中的“撤销”按钮　　D．按 Delete 键

15．以下关于表格自动套用格式的说法中，错误的是（　　）。

A．应用自动套用格式后，表格不能再进行任何格式修改

B．在对旧表进行自动套用格式时，只需要把插入点放在表格里，不需要选定表

C．在对旧表进行自动套用格式时，必须选定整张表

D．应用自动套用格式后，表格列宽不能再改变

16．当菜单命令失效时，与之对应的（　　）也将不起作用。

A．菜单控制按钮　　B．菜单命令快捷键

C．工具栏中的工具按钮　　D．窗口控制按钮

17．Word 具有很强的文档保护功能，可以做到（　　）。

A．为文档设置口令，并在用户忘记口令时可用一个万能的口令打开文档

B．为文档设置口令，并在用户忘记口令时不能打开文档

C．为文档设置打开权限口令，如果使用者不知道口令，则无法打开次文档

D．为文档设置口令，且口令长短可以任意

18．激活 Word“文件”菜单的正确操作为（　　）。

A．按 Alt+Space 组合键

B．按 Alt+F 组合键

C．按 Alt 键，再将鼠标指针移至“文件”菜单处

D．单击“文件”菜单

19．下列关于 Word 视图的说法中，错误的是（ ）。

A．在普通视图和大纲视图状态下是不能显示页眉和页脚的，只有在页面视图和打印预览视图状态下才能显示页眉和页脚

B．在普通视图和大纲视图状态下是可以显示页眉和页脚的，只有在页面视图和打印预览视图状态下才不能显示页眉和页脚

C．在普通视图和大纲视图状态下是不能显示页眉和页脚的，在页面视图和打印预览视图状态下也不能显示页眉和页脚

D．在普通视图和大纲视图状态下是可以显示页眉和页脚的，在页面视图和打印预览视图状态下也可以显示页眉和页脚

20．下列关于表格的叙述中正确的是（ ）。

A．可以用 Shift+→组合键选中某一单元格

B．可以用 Shift+Tab 组合键选中某一单元格

C．可以用 Shift+End 组合键选中某一单元格

D．可以用 Shift+Enter 组合键选中某一单元格

21．下列关于单元格的行高和列宽的叙述中，（ ）是正确的。

A．可以利用标尺修改行高或列宽　　B．可以利用命令修改行高或列宽

C．利用标尺不能改变行高　　D．按 Enter 键可以改变行高

22．下列叙述中正确的是（ ）。

A．可以将单元格中的文字改为“黑底白字”

B．不可以将单元格中的文字改为“黑底白字”

C．可以用 Delete 键删除表格中的颜色

D．不可以用 Delete 键删除表格中的颜色

23．欲将表格内部格子线改为粗线，可以使用（ ）。

A．菜单“格式”→“边框和底纹”命令

B．“表格和边框”工具栏中的相应按钮

C．菜单“表格”→“虚框”命令

D．“编辑”菜单中的相应命令

24．下列关于表格的合并操作中，正确的是（ ）。

A．将另一个表格剪切并粘贴到另一个表格的下一行空白处

B．删除两个表格之间的所有字符

C．用“表格”菜单中的命令进行合并

D．用“格式”菜单中的命令进行合并

25．下列关于单元格的拆分与合并操作中不正确的是（ ）。

A．可以将同一行连续的若干个单元格合并为一个单元格

B．可以将表格左右拆分成两个表格

C．可以将某一个单元格拆分为若干个单元格，这些单元格均在同一列

D．可将整个表格一次拆分成 3 个表格

26．若要对多个文档的注释按顺序逐个编号，应该采取的操作是（　　）。

A．在“脚注和尾注”对话框中设置“编号方式”为“自动编号”

B．在“注释选项”对话框中设置“编号方式”为“连续”

C．在“注释选项”对话框中设置给每个文档一个相应的起始编号

D．在“注释选项”对话框中单击“转换”按钮

27．在修改图形的大小时，若想保持其长宽比例不变，应该进行的操作是（　　）。

A．用鼠标拖动四角上的控制点

B．按住 Shift 键的同时用鼠标拖动四角上的控制点

C．按住 Ctrl 键的同时用鼠标拖动四角上的控制点

D．在“设置图片格式”中锁定纵横比

28．调节页边距有（　　）方法。

A．调整左右缩进　　　　B．调整标尺

C．用“页面设置”对话框　　　　D．用“段落”对话框

29．选定整个文档的正确方法有（　　）。

A．按 Ctrl+A 组合键　　　　B．双击鼠标左键

C．在选择区三击鼠标左键　　　　D．选择菜单“编辑”→“全选”命令

30．选择菜单“文件”→“打开”命令后，有（　　）方式可以打开指定的文件。

A．双击指定文件

B．单击指定文件

C．单击指定文件，再单击“打开”按钮

D．用鼠标右键单击指定文件，在弹出的快捷菜单中选择“打开”命令

31．调整段落的左缩进可采取的方法有（　　）。

A．用标尺调整

B．用“段落”对话框的“缩进与间距”选项卡调整

C．通过制表位调整

D．用 Tab 键调整

32．要对一张表格中的一行进行合计统计，下列操作可以实现的有（　　）。

A．选择菜单“表格”→“公式”命令　　B．用工具栏上的“自动求和”命令

C．直接在单元格内输入求和公式　　D．无法实现

33．以下关于 Word 修订的说法正确的是（　　）。

A．在 Word 中可以突出显示修订

B．不同修订者的修订会用不同颜色显示

C．所有修订都用同一种比较鲜明的颜色显示

D．在 Word 中可以针对某一修订进行接受或拒绝修订

34．尾注可位于（　　）。

A．页面底端　　　　B．文字下方

C．文档结尾　　　　D．节的结尾

35．下列（ ）可以打印文档。

A．按 Alt+P 组合键　B．按 Ctrl+P 组合键

C．选择菜单“文件”→“打印”命令　D．单击工具栏上的“打印”图标

36．文档中有多个图形，若要同时选择它们，应该进行（ ）操作。

A．单击“选择对象”按钮，然后将所有要选择的对象都包围到虚框中

B．单击每一个对象，同时按住 Ctrl 键

C．单击每一个对象，同时按住 Shift 键

D．单击每一个对象，同时按住 Alt 键

37．给文档分页可以通过（ ）。

A．自动分页　B．按 Ctrl+Enter 组合键

C．按 Shift+Enter 组合键　D．选择菜单“插入”→“分隔符”命令

38．Word 通过（ ）创建宏。

A．WordBasic　B．“宏”对话框

C．“录制宏”对话框　D．模板管理器

39．关于样式管理器，（ ）是正确的。

A．样式管理器可以创建样式　B．样式管理器可以修改样式

C．样式管理器可以删除样式　D．样式管理器可以复制样式

40．以下可以在 Word 文档中加上页码的是（ ）。

A．用菜单“文件”→“页面设置”命令

B．用菜单“插入”→“页码”命令

C．用菜单“工具”→“页码”命令

D．在菜单“视图”→“页眉和页脚”命令中插入

41．删除一个图片的正确操作方法有（ ）。

A．无须选定图片，直接按 Delete 键

B．选定图片并在出现选择柄时按 Delete 键

C．选定图片并在出现选择柄时选择菜单“编辑”→“清除”命令

D．选定图片，把鼠标指针放在图片上并单击鼠标右键，再在弹出的快捷菜单中选择“删除”命令

42．要对一张表格中的一行进行合计统计，下列操作可以实现的有（ ）。

A．选择菜单“表格”→“公式”命令　B．用工具栏上的“自动求和”命令

C．直接在单元格内输入求和公式　D．无法实现

43．样式中包括（ ）格式信息。

A．字体　B．段落缩进

C．对齐方式　D．底纹背景色

44．边框应用的范围为（ ）。

A．某行　B．某段

C．表格　D．页面

45．下列有关页面显示的说法正确的有（　　）。

A．Word 2000 有“Web 版式”视图

B．在页面视图中可以拖动标尺改变页边距

C．多页显示只能在打印预览状态中实现

D．在打印预览状态仍然能进行插入表格等编辑工作

46．可以自动生成的目录有（　　）。

A．题注目录　　B．脚注目录

C．尾注目录　　D．引文目录

47．在 Word 文档中可以复制和粘贴的内容是（　　）。

A．图片　　B．超链接

C．图文框　　D．选定的文本

48．在 Word 文档中选定一个段落，可通过（　　）。

A．按 Ctrl+A 组合键

B．在该段落中三击鼠标左键

C．在该段落左侧的选定栏双击鼠标左键

D．按住鼠标左键，自段落起始位置拖动到终止位置

49．Word 的“工具”菜单中包括以下（　　）命令。

A．“宏”　　B．“自动更正”

C．“字数统计”　　D．“邮件合并”

50．在保存 Word 文档时，可以保存为（　　）格式。

A．纯文本　　B．Web 页

C．Windows 的写字板文档　　D．WordPerfect 文档

51．能调出“自动更正”对话框的命令有（　　）。

A．菜单“插入”→“自动图文集”命令

B．菜单“工具”→“字数统计”命令

C．菜单“工具”→“自动更正”命令

D．菜单“工具”→“自动编写与摘要”命令

52．在 Word 2003 中删除表格，下列说法正确的是（　　）。

A．可以删除表格中的某行

B．可以删除表格中的某列

C．可以利用工具栏上的图标删除单元格

D．利用“表格”菜单命令不能删除一整行

53．在 Word 中可以给段落加（　　）。

A．控点　　B．编号

C．多级符号　　D．项目符号

54．定位命令可定位于（　　）。

A．节　　B．域

C．图形　　D．批注

55. 下列选项中，属于 Word“视图”菜单中的视图方式有（ ）。
A. 普通　　B. 页面
C. 大纲　　D. 插入

56. 在 Word 中，保存文件的方法有（ ）。
A. 按 Ctrl+S 组合键　　B. 选择菜单“文件”→“另存为”命令
C. 按 F2 键　　D. 单击“保存”按钮

57. 以下关于 Word 中快捷键的叙述正确的是（ ）。
A. Ctrl+C 为复制键　　B. Ctrl+V 为粘贴键
C. Ctrl+X 为剪切键　　D. Ctrl+A 为全选键

58. 下列关于 Word 的叙述正确的是（ ）。
A. Word 具有自动存盘功能，每隔一定时间自动存盘一次
B. Word 可以进行拼写检查
C. Word 可以进行语法检查
D. 由于 Word 具有自动存盘功能，因此被编辑的文件可以不存盘

59. 对于选定的文本块，可以进行（ ）操作。
A. 加下画线　　B. 加边框
C. 加底纹　　D. 设置颜色

60. 下列（ ）功能是 Word 能完成的。
A. 自动改正所有的英文拼写错误和语法错误
B. 自动插入页码
C. 项目自动编号
D. 插入页眉

61. 下列选项中，（ ）属于 Word 菜单栏中的内容。
A. 编辑　　B. 视图
C. 工具　　D. 表格

62. 以下关于 Word 的叙述正确的是（ ）。
A. 可以定义自动存盘时间
B. 在拼写检查时，不能使用用户自己的词典
C. 可进入全屏幕显示状态，在此状态下没有菜单栏和工具栏
D. 工具栏可以自己定制

63. 以下关于 Word 模板叙述正确的是（ ）。
A. 允许建立自定义的模板
B. 修改 NORMAL.dot 文件的版面格式，将影响以后所有基于 NORMAL 模板的文件
C. 任何普通的 Word 文档都是建立在一定的模板基础之上的
D. 模板文件的扩展名通常为.dot

四、判断正误题（正确填 A，错误填 B）

1. 在 Word 中移动、复制文本时需先选择文本。（ ）

2．按 Enter 键可增加段落间的距离。（　）
3．在 Word 中，艺术字可作为查找对象。（　）
4．在 Word 中利用“公式编辑器”输入数学公式时，所有符号必须通过公式工具栏输入。（　）
5．在 Word 中，为防止掉电丢失新输入的文本内容，应经常执行“另存为”命令。（　）
6．通配符“？”只能代替一个字符。（　）
7．通配符“*”可代替任意一个字符。（　）
8．执行“保存”命令不关闭文档窗口。（　）
9．在 Word 中，选择菜单“工具”→“自定义”命令，可显示/隐藏工具栏。（　）
10．选择矩形文本区域，可按 Shift+F8 组合键切换。（　）
11．按 Enter 键后，将上一个段落的格式带到下一个段落。（　）
12．按 Delete 键只能删除插入点右边的字符。（　）
13．选择菜单“格式”→“制表位”命令，打开“制表位”对话框，可设置、消除制表位。（　）
14．在文档内移动文本，一定要经过剪贴板。（　）
15．在页面视图中可通过拖动栏调节标志调整栏宽。（　）
16．执行查找和替换时，可删除文档中的字符串。（　）
17．当没有在标尺上设置特殊制表时，可按 Tab 键插入点定位于下一个默认制表位。（　）
18．在普通视图中可显示首字下沉效果。（　）
19．选择固定行距的文本后，增大字号时文本内容不会全部显示。（　）
20．当清除由选择菜单“视图”→“显示段落标记”命令显示的结果时，单击“显示/隐藏”按钮，可显示/隐藏段落标记。（　）
21．全字匹配查找时，一定区分全/半角。（　）
22．只能在页面视图下为文本加框。（　）
23．对于利用字符边框为文本添加的边框，可删除部分文本的边框。（　）
24．单击“绘图”工具栏中的“插入艺术字”按钮，也可以插入艺术字。（　）
25．用键盘直接输入的时间，如 8 点 20 分 30 秒，能自动更新。（　）
26．对于插入的图片，只能是图在上、文在下，或文在上、图在下，不能产生环绕效果。（　）
27．Word 中采用了“磅”和“号”两种表示文字大小的单位。（　）
28．在 Word 环境下，编辑区的顶部总是显示着标尺，只有在全屏幕显示方式下才可以关闭标尺。（　）
29．Word 只能编辑文档，不能编辑图形。（　）
30．Word 提供的自动更正功能是用来更正用户输入时产生的语法类病句的。（　）
31．创建的模板文件名必须以.dot 为扩展名。（　）
32．Word 的自动更正功能可以由用户进行扩充。（　）

33．在“自动更正”对话框中，只要在“输入”文本框中输入需要更正的词条名，就可以自动更正。（ ）

34．在“打开”对话框中，打开文件的默认扩展名是.doc。（ ）

35．NORMAL 模板是适用于任何类型文档的通用模板。（ ）

36．在字号中，磅值越大，表示的字越小。（ ）

37．在“工具栏”对话框中，如果看到“常用”和“格式”前面的方框中没有√标记，则说明这两组工具栏没有显示在屏幕上。（ ）

38．单击菜单中带有省略号的命令会弹出一个对话框。（ ）

39．使用“插入”菜单中的“符号”命令，可以插入特殊字符和符号。（ ）

40．在 Word 中，要调整显示比例，可以单击“放大镜”按钮。（ ）

41．在 Word 环境下，如果想将一部分文字字体设为“隶书”，可执行下述操作：

① 选择要设置字体的文字。

② 在“字体”下拉列表框中选中“隶书”。（ ）

42．在 Word 中，如果想使打印文件的大小改变，则应该进行页面设置。（ ）

43．在 Word 环境下，移动或删除一个注解时，Word 会自动重新编号其余的注解。（ ）

44．在 Word 中，段落格式与样式是同一个概念的两种说法。（ ）

45．在 Word 的默认环境下，编辑的文档每 10 分钟就自动保存一次。（ ）

46．必须使用鼠标才能使用 Word 的菜单栏。（ ）

47．在 Word 环境下，不能输入表格。（ ）

48．在 Word 中，被删除了的文字无法恢复，只能重新输入。（ ）

49．普通视图模式是 Word 文档的默认查看视图模式。（ ）

50．在 Word 中进行打印预览时，只能一页一页地看。（ ）

51．在 Word 环境下，文档中的字间距是固定的。（ ）

52．在 Word 环境下，用户只能通过使用鼠标调整段落的缩进。（ ）

53．在 Word 环境下，制表符提供使文字缩排和垂直对齐的一种方法。用户按一下 Space 键就在文档中插入一个制表符。（ ）

54．Word 提供了 4 个对齐按钮和 4 种制表位，它们的作用是相同的。（ ）

55．在 Word 中，段落缩进通常有两种方式。（ ）

56．在 Word 环境下，可对文件进行有选择的打印。（ ）

57．在 Word 中，可以用菜单建立表格。首先将插入点置于指定位置，然后选择菜单“表格”→“插入表格”命令，将显示“插入表格”对话框，默认时建立一个 2 行 5 列的表格。（ ）

58．文本框能使页面上的文字环绕在其周围。（ ）

59．在 Word 中，段落对齐的默认设置为左对齐。（ ）

60．在 Word 中，任何时候对所编辑的文档存盘，Word 都会显示“另存为”对话框。（ ）

61．在 Word 中，添加项目符号和编号后，如果增加、移动或删除段落，Word 会自动更

新或调整编号。（　　）

62．主文档实际上是包含在每一份合并结果中的那些相同的文本内容。（　　）

63．在 Word 中，文档的脚注就是页脚。（　　）

64．在 Word 中，要给文档增加页号应该选择菜单“插入”→“页码”命令。（　　）

65．Word 菜单栏中只有 5 个菜单选项，如“文件”、“格式”等。（　　）

66．在 Word 中，一共有 5 种制表位，它们是：

① 左对齐　② 右对齐

③ 居中对齐　④ 竖线对齐

⑤ 小数点对齐（　　）

67．在 Word 中，要建立一个模板，可以单击“常用”工具栏中的“新建”按钮。（　　）

68．Word 可以将声音等其他信息插入到文本中，使文章真正做到有“声”有“色”。（　　）

训练 5

Excel 电子表格

一、填空题

1. 系统默认一个工作簿包含__________个工作表，一个工作簿内最多可以有__________个工作表。

2. __________是用来存储数据及进行数据处理的一个表格，它是工作簿的一部分，也称为电子表格。

3. 在 Excel 中，每个存储单元有一个地址，由__________与__________组成，如 A2。

4. 在 Excel 中，视图方式有__________种。

5. Excel 默认的单元格列宽为__________字符。

6. 在 Excel 中，求 A1 至 A5 单元格中的最小值，可应用函数__________。

7. 在 Excel 中，如果 A2:A6 单元格区域中分别为 10、15、4、11、9，则 AVERAGE(A2:A6,5)= __________。

8. 一般，在 Excel 中紧接着“格式”工具栏的是__________栏。

9. Excel 默认的扩展名是__________。

10. 在 Excel 中要输入公式时，需先输入__________。

11. Excel 中可用__________+__________组合键撤销误操作（如有英文请写大写字母）。

12. 在 Excel 中，其视图方式分为__________视图和普通视图。

13. 2&334 的运算结果为__________。

14. 在 Excel 中删除一个单元格，可以是一个单元格，也可以是一行或__________。

15. 在 Excel 中，单元格的引用有相对引用、绝对引用和混合引用，对单元格 A4 的绝对引用是__________。

16. 保存 Excel 工作簿的快捷键是__________+__________（如有英文请写大写字母）。

17. 在 Excel 中，要改变文本的颜色，应当先选择想要改变颜色的单元格或区域，然后单击“格式”工具栏中的__________按钮。

18．在 Excel 中，给工作表加上背景，需使用“格式”菜单中的__________命令子菜单中的“背景”命令。

19．在 Excel 中，SUM("2"，2，TRUE)=__________。

20．在 Excel 中，邮件合并分为__________步。

21．在 Excel 中，单元格的引用有绝对引用、__________、相对引用，如 B2 属于__________。

22．在 Excel 中，单元格中如果输入公式必须以__________开头。

23．在 Excel 中，粘贴单元格数据的快捷键是 Ctrl+__________。

24．在 Excel 中，复制单元格数据的快捷键是 Ctrl+__________。

25．启动 Excel 以后，Book1 默认的工作表数为__________个。

26．在 Excel 中，若 B1 单元格为文本数据，B2 单元格为逻辑值 TRUE，则 SUM(B1,B2,2) = __________。

27．在 Excel 中，若 COUNT(E1:E6)=2，则 COUNT(E1:E6,3)=__________。

28．在 Excel 中，要改变“文件”菜单中列出的文件个数，使用“工具”菜单中的__________命令进行设置。

29．在 Excel 中，数字数据作为文本数据输入，则需在数字前加__________。

30．在 Excel 中，新建 Excel 工作簿的快捷键是 Ctrl+__________。

31．在 Excel 中，打开 Excel 工作簿的快捷键是__________+O。

32．在 Excel 的操作过程中，可以按__________键得到当前操作的帮助信息（如有英文请写大写字母）。

33．在 Excel 中，在自动情况下，数值数据靠__________对齐，日期和时间数据靠__________对齐，文本数据靠__________对齐。

34．Microsoft 公司推出的办公自动化套装软件包括 Access、__________、PowerPoint（如有英文请写大写字母）。

35．在 Excel 中，__________是一个临时存储区。其中的数据可用“编辑”菜单中的“粘贴”命令放入工作表中。

36．在 Excel 中，fx 按钮是__________工具，单击它可以获得全部或部分函数的列表。

37．在 Excel 中，A1:A3 单元格分别为 2，3，4，则公式 SUM(A1:A3,4)的值为__________。

38．在工作簿（窗口）左边一列的 1、2、3 等阿拉伯数学，表示工作表的__________；工作簿窗口（顶行）的 A、B、C 等字母，表示工作表的__________。

39．活动单元格是__________的单元格，活动单元格带粗黑边框。

40．单击工作表左上角的__________，则整个工作表被选中。

41．选中一个单元格后，在该单元格的右下角有一个黑色小方块，就是__________。

42．在 Excel 中，公式被复制后，公式中参数的地址发生相应的变化，叫__________。

43．公式被复制后，参数的地址不发生变化，叫__________。

44．相对地址与绝对地址混合使用，称为__________。

45．在 Excel 中，一个工作表允许的最大行号为__________。

46．在 Excel 中，若想在一个单元格输入两行内容，可使用__________对话框中的“自动换行”选项。

47．在 Excel 中，选择要编辑的单元格或单元格区域后，要添加不连续的单元格或单元格区域，应按住__________键单击或拖动鼠标。

48．在 Excel 中，若想使单元格数据纵向放置，可使用__________菜单中的“单元格”命令进行设置。

49．工作表的基本单位是__________。

50．若想加粗表格外框线，可使用__________对话框中的“边框”选项卡进行设置。

51．在 Excel 中，若想在不同工作簿中复制工作表，可使用__________菜单中的“移动或复制工作表”命令来实现。

52．在 Excel 中，工具栏的显示或取消，应使用__________菜单。

53．在 Excel 中，若想移动单元格数据，可使用鼠标的__________操作。

54．在 Excel 中，若想改变单元格的大小，可使用__________菜单进行调整。

55．Excel 2003 提供的筛选命令，包括自动筛选和__________筛选。

56．在 Excel 中，公式 SUM(A3:A8)/6 等效于__________。

57．使用工作簿窗口下方的工作表队列，选择当前工作表，按__________键可选择上一个工作表为当前工作表。

58．在 Excel 中，若同时选取多个连续的工作表，则按住__________键单击要选取的表名。

59．在 Excel 中，除直接在单元格中编辑内容外，也可使用__________编辑。

60．在 Excel 中，要改变“文件”菜单中列出的文件个数，使用“工具”菜单中的__________命令进行设置。

61．在 Excel 中，在选定的区域内，右移一个单元格，应按__________键。

62．在 Excel 中选取多个单元格的方法是，选定一个单元格区域，按住__________键的同时选其他单元格。

63．在 Excel 中可以改变单元格的高度和__________。

64．.txt 是记事本文档的默认扩展名，__________是 Excel 文档的默认扩展名。

65．在 Excel 中制作数据图表的步骤为，确定图表类型，选择数据源，确定图表选项，确定__________。

66．要启动 Excel，可单击“开始”按钮，从中选择__________选项，再从其子菜单中单击 Microsoft Excel 快捷方式。

二、单项选择题

1．Excel 2003 工作簿的工作表数量（　　）。

A．1 个　　B．128 个

C．3 个　　D．1～255 个

2．在 Excel 中，输入当天的日期可按快捷键（　　）。

A．Shift+;　　B．Ctrl+;

C．Shift+:　　D．Ctrl+Shift

3．在“页面设置”对话框中，单击“页边距”标签后显示的选项卡中，有（　　）个框给出工作表与纸边的距离。

A．2　　B．3　　C．4　　D．5

4．绝对地址前应使用的符号是（　　）。

A．$　　B．#　　C．&　　D．*

5．Excel 工作簿文件的扩展名默认为（　　）。

A．.doc　　B．.txt

C．.xlt　　D．.xls

6．在 Excel 中，要将当前活动单元格移动到单元格 A1，可按快捷键（　　）。

A．Home+Shift　　B．Home

C．PageUp　　D．Ctrl+Home

7．在 Excel 中，默认的图表类型是（　　）。

A．柱形　　B．饼

C．折线　　D．条形

8．在 Excel 单元格中，默认的数值型数据的对齐方式是（　　）。

A．靠右对齐　　B．靠左对齐

C．居中对齐　　D．向上对齐

9．Excel 菜单命令旁边的“...”表示（　　）。

A．选择该命令不会执行　　B．该命令当前不能执行

C．执行该命令会打开一个对话框　　D．该菜单下还有子菜单

10．一个 Excel 工作表所包含的行和列组成的单元格个数为（　　）。

A．16 385×256　　B．16 384×256

C．65 536×256　　D．32 768×256

11．Excel 中的行号以（　　）排列。

A．汉语拼音　　B．英文字母序列

C．任意字符　　D．阿拉伯数字

12．Excel 的文件是（　　）。

A．工作表　　B．单元格

C．文档　　D．工作簿

13．中文 Excel 的一个单元格允许输入的最多字符为（　　）。

A．32 000　　B．256

C．12 500　　D．255

14．在 Excel 的“打印内容”对话框的“打印内容”选项组中有（　　）个单选按钮供用户选用。

A．2　　B．3　　C．4　　D．5

15．以下叙述的功能，（　　）不是 Excel 具有的。

A．幻灯片制作　　B．表格制作与编辑

C．图表建立　　D．数据分析

16. 在打开 Excel 的下拉菜单时，若使用键盘选择命令，在输入命令后的字母时需要配合的快捷键是（ ）。

A. Alt B. Ctrl
C. Shift D. 不需配合

17. 在 Excel 中，使用键盘打开“文件”菜单的快捷键是（ ）。

A. Ctrl+F B. Shift+F
C. Alt+F D. F

18. 在 Excel 中，当鼠标通过工作表的工作区时，鼠标指针为（ ）。

A. I 形 B. 空心箭头形
C. 空心“+”字形 D. 四箭头形

19. 在 Excel 中，选中多个连续的单元格的方法是用快捷键（ ）配合鼠标操作。

A. Shift B. Alt
C. Ctrl D. Del

20. 在 Excel 中，当工作表区域较大时，可利用（ ）命令将窗口分为两个窗口，以帮助浏览编辑。

A. 菜单“窗口”→“新建窗口” B. 菜单“窗口”→“重排窗口”
C. 菜单“窗口”→“拆分窗口” D. 菜单“文件”→“打开”

21. 在 Excel 2003 的数据操作中，计算求和的函数是（ ）。

A. COUNT B. TOTAL
C. SUM D. AVERAGE

22. 下列关于 Excel 2003 工具栏的叙述，不正确的是（ ）。

A. 不可以移动 B. 可以移动
C. 可以显示 D. 可以取消显示

23. 在 Excel 2003 中，不可设置表格边框线的（ ）。

A. 颜色 B. 虚实线形
C. 曲线线形 D. 粗细

24. 在 Excel 2003 中，对 SUM 函数不正确的说法是（ ）。

A. 可对列信息求和
B. 可对多个矩形区域的所有单元格数据求和
C. 不可对多个矩形区域的所有单元格数据求和
D. 可对行信息求和

25. 在 Excel 的选定区域内，若使当前单元格向下移动一个，则应（ ）。

A. 单击下一个单元格 B. 按 Tab 键
C. 按 Enter 键 D. 按↓键

26. 第一次保存工作簿，将出现（ ）对话框。

A.“保存为” B.“另存为”
C.“全部保存” D.“保存”

27. 在 Excel 的工作表中，活动单元格是指（ ）。

A．一列单元格　　B．一行单元格

C．被选单元格　　D．一个单元格

28．中文 Excel 的“常用”工具栏中的按钮，表示（　　）。

A．帮助　　B．打印

C．保存　　D．操作向导

29．以下图标中，表示“粘贴函数”的是（　　）按钮。

A．　　B．

C．　　D．

30．（　　）不是 Excel 的函数。

A．逻辑函数　　B．文本函数

C．作图函数　　D．数学和三角函数

31．一个 Excel 工作表最多可以包含（　　）列。

A．300　　B．256

C．150　　D．250

32．在 Excel 中，工作表数据输入的技巧性很强，下面的方法中正确的是（　　）。

A．对于数字序列，应用鼠标右键拖动输入

B．对于日期和时间，只能老老实实地按要求输入

C．对于连续相同的数据，可直接拖动复制

D．只能使用给定序列进行快速输入

33．在 Excel 工作表中，B1、B8 单元格的数值都为 1，B9 单元格的数值为 0，B10 单元格的数据为 Excel，则函数 AVERAGE(B1:B10)的结果是（　　）。

A．1　　B．8/9

C．0.8　　D．ERR

34．若选定工作表为 Sheet1、Sheet2 和 Sheet3，当在 Sheet3 表的 E2 单元格内输入 33 时，则（　　）。

A．Sheet1 工作表的 E2 单元格为 33，Sheet2 工作表的 E2 单元格内容为空

B．Sheet1、Sheet2 工作表的 E2 单元格为空

C．Sheet1、Sheet2 工作表的 E2 单元格均为 33

D．Sheet1 工作表的 E2 单元格为空，Sheet2 工作表的 E2 单元格为 33

35．Excel 中，公式 SUM(A2:A5)的功能是（　　）。

A．求 A2 和 A5 这两个单元格数据之和

B．求 A2 和 A5 这两个单元格数据的平均值

C．求 A2 到 A5 这 4 个单元格数据之和

D．以上说法都不正确

36．当用户的数据太长，单元格存放不下时，那么（　　）。

A．数据将跨列显示　　B．单元格显示“ERROR”

C．单元格显示“#######”　　D．改变列宽，以完整显示数据

37．在 Excel 中，字符型数据的默认显示方式是（　　）。

A．居中对齐 B．左对齐
C．右对齐 D．两端对齐

38．Excel 能实现（ ）。
A．跨列置中 B．跨列置边
C．跨行置中 D．跨行置边

39．在 Excel 中，如果删除了公式中使用的单元格，则该单元格显示（ ）。
A．### B．?
C．#REF! D．以上都不对

40．在对 Excel 工作表和图表进行打印时，错误的做法是在“文件”菜单中选择（ ）。
A．“保存”命令，再设置打印 B．“页面设置”命令，再设置打印
C．“打印”命令 D．“打印预览”命令，再设置打印

41．以下单元格引用中，属于绝对引用的是（ ）。
A．B$5 B．$B5
C．$C5 D．$B$5

42．下列（ ）对话框可以控制用于选择图表的边线的类型。
A．图案 B．文本
C．格式 D．以上都不对

43．下列不是微软公司办公自动化套装软件的是（ ）。
A．Word B．Excel
C．PowerPoint D．WPS 2000

44．在 Excel 中，要将光标定位在活动单元格内，可按快捷键（ ）。
A．F1 B．F2
C．F3 D．F4

45．在 Excel 中，进行公式复制时发生改变的是（ ）。
A．相对地址中的地址偏移量 B．相对地址中所引用的单元格
C．绝对地址中的地址表达 D．相对地址中所引用的单元格

46．在 Excel 工作表中，要选取不连续的区域，首先应按下快捷键（ ）。
A．Shift B．Alt
C．Ctrl D．Delete

47．在 Excel 中，若要显示公式，可选择（ ）菜单中的“选项”命令，显示对话框后，单击“视图”标签，选择“窗口选项”选项组中的“公式”复选框，单击“确定”按钮即可。
A．“插入” B．“编辑”
C．“数据” D．“工具”

48．要激活 Excel 的菜单命令，以下说法正确的是（ ）。
A．只能用鼠标操作 B．只能用键盘操作
C．其中一部分可以用键盘操作 D．都可以用键盘操作

49．在 Excel 中，复制选定单元格的数据时，需要按住快捷键（ ），并拖动鼠标。

A．Alt　　B．Shift

C．Ctrl　　D．Esc

50．在 Excel 中，Sheet1、Sheet2、Sheet3……是（　　）。

A．菜单　　B．单元格名称

C．工作表标签　　D．工作簿名称

51．在 Excel 中，若需要选取若干个不连续的单元格，可以按住快捷键（　　），再依次选择每一个单元格。

A．Shift　　B．Alt

C．Ctrl　　D．Esc

52．要在 Excel 中改变列宽，可选择（　　）菜单中的“列”命令，弹出一个子菜单，从中选择“列宽”命令，打开“列宽”对话框，只需在“列宽”文本框中输入一个数值就可以了。

A．“插入”　　B．“编辑”

C．“格式”　　D．“工具”

53．在 Excel 中建立自定义序列，可以使用（　　）命令来建立。

A．菜单“插入”→“选项”

B．菜单“工具”→“选项”

C．菜单“编辑”→“选项”

D．菜单“格式”→“选项”

54．在 Excel 中，下列叙述不正确的是（　　）。

A．输入的字符不能超过单元格宽度

B．每个工作簿可以由多个工作表组成

C．每个工作表由 256 列 65 536 行组成

D．单元格输入的内容可以是文字、数字、公式

55．Excel“格式”工具栏中的按钮表示（　　）。

A．货币样式　　B．合并及居中

C．居中对齐　　D．边框

56．在 Excel 公式运算中，若引用第 4 行的绝对地址和第 A 列的相对地址，则应为（　　）。

A．$4A　　B．A$4

C．$A$4　　D．$A4

57．下面（　　）是绝对地址。

A．$A$4　　B．$A4

C．A$4　　D．以上都不是

58．以下按钮中，（　　）是“自动求和”按钮。

A．f_x　　B．Σ

C．A↓Z　　D．Z↓A

59．在 Excel 中，用“图表向导”建立嵌入图表，需要经过（　　）个步骤。

A．2　　B．3　　C．4　　D．5

60．在 Excel 中，如果 A1:A5 单元格的值依次为 10、15、20、25、30，那么 COUNTIF(A1:A5,">10")等于（　　）。

A．1　　B．2　　C．3　　D．4

61．在 Excel 中，若 A1 单元格为“4”，B1 单元格为 TRUE，则公式 SUM(A1,B1,3)等于（　　）。

A．1　　B．2　　C．3　　D．8

62．在 Excel 中，如果 A1:A4 单元格的值依次为 10、20、30、FALSE，而 A5 单元格为空白单元格，则 COUNT(A1:A5)等于（　　）。

A．1　　B．2　　C．3　　D．4

63．启动 Excel 是在启动（　　）基础上进行的。

A．WPS　　B．Windows

C．UCDOS　　D．DOS

64．Excel 的文本数据包括（　　）。

A．汉字、短语和空格　　B．数字

C．其他可输入字符　　D．以上全部

65．在 Excel 中，输入当天的日期可按快捷键（　　）。

A．Shift+;　　B．Ctrl+;

C．Shift+:　　D．Ctrl+Shift

66．在 Excel 中，输入当前时间可按快捷键（　　）。

A．Shift+;　　B．Ctrl+;

C．Ctrl+Shift+;　　D．Ctrl+Shift+:

67．默认情况下，Excel 新建工作簿的工作表数为（　　）。

A．3 个　　B．2 个

C．60 个　　D．256 个

68．在 Excel 中，公式 SUM("3",2,TRUE)等于（　　）。

A．6　　B．2　　C．3　　D．4

69．在 Excel 中，工作表的拆分分为（　　）。

A．水平拆分和垂直拆分

B．水平拆分和垂直拆分、水平和垂直同时拆分

C．水平、垂直同时拆分

D．以上均不是

70．在 Excel 中，工作表窗口的冻结包括（　　）。

A．水平、垂直同时冻结　　B．水平冻结

C．垂直冻结　　D．以上全部

71．在 Excel 2003 中，创建公式的操作步骤是（　　）。

① 在编辑栏中输入“=”　　③ 按 Enter 键

② 输入公式　　④ 选择需要建立公式的单元格

A．④①③②　　B．④①②③

C. ①②③④　　D. ④③①②

72. 在 Excel 中，单元格地址绝对引用的方法是（　　）。

A. 在构成单元格地址的字母和数字之间加“$”

B. 在单元格地址前加“$”

C. 在构成单元格地址的字母和数字前分别加“$”

D. 在单元格地址后加“$”

73. 在 Excel 中，一个完整的函数包括（　　）。

A. =和变量　　B. =和函数名

C. 函数名和变量　　D. =、函数名和变量

74. Excel 的数据类型包括（　　）。

A. 逻辑型数据　　B. 数值型数据

C. 字符型数据　　D. 以上全部

75. 要在 Excel 的单元格中输入一个公式，首先应输入（　　）。

A. 等号“=”　　B. 感叹号“!”

C. 分号“;”　　D. 冒号“:”

76. 已知 Excel 工作表中 A1 单元格和 B1 单元格的值分别为“电子科技大学”、“信息中心”，要求在 C1 单元格显示“电子科技大学信息中心”，则在 C1 单元格中应输入的正确公式为（　　）。

A. =A1$B1　　B. =A1+B1

C. =“电子科技大学”+“信息中心”　　D. =A1&B1

77. 在 Excel 中，每张工作表最多可容纳的单元格个数为（　　）。

A. 1 000 个　　B. 256 个

C. 16 777 216 个　　D. 65 536 个

78. 启动 Excel 后，默认情况下的工具栏为（　　）。

A.“格式”工具栏　　B.“常用”工具栏

C.“常用”工具栏和“格式”工具栏　　D. 以上都不是

79. 在 Excel 中，利用填充功能可以自动快速输入（　　）。

A. 文本数据　　B. 数字数据

C. 公式和函数　　D. 具有某种内在规律的数据

80. 一般情况下，Excel 默认的显示格式左对齐的是（　　）。

A. 逻辑型数据　　B. 字符型数据

C. 数值型数据　　D. 不确定

81. 在 Excel 中，修改单元格数据的方法有（　　）。

A. 两种　　B. 3 种

C. 4 种　　D. 5 种

82. 在 Excel 中，已知某单元格的格式为 000.00，值为 23.785，则显示的内容为（　　）。

A. 23.785　　B. 23.78

C．23.79　　D．023.79

83．一般情况下，Excel 默认的显示格式右对齐的是（　　）。

A．数值型数据　　B．逻辑型数据

C．字符型数据　　D．不确定

84．一般情况下，Excel 默认的显示格式居中对齐的是（　　）。

A．数值型数据　　B．字符型数据

C．逻辑型数据　　D．不确定

85．在 Excel 中，（　　）菜单中的命令可以用于打印工作表的多份打印件。

A．“选项”　　B．“文件”

C．“工具”　　D．“编辑”

86．Excel 中的日期第一次为（　　）。

A．当年的 1/1　　B．1/1/1901

C．1/1/1900　　D．以上都不是

87．在 Excel 中，当某一单元格显示一排与单元格等宽的“#”时，（　　）操作不可将其中数据正确显示出来。

A．取消单元格的保护状态　　B．减少单元格的小数位数

C．改变单元格的显示格式　　D．加宽所在列的显示宽度

88．在“单元格格式”对话框中选择“边框”选项卡，在“边框”选项组中共有（　　）种边框供用户选择。

A．2　　B．3　　C．4　　D．8

89．可以激活 Excel 菜单栏的快捷键是（　　）。

A．F1　　B．F2

C．F9　　D．F10

90．中文 Excel 工作表是由（　　）行和 256 列构成的一个表格。

A．16 385　　B．16 384

C．65 536　　D．91 912

91．在 Excel 中，要给图表加标题，首先单击图表的绘图区，然后选择（　　）菜单中的“图表选项”命令，打开“图表选项”对话框的“标题”选项卡，从中输入图表标题。

A．“视图”　　B．“图表”

C．“格式”　　D．“编辑”

92．在 Excel 中，如果要把光标移动到单元格的开始处，可按快捷键（　　）。

A．Ctrl+Home　　B．Ctrl+End

C．Shift+Home　　D．Shift+End

93．在 Excel 中，选中表格中的某一行，然后按 Delete 键，则（　　）。

A．该行被清除，同时下一行的内容上移

B．该行被清除，同时下一行的内容不上移

C．该行被清除，同时该行所设置的格式也被清除

D．以上都不正确

94．在 Excel 中，要想获得 Excel 的联机帮助信息，可以按功能键（　　）。

A．F1　　B．F2

C．F3　　D．F4

95．Excel 是 Microsoft 提供的（　　）。

A．操作系统　　B．表格处理软件

C．文字处理软件　　D．数据库

96．在 Excel 中，以下关于文件的保存说法正确的是（　　）。

A．只能保存为一般文件　　B．不能保存为模板文件

C．可以保存为一般文件或模板文件　　D．可以保存为 Word 文件

97．在 Excel 工作表中，假设 A2=7，B2=6.5，选择 A2:B2 单元格区域，并将鼠标指针放在该区域右下角填充柄上，拖动到 E2 单元格，则 E2 等于（　　）。

A．5　　B．4　　C．7.5　　D．4.5

98．在 Excel 中，公式 SUM(A1:A3)的作用是（　　）。

A．求 A1 和 A3 这两个单元格的和

B．求 A1 和 A3 这两个单元格的比值

C．求 A1 到 A3 这 3 个单元格数值型数据之和

D．不能正确使用

99．在 Excel 中，可以直接按快捷键（　　）来执行“重复”命令。

A．F1　　B．F2

C．F3　　D．F4

100．在 Excel 中，活动单元格地址显示在（　　）内。

A．状态栏　　B．编辑栏

C．公式栏　　D．工具栏

101．在“单元格格式”对话框中，设有“数字”等（　　）个选项卡。

A．4　　B．5　　C．6　　D．7

102．以下函数中，（　　）是文本函数。

A．TOTAL　　B．SUM

C．VALUE　　D．AVERAGE

103．公式 SUM(A1:A4)的作用是（　　）。

A．求 A1、A4 两个单元格的比值　　B．求 A1、A4 两个单元格的和

C．求 A1 到 A4 这 4 个单元格的和　　D．以上都不对

104．在中文 Excel 中，在默认情况下，每一个工作簿文件会打开（　　）个工作表文件，分别以 Sheet1、Sheet2、Sheet3 等来命名。

A．1　　B．2　　C．3　　D．4

105．下列（　　）不属于微软公司的产品。

A．DOS　　B．Word

C．Excel　　D．WPS

106．Excel 中提供了撤销操作，利用该操作能够撤销（　　）操作。

A．最近一次　　B．最近两次
C．最近 3 次　　D．以上都可以

107．以下函数中，（　　）函数可返回当前系统的日期。
A．TODAY　　B．NOW
C．DAY　　D．DATE

108．以下函数中，（　　）函数可返回当前系统的日期和时间。
A．TODAY　　B．NOW
C．DAY　　D．DATE

109．修改 Excel 文档后，将其以同样的名称存放在不同的文件夹中，则操作为（　　）。
A．选择菜单“文件”→“保存”命令
B．选择菜单“文件”→“新建”命令
C．选择菜单“文件”→“另存为”命令
D．以上说法都不对

110．在“单元格格式”对话框的“图案”选项卡中，单击“图案”下拉按钮，则可以看到（　　）种图案的列表和一个调色板。
A．12　　B．13
C．15　　D．18

111．在 Excel 中，单元格的地址是由（　　）来表示的。
A．列标　　B．行标
C．行标和列标　　D．任意确定

112．在 Excel 中，若要对执行的操作进行撤销，则最多可以撤销（　　）次。
A．10　　B．100
C．16　　D．无数

113．函数 ROUND(12.356,2)的结果为（　　）。
A．12.4　　B．12.36
C．12.3　　D．12.37

114．在中文 Excel 中，可用来在工作表中直接定位到一个特定单元格的功能键是（　　）。
A．F1　　B．F2
C．F3　　D．F5

115．在 Excel 中，对于新建的工作簿文件，若还没有进行存盘，会使用（　　）作为临时名称。
A．Book1　　B．Sheet1
C．File1　　D．文档 1

116．在 Excel 中，一次排序的参照关键字最多可以有（　　）个。
A．1　　B．2　　C．3　　D．4

117．在 Excel 公式中，用来进行乘的标识为（　　）。
A．∧　　B．（　）

C．*　　D．×

118．在 Excel 中，工作簿所包含的工作表最多可达（　　）。

A．64　　B．128

C．256　　D．255

119．在 Excel 工作表中，欲使当前单元格右移一个，不正确的操作是（　　）。

A．按→键　　B．按 Tab 键

C．用鼠标左键单击右边的单元格　　D．按 Enter 键

120．在 Excel 的“格式”工具栏中有（　　）个对齐数据的按钮。

A．3　　B．4　　C．5　　D．6

121．以下（　　）可用做函数的参数。

A．数　　B．区域

C．单元　　D．以上都可以

122．如果单元格中的数太大且不能显示，则（　　）符号会显示在单元内。

A．?　　B．*

C．#　　D．ERROR!

123．在 Excel 中，要改变显示在工作表中的图表类型，应在（　　）菜单中选择一个新的图表类型。

A．“格式”　　B．“工具”

C．“图表”　　D．“插入”

124．在 Excel 中，要编辑单元格内容，应在该单元格中（　　）鼠标，使插入点定位于单元格内。

A．单击　　B．双击

C．右击　　D．以上都不对

125．以下操作中不属于 Excel 的操作的是（　　）。

A．自动求和　　B．自动筛选

C．自动填充数据　　D．自动排版

126．在 Excel 中，选择（　　）菜单中的“拼写检查”命令可以进行拼写检查。

A．“格式”　　B．“编辑”

C．“工具”　　D．“插入”

127．在 Excel 中，要调整列宽，需将鼠标指针移至列标标号的边框（　　）。

A．顶端　　B．左边

C．右边　　D．下端

128．在 Excel 中用拖动法改变行的高度时，将鼠标指针移到（　　），鼠标指针变成黑色的双向垂直箭头时往上、下方向拖动，当行的高度合适时释放鼠标。

A．行号框的底边线　　B．列号框的右边线

C．列号框的左边线　　D．行号框的顶边线

129．在 Excel 中，以 A1 到 D3 为对角构成的区域，其表示方法是（　　）。

A．D3:A1　　B．A1:D3

C．A1，D3　　　　D．D2，A1

130．在 Excel 中，计算选定列 A3:A6 的最大值，不正确的操作是（　　）。

A．单击“粘贴函数”按钮，在常用函数中选择 MAX

B．右击状态栏，在快捷菜单中选择“最大值”命令

C．在编辑栏中输入“=MAX(A3:A6)”

D．右击列号，在快捷菜单中选择“最大值”命令

131．在 Excel 工作表中，单元格的宽度是（　　）。

A．7 个字符　　　　B．8 个字符

C．9 个字符　　　　D．10 个字符

132．若要在公式中输入文本型数据“This is”，应输入（　　）。

A．“This is”　　　　B．“"This is”

C．“"This is"”　　　　D．“'This is'”

133．Microsoft Excel 是处理（　　）的软件。

A．图形设计文案　　　　B．文字编辑排版

C．图像效果　　　　D．数据制作报表

134．在 Excel 的打印页面中，增加页眉和页脚的操作是（　　）。

A．选择菜单“文件”→“页面设置”命令，在弹出的对话框中选择“页眉/页脚”选项卡

B．选择菜单“文件”→“页面设置”命令，在弹出的对话框中选择“页面”选项卡

C．选择菜单“插入”→“名称”命令，在弹出的对话框中选择“页眉/页脚”选项卡

D．只能在打印预览中设置

135．引用不同工作簿中的单元格称为（　　）。

A．远程引用　　　　B．绝对引用

C．外部引用　　　　D．内部引用

136．如果要引用单元格区域，应输入引用区域左上角单元格的引用、（　　）和区域右下角的单元格的引用。

A. !　　　　B.　　　　C.：　　　　D.，

137．在 Excel 状态下，先后按顺序打开了 A1.xls、A2.xls、A3.xls、A4.xls 这 4 个工作簿文件后，当前活动的窗口是（　　）工作簿的窗口。

A．A1.xls　　　　B．A2.xls

C．A3.xls　　　　D．A4.xls

138．下列操作可以使选定的单元格区域输入相同数据的是（　　）。

A．在输入数据后按 Ctrl+Space 组合键

B．在输入数据后按 Enter 键

C．在输入数据后按 Ctrl+Enter 组合键

D．在输入数据后按 Shift+Enter 组合键

139．Excel 的完整路径最多可包含（　　）字符。

A．256　　B．255

C．218　　D．178

140．下列符号中，不属于比较运算符的是（　　）。

A．<=　　B．=<

C．<>　　D．>

141．下列运算符中，可以将两个文本值连接或串起来从而产生一个连续文本值的是（　　）。

A．+　　B．^　　C．&　　D．*

142．选择含有公式的单元格，然后单击“编辑公式”（=），可以显示（　　）。

A．公式模板　　B．公式结果

C．公式选项板　　D．粘贴函数命令

143．当移动公式时，公式中的单元格的引用将（　　）。

A．视情况而定　　B．改变

C．不改变　　D．公式引用不存在了

144．拆分工作表的显示窗口可以使用拆分框，拆分框在（　　）。

A．标题栏　　B．工具栏

C．滚动条　　D．行列标

145．下列操作中，可以移动工作表位置的是（　　）。

A．拖动工作表标签

B．单击工作表标签后，再单击目的位置

C．按 Ctrl 键拖动工作表标签

D．按 Shift 键拖动工作表标签

146．在保存 Excel 工作簿文件的操作过程中，默认的工作簿文件保存格式是（　　）。

A．HTML 格式　　B．Microsoft Excel 工作簿

C．Microsoft Excel 5.0/95 工作簿　　D．Microsoft Excel 2000&95 工作簿

147．单元格 A1、A2、B1、B2、C1、C2 分别为 1、2、3、4、3、5，则公式 SUM(a1:b2,b1:c2)=（　　）。

A．18　　B．25

C．11　　D．7

148．当在函数或公式中没有可用数值时，将产生错误值（　　）。

A．#VALUE!　　B．#NUM!

C．#DIV/O!　　D．#N/A

149．生成一个图表工作表，在默认状态下该图表的名称是（　　）。

A．无标题　　B．Sheet1

C．Book1　　D．图表 1

150．一般来说，人们最近编辑的 Excel 工作簿的文件名将会记录在 Windows 的“开始”菜单的（　　）子菜单中。

A．“文档” B．“程序”
C．“设置” D．“查找”

151．在 Excel 中，菜单项中的“...”表示（ ）。
A．该菜单项下有子菜单 B．该菜单项有快捷键
C．该菜单项下有对话框 D．该菜单项暂时不能使用

152．在 Excel 中，（ ）菜单下的子菜单可以改变默认的工作目录。
A．“文件” B．“编辑”
C．“格式” D．“工具”

153．工作表被删除后，下列说法正确的是（ ）。
A．数据还保存在内存里，只不过不再显示
B．数据被删除，可以用“撤销”操作来恢复
C．数据进入了回收站，可以去回收站将数据恢复
D．数据被全部删除，而且不可用“撤销”操作来恢复

154．执行如下操作：当前工作表是 Sheet1，按住 Shift 键单击 Sheet2，在 A1 中输入“100”，并把它的格式设为斜体，则正确的结果是（ ）。
A．工作表 Sheet2 中的 A1 单元格没有任何变化
B．工作表 Sheet2 中的 A1 单元格出现正常体的 100
C．工作表 Sheet2 中的 A1 单元格出现斜体的 100
D．工作表 Sheet2 中的 A1 单元格没有任何变化，输入一个数后自动变为斜体

155．下面是“把一个单元格区域的内容复制到新位置”的步骤，（ ）的操作有误。
A．选定要复制的单元格或单元格区域
B．选择菜单“编辑”→“剪切”命令，或单击“剪切”按钮
C．单击目的单元格或单元格区域的左上角单元格
D．选择菜单“编辑”→“粘贴”命令或单击“粘贴”按钮

156．工作表 Sheet1、Sheet2 均设置了打印区域，当前工作表为 Sheet1，选择菜单“文件”→“打印”命令后，在默认状态下将打印（ ）。
A．Sheet1 中的打印区域
B．Sheet1 中输入数据的区域和设置格式的区域
C．同一页 Sheet1、Sheet2 中的打印区域
D．不同页 Sheet1、Sheet2 中的打印区域

157．在 Excel 中，数据清单的列相当于数据库中的（ ）。
A．记录 B．字段
C．记录号 D．记录单

158．在 Excel 中，在对单元的内容进行替换操作，应当使用的菜单是（ ）。
A．“工具”菜单 B．“文件”菜单
C．“数据”菜单 D．“编辑”菜单

159．在 Excel 中，对数据清单进行排序操作，应当使用的菜单是（ ）。
A．“工具”菜单 B．“文件”菜单

C．“数据”菜单
D．“编辑”菜单

三、多项选择题

1．Excel 有自动填充功能，可以自动填充（　　）。
A．日期
B．数字
C．文本
D．公式

2．以下关于 AVERAGE 函数的使用正确的是（　　）。
A．AVERAGE(B1:B3,C1:C3)
B．AVERAGE(B1:B3,5)
C．AVERAGE(B1,B3)
D．AVERAGE(B1,B3,4)

3．以下关于 Excel 电子表格软件的叙述正确的是（　　）。
A．只能有一个工作表
B．可以有多个工作表
C．可以有几个独立图表
D．Excel 是微软公司开发的

4．下列叙述正确的是（　　）。
A．Excel 单元格的宽度是可变的
B．Excel 单元格的宽度是固定的
C．Excel 单元格的行高是固定的
D．Excel 单元格的行高是可变的

5．在 Excel 中，向单元格中输入日期，下列格式正确的是（　　）。
A．1/4
B．4-4
C．1990-1-1
D．3-FEB

6．以下属于 Excel 标准类型图表的是（　　）。
A．雷达图
B．气泡图
C．条形图
D．柱形图

7．以下（　　）操作是将当前单元格的左边单元格变为当前单元格。
A．按>键
B．按 Enter 键
C．按←键
D．按 Shift+Tab 组合键

8．下列（　　）属于微软公司的产品。
A．Access
B．Excel
C．PowerPoint
D．Java

9．当用户的数据太长，单元格放不下时，则（　　）。
A．若右边的单元格不空，则不显示数据的后半部分
B．若右边的单元格为空，则跨列显示
C．用科学计数法表示
D．若右边的单元格不空，则只显示数据的后半部分

10．下列（　　）属于电子表格软件。
A．Delphi
B．KOF
C．Excel
D．CCED

11．如果要在公式中使用日期或时间，以下说法错误的是（　　）。
A．用双引号的文本形式输入，如“2006-1-1”
B．用单引号打头的文本形式输入，如‘2006-1-1

C．日期根本就不能出现在单元格中

D．用括号的文本形式输入，如（2006-1-1）

12．以下在单元格中输入的日期或时间正确的是（　　）。

A．7:30a　　B．99-1-1

C．1-FEB　　D．1/1/99+++

13．向 Excel 单元格中输入时间 90 年 1 月 1 日，格式应为（　　）。

A．90-1-1　　B．1-1-90

C．1/1/90　　D．1/1/40

14．向 Excel 单元格中输入公式时，在公式前应加（　　）。

A．+　　B．=　　C．#　　D．*

15．以下对齐方式中，属于垂直对齐的有（　　）。

A．分散对齐　　B．居中对齐

C．靠上对齐　　D．靠下对齐

16．以下为 Excel 中合法的数值型数据的是（　　）。

A．3.1415　　B．3000

C．￥150.33　　D．50%

17．退出 Excel，可用下列（　　）方法。

A．按 F12 键　　B．选择菜单“文件”→“关闭”命令

C．单击标题栏上的“关闭”按钮　　D．按 Alt+F4 组合键

18．在 Excel 中可以对工作表进行（　　）。

A．命名　　B．删除

C．复制　　D．移动

19．以下关于 Excel 的关闭操作，说法正确的是（　　）。

A．双击标题栏左侧图标，可以关闭 Excel

B．可以将 Excel 中打开的所有文件一次性地关闭

C．选择菜单“文件”→“退出”命令，可以退出 Excel

D．选择菜单“文件”→“关闭”命令，可以关闭 Excel

20．在 Excel 中，当进行输入操作时，如果先选中一定范围的单元格，则输入数据后的结果错误的是（　　）。

A．系统提示“操作错误”

B．只有当前活动单元格中会出现输入的数据

C．系统会提问是在当前单元格中输入还是在所有选中的单元格中输入

D．所选中的单元格中都会出现所输入的数据

21．Excel 主窗口的标题栏中包括（　　）。

A．控制按钮　　B．“关闭”按钮

C．窗口名称　　D．“最大化”按钮

22．关于 Excel 文档的命名，正确的是（　　）。

A．默认扩展名是.txt　　B．默认扩展名为.xls

C．文档名使用 8.2 格式　　　　　　D．文档名中可以用空格

23．在 Excel 工作表中，欲将当前单元格右移一个，则（　　）。

A．按 Tab 键　　　　　　　　　　B．按→键

C．单击右边的单元格　　　　　　　D．按 Page Down 键

24．下列单元格引用中，（　　）属于绝对引用。

A．A4　　　　　　　　　　　　　B．$AD$32

C．$A4　　　　　　　　　　　　　D．$A$4

25．保存 Excel 工作表时，可以存为（　　）。

A．一般工作表文件，扩展名为.xls　　B．dBase 文件，扩展名为.dbf

C．文本文件，扩展名为.txt　　　　　D．Lotus1-2-3 文件，扩展名为.wkl

26．在工作表中建立函数的方法有（　　）。

A．直接在编辑栏中输入函数　　　　B．直接在单元格中输入函数

C．利用工具栏上的函数工具按钮　　D．利用工具栏上的函数指南按钮

27．在 Excel 中，若选择 A1:A5 单元格区域，则下列操作正确的是（　　）。

A．单击 A1 单元格，按住 Shift 键单击 A5 单元格

B．将鼠标指针移至 A1 单元格，按下鼠标左键不放，拖动鼠标至 A5 单元格

C．单击 A1 单元格，再单击 A5 单元格

D．单击 A1 单元格，按住 Shift 键双击 A5 单元格

28．在 Excel 中，求 A1 至 A6 的 6 个单元格的平均值，应用公式（　　）。

A．AVERAGE(A1:A6,6)　　　　　　B．AVERAGE(A1:A6)

C．SUM(A1:A6)/6　　　　　　　　D．SUM(A1:A6)/COUNT(A1:A6)

29．在 Excel 中，若要对执行的操作进行撤销，则以下说法错误的是（　　）。

A．最多只能撤销 8 次　　　　　　B．最多只能撤销 16 次

C．最多可以撤销 10 次　　　　　　D．可以撤销无数次

30．在 Excel 中，将下列数据项视为数值的是（　　）。

A．2000　　　　　　　　　　　　B．−1000.12

C．3.0E+02　　　　　　　　　　　D．10B255

31．下列关于 Excel 的叙述中，正确的是（　　）。

A．Excel 的图形绘制功能也适用于 CAD

B．Excel 可以按关键字段对数据库记录进行排序

C．Excel 可以和 dBaseIII交换数据

D．Home 键可使光标回到原位置

32．下列关于 Excel 的叙述中，不正确的是（　　）。

A．工作簿的第一个工作表名称都约定为 Sheet1

B．工作表不可以重新命名

C．双击某工作表标签，可以对该工作表重新命名

D．选择菜单“编辑”→“删除工作表”命令，会删除当前工作簿的所有工作表

33．当单元格中输入的数据宽度大于单元格宽度时，若输入的数据是数字，则（　　）。

A．显示为“Error!”，或用科学计数法表示
B．用科学计数法表示
C．如果左边单元格为非空，数据将四舍五入
D．如果右边单元格为非空，数据将四舍五入

34．关于启动 Excel 的方法，正确的是（　　）。
A．双击由 Excel 创建的文档名称
B．双击桌面上的 Excel 图标
C．在“运行”对话框中输入 Excel 程序的完整路径和文件名
D．依照“开始”→“程序”→Microsoft Excel 的顺序

35．以下对齐方式中，属于水平对齐的有（　　）。
A．靠下对齐　　B．居中对齐
C．分散对齐　　D．跨列居中对齐

36．一个工作簿可以有多个工作表，下列叙述正确的是（　　）。
A．当前工作表可以有多个
B．当前工作表不能多于一个
C．单击工作表队列中的表名，可选择当前工作表
D．按住 Ctrl 键的同时单击多个工作表名，可选择多个当前工作表

37．在 Excel 工作表中，（　　）在单元格中显示时靠右对齐。
A．文本数据　　B．日期数据
C．时间数据　　D．数值型数据

38．选中表格中的某一行，然后按 Delete 键后，（　　）。
A．该行被清除，同时下一行的内容下移
B．该行被清除，但下一行的内容不上移
C．该行被清除，同时该行所设置的格式也被清除
D．该行被清除，但该行所设置的格式不被清除

39．以下单元格引用中，属于混合引用的是（　　）。
A．B$1　　B．$B1
C．$C$1　　D．$CE$21

40．在多个工作表中选择当前工作表，下列操作正确的是（　　）。
A．按住 Ctrl 键的同时单击队列上的表名
B．按 Ctrl+Page Up、Ctrl+Page Down 组合键
C．按 Page Up、Page Down 键
D．单击工作表队列中的表名

41．下列（　　）方法可把 Excel 文档插入到 Word 文档中。
A．复制　　B．选择菜单“插入”→“对象”命令
C．利用剪贴板　　D．不可以

42．Excel 文档可转化为（　　）格式。
A．*.dbf　　B．*.doc

C．*.txt　　　　D．*.html

43．下列关于图表的说法中，正确的是（　　）。

A．图例由图例框、图例键与图例正文 3 个部分组成

B．图表标题只能有一行

C．每种图表类型可以分成多种图表格式

D．饼图的每个扇区不能视为一个对象

44．Excel 具有（　　）功能。

A．打印表格　　　　B．数据管理

C．编辑表格　　　　D．设置表格格式

45．在选定区域内，以下操作不能将当前单元格的上边单元格变为当前单元格的是（　　）。

A．按 Shift+Enter 组合键　　　　B．按↑键

C．按 Shift+Tab 组合键　　　　D．按↓键

46．以下关于 Excel 的说法正确的是（　　）。

A．基于 DOS 环境

B．基于 Windows 环境

C．是微软公司推出的办公自动化套装软件的一款

D．是电子表格应用软件

四、判断正误题（正确填 A，错误填 B）

1．Excel 窗口由工具栏、状态栏及工作簿窗口组成。（　　）

2．Book1 是在 Excel 中打开的一个工作簿。（　　）

3．Sheet1 表示工作表名称。（　　）

4．使用清除法清除单元格是指清除该单元格。（　　）

5．单元格与单元格内的数据是相互独立的。（　　）

6．如果没有设置数字格式，则数据以通用格式存储，数值以最大精确度显示。（　　）

7．记事本有格式处理能力。（　　）

8．用记事本创建的文本文件，在任何文字处理程序中都可以打开。（　　）

9．记事本有自动换行功能。（　　）

10．如果图形边界线没有闭合，用“颜色填充”填充的颜色会溢满整个画布。（　　）

11．若数字位数小于设置中 0 的个数，不足的位数会以零显示，“#”号则不会显示对数值无影响的零。（　　）

12．如果需要打印出工作表，还需为工作表设置框线，否则不打印表格线。（　　）

13．要复制磁盘，应把源盘写保护后插入到驱动器中。（　　）

14．退出 Excel 可使用 Alt+F4 组合键。（　　）

15．Excel 中，每个工作簿包含 1～255 个工作表。（　　）

16．启动 Excel，若不进行任何设置，则默认工作表数为 16 个。（　　）

17．在 Excel 中，每个单元格最多可输入 256 个字符。（　　）

18．数字不能作为 Excel 97 的文本数据。（ ）

19．在 Excel 中可用 Ctrl+；组合键输入当前的时间。（ ）

20．在 Excel 中可用 Shift+；组合键输入当前的时间。（ ）

21．在 Excel 中，工作表可以按名存取。（ ）

22．在 Excel 所选单元格中创建公式，首先应输入“:”。（ ）

23．在 Excel 中，函数包括“=”、函数名和变量。（ ）

24．Excel 能识别 JPEG 文件交换格式的图形。（ ）

25．在中文 Excel 中，可以引用其他程序对数据进行处理。（ ）

26．当处理大型工作表时，除使用菜单项分割窗口外，还可以使用鼠标分割窗口。（ ）

27．隐藏是指被用户锁定且看不到单元格的内容，但内容还在。（ ）

28．对于选定的区域，若要一次性输入相同数据或公式，可在该区域输入数据公式，按 Ctrl+Enter 组合键，即可完成操作。（ ）

29．在 Excel 中，对一个工作表进行页面设置后，该设置对所有工作表都适用。（ ）

30．一个 Excel 文件就是一个工作簿，工作簿是由一个或多个工作表组成的，工作表又包含单元格，一个单元格中只能有一个数据。（ ）

31．人们可以对任意区域命名，包括连续的和不连续的，甚至对某个单元格也可以重新命名。（ ）

32．如果计算机堆栈允许，函数可以无限嵌套。（ ）

33．$B4 中为“50”，C4 中为“=$B4”，D4 中为“＝B4”，则 C4 和 D4 中的数据没有区别。（ ）

34．对于数据清单的排序，既可以按行进行，也可以按列进行。（ ）

35．对于数值型数据，如果将单元格格式设成小数点后第 3 位，则计算精度将保持在 0.001 上。（ ）

36．通过 Excel 菜单“工具”→“选项”命令下的“常规”选项卡，可以设置新工作簿内工作表的数目。（ ）

37．复制或移动工作表使用同一个对话框。（ ）

38．通过记录单删除的记录可以被恢复。（ ）

39．逻辑值 TRUE 大于 FALSE。（ ）

40．在某个单元格中输入公式“=SUM($A$1:$A$10)”或“=SUM(A1:A10)”，最后计算出的值是一样的。（ ）

41．在工作表上插入的图片不属于某一单元格。（ ）

42．在 Excel 的图表中，饼图通常包含多个数据系列，而圆环图只包含一个数据系列。（ ）

43．增加一个新工作表或者删除工作表，都可由菜单项或者快捷菜单来完成。（ ）

44．使用 Excel 时，可以显示活动的工作簿中多个工作表的内容。（ ）

45．在 Excel 中，不能同时打开文件名相同的工作簿。（ ）

46．对于数据清单，可以按笔画进行排序。（ ）

47. 在“全屏显示”方式下，可隐藏菜单栏和标题栏。（ ）

48．单元格的“垂直对齐”方式中没有“跨列居中”方式。（ ）

49．Excel 中的图表是指将工作表中的数据用图形的方式表示出来。（ ）

50．按 Home 键将会使光标回到 A1 单元格。（ ）

51．要进行数据查找，可在“工具”菜单中选择“查找”命令，显示“查找”对话框，在对话框中的“查找内容”组合框中输入查找内容就可以了。（ ）

52．在 Excel 中进行输入时按 End 键，光标插入点会移到单元格末尾。（ ）

53．Excel 提供了 15 种图表类型。（ ）

54．运算符号具有不同的优先级，并且这些优先级是不可改变的。（ ）

55．在 Excel 的公式栏中可进行函数编辑。（ ）

56．在 Excel 中，日期和时间都将靠左对齐。（ ）

57．Excel 文档与 FoxPro 数据表文件间的格式可以转换。（ ）

58．在 Excel 中，日期和时间是独立的一种数据类型，不可以包含到其他运算中，也不可以相加减。（ ）

59．工作表中的列宽和行高是可改变的。（ ）

60．在单元格中只可以显示由公式计算的结果，而不能显示输入的公式。（ ）

61．在“页面设置”对话框中，有“页面”等 3 个选项卡。（ ）

62．Excel 中的默认字体为“宋体”。（ ）

63．在 Excel 中制作的表格可以插入到 Word 中。（ ）

64．在 Excel 中输入一个公式时，允许以等号开头。（ ）

65．在选中某单元格或某个单元格区域后，可以按 Delete 键来删除单元格内容。（ ）

66．Excel 工作表不能用 OLE 插入到 Word 文档，但可使用剪贴板插入到 Word 文档中。（ ）

67．在 Excel 中制作的表格可以插入到 Word 文档中。（ ）

68．在工作表窗口的工具栏中有一个Σ自动求和按钮，它代表了工作函数中的 SUM()函数。（ ）

69．使用选择性粘贴，两个单元格可实现加、减、乘、除等算术运算。（ ）

70．Excel 为电子表格软件，Excel 文档经打印后，即为有表格的文档。（ ）

71．Excel 中的工具栏是由系统定义好的，不允许用户随便对其进行修改。（ ）

72．在 Excel 的“格式”工具栏中设有“左对齐”、“右对齐”、“居中”3 个按钮。（ ）

73．在数据的粘贴过程中，如果目的地已经有数据，则 Excel 会请示是否将目的地的数据后移。（ ）

74．当在单元格中输入的数据宽度大于单元格宽度时则无法显示。（ ）

75．在“单元格格式”对话框的“图案”选项卡中，单击“图案”下拉按钮，将会看到 24 种图案的列表和一个调色板。（ ）

76．COUNT()函数的参数只可以是单元格、区域，不能是常数。（ ）

77．SUM(A1:A5,5)的作用是求 A1 到 A5 这 5 个单元格的和，再加上 5。（ ）

78．在 Excel 的工作表中不能插入行。（ ）

79．在 Excel 中，输入的文本可以为数字、空格和非数字字符的组合。（ ）

80. 若选择不连续区域打印，按住 Shift 键的同时选择多个区域，则多个区域将分别被打印在不同页上。 ( )

81. Excel 具有自动保存和自动填充功能。 ( )

82. 在 Excel 的帮助窗口中双击某一主题，即可得到子帮助主题，想查看正文，则可以再次双击该子主题。 ( )

83. 在 Excel 中，查找功能不能查找出那些单元格中包含的指定输入字符串。 ( )

84. 若要把 A2 单元格中的 8900 改为 8976，只要单击该单元格，在其中插入光标，并将插入点移至 9 后面，按两次 Del 键删除数字 9 后面的两个 0，然后输入“76”，按 Enter 键后确认修改即可。 ( )

85. 启动 Excel 后，会产生一个名为 Book1.doc 的文件。 ( )

86. 在 Excel 工作表中，数值型数据在单元格的默认显示方式为左对齐。 ( )

87. 若在 Excel 工作表中输入文本数据，如果文本数据全由数字组成，应在数字前加一个西文单引号。 ( )

88. 若在单元格中输入了公式，则该单元格将显示公式计算的结果。 ( )

89. Excel 在工具栏提供了一个“格式刷”按钮，可以利用它进行单元格的复制和移动。 ( )

90. 工作表是 Excel 的主体部分，共有 256 列 65 536 行，因此，一个工作表共有 65 536×256 个单元格。 ( )

91. 在 Excel 中，除了可用工具栏来改变数据的格式外，也同样可以选择菜单“格式”→“单元格格式”命令改变数据的格式。 ( )

92. Excel 对每一个新建的工作簿，都采用 Book1 作为它的临时名称。 ( )

93. Excel 工作表在进行保存时，只能存为扩展名为.xls 的文件，而不能存为其他格式。 ( )

94. 在 Excel 中所建立的图表，当工作表数据变化后，图表也随之改变。 ( )

95. 在 Excel 中不仅可以进行算术运算，还可以进行操作文字的运算。 ( )

96. 在 Excel 中允许用户改变文本颜色。选择想要改变文本颜色的单元格或单元格区域，只要单击“格式”工具栏中的“颜色”按钮即可。 ( )

97. 在 Excel 中查看或修改当前打印机的设置，可以选择菜单“文件”→“打印”命令，打开“打印机”对话框。 ( )

98. 在 Excel 中，当单元格太窄不能显示数字时，将在单元格内显示问号。 ( )

99. 如果要改变工作表的名称，只要单击选中的工作表标签，此时显示一个对话框，在“名称”文本框中输入新的名称，单击“确定”按钮后即可。 ( )

100. 要在 Excel 中隐藏工作表，可以先选定要隐藏的工作表，然后选择菜单“格式”→“工作表”→“隐藏”命令，此时选定的工作表将从屏幕上消失。 ( )

101. 对于尚未保存过的 Excel 文件，“文件”菜单下的“保存”和“另存为”这两个命令的作用是一样的。 ( )

102. 同 Windows 的其他应用程序一样，在 Excel 中必须先选择操作对象，然后才能进行操作。 ( )

103．双击 Excel 窗口左上角的控制菜单框会快速退出 Excel。（　　）

104．在 Excel 中，即使已选中一定范围的单元格区域，用户所进行的各种操作也都是针对当前活动单元格进行的。（　　）

105．在建立新的 Excel 文件时，用户不能自己定义模板，只能使用 Excel 提供的几种模板。（　　）

106．Excel 工作簿只能有不多于 255 个的工作表。（　　）

107．单元格的地址是由所在的行和列决定的，例如 A1 单元格在 A 列 1 行。（　　）

108．在 Excel 中，单元格的宽度是固定的，为 8 个字符宽度。（　　）

109．手工分页的方法是，将光标移至需要在其上面插入分页的第一列单元格中，选择菜单“工具”→“分页符”命令，在此单元格上面会出现一条横虚线。（　　）

110．Excel 工作簿中的所有图表都可以独自打印输出。（　　）

111．当选择菜单“文件”→“打印预览”命令时，用鼠标单击“常用”工具栏中的“打印预览”按钮，Excel 将显示“打印预览”窗口。（　　）

112．要关闭 Excel，不少于 3 种方法。（　　）

113．删除单元格就相当于清除单元格的内容。（　　）

114．如果要在输入的同时覆盖原来的内容，可以使用键盘上的 Insert 键，可以在插入方式和改写方式之间进行切换。（　　）

115．在 Excel 中，单元格是活动单元。（　　）

116．Excel 允许同时打开多个工作簿，但一次只能激活一个工作簿窗口。（　　）

117．要进行自动更正，首先选择菜单“插入”→“自动更正”命令，此时将显示“自动更正”对话框。（　　）

118．折线图是 Excel 默认的图表类型。（　　）

119．相对地址在公式复制到新的位置时一定保持不变。（　　）

120．如果 Excel 的函数中有多个参数，则必须以分号隔开。（　　）

121．&（连接）运算可以用于布尔型数据。（　　）

122．要想在单元格中输入函数，必须在函数名称之前先输入“＝”。（　　）

123．在 Excel 中，可以命名工作表的区域。（　　）

124．在 Excel 中，“常用”工具栏中的格式刷不能复制数据，只能复制数据的格式。（　　）

125．在 Excel 中，在输入公式的过程中，总是使用运算符号来分割公式的项目，在公式中不能包括空格。（　　）

126．一个函数的参数可以为函数。（　　）

127．在 Excel 工作表中不可以完成超过 4 个关键字的排序。（　　）

128．在 Excel 中不能插入图形。（　　）

129．可以用填充句柄执行单元格的复制操作。（　　）

130．选择菜单“编辑”→“定位”命令，可以打开“定位”对话框。在对话框的“引用”框中输入一个单元格地址，然后按 Enter 键，指定单元格就会变为当前单元格。（　　）

131．在单元格中输入“123”和输入“'123”是等效的。（　　）

训练 6

PowerPoint 电子幻灯片

一、填空题

1．在“新建演示文稿”对话框中包括了演示文稿模板和__________模板。

2．若想选择演示文稿中指定的幻灯片进行播放，可以选择“幻灯片放映”菜单中的__________命令。

3．若想观察演示文稿的设计效果，可使用__________视图方式。

4．要设置幻灯片之间的切换效果，其应用对象可以是被选择的幻灯片，也可以是__________。

5．设置动画效果应选择的菜单是__________。

6．对幻灯片的对象设置动画效果有两种方法，其中可以自由设置对象的动画和声音的方法是__________。

7．在“设置图片格式”对话框的“图片”选项卡中，图像控制的颜色有__________种。

8．使用“文件”菜单中的“新建”命令创建演示文稿，弹出的任务窗格是__________。

9．若想改变文本的字体，应使用__________菜单。

10．若想修改幻灯片中的文本内容，除可以直接修改外，还可以使用“编辑”菜单的__________命令对多处相同的文字进行一次性的修改。

11．要停止正在放映的幻灯片，按快捷键__________即可。

12．播放幻灯片可以单击水平滚动条左侧的“幻灯片放映”视图按钮，可以使用“幻灯片放映”菜单中的“观看放映”命令，还可以使用__________菜单的“幻灯片放映”命令。

13．使用__________视图方式，不能编辑幻灯片。

14．在 PowerPoint 中，若想改变演示文稿的播放次序，或者通过幻灯片的某一对象链接到指定文件，可以使用菜单“插入”→“超链接”命令和菜单“幻灯片放映”→__________命令。

15．在 PowerPoint 中，若想选择演示文稿中指定的幻灯片并进行播放，可以选择

__________菜单中的“自定义放映”命令。

16．在 PowerPoint 中，若关闭演示文稿，但不退出 PowerPoint，应选择“文件”菜单中的__________命令。

17．在 PowerPoint 中，可以控制幻灯片外观的方法有母版、设计模板和__________。

18．在 PowerPoint 的“背景”对话框中，其背景填充包括过渡、图片、纹理和__________。

19．在“新建演示文稿”对话框中包括了设计模板和__________模板。

20．在 PowerPoint 2000 中，若想选择具有背景图案的一张幻灯片并进行编辑制作，应在“新建演示文稿”对话框中选择__________选项。

21．在 PowerPoint 2000 中，当选择“空白演示文稿”进行幻灯片设计时，或者选择“插入幻灯片”时，均会弹出__________对话框，提供版式选取。

22．在 PowerPoint 中，除了使用启动对话框提供的“内容提示向导”之外，还可以使用__________命令找到“内容提示向导”。

23．在 PowerPoint 中，工具栏按钮的含义是__________。

24．在 PowerPoint 中，若想查看演示文稿的设计效果，应选择__________命令。

25．当设计幻灯片时，想选择 PowerPoint 提供的某种背景图案，应选择__________命令。

26．在 PowerPoint 中，若想快速全览幻灯片的顺序，应选择__________视图方式。

27．在 PowerPoint 中，若想选择幻灯片的配色方案，应选择__________菜单。

28．在 PowerPoint 中，若想插入影片，应选择_____菜单。

29．在 PowerPoint 中，要调出或取消工具栏，应使用_____菜单。

30．PowerPoint 是__________软件。

31．单击“文件”菜单，选择__________命令，可退出 PowerPoint。

32．在 PowerPoint 中打印演示文稿时，在“打印内容”下拉列表框中选择__________选项，每页打印纸最多能输出 9 张幻灯片。

33．将文本添加到幻灯片最简易的方式是直接将文本输入幻灯片的任何占位符中。要在占位符外的其他地方添加文字，可以在幻灯片中使用__________。

34．对文本进行段前、段后间距的设置，应选择“格式”菜单中的__________命令。

35．在进入 PowerPoint 的初始画面后，有空演示文稿、根据设计模板、__________3 种方法来创建新的演示文稿。

36．在 PowerPoint 中可以为幻灯片中的文字、形状、图形等对象设置动画效果，设计基本动画的方法是先选择好对象，然后选择__________菜单中的命令。

37．在放映用 PowerPoint 制作的幻灯片时，要是每两张幻灯片之间的切换采用向右擦除的方式，可在 PowerPoint 的__________菜单中设置。

38．PowerPoint 2000 可利用模板来创建新演示文稿。PowerPoint 2000 提供了两类模板，即__________模板和__________模板。

39．要使幻灯片根据预先设置好的“排练计时”时间不断重复放映，这需要选择菜单__________命令进行设置。

40．要选中不连续的幻灯片，应在__________视图下，按住__________键用鼠标单击所需的幻灯片。

41．在 PowerPoint 中，为每张幻灯片设置放映时的切换方式，应使用“幻灯片放映”菜单中的__________命令。

42．要设置幻灯片的起始编号，应通过选择“文件”菜单中的__________命令来实现。

43．PowerPoint 模板文件的默认扩展名是__________。

44．演示文稿的默认扩展名是__________。

45．在 PowerPoint 2000 中，项目符号除了各种符号外，还可以是__________。

46．要将幻灯片编号显示在幻灯片的右上方，应选择菜单“视图”→“母版”→__________命令进行设置。

47．在__________视图中，可以更方便地利用工具栏给各幻灯片添加切换效果。

48．包含预定义的格式和配色方案，可以应用到任何演示文稿中，创建独特外观的模板是__________。

49．在打印 PowerPoint 2000 的大纲视图的内容时，其打印格式由__________母版规定的。

50．在幻灯片放映过程中，使用“绘图”在幻灯片上讲解时进行的涂写，实际上__________直接在幻灯片中进行。

二、单项选择题

1．PowerPoint 中的（　　）只有一页幻灯片。

A．制作模板　　B．内容模板

C．设计模板　　D．大纲模板

2．在幻灯片的“动作设置”对话框中设置的超链接对象不允许是（　　）。

A．一个应用程序　　B．其他演示文稿

C．幻灯片中的某一对象　　D．下一张幻灯片

3．（　　）不是幻灯片母版的格式。

A．幻灯片母版　　B．大纲母版

C．备注母版　　D．标题母版

4．有关幻灯片中文本框的叙述不正确的是（　　）。

A．“竖排文本框”的含义是文本框高的尺寸比宽的尺寸大

B．文本框的格式可自由设置

C．复制文本框时，内部添加的文本一同被复制

D．设置文本框的格式不影响其内部的文本格式

5．若要设置幻灯片中对象的动画效果，应选择（　　）视图。

A．母版　　B．幻灯片

C．幻灯片放映　　D．大纲

6．一个演示文稿可包含（　　）张幻灯片。

A．1　　B．2　　C．3　　D．多

7．在（　　）视图中不可以对幻灯片内容进行编辑。

A．黑白　　B．备注页

C．幻灯片放映　　D．幻灯片

8．对幻灯片中的文本进行段落格式设置的类型不包括（　　）。

A．段落缩进　　B．段落对齐

C．行距调整　　D．字距调整

9．“幻灯片切换”对话框中不能设置的选项包括（　　）。

A．换页方式　　B．效果

C．声音　　D．显示方式

10．PowerPoint 启动对话框中不包括下列选项中的（　　）。

A．模板向导　　B．内容提示向导

C．打开已有的演示文稿　　D．空演示文稿

11．不能决定一张幻灯片格式的因素是（　　）。

A．配色方案　　B．幻灯片版式

C．演讲者备注　　D．设计模板

12．如果要从第二张幻灯片跳转到第八张幻灯片，应使用“幻灯片放映”菜单中的（　　）命令。

A．“预设动画”　　B．“幻灯片切换”

C．“自定义动画”　　D．“动作设置”

13．如果要从一个幻灯片“溶解”到下一个幻灯片，应使用“幻灯片放映”菜单中的（　　）命令。

A．“预设动画”　　B．“幻灯片切换”

C．“自定义动画”　　D．“动作设置”

14．要使某个幻灯片与其母版不同，以下说法正确的是（　　）。

A．可以重新设置母版　　B．可以设置该幻灯片不使用母版

C．这是做不到的　　D．可以直接修改该幻灯片

15．（　　）可用于选择幻灯片文本框中的全部文本。

A．三击鼠标右键　　B．单击鼠标左键

C．双击鼠标右键　　D．单击鼠标右键

16．下列（　　）方式不是幻灯片中相对于文本框的文本对齐方式。

A．左对齐　　B．居中对齐

C．分散对齐　　D．顶端对齐

17．在 PowerPoint 中，如果要建立一个指向某一个程序的动作按钮，应该使用“动作设置”对话框中的（　　）选项。

A．“对象动作”　　B．“超链接到”

C．“无动作”　　D．“运行程序”

18．如果要播放幻灯片，应使用（　　）命令。

A．菜单“幻灯片放映”→“动画预览”

B．菜单“幻灯片放映”→“自定义放映”

C．菜单“幻灯片放映”→“幻灯片切换”

D．菜单“幻灯片放映”→“观看放映”

19．设置“动作设置”对话框中的“鼠标移过”选项卡表示（　　）。

A．所设置的按钮采用自动执行动作的方式

B．所设置的按钮采用鼠标执行动作的方式

C．所设置的按钮采用鼠标移过动作的方式

D．所设置的按钮采用双击鼠标执行动作的方式

20．“自定义动画”任务窗格的“效果”设置中的“动画文本”有（　　）方式。

A．整批发送、按字　　B．整批发送、按字、按大小

C．整批发送、按字、按字母　　D．按字、按字母

21．设置幻灯片放映时的动作按钮应该在“幻灯片放映”菜单中的（　　）命令中进行。

A．“幻灯片切换”　　B．“动作按钮”

C．“自定义动画”　　D．“设置放映方式”

22．以下关于设置一个链接到另一张幻灯片的按钮的操作正确的是（　　）。

A．在“动作按钮”中选择一个按钮，并在“动作设置”对话框的“超链接到”下拉列表框中选择“下一张幻灯片”，单击“确定”按钮

B．在“动作按钮”中选择一个按钮，并在“动作设置”对话框的“超链接到”下拉列表框中选择“幻灯片”，并在随即出现的对话框中选择需要的幻灯片，单击“确定”按钮

C．在“动作按钮”中选择一个按钮，并在“动作设置”对话框中的“运行程序”文本框中直接输入需要链接的幻灯片名称，单击“确定”按钮

D．在“动作按钮”中选择一个按钮，并在“动作设置”对话框的“超链接到”下拉列表框中直接输入需要链接的幻灯片名称，单击“确定”按钮

23．在PowerPoint中，要对幻灯片进行幻灯片切换效果的操作，应该选择（　　）菜单。

A．“视图”　　B．“格式”

C．“插入”　　D．“幻灯片切换”

24．在 PowerPoint 中，如果要更改幻灯片上对象出现的顺序，应使用“自定义动画”中的（　　）。

A．效果　　B．图表效果

C．顺序和时间　　D．多媒体设置

25．在PowerPoint中，如果要把一个剪辑输入到剪辑库中，以下操作正确的是（　　）。

A．单击“插入影片”对话框中的“输入剪辑”按钮，在随即出现的对话框中找到要添加的剪辑，单击“输入”按钮

B．单击“插入影片”对话框中的“输入剪辑”按钮，在随即出现的对话框中找到要添加的剪辑，设置适当的文件名和文件类型，单击“输入”按钮

C．直接用鼠标拖入剪辑库

D．以上均不正确

26．在PowerPoint中，若要插入自选图形，在菜单栏中选择（　　）菜单。

A．“插入”　　B．“工具”

C．“视图”　　D．“格式”

27．在 PowerPoint 中设置文本的段落格式项目符号和编号时，要使用图片作为项目符号，则选择“项目符号和编号”对话框中的（　　）。

A．图片　　B．颜色

C．字符　　D．“编号”选项卡

28．在 PowerPoint 中应用设计模板时，在菜单栏中选择（　　）进入。

A．“格式”菜单　　B．“工具”菜单

C．“插入”菜单　　D．“视图”菜单

29．在 PowerPoint 中，“插入影片”对话框中的“联机剪辑”的作用是（　　）。

A．连接到 Web，可以得到更加丰富的图片和音乐等资源

B．可以远程操作对方的剪辑库

C．可以分享网络上其他机器的资源

D．以上说法都不正确

30．在 PowerPoint 中，用“文本框”工具在幻灯片中添加图片操作，（　　）时表示可添加文本。

A．主程序发出音乐提示　　B．文本框变成高亮度

C．文本框中出现一个闪烁的插入点　　D．状态栏出现可输入字样

31．在 PowerPoint 中设置文本的段落格式的行距时，下列选项中不属于行距内容的是（　　）。

A．段前　　B．段后

C．段中　　D．行距

32．在 PowerPoint 中应用设计模板时，在“格式”菜单中选择（　　）命令。

A．“幻灯片配色方案”　　B．“背景”

C．“应用设计模板”　　D．“幻灯片版式”

33．插入影片操作应该用“插入”菜单中的（　　）命令。

A．“图片”　　B．“影片和声音”

C．“工具”　　D．“新幻灯片”

34．在 PowerPoint 中，用“文本框”工具在幻灯片中添加文本时，应该在“插入”菜单中选择（　　）命令。

A．“表格”　　B．“文本框”

C．“影片和声音”　　D．“图片”

35．在 PowerPoint 中设置文本的字体时，要想使所选择的文本字体加粗，在“常用”工具栏中的按钮中应选择（　　）。

A．A　　B．B　　C．U　　D．I

36．在 PowerPoint 中，创建表格之前首先要做（　　）操作。

A．关闭其他应用程序

B．打开一个演示文稿，并切换到要插入表格的幻灯片中

C．重启计算机

D．以上操作都不正确

37．在 PowerPoint 中，插入声音的操作应该使用（ ）菜单。

A．“视图” B．“格式”

C．“插入” D．“编辑”

38．在 PowerPoint 中，要在幻灯片中添加文本框，应在菜单栏中选择（ ）菜单。

A．“工具” B．“格式”

C．“编辑” D．“插入”

39．在 PowerPoint 中设置文本的字体时，在“格式”菜单中应选择（ ）命令开始设置。

A．“字体” B．“分行”

C．“项目符号和编号” D．“字体对齐方式”

40．在 PowerPoint 中创建表格时，要从菜单栏中的（ ）菜单进入。

A．“插入” B．“工具”

C．“视图” D．“编辑”

41．在 PowerPoint 的插入图片操作过程中，如果指定的插入图片的路径不对，会出现的结果是（ ）。

A．无法插入指定文件 B．PowerPoint 程序将被关闭

C．Windows 出现蓝屏现象并死机 D．以上说法都不对

42．在 PowerPoint 中，如果想要把文本插入到某个占位符，正确的操作是（ ）。

A．单击菜单栏中的“粘贴”按钮

B．单击菜单栏中的“新建”按钮

C．单击标题占位符，将插入点置于占位符内

D．单击菜单栏中的“插入”按钮

43．在 PowerPoint 中设置文本字体时，选定文本后，在菜单栏中选择（ ）菜单开始设置。

A．“插入” B．“编辑”

C．“格式” D．“工具”

44．在 PowerPoint 中创建表格时，假设创建的表格为 6 行 4 列，则应在表格对话框中的列数和行数分别应输入（ ）。

A．6 和 4 B．4 和 6

C．都为 4 D．都为 6

45．在 PowerPoint 中，复制幻灯片的操作一般使用（ ）模式比较方便。

A．幻灯片视图 B．幻灯片浏览视图

C．幻灯片放映视图 D．大纲视图

46．在 PowerPoint 中，在占位符中添加完文本后，（ ）可使操作生效。

A．单击幻灯片的空白区域 B．单击“保存”按钮

C．按 Enter 键 D．单击“撤销”按钮

47．在 PowerPoint 中移动文本时，如果在两个幻灯片之间移动会有（ ）结果。

A．文本无法复制　　B．文本复制正常

C．操作系统进入死锁状态　　D．文本会丢失

48．在 PowerPoint 中创建表格时，可从“插入”菜单中选择（　　）命令。

A．“对象”　　B．“表格”

C．“图表”　　D．“图片”

49．在 PowerPoint 中插入图片时，可从“插入”菜单中选择（　　）命令。

A．“对象”　　B．“表格”

C．“图表”　　D．“图片”

50．在 PowerPoint 中，有关在幻灯片的占位符中添加文本的方法错误的是（　　）。

A．在占位符内，可以直接输入标题文本

B．文本输入完毕，单击幻灯片旁边的空白处即可

C．单击标题占位符，将插入点置于该占位符内

D．文本输入中不能出现标点符号

51．在 PowerPoint 中选择幻灯片中的文本时，（　　）表示文本选择已经成功。

A．文本字体发生明显变化　　B．所选幻灯片中的文本变成反白

C．所选的文本闪烁显示　　D．状态栏中出现成功字样

52．在 PowerPoint 中设置文本的段落格式的行距时，设置的行距值是指（　　）。

A．行与行之间的实际距离，单位是毫米

B．行间距在显示时的像素个数

C．文本中行与行之间的距离用相对的数值表示其大小

D．以上答案都不对

53．在 PowerPoint 中插入图片时，在菜单栏中单击（　　）菜单。

A．“插入”　　B．“格式”

C．“编辑”　　D．“工具”

54．在 PowerPoint 中用内容提示向导来创建的 PowerPoint 演示文稿，下列选项中不属于演示文稿类型的是（　　）。

A．项目　　B．成功指南

C．服装设计　　D．企业

55．在 PowerPoint 中选择幻灯片的文本时，文本区的控制点是指（　　）。

A．文本的结束位置　　B．文本的起始位置

C．文本框的控制点　　D．文本的起始位置和结束位置

56．在 PowerPoint 中选择幻灯片中的文本时，（　　）。

A．将光标定位在所要选择文本的前方，按住鼠标右键不放并拖动至所要位置

B．将光标定位在所要选择文本的前方，按住鼠标左键不放并拖动至所要位置

C．用鼠标选中文本框，再复制

D．在“编辑”菜单中选择“全选”命令

57．在 PowerPoint 中插入图片的操作过程中，插入的图片必须满足一定的格式，下列选项中，不属于图片格式扩展名的是（　　）。

A．.wmf　　B．.jpg

C．.bmp　　D．.mps

58．在 PowerPoint 中设置文本段落格式的行距时，在“格式”菜单中选择（　　）命令。

A．“字体对齐方式”　　B．“字体”

C．“行距”　　D．“分行”

59．在 PowerPoint 中设置文本的段落格式的项目符号和编号时，在“格式”菜单中选择（　　）命令。

A．“行距”　　B．“字体对齐方式”

C．“项目符号和编号”　　D．“字体”

60．在 PowerPoint 中应用设计模板时，选择完模板文件后，单击（　　）按钮确定。

A．“复制”　　B．“应用”

C．“粘贴”　　D．“取消”

61．在 PowerPoint 的插入图片操作过程中，要预览图片，在下拉列表中选择（　　）选项。

A．“详细资料”　　B．“属性”

C．“列表”　　D．“预览”

62．在 PowerPoint 软件中，可以为文本、图形等对象设置动画效果，以突出重点或增加演示文稿的趣味性。设置动画效果可采用（　　）菜单中的“自定义动画”命令。

A．“幻灯片放映”　　B．“视图”

C．“工具”　　D．“格式”

63．在 PowerPoint 中对当前打开的演示文档上的对象设计动画，应选择（　　）命令。

A．菜单“幻灯片放映”→“预设动画”

B．菜单“幻灯片放映”→“基本动画”

C．菜单“幻灯片放映”→“自定义动画”

D．菜单“幻灯片放映”→“动作设置”

64．关闭 PowerPoint 时会提示是否要保存对 PowerPoint 的修改，如果需要保存该修改，应（　　）。

A．不予理睬　　B．单击“否”按钮

C．单击“是”按钮　　D．取消

65．用内容提示向导来创建 PowerPoint 演示文稿时，要想选择“项目总结”，就必须选择下列选项中的（　　）项。

A．项目　　B．成功指南

C．企业　　D．销售/市场

66．在 PowerPoint 中改变正在编辑的演示文稿模板的方法是（　　）。

A．选择菜单“工具”→“版式”命令

B．选择菜单“幻灯片放映”→“自定义动画”命令

C．选择菜单“格式”→“应用设计模板”命令

D．选择菜单“格式”→“幻灯片版式”命令

67．关于 PowerPoint 的叙述，下列说法正确的是（　　）。

A．打开 PowerPoint 有多种方法

B．PowerPoint 只能通过双击演示文稿文件打开

C．PowerPoint 是 IBM 公司的产品

D．关闭 PowerPoint 时一定要保存对它的修改

68．创建新的 PowerPoint 一般使用下列（　　）项。

A．设计模板　　B．空演示文稿

C．打开已有的演示文稿　　D．内容提示向导

69．可以对幻灯片进行移动、删除、添加、复制、设置动画效果，但不能编辑幻灯片中具体内容的视图是（　　）。

A．大纲视图　　B．幻灯片浏览视图

C．幻灯片视图　　D．幻灯片放映视图

70．在 PowerPoint 中，幻灯片（　　）是一张特殊的幻灯片，包含已设定格式的占位符，这些占位符是为标题、主要文本和所有幻灯片中出现的背景项目而设置的。

A．母版　　B．模板

C．样式　　D．版式

71．在 PowerPoint 窗口的菜单中，一般不属于菜单栏的是（　　）。

A．视图　　B．程序

C．编辑　　D．格式

72．在 PowerPoint 中，（　　）模式用于对幻灯片的编辑。

A．幻灯片浏览视图　　B．幻灯片模式

C．大纲模式　　D．幻灯片放映模式

73．在 PowerPoint 的各种视图中，显示单个幻灯片以进行文本编辑的视图是（　　）。

A．大纲视图　　B．幻灯片视图

C．幻灯片放映视图　　D．幻灯片浏览视图

74．在 PowerPoint 中，可以创建某些（　　），在幻灯片放映时单击它们，就可以跳转到特定的幻灯片或运行一个嵌入的演示文稿。

A．按钮　　B．粘贴

C．过程　　D．替换

75．在 PowerPoint 窗口中，下列图标不属于工具栏的是（　　）。

A．粘贴　　B．打开

C．复制　　D．插入

76．在 PowerPoint 中（　　）用于查看幻灯片的播放效果。

A．幻灯片浏览模式　　B．幻灯片模式

C．幻灯片放映模式　　D．大纲模式

77．在 PowerPoint 中，要对打印的每张幻灯片加边框，应通过（　　）设置。

A．“绘图”工具栏中的“矩形”按钮

B．菜单“格式”→“颜色和线条”命令

C．菜单“文件”→“打印”命令

D．菜单“插入”→“文本框”命令

78．在 PowerPoint 中，如果有额外的一两行不适合文本占位符的文本，则 PowerPoint 会（　　）。

A．不调整文本的大小，超出部分自动截断

B．不调整文本的大小，也不显示超出部分

C．不调整文本的大小，超出部分自动换行显示

D．自动调整文本的大小，使其适合占位符

79．下面的选项中，不属于 PowerPoint 窗口部分的是（　　）。

A．备注区　　B．大纲区

C．播放区　　D．幻灯片区

80．在 PowerPoint 中采用（　　）模式最适合组织和创建演示文稿。

A．普通视图　　B．幻灯片浏览视图

C．幻灯片放映视图　　D．大纲视图

81．在 PowerPoint 中，在多媒体设备正常的情况下，插入的多媒体对象不起作用（如声音媒体没有声音，动画不动），原因是（　　）。

A．没有设置幻灯片放映方式　　B．没有预设动画

C．没有切换到幻灯片放映视图　　D．PowerPoint 应用程序被破坏掉了

82．在 PowerPoint 中，为了在切换幻灯片时添加声音，可以使用（　　）菜单中的“幻灯片切换”命令。

A．“工具”　　B．“幻灯片放映”

C．“编辑”　　D．“插入”

83．在 PowerPoint 窗口中，如果同时打开两个 PowerPoint 演示文稿，会出现下列（　　）情况。

A．打开第一个时，第二个被关闭　　B．同时打开两个重叠的窗口

C．当打开第一个时，第二个无法打开　　D．执行非法操作，PowerPoint 被关闭

84．在 PowerPoint 中，（　　）模式可以实现在其他视图中可实现的一切编辑功能。

A．大纲视图　　B．幻灯片浏览视图

C．普通视图　　D．幻灯片放映视图

85．在 PowerPoint 中，若要超链接到其他文档，以下说法不正确的是（　　）。

A．选择菜单“幻灯片放映”→“动作按钮”命令

B．选择菜单“插入”→“超链接”命令

C．选择菜单“插入”→“幻灯片（从文件）”命令

D．单击“常用”工具栏的按钮

86．放映幻灯片有多种方法，在默认状态下，（　　）可以不从第一张幻灯片开始放映。

A．选择菜单“视图”→“幻灯片放映”命令

B．选择菜单“视图”→“幻灯片放映”命令

C．选择菜单“幻灯片放映”→“观看放映”命令

D．在资源管理器中使用鼠标右击演示文件，在快捷菜单中选择“显示”命令

87．利用 PowerPoint 制作幻灯片时，幻灯片在（　　）区域制作。

A．幻灯片区　　B．大纲区

C．备注区　　D．状态栏

88．关闭 PowerPoint 的正确操作是（　　）。

A．关闭显示器

B．拔掉主机电源

C．按 Ctrl+Alt+Delete 组合键重启计算机

D．单击 PowerPoint 标题栏右上角的“关闭”按钮

89．在演示文稿中，插入超链接中的所链接的目标不能是（　　）。

A．幻灯片中的某个对象　　B．同一演示文稿的某一张幻灯片

C．另一个演示文稿　　D．其他应用程序的文档

90．在幻灯片放映时，用户可以利用绘图笔在幻灯片上写字和画画，这些内容（　　）。

A．可以保存在演示文稿中　　B．在本次演示中不可擦除

C．在本次演示中可以擦除　　D．自动保存在演示文稿中

91．下列关于 PowerPoint 窗口中布局情况，符合一般情况的是（　　）。

A．状态栏在最上方　　B．标题栏在窗口的最上方

C．菜单栏在工具栏的下方　　D．幻灯片区在大纲区的左边

92．关闭 PowerPoint 时，如果不保存修改过的文档，（　　）。

A．下次 PowerPoint 无法正常启动　　B．系统会发生崩溃

C．硬盘产生错误　　D．刚刚修改过的内容将会丢失

93．在编辑演示文稿时，要在幻灯片中插入表格、剪贴画或照片等图形，应在（　　）中进行。

A．备注页视图　　B．幻灯片窗格

C．大纲窗格　　D．幻灯片浏览视图

94．在 PowerPoint 中，使用“另存为”命令，不能将文件保存为（　　）。

A．文本文件（*.txt）　　B．Web 页（*.htm）

C．PowerPoint 放映（*.pps）　　D．大纲/RTF 文件（*.rtf）

95．运行 PowerPoint 时，可在“开始”菜单中选择（　　）。

A．“文档”命令　　B．“设置”命令

C．“程序”命令　　D．“搜索”命令

96．PowerPoint 是下列（　　）公司的产品。

A．联想　　B．Microsoft

C．金山　　D．IBM

97．在 PowerPoint 中，要移动幻灯片在演示文稿中的编号位置，在（　　）中不能实现。

A．大纲视图　　B．幻灯片视图

C．幻灯片浏览视图　　D．以上都不可以

98．在 PowerPoint 中，在当前演示文稿中要新增一张幻灯片，应（　　）。

A．选择菜单“插入”→“新幻灯片”命令

B．选择菜单“文件”→“新建”命令

C．选择菜单“插入”→“幻灯片（从文件）”命令

D．选择菜单“编辑”→“复制及粘贴”命令

99．在 PowerPoint 中，设置的打印幻灯片范围是 4-7，10，20-，则表示打印的是（ ）。

A．幻灯片编号为第 4，第 7，第 10，第 20 的幻灯片

B．幻灯片编号为第 4～7，第 10，第 20 的幻灯片

C．幻灯片编号为第 4～7，第 10，第 20 到最后的幻灯片

D．幻灯片编号为第 4，第 7，第 10，第 20 到最后的幻灯片

100．在 PowerPoint 中，进行幻灯片各种视图快速切换的方法是（ ）。

A．使用快捷键

B．选择“文件”菜单

C．单击水平滚动条左边的视图控制按钮

D．选择“视图”菜单对应的视图

101．在 PowerPoint 中，在幻灯片母版中插入的对象，只有在（ ）中可以修改。

A．幻灯片母版　　B．讲义母版

C．大纲视图　　D．幻灯片视图

102．在 PowerPoint 中，在打印幻灯片时，一张 A4 纸最多可打印（ ）张幻灯片。

A．任意　　B．3

C．6　　D．9

103．在 PowerPoint 中，不能对个别幻灯片内容进行编辑修改的视图方式是（ ）。

A．幻灯片视图　　B．幻灯片浏览视图

C．大纲视图　　D．以上 3 项均不能

104．在 PowerPoint 中，要使多张幻灯片的标题具有相同字体格式、相同的图标，应通过（ ）。快速地实现。

A．选择菜单“视图”→“母版”→“幻灯片母版”命令

B．选择菜单“格式”→“应用设计模板”命令

C．选择菜单“格式”→“背景”命令

D．选择菜单“格式”→“字体”命令

105．在 PowerPoint 中，关于幻灯片页面版式的叙述不正确的是（ ）。

A．同一演示文稿中允许使用多种母版格式

B．同一演示文稿中不同幻灯片的配色方案可以不同

C．幻灯片上的对象大小可以改变

D．幻灯片应用模板一旦选定，就不可以改变

106．在 PowerPoint 中，设置幻灯片放映时的换页效果为“垂直百叶窗”，应选择“幻灯片放映”菜单中的（ ）命令。

A．“幻灯片切换”　　B．“自定义动画”

C．“预设动画”　　D．“动作按钮”

107．在 PowerPoint 中，（　　）是不能控制幻灯片外观一致的方法。

A．母版　　B．幻灯片视图

C．模板　　D．背景

108．在 PowerPoint 中，PowerPoint 启动对话框不包括（　　）选项。

A．设计模板　　B．空演示文稿

C．内容提示向导　　D．以上均没有

109．在 PowerPoint 的幻灯片浏览视图下，不能完成的操作是（　　）。

A．删除个别幻灯片　　B．编辑个别幻灯片内容

C．调整个别幻灯片位置　　D．复制个别幻灯片

110．在 PowerPoint 中，要在幻灯片上显示幻灯片编号，必须（　　）。

A．选择菜单“插入”→“幻灯片编号”命令

B．选择菜单“文件”→“页面设置”命令

C．选择菜单“视图”→“页眉和页脚”命令

D．以上都不行

111．在 PowerPoint 中，设置幻灯片放映时间的是（　　）。

A．菜单“幻灯片放映”→“预设动画”命令

B．菜单“幻灯片放映”→“动作设置”命令

C．菜单“幻灯片放映”→“排练计时”命令

D．菜单“插入”→“日期和时间”命令

112．PowerPoint 的演示文稿具有幻灯片、幻灯片浏览、备注、幻灯片放映和（　　）5 种视图。

A．普通　　B．大纲

C．页面　　D．联机版式

113．在 PowerPoint 中，要在选定的幻灯片版式中输入文字，方法是（　　）。

A．首先删除占位符中系统显示的文字，然后才可输入文字

B．首先单击占位符，然后才可输入文字

C．直接输入文字

D．首先删除占位符，然后才可输入文字

114．在 PowerPoint 中，已设置了幻灯片的动画，但没有动画效果，应切换到（　　）。

A．幻灯片视图　　B．幻灯片放映视图

C．大纲视图　　D．幻灯片浏览视图

115．在 PowerPoint 中，“格式”菜单中的（　　）命令可以用来改变某一幻灯片的布局。

A．“幻灯片版式”　　B．“字体”

C．“幻灯片配色方案”　　D．“背景”

116．在 PowerPoint 的（　　）视图中，可方便地对幻灯片进行移动、复制、删除等编辑操作。

A．幻灯片　　B．幻灯片放映

C．普通　　D．幻灯片浏览

117．在 PowerPoint 中，“自定义动画”对话框中不包括有关动画设置的（　　）选项。

A．自定义动画　　B．幻灯片切换

C．动画预览　　D．动作设置

118．在 PowerPoint 中，对于已创建的多媒体演示文档，可以用（　　）命令转移到其他未安装 PowerPoint 的机器上放映。

A．菜单“文件”→“打包”

B．菜单“文件”→“发送”

C．复制

D．菜单“幻灯片放映”→“设置幻灯片放映”

119．在 PowerPoint 中，（　　）不可删除幻灯片。

A．在幻灯片浏览视图下，选中要删除的幻灯片，按 Delete 键

B．在幻灯片视图下，选择要删除的幻灯片，选择菜单“编辑”→“删除幻灯片”命令

C．在大纲视图中，选中要删除的幻灯片，按 Delete 键

D．在幻灯片视图下，选择要删除的幻灯片，选择菜单“编辑”→“剪切”命令

120．在 PowerPoint 中，幻灯片内的动画效果可通过“幻灯片放映”菜单中的（　　）命令来设置。

A．“自定义动画”　　B．“幻灯片切换”

C．“动画预览”　　D．“动作设置”

121．在 PowerPoint 中，在空白幻灯片中不可以直接插入（　　）。

A．文字　　B．Word 表格

C．艺术字　　D．文本框

122．PowerPoint 演示文档的默认扩展名是（　　）。

A．.pwt　　B．.ppt

C．.xls　　D．.doc

123．在 PowerPoint 的（　　）下，可以用拖动方法改变幻灯片的顺序。

A．备注页视图　　B．幻灯片放映

C．幻灯片浏览视图　　D．幻灯片视图

124．如果要将幻灯片的方向改变为纵向，可通过（　　）命令实现。

A．“打印”　　B．“幻灯片版式”

C．“应用设计模板”　　D．“页面设置”

125．演示文稿的输出不包括（　　）。

A．打印　　B．打印预览

C．打包　　D．幻灯片投影

126．PowerPoint 启动对话框中不包括下列选项中的（　　）。

A．关闭系统　　B．模板

C．内容提示向导　　D．空演示文稿

127．不影响 PowerPoint 演示文稿格式的是（　　）。

A．备注页　　B．母版

C．幻灯片版式　　D．配色方案

128．添加与编辑幻灯片“页眉与页脚”操作的命令位于（　　）菜单中。

A．“格式”　　B．“视图”

C．“插入”　　D．“编辑”

129．设置幻灯片背景的填充效果应使用（　　）菜单。

A．“格式”　　B．“视图”

C．“工具”　　D．“编辑”

130．以下不属于页面设置内容的是（　　）。

A．页边距　　B．幻灯片大小

C．幻灯片方向　　D．幻灯片编号起始值

131．在 PowerPoint 中，可以设置幻灯片布局的命令是（　　）。

A．“幻灯片配色方案”　　B．“幻灯片版式”

C．“设置放映方式”　　D．“背景”

132．以下不属于“格式”菜单中的命令的是（　　）。

A．“段落”　　B．“字体”

C．“幻灯片版式”　　D．“背景”

133．选中幻灯片中的对象后，（　　）不可实现对象的复制操作。

A．单击“常用”工具栏中的“复制”和“粘贴”按钮

B．选择菜单“编辑”→“复制”与“粘贴”命令

C．用鼠标左键拖动对象到目的位置

D．使用快捷键 Ctrl+C 和 Ctrl+V

134．在大纲视图中，单击工具栏中的（　　）按钮，表示升级。

A．　　B．

C．　　D．

135．在大纲视图中，单击工具栏中的（　　）按钮，表示下移一个段落。

A．　　B．

C．　　D．

136．在 PowerPoint 中，Esc 键的作用是（　　）。

A．关闭打开的文件　　B．退出 PowerPoint

C．停止正在放映的幻灯片　　D．相当于 Ctrl+F4

137．下列关于幻灯片打印操作的描述中不正确是（　　）。

A．不能将幻灯片打印至文件

B．彩色幻灯片能以黑白方式进行打印

C．“打印纸张大小”由“页面设置”命令定义

D．能够打印指定编号的幻灯片

138．幻灯片中可以设置动画的对象是（　　）。

A．图片　　B．表格
C．文本　　D．以上 3 种均可

139．不同演示文稿所包含的幻灯片张数（　　）。
A．等于 8 张　　B．小于 8 张
C．大于 8 张　　D．是不同的

140．在 PowerPoint 下，文件的保存类型不可以是（　　）。
A．大纲文件　　B．Word 文档
C．演示文稿　　D．演示文稿模板

141．PowerPoint 提供了（　　）种新幻灯片版式。
A．8　　B．18
C．28　　D．38

142．水平滚动条左侧按钮的作用是（　　）。
A．切换视图方式　　B．设定字体格式
C．设置段落格式　　D．设置项目符号

三、多项选择题

1．以下（　　）属于“动作按钮”中的按钮的形式。
A．“帮助”　　B．“声音”
C．“信息”　　D．“第一张”

2．如果要对一个动作按钮设定大小，以下操作错误的是（　　）
A．在“幻灯片放映”菜单中选择“动作按钮”命令，出现设置大小的对话框
B．在“幻灯片放映”菜单中选择“动作按钮”命令，单击一种动作按钮，在幻灯片中按住鼠标左键不放，拖出想要按钮的大小
C．在“幻灯片放映”菜单中选择“动作按钮”命令，单击一种动作按钮，弹出一个设置按钮大小的对话框设定大小
D．以上操作都不正确

3．“动作设置”对话框中有（　　）执行动作方式可以选择。
A．双击鼠标　　B．按任意键
C．单击鼠标　　D．鼠标移过

4．在幻灯片浏览视图中，要选中所有幻灯片，可以用下列（　　）方法。
A．直接按 Ctrl+A 组合键　　B．使用“编辑”菜单中的“全选”命令
C．直接按 Shift+A 组合键　　D．使用鼠标并按住 Ctrl 键逐个单击

5．在“插入影片”的对话框中单击要选择的类别，会弹出一个菜单，这个菜单中有（　　）命令。
A．“复制剪辑”　　B．“插入剪辑”
C．“播放剪辑”　　D．“查找类似剪辑”
E．“将剪辑添加到收藏夹或其他类别”

6．下列说法正确的是（　　）。

A．在幻灯片中插入影片时，会出现一个对话框，以让用户选择幻灯片放映时是不是自动播放插入的影片

B．插入影片的操作可以用“影片和声音”级联菜单中的“剪辑库中的影片”命令

C．在“插入影片”对话框中，要插入选中的影片，只需双击要插入的影片即可

D．插入影片的操作应该使用“工具”菜单

7．（　　）才能弹出“插入影片”对话框。

A．在普通视图或幻灯片视图中，显示要插入影片的幻灯片，选择菜单“插入”→“影片和声音”→“剪辑库中的影片”命令

B．选择菜单“插入”→“影片和声音”→“剪辑库中的声音”命令

C．在普通视图或幻灯片视图中，显示要插入影片的幻灯片，选择菜单“插入”→“影片和声音”→“文件中的影片”命令

D．以上答案都不对

8．在 PowerPoint 中，（　　）才能弹出“插入声音”对话框。

A．在普通视图或幻灯片视图中，显示要插入声音的幻灯片，选择菜单“插入”→“影片和声音”→“文件中的声音”命令

B．在普通视图或幻灯片视图中，显示要插入声音的幻灯片，选择菜单“插入”→“影片和声音”命令→“剪辑库中的声音”命令

C．选择菜单“格式”→“影片和声音”→“剪辑库中的声音”命令

D．以上答案都不对

9．在“插入声音”的对话框中单击要选择的类别，会弹出一个菜单，请问这个菜单中有（　　）命令。

A．“复制剪辑”　　B．“插入剪辑”

C．“播放剪辑”　　D．“查找类似剪辑”

E．“将剪辑添加到收藏夹或其他类别”

10．下列说法正确的是（　　）。

A．插入声音的操作可以用“影片和声音”级联菜单中的“剪辑库中的声音”命令

B．在幻灯片中插入声音时，会出现一个对话框，以让用户选择幻灯片放映时是不是自动播放插入的声音

C．插入声音的操作应该使用“工具”菜单

D．在“插入声音”对话框中，只需双击要插入的声音即可插入

11．在 PowerPoint 中，有关插入图片的叙述不正确的是（　　）。

A．插入的图片格式必须是 PowerPoint 所支持的图片格式

B．插入的图片来源不能是网络映射驱动器

C．图片插入完毕将无法修改

D．以上说法不全正确

12．在 PowerPoint 中，下列关于插入图片操作的叙述正确的是（　　）。

A．在幻灯片视图中，显示要插入图片的幻灯片，再通过“插入”菜单插入图片

B．在 PowerPoint 中，插入图片的操作也可以从菜单栏中的“插入”菜单开始

C．插入图片的路径可以是本地也可以是网络驱动器
D．以上说法不全正确

13．在 PowerPoint 中，下列关于应用设计模板的叙述正确的有（ ）。
A．在“格式”菜单中选择“幻灯片设计”命令，会弹出“幻灯片设计”任务窗格，从中有“应用设计模板”列表框
B．单击某个模板文件，可以预览模板内容
C．不应用设计模板，将无法设计幻灯片
D．供应用的模板是很多的

14．在 PowerPoint 中应用设计模板时，以下说法正确的是（ ）。
A．单击菜单栏中的“格式”菜单进入
B．在“格式”菜单中选择“幻灯片设计”命令
C．模板的内容要到导入之后才能看到
D．模板的选择是多样化的

15．有关在 PowerPoint 中创建表格的说法正确的是（ ）。
A．打开一个演示文稿，并切换到相应的幻灯片
B．选择菜单“插入”→“表格”命令，会弹出“插入表格”对话框
C．在“插入表格”对话框中要输入插入的行数和列数
D．插入后的表格行数和列数无法修改

16．在 PowerPoint 中，有关创建表格的说法正确的是（ ）。
A．创建表格可从菜单栏的“插入”菜单开始
B．插入表格时要指明插入的行数和列数
C．表格创建是在幻灯片中进行的
D．以上说法都不对

17．在 PowerPoint 中，下列关于设置文本的段落格式的叙述正确的是（ ）。
A．字体不能作为项目符号
B．行距设置完毕，单击“确定”按钮完成
C．图形也能作为项目符号
D．设置行距时，行距值有一定的范围

18．在 PowerPoint 中，下列关于设置文本的段落格式的叙述错误的是（ ）。
A．行距可以是任意值
B．图形不能作为项目符号
C．设置文本的段落格式时，要从菜单栏的“插入”菜单进入
D．以上说法全都不对

19．在 PowerPoint 中，下列说法错误的是（ ）。
A．文本选择完毕，所选文本会闪烁　　B．文本选择完毕，所选文本会反白
C．单击文本区，会显示文本控制点　　D．单击文本区，文本框闪烁

20．在 PowerPoint 中，下列有关移动和复制文本的叙述正确的是（ ）。
A．文本剪切的快捷键是 Ctrl+P

B．文本复制的快捷键是 Ctrl+C

C．文本复制和剪切是有区别的

D．单击“粘贴”按钮和使用快捷键 Ctrl+V 的效果是一样的

21．在 PowerPoint 中设置文本的字体时，下列选项中（　　）一般出现在中文字体的列表中。

A．宋体　　B．黑体

C．草书　　D．隶书

22．在 PowerPoint 中设置文本的字体时，下列选项中属于效果选项的是（　　）。

A．闪烁　　B．阴影

C．浮凸　　D．下画线

23．在 PowerPoint 中，下列有关移动和复制文本的叙述正确的是（　　）。

A．文本在复制前必须先选定　　B．文本的剪切和复制没有区别

C．文本能在多张幻灯片间移动　　D．文本复制的快捷键是 Ctrl+C

24．在 PowerPoint 中，下列设置文本字体的操作正确的是（　　）。

A．选取要格式化的文本或段落

B．从菜单栏中单击“格式”菜单开始

C．可在弹出的“字体”对话框中选择所需的中文字体、字形、字号等项

D．效果选项中的效果选项是无法选择的

25．在 PowerPoint 中，下列操作中可以实现将所选的文本放入剪贴板上的是（　　）。

A．按 Ctrl+C 组合键　　B．单击工具栏中的“复制”按钮

C．选择菜单“编辑”→“复制”命令　　D．按 Ctrl+T 组合键

26．在 PowerPoint 中，有关设置文本字体的叙述正确的是（　　）。

A．在文字字号中，66 号字比 72 号字大

B．设置文本的字体时，从菜单栏的“插入”菜单开始

C．设定文本字体之前，必须先选定文本或段落

D．选择设置效果选项可以加强文字的显示效果

27．在 PowerPoint 中，要将剪贴板上的文本插入到指定文本段落，下列操作中不能实现的是（　　）。

A．将光标置于想要插入的文本位置，单击工具栏中的“粘贴”按钮

B．将光标置于想要插入的文本位置，单击“插入”菜单

C．将光标置于想要插入的文本位置，使用快捷键 Ctrl+C

D．将光标置于想要插入的文本位置，使用快捷键 Ctrl+V

28．在 PowerPoint 中，有关选择幻灯片的文本的叙述正确的是（　　）。

A．单击文本区，会显示文本控制点

B．选择文本时，按住鼠标不放并拖动鼠标

C．文本选择成功后，所选幻灯片中的文本反白

D．文本不能重复选定

29．在 PowerPoint 中，用“文本框”工具在幻灯片中添加图片操作，下列叙述正确的有

（ ）。

A．添加文本框可以从菜单栏的“插入”菜单开始

B．文本框的大小可以改变

C．文本框的大小不可改变

D．文本插入完成后自动保存

30．在 PowerPoint 中，有关在幻灯片的占位符中添加文本的方法正确的是（ ）。

A．文本输入中不能出现标点符号

B．文本输入完毕，单击幻灯片旁边的空白处就行了

C．在占位符内，可以直接输入标题文本

D．单击标题占位符，将插入点置于该占位符内

31．在使用 PowerPoint 的幻灯片放映视图放映演示文稿的过程中，要结束放映，可操作的方法有（ ）。

A．按 Ctrl+E 组合键

B．按 Enter 键

C．单击鼠标右键，从弹出的快捷菜单中选择“结束放映”命令或按 Esc 键

D．单击放映屏幕左下角的上三角按钮，在弹出的菜单中选择“结束放映”命令

32．在 PowerPoint 中，（ ）主要显示主要的文本信息。

A．大纲视图　　B．幻灯片浏览视图

C．幻灯片视图　　D．普通视图

33．在 PowerPoint 中，下列关于在幻灯片的占位符中添加文本的方法，正确的是（ ）。

A．插入的文本一般不加限制　　B．标题文本插入可在大纲区进行

C．标题文本插入在状态栏中进行　　D．插入的文本文件有很多条件

34．在 PowerPoint 中，以下叙述正确的有（ ）。

A．在任一时刻，幻灯片窗格内只能查看或编辑一张幻灯片

B．在幻灯片上可以插入多种对象，除了可以插入图片、图表外，还可以插入声音、公式和视频等

C．一个演示文稿中只能有一张应用“标题幻灯片”母版的幻灯片

D．备注页的内容与幻灯片内容分别存储在两个不同的文件中

35．在 PowerPoint 中为了便于编辑和调试演示文稿，提供了多种不同的视图显示方式，PowerPoint 2003 没有提供的视图有（ ）。

A．幻灯片视图　　B．大纲视图

C．普通视图　　D．备注页视图

E．页面视图　　F．幻灯片浏览视图

G．幻灯片放映视图　　H．联机版式视图

36．在幻灯片窗格中，要选择多个对象，可以（ ）。

A．单击一个对象后，按住 Ctrl 键再单击其他对象

B．单击一个对象后，按住 Shift 键再单击其他对象

C．不使用任何画图工具和命令，直接用鼠标在包含这些对象的区域中拖出一个框

D．分别单击每一个要选择的对象

37．下面关于在 PowerPoint 中创建新幻灯片的叙述，正确的有（　　）。

A．新幻灯片只能通过内容提示向导来创建

B．新幻灯片可以用多种方式创建

C．新幻灯片的输出类型根据需要来设定

D．新幻灯片的输出类型固定不变

38．PowerPoint 提供了两类模板，它们是（　　）。

A．设计模板　　B．内容模板

C．普通模板　　D．备注页模板

39．用内容提示向导来创建 PowerPoint 演示文稿时，“在每张幻灯片都包含的对象”中，关于页脚对话框中内容的说法错误的是（　　）。

A．可以填也可以不填　　B．根本没有这个窗口

C．一定不能填写页脚　　D．必须要填写页脚

40．在 PowerPoint 的幻灯片浏览视图中，可进行的操作有（　　）。

A．复制幻灯片　　B．设置幻灯片的动画效果

C．幻灯片文本内容的编辑修改　　D．可以进行“自定义动画”设置

41．有关创建新的 PowerPoint 幻灯片的说法，正确的是（　　）。

A．可以利用空白演示文稿来创建

B．演示文稿的输出类型应根据需要选定

C．在演示文稿类型中，只能选择成功指南

D．可以利用内容提示向导来创建

42．在下列 PowerPoint 的各种视图中，可编辑、修改幻灯片内容的视图有（　　）。

A．普通视图　　B．幻灯片视图

C．幻灯片浏览视图　　D．幻灯片放映视图

四、判断正误题（正确填 A，错误填 B）

1．如果要在界面中弹出“动作设置”对话框，只有一种方法，那就是选择菜单“幻灯片放映”中的“动作设置”命令。（　　）

2．PowerPoint 规定，对于任何一张幻灯片，都要在“动画效果列表”中选择一种动画方式，否则系统提示错误信息。（　　）

3．在“自定义动画”对话框中，不能对当前的设置进行预览。（　　）

4．在 PowerPoint 中，用自选图形在幻灯片中添加文本时，插入的图形是无法改变大小的。（　　）

5．在普通视图和幻灯片视图中都可以显示要插入影片的幻灯片。（　　）

6．在 PowerPoint 中，如果插入图片时误将不需要的图片插入进去，可以单击“撤销”按钮来撤销。（　　）

7．自定义动画要用到“幻灯片放映”菜单中的“自定义动画”命令。（　　）

8．在普通视图或幻灯片视图中，选择要插入声音的幻灯片，选择菜单“插入”→“影片和声音”→“文件中的声音”命令，选择所需声音的类别，从弹出的菜单中选择“插入剪辑”选项，该操作顺序是正确的。（ ）

9．“插入声音”对话框中的“联机剪辑”的作用是连接到 Web，可以得到更加丰富的图片和音乐等资源。（ ）

10．在 PowerPoint 中，当本次复制文本的操作成功之后，上一次复制的内容自动丢失。（ ）

11．在 PowerPoint 中，在创建表格的过程中如果插入操作错误，可以单击工具栏上的“撤销”按钮来撤销。（ ）

12．在 PowerPoint 中，选择 PowerPoint 中的文本时，如果文本选择成功之后，按下鼠标左键拖动就无法再选择该段文本。（ ）

13．在 PowerPoint 中，应用设计模板设计的演示文稿无法进行修改。（ ）

14．在 PowerPoint 中，设置文本的字体时，文字的效果选项可以选也可以直接跳过。（ ）

15．在 PowerPoint 中设置文本的段落格式时，可以根据需要把选定的图形作为项目符号。（ ）

16．在普通视图和幻灯片视图中可以显示要插入声音的幻灯片。（ ）

17．在普通视图或幻灯片视图中，选择要插入影片的幻灯片，选择菜单“插入”→“影片和声音”→“剪辑库中的影片”命令，选择所需影片的类别，从弹出的菜单中选择“插入剪辑”选项，该操作顺序是正确的。（ ）

18．在 PowerPoint 中，用“文本框”工具在幻灯片中添加文字时，文本框的大小和位置是确定的。（ ）

19．在 PowerPoint 的窗口中，无法改变各个区域的大小。（ ）

20．一个演示文稿只能有一张应用标题母版的标题页。（ ）

21．用 PowerPoint 的幻灯片视图，在任何时候，主窗口内只能查看或编辑一张幻灯片。（ ）

22．在 PowerPoint 的幻灯片上可以插入多种对象，除了可以插入图形、图表外，还可以插入公式、声音和视频。（ ）

23．在 PowerPoint 中用“文本框”工具在幻灯片中添加文字时，文本插入完毕后在文本上留有边框。（ ）

24．在 PowerPoint 中可以用彩色、灰色或黑白打印演示文稿的幻灯片、大纲、备注等。（ ）

25．在幻灯片放映过程中，用户可以在幻灯片上写字或画画，这些内容将保存在演示文稿中。（ ）

26．在 PowerPoint 的大纲视图中，可以增加、删除、移动幻灯片。（ ）

27．在 PowerPoint 中，插入到占位符内的文本无法修改。（ ）

28．在 PowerPoint 中放映幻灯片时，必须从第一张幻灯片开始放映。（ ）

29．在幻灯片视图中单击一个对象后，按住 Ctrl 键再单击另一个对象，则两个对象均被

选中。（　）

30．在 PowerPoint 中可以利用内容提示向导来创建新的幻灯片。（　）

31．PowerPoint 提供的设计模板只包含预定义的各种格式，不包含实际文本内容。（　）

32．演示文稿中的任何文字对象都可以在大纲视图中编辑。（　）

33．在 PowerPoint 中，可以利用空白演示文稿来创建新的 PowerPoint 幻灯片。（　）

34．要放映幻灯片，不管是使用“幻灯片放映”菜单中的“观看放映”命令放映，还是单击“视图控制”中的“幻灯片放映”按钮放映，都要从第一张开始放映。（　）

35．在 PowerPoint 中，备注页的内容是存储在与演示文稿文件不同的另一个文件中的。（　）

36．要想打开 PowerPoint，只能从“开始”菜单选择“程序”命令，然后选择 Microsoft PowerPoint 命令。（　）

37．在 PowerPoint 中，在大纲视图模式下可以实现在其他视图中可实现的一切功能。（　）

训练 7

计算机网络基础知识

一、填空题

1．计算机网络是__________技术和__________技术相结合的产物。

2．计算机网络从逻辑功能上看，由__________和__________两部分构成。

3．计算机网络按照其规模大小和延伸距离远近可划分为__________、__________、__________。

4．常见的计算机局域网的基本拓扑结构有__________、__________、__________和__________结构。

5．ISO 的开放系统互连参考模型（ISO/OSI）将计算机网络的体系结构分成__________层。

6．Internet 提供的基本服务有__________、__________和__________等。

7．IP 地址是一个__________位的二进制数。

8．有人在 sohu 网站（其邮件服务器主机域名为 sohu.com）申请了一个免费邮箱，其定义的用户名是 Zhang，那么完整的 E-mail 地址应该是__________。

9．在 Windows 98 环境下，若要通过网络访问另一台计算机中的信息，则可借助__________来实现。

10．Internet 地址有两类，人们将形如 202. 38. 128. 2 的地址称为__________，将形如 xyz. edu. Cn 的地址称为__________。

11．统一资源定位器的英文缩写是__________。

12．Internet 提供了这样一项服务，人们可借助它与未见面的朋友聊天、组织沙龙、留言或获取信息，人们称这项服务缩写为__________。

13．TCP/IP 是 Internet 的网络协议，其中 TCP 叫做__________，IP 叫做__________。

14．Internet 上的 IP 地址是由 4 组数字组成的，一共有_____个字节。

15．E-mail（电子信箱）地址由用户名和__________两部分组成，中间用一个符号“@”

连接起来。

16．超文本标记语言的英文缩写是__________。

17．在 IE 中，人们可以通过“工具”菜单中的__________命令，将自己喜爱的网站主页设置成为起始主页，以后每次进入 IE 时就会自动连接到该网站上。

18．有一种专门用来查找网址的网站，给上网者带来很大方便，这种网站称为__________。

19．在浏览器的地址栏中输入 URL 时，前面总是带有 http://，其中的 http 的中文名称是__________。

20．ISO/OSI 参考模型中物理层的数据是以__________格式传送的。

21．用户通过因特网可以获得许多有用的文件，将这些文件复制到本地计算机上的过程称为__________。

22．Internet 上的 IP 地址是由 4 组数字组成，每组数字之间以__________符号分开。

23．互联网上的地址常称为__________地址。

24．TCP/IP 的中文名称是__________。

25．以字符特征名为代表的 IP 地址中包括__________、机构名、部门组织和国家名 4 个部分。

26．国际互联网称为__________。

27．E-mail 是指__________。

28．IP 地址被分为__________类。

29．Modem 中文称为__________。

30．“192. 168. 1. 3”是一个__________类地址。

31．Web 又称为__________，中文名称为__________。

32．请列举因特网的两种接入方案：__________和__________。

33．在 IE 中设置浏览器环境和参数，是通过__________菜单中的__________命令来实现的。

34．局域网一般由以下几个基本部分组成：网络系统软件、工作站、__________、__________和网间连接器。

35．通过 ChinaNet 可以与 Internet 相连，用户只要一台计算机、一个电话线和__________，并配有网络通信软件，就可以拨号上网了。

36．可以通过 IE 的“__________”菜单为用户保留一份频繁使用的站点、新闻组和文件清单。

37．World Wide Web 的中文简称是__________。

38．Internet 上的每一个信息页都有自己的地址，称为__________。

39．在 Web 页面中还含有指向其他 Web 页的网址，称为__________。

40．在发件箱中的邮件，可以通过工具栏或“工具”菜单中的__________命令来发送。

41．在 Outlook Express 中传送一个图片文件，可用__________形式来发送。

42．在 Web 页面中，对附件操作的一般步骤为浏览、_____和完成。

43．在登录免费邮箱时，用户需要向服务器提供的是__________和__________。

44．在互联网上，无偿使用的软件有__________和__________两种。

45．对于网络中的计算机，Windows 98 可以通过__________来访问网络中的其他计算机的信息。

46．IP 层对应 OSI 七层协议的__________层。

47．FTP 的含义是__________，它允许用户将文件从一台计算机传输到另一台计算机。

48．在 ISO/OSI 参考模型中，数据链路层是第__________层，数据在数据链路层上以__________的形式进行传输。

49．接收 E-mail 时常用的网络协议有__________。

50．域名地址中的. cn 的含义是__________。

51．对于 A 类 IP 地址，第一个字节的十进制数表示的范围为__________。

52．现在通常所说的“三网合一”指的是__________、__________、__________合一。

53．对于 HTML 语言的标记 B，其开始标签是__________，结束标签是__________。

54．在 Internet 上，提供资源的计算机叫__________，使用资源的计算机叫__________。

55．计算机网络的工作模式有客户机/服务器模式和__________模式。

56．浏览器和 WWW 服务器通信所使用的应用层协议是__________。

57．政府网的网络域名类型是__________。

58．TCP 对应 OSI 七层协议的__________层。

59．校园网的网络域名类型是__________。

60．ISP 即 Internet 服务提供商，中国最大的 ISP 服务提供商是__________。

61．用户要采用拨号方式上网，需要得到__________提供的账号。

62．对于域名地址中的.edu，表明该网站是__________机构。

63．调制解调器的功能是实现__________信号和__________信号之间的相互转换。

64．HTTP 的中文含义是__________，HTTP 的默认端口号是__________。

65．B 类 IP 地址的第一字节的十进制数的范围是__________。

66．在电子邮件地址中，用户名和主机域名之间用符号__________分隔。

67．在 OSI 参考模型中，负责把传输的帧格式划分为比特流的是__________层。

68．域名 yujie. com. cn 表示主机名的是__________。

二、单项选择题

1．若干台有独立功能的计算机，在（　）的支持下，用双绞线相连的系统属于计算机网络。

A．操作系统　　B．TCP/IP 协议
C．计算机软件　　D．网络软件

2．下面不属于局域网硬件组成的是（　）。

A．网络服务器　　B．个人计算机工作站
C．网络接口卡　　D．调制解调器

3．广域网和局域网是按照（　）来分的。

A．网络使用者　　B．信息交换方式
C．网络连接距离　　D．传输控制规程

4．局域网由（　　）统一指挥，提供文件、打印、通信和数据库等服务功能。

A．网卡　　B．磁盘操作系统 DOS

C．网络操作系统　　D．Windows 98

5．计算机网络最突出的优点是（　　）。

A．共享软、硬件资源　　B．运算速度快

C．可以互相通信　　D．内存容量大

6．（　　）用于 LLC 层以下的不相同（LLC 层以上协议相同）的局域网之间的连接。

A．中继器　　B．网关

C．集线器　　D．网桥

7．在局域网上，用于计算机和通信线路间的连接的设备是（　　）。

A．Hub　　B．网卡

C．网关　　D．网桥

8．我国将计算机软件的知识产权列入（　　）权保护范畴。

A．著作　　B．软件

C．技术　　D．合同

9．局域网的硬件组成有（　　）、工作站或其他智能设备、网络接口卡及传输媒介、网间连接器等。

A．网络服务器　　B．网络操作系统

C．网络协议　　D．路由器

10．电子邮件地址格式为 username@hostname，其中 hostname 为（　　）。

A．用户地址名　　B．ISP 某台主机的域名

C．某公司名　　D．某国家名

11．URL 的意思是（　　）。

A．统一资源管理器　　B．Internet 协议

C．简单邮件传输协议　　D．传输控制协议

12．下列说法错误的（　　）。

A．电子邮件是 Internet 提供的一项最基本的服务

B．电子邮件具有快速、高效、方便、价廉等特点

C．通过电子邮件，可向世界上任何一个角落的网络用户发送信息

D．可发送的只有文字和图像

13．WWW 的中文名称为（　　）。

A．国际互联网　　B．综合信息网

C．环球网　　D．数据交换网

14．TCP/IP 是（　　）。

A．网络名　　B．网络协议

C．网络应用　　D．网络系统

15．收到一封邮件，再把它寄给别人，一般可以用（　　）。

A．回复　　B．转发

C．编辑　　D．发送

16．HTTP 的中文意思是（　　）。

A．布尔逻辑搜索　　B．电子公告牌

C．文件传输协议　　D．超文本传输协议

17．Internet 采用的协议类型为（　　）。

A．TCP/IP　　B．IEEE 802. 2

C．X. 25　　D．IPX/SPX

18．当电子邮件在发送过程中有误时，则（　　）。

A．电子邮件将自动把有误的邮件删除

B．邮件将丢失

C．电子邮件会将原邮件退回，并给出不能寄达的原因

D．电子邮件会将原邮件退回，但不给出不能寄达的原因

19．在电子邮件中，“邮局”一般放在（　　）。

A．发送方的个人计算机中　　B．ISP 主机中

C．接收方的个人计算机中　　D．都不正确

20．Internet Explorer 在支持 FTP 的功能方面，（　　）说法是正确的。

A．能进入非匿名式的 FTP，无法上传　　B．能进入非匿名式的 FTP，可以上传

C．只能进入匿名式的 FTP，无法上传　　D．只能进入匿名式的 FTP，可以上传

21．要从一台主机远程登录到另一台主机，使用的是（　　）。

A．HTTP　　B．ping

C．Telnet　　D．TRACERT

22．Internet 的中文译名是（　　）。

A．国际网　　B．校园网

C．因特网　　D．邮电网

23．WWW 是（　　）的缩写。

A．World Wide Web　　B．Wide World Web

C．Web World Wide　　D．Web Wide World

24．FTP 是（　　）。

A．文件下载　　B．文件传输协议

C．文件复制　　D．都不是

25．IP 地址由（　　）个字节组成。

A．1　　B．2　　C．3　　D．4

26．对于域名 www. TsinghuA.edu. cn，它是指（　　）。

A．中国的教育界　　B．中国的工商界

C．工商界　　D．网络机构

27．Web 上的信息是由（　　）语言来组织的。

A．C　　B．BASIC

C．Java　　D．HTML

28．拨号入网时必须使用的一种设备是（　　）。

A．网卡　　B．Modem

C．ISP　　D．Hub

29．通过局域网入网时必须使用的一种设备是（　　）。

A．网卡　　B．Modem

C．ISP　　D．Hub

30．在 IE 浏览器中要保存一个网址，须使用（　　）功能。

A．历史　　B．搜索

C．收藏　　D．转移

31．IE 6.0 是（　　）。

A．网络浏览器软件　　B．开放系统互连参考模型

C．TCP/IP 协议软件　　D．网络操作系统

32．网络互联时需要有（　　）。

A．协议　　B．电子邮件

C．拓扑结构　　D．网络管理员

33．www. scrtvu. net 是网络的（　　）。

A．网络的地址　　B．网页的地址

C．IP 地址　　D．URL

34．四川大学的网络属于（　　）。

A．广域网　　B．城域网

C．局域网　　D．TCP/IP

35．Outlook Express 是常用的（　　）。

A．协议　　B．网络应用软件

C．网络浏览软件　　D．网络操作系统

36．TCP/IP 的含义是（　　）。

A．传输控制/网络互联协议　　B．开放系统互连参考模型

C．网络软件　　D．网络操作系统

37．192. 168. 1. 5 是网络的（　　）。

A．网站的地址　　B．网页的地址

C．IP 地址　　D．URL

38．Internet 属于（　　）。

A．广域网　　B．城域网

C．局域网　　D．TCP/IP

39．Windows NT 是常用的（　　）。

A．协议　　B．网络操作系统

C．网络浏览软件　　D．网络应用软件

40．ISO/OSI 叫（　　）。

A．开放系统互连参考模型　　B．TCP/IP 协议

C．网络软件　　D．网络操作系统

41．网络上常用的协议是（　）。

A．TCP/IP　　B．Internet

C．Intranet　　D．Windows NT

42．IPv6将首部长度变为固定的（　）个字节。

A．6　　B．12　　C．16　　D．24

43．下列关于IPv6协议优点的描述中，准确的是（　）。

A．IPv6协议支持光纤通信

B．IPv6协议支持通过卫星链路的Internet连接

C．IPv6协议具有128个地址空间，允许全局IP地址出现重复

D．IPv6协议解决了IP地址短缺的问题

44．在RFC 2460中为IPv6定义了一些扩展首部，其中不包括（　）。

A．分片　　B．鉴别

C．封装安全有效载荷　　D．移动头选项

45．局域网的拓扑结构主要有（　）、环形、总线型和树形等。

A．星形　　B．T形

C．链形　　D．关系型

46．Windows NT是一种（　）。

A．网络操作系统　　B．单用户、单任务操作系统

C．文字处理系统　　D．应用程序

47．网络服务器是指（　）。

A．具有通信功能的386或486高档微机

B．为网络提供资源，并对这些资源进行管理的计算机

C．带有大容量硬盘的计算机

D．32位总线结构的高档微机

48．IPv6协议栈中取消了（　）协议。

A．DHCP　　B．ARP

C．ICMP　　D．UDP

49．计算机网络的主要目标是（　）。

A．分布处理　　B．将多台计算机连接起来

C．提高计算机可靠性　　D．共享软件、硬件和数据资源

50．关于IPv6地址的描述中不正确的是（　）。

A．IPv6地址为128位，解决了地址资源不足的问题

B．IPv6地址中包容了IPv4地址，从而可保证地址向前兼容

C．IPv4地址存放在IPv6地址的高32位

D．IPv6中自环地址为0:0:0:0:0:0:0:10

51．早期的计算机网络由（　）组成系统。

A．计算机—通信线路—计算机　　B．PC—通信线路—PC

C．终端—通信线路—终端　　D．计算机—通信线路—终端

52．要在因特网上传送电子邮件，所有的用户终端机都必须通过局域网或用 Modem 通过电话线连接到（　　），它们之间再通过 Internet 相连。

A．本地电信局　　B．E-mail 服务器

C．本地主机　　D．全国 E-mail 服务中心

53．电子邮件地址的一般格式为（　　）。

A．用户名@域名　　B．域名@用户名

C．IP 地址@域名　　D．域名@ IP 地址

54．FTP 工作于（　　）。

A．网络层　　B．传输层

C．会话层　　D．应用层

55．因特网的意译是（　　）。

A．国际互联网　　B．中国电信网

C．中国科教网　　D．中国金桥网

56．因特网能提供的最基本服务包括（　　）。

A．Newsgroup、Telnet、E-mail　　B．Gopher、finger、WWW

C．E-mail、WWW、FTP　　D．Telnet、FTP、WAIS

57．下面是某单位主页的 Web 地址 URL，其中符合 URL 格式的是（　　）。

A．http//www. jnu. edu. cn　　B．http:www. jnu. edu. cn

C．http://www. jnu. edu. cn　　D．http:/www. jnu. edu. cn

58．IP 地址是由（　　）组成的。

A．3 个黑点分隔主机名、单位名、地区名和国家名 4 个部分

B．3 个黑点分隔 4 个 0～255 的数字

C．3 个黑点分隔 4 个部分，前两部分是国家名和地区名，后两部分是数字

D．3 个黑点分隔 4 个部分，前两部分是国家名和地区名代码，后两部分是网络和主机码

59．因特网的地址系统表示方法有（　　）种。

A．1　　B．2　　C．3　　D．4

60．因特网的地址系统规定，每台接入因特网的计算机允许有（　　）个地址码。

A．多个　　B．零个

C．一个　　D．不多于两个

61．用 WWW 浏览器浏览某一网页时，如果希望在新窗口显示另一页，则正确的操作方法是（　　）。

A．单击地址栏的内部，输入 URL，再按 Enter 键

B．选择菜单“文件”→“创建快速方式”命令，在其对话框中输入 URL，再按 Enter 键

C．选择菜单“文件”→“新建”→“窗口”命令，然后选择菜单“文件”→“打开”命令，在“打开”对话框中输入地址，并确认选择“在新窗口中打开”复选

框，单击“确定”按钮

D．选择菜单“文件”→“打开”命令，在“打开”对话框的地址栏中输入地址，单击“确定”按钮

62．在 IE 的起始页中，若要转到特定地址的页，最快速的正确操作方法是（ ）。

A．选择菜单“编辑”→“查找”命令，在其对话框中输入 URL，再按 Enter 键

B．单击地址栏的内部，输入 URL，再按 Enter 键

C．选择菜单“文件”→“打开”命令，在其对话框中输入 URL，再按 Enter 键

D．选择菜单“文件”→“创建快速方式”命令，在其对话框中输入 URL，再按 Enter 键

63．Web 地址的 URL 的一般格式为（ ）。

A．协议名/计算机域名地址[路径[文件名]]

B．协议名:/计算机域名地址[路径[文件名]]

C．协议名:/计算机域名地址 /[路径[/ 文件名]]

D．协议名://计算机域名地址/[路径[/文件名]]

64．URL 的含义是（ ）。

A．信息资源在网上的位置和如何访问的统一的描述方法

B．信息资源在网上的位置及如何定位寻找的统一的描述方法

C．信息资源在网上的业务类型和如何访问的统一的描述方法

D．信息资源的网络地址的统一的描述方法

65．家庭用户与 Internet 连接的最常用方式是（ ）。

A．将计算机与 Internet 直接连接

B．计算机通过电信数据专线与当地 Internet 供应商的服务器连接

C．计算机通过一个调制解调器用电话线与当地 Internet 供应商的服务器连接

D．计算机与本地局域网直接连接，通过本地局域网与 Internet 连接

66．Internet 起源于（ ）。

A．美国 B．英国

C．德国 D．澳大利亚

67．Telnet 的功能是（ ）。

A．软件下载 B．远程登录

C．WWW 浏览 D．新闻广播

68．连接到 WWW 页面的协议是（ ）。

A．HTML B．HTTP

C．SMTP D．DNS

69．下列（ ）软件不是 WWW 浏览器。

A．IE 4. 0 B．NetScape Navigator

C．Mosaic D．C++ Builder

70．在 Windows 95/98 中，采用拨号入网使用的软件是（ ）。

A．超级终端 B．拨号网络

C．电话拨号程序　　D．以上都不是

71．http://ww. pku. edu. cn/home /welcome. html 中的 www. pku. edu. cn 是指（　　）。

A．一个主机的域名　　B．一个主机的 IP 地址

C．一个 Web 主页　　D．网络协议

72．CERNET 是以下（　　）的简称。

A．中国科技网　　B．中国公用计算机互联网

C．中国教育和科研计算机网　　D．中国公众多媒体通信网

73．在 Outlook Express 的服务器设置中，POP3 服务器是指（　　）。

A．邮件接收服务器　　B．邮件发送服务器

C．域名服务器　　D．WWW 服务器

74．在 Outlook Express 的服务器设置中，SMTP 服务器是指（　　）。

A．邮件接收服务器　　B．邮件发送服务器

C．域名服务器　　D．WWW 服务器

75．当网络中的任何一个工作站发生故障时，都有可能导致整个网络停止工作，这种网络的拓扑结构为（　　）。

A．星形　　B．环形

C．总线型　　D．树形

76．下列域名中属于政府网的是（　　）。

A．www. scit. com. us　　B．www. yujie. gov. cn

C．www. xyz. edu. cn　　D．www. siit. mil. us

77．Internet 采用的通信协议是（　　）。

A．TCP/IP　　B．DNS

C．WWW　　D．SPX/IP

78．Internet 中，DNS 指的是（　　）。

A．动态主机　　B．接收电子邮件的服务器

C．发送电子邮件的服务器　　D．域名系统

79．下列 IP 地址中，属于 B 类 IP 地址的是（　　）。

A．202. 114. 1. 3　　B．10. 10. 8. 8

C．192. 168. 1. 80　　D．150. 1. 2. 25

80．在计算机网络中，通常把提供并管理共享资源的计算机称为（　　）。

A．服务器　　B．网关

C．工作台　　D．网桥

81．Windows 2000 Server 操作系统是（　　）操作系统。

A．单用户单任务　　B．单用户多任务

C．多用户多任务　　D．多用户单任务

82．下列电子邮件地址中正确的是（　　）。

A．xyz@yujie. com. cn　　B．xyz. yujie. com. cn

C．xyz. yujie@com. cn　　D．xyz. yujie. com@cn

83. 当个人计算机以拨号方式接入 Internet 时，必须使用的设备是（　　）。

A. 网卡　　B. 电话机

C. 调制解调器　　D. 浏览器软件

84. 一个 HTML 程序的主体部分应写在（　　）里。

A. <BODY>…</BODY>　　B. <HEAD>…</HEAD>

C. <TITLE>…</TITLE>　　D. <B>…</B>

85. 下列 IP 地址中属于 A 类 IP 地址的是（　　）。

A. 202. 114. 1. 3　　B. 10. 10. 8. 8

C. 192. 168. 1. 80　　D. 150. 1. 2. 25

86. 计算机“局域网”的英文缩写为（　　）。

A. WAN　　B. LAN

C. WWW　　D. CAM

87. 下面关于调制解调器说法，不正确的是（　　）。

A. Modem 可以支持将模拟信号转换为数字信号

B. Modem 可以支持将数字信号转换为模拟信号

C. Modem 不支持将模拟信号转换为数学信号

D. 就是调制解调器

88. 一幢大楼内的一个计算机网络系统属于（　　）。

A. WAN　　B. LAN

C. PAN　　D. MAN

89. 一个网络要正常工作，需要有（　　）支持。

A. 多用户操作系统　　B. 批处理操作系统

C. 分时操作系统　　D. 网络操作系统

90.（　　）是 HTML 文件夹的扩展名。

A. . htm　　B. . exe

C. . txt　　D. . bak

91. HTML 语言是一种（　　）。

A. 标记语言　　B. 机器语言

C. 汇编语言　　D. 算法语言

92. ISDN 被称为（　　）。

A. 计算机网　　B. 广播电视网

C. 综合业务数字网　　D. 同轴电缆网

93. 有关网页保存类型的说法中正确的是（　　）。

A.“Web 页，全部”，整个网页的图片、文本和超链接

B.“Web 页，全部”，整个网页包括页面结构、图片、文本嵌入式文件和超链接

C.“Web 页，仅 HTML”，网页的图片、文本和窗口框架

D.“Web 页，仅 HTML”，网页的图片、文本

94. 有关电子邮件账号设置的说法中正确的是（　　）。

A. 接收电子邮件服务器使用的电子邮件协议名，一般采用 POP3 协议
B. 接收电子邮件服务器的域名或 IP 地址，应输入用户的电子邮件地址
C. 发收电子邮件服务器域名或 IP 地址，必须与接收电子邮件服务器相同
D. 发收电子邮件服务器域名或 IP 地址，必须选择一个其他的服务器地址

95. 建立一个计算机网络需要有网络硬件设备和（ ）
A. 体系结构 B. 传输介质
C. 资源子网 D. 网络操作系统

96. Internet 与 WWW 之间的关系是（ ）。
A. 都表示互联网 B. WWW 是 Internet 上的一个应用功能
C. Internet 与 WWW 没有关系 D. WWW 是 Internet 上的一种协议

97. 以下设备中不可用于网络互联的是（ ）。
A. 集线器 B. 路由器
C. 网桥 D. 网关

98. 在 OSI 协议模型中，可以完成加密功能的是（ ）。
A. 物理层 B. 传输层
C. 会话层 D. 表示层

99. 物理层的主要功能是（ ）。
A. 提供可靠的信息传送机制
B. 负责错误检测和信息的重发机制
C. 负责用户设备和网络端设备之间的物理和电气接口
D. 建立和清除两个传输协议实体之间网络范围的连接

100. 当数据在网络层时，人们称之为（ ）。
A. 段 B. 包 C. 位 D. 帧

101. 子网掩码 255.255.192.0 的二进制表示为（ ）。
A. 11111111 11110000 00000000 00000000
B. 11111111 11111111 00001111 00000000
C. 11111111 11111111 11000000 00000000
D. 11111111 11111111 11111111 00000000

三、多项选择题

1. 计算机网络目前的功能除了资源共享、信息传送与集中处理，还有（ ）。
A. 程序编译 B. 均衡负荷与分布处理
C. 综合信息服务 D. 图像处理

2. 常用的网络传输介质有（ ）。
A. 植物纤维 B. 光导纤维
C. 双绞线 D. 电缆线

3. 广域网的电信通信的两种方式是（ ）。
A. ADSL B. DDN

C．AGP　　D．HTML

4．UNIX 操作系统是一个（　　）系统。

A．单用户　　B．多用户

C．单任务　　D．多任务

5．电子邮件收发所用的两种主要的协议是（　　）。

A．HTTP　　B．FTP

C．SMTP　　D．POP3

6．常用的浏览器有（　　）。

A．IE　　B．Netscape

C．VB　　D．C++

7．近几年，全球掀起了 Internet 热，在 Internet 上能够检索资料、传送图片资料、（　　）。

A．货物快递　　B．拨打国际长途

C．点播电视节目　　D．制造工业品

8．调制解调器的作用有（　　）。

A．数字信号和模拟信号的转化　　B．传送数据

C．光电信号的转化　　D．传送语音

9．拨号上网需要计算机、电话线、（　　）。

A．网卡　　B．并行电缆

C．调制解调器　　D．账号

10．下面（　　）不属于三金工程中的工程。

A．金卡工程　　B．金卫工程

C．金粮工程　　D．金桥工程

E．金关工程

11．根据网络覆盖的地理范围的大小，计算机网络可以分为（　　）。

A．广域网　　B．局域网

C．城域网　　D．NOVELL 网

12．下列域名既不属于政府网，也不属于商业网的是（　　）。

A．www. scit. com. us　　B．www. zzit. edu. cn

C．www. xyz. gov. cn　　D．www. zzz. mil. us

13．以下（　　）是因特网的应用。

A．电子邮件　　B．全球万维网（WWW）

C．文件传输（FTP）　　D．远程登录

14．超文本的含义是（　　）。

A．信息的表达形式　　B．可以在文本文件中加入图片、声音等

C．信息间可以相互转换　　D．信息间的超链接

15．Internet 的特点是（　　）。

A．Internet 的核心是 TCP/IP 协议　　B．Internet 可以与公共电话交换网互联

C．Internet 是广域网络　　D．Internet 可发电子邮件

16．以下关于 IP 地址说法正确的是（　　）。

A．IP 地址是 TCP/IP 协议的内容之一

B．当因特网的用户拨号上网时，ISP 会给用户静态地分配一个地址

C．IP 地址一共有 32 位二进制位

D．因特网上的每台主机都有各自的 IP 地址

17．以下关于 Internet 中的 DNS 的说法正确的是（　　）。

A．DNS 是域名服务系统的简称

B．DNS 是把难以记忆的 IP 地址转换为人们容易记忆的字母形式

C．DNS 按分层管理，cn 是顶级域名，表示中国

D．一个后缀为. gov 的网站，表明它是一个商业公司

18．在通常情况下，适合用来组织局域网的拓扑结构有（　　）。

A．总线型网　　B．星形网

C．环形网　　D．分布式网

19．Intranet 是采用 Internet 技术的企业内部网，主要技术体现在（　　）等方面。

A．TCP/IP　　B．Office 2000

C．Web　　D．E-mail

20．要用 IE 浏览器浏览某网站时，可以（　　）。

A．在地址栏中输入该网站的网址

B．选择菜单“文件”→“打开”命令

C．单击“收藏”按钮，选择并单击该网站

D．打电话给该网站的网管

E．发 E-mail 给该网站的网管

21．如果有一个邮箱地址为 xxx@yujie. xx. zz. cn，则下列说法中正确的有（　　）。

A．xxx@yujie. xx. zz. cn是一个 E-mail 地址的全称

B．xxx 是用户在 ISP 的邮件代号

C．yujie. xx. zz. cn 是指电子邮件服务器的地址

D．yujie 是指电子邮件服务器主机名

E．这个地址是唯一的

22．下列 IP 地址是 A 类 IP 地址的有（　　）。

A．1. 120. 123. 22　　B．60. 50. 200. 1

C．126. 100. 12. 33　　D．227. 115. 123. 33

23．下列属于 HTML 文件的合法标记的是（　　）。

A．HTML　　B．<HTML>

C．</HTML>　　D．

24．下面关于因特网的说法，正确的是（　　）。

A．因特网是一种用于与其他人有效交流的媒介

B．因特网是一种用于研究支持和信息检索的机制

C．因特网并不为任何政府、公司和大学所拥有

D．因特网的功能和费用是不变的

25．一个 HTML 文件的扩展名可以是（　　）。

A．.html　　B．.htm

C．.ht　　D．.css

26．Internet 为人们提供了（　　）。

A．电子邮件、新闻讨论组（BBS）　　B．文件传输（FTP）、WWW

C．电子商务、在线游戏　　D．实时聊天、网络电话

27．计算机网络使用的介质有（　　）。

A．同轴电缆　　B．双绞线

C．光纤　　D．无线“介质”

28．World Wide Web 的简称是（　　）。

A．WWW　　B．W1W

C．FTP　　D．3W

29．下列 IP 地址中（　　）是无效的。

A．202. 115. 176. 32　　B．10. 10. 8. 8

C．202. 256. 146. 3　　D．202. 202. 202. 202

30．计算机网络的工作模式有（　　）。

A．对等模式　　B．网络模式

C．反馈模式　　D．客户机/服务器模式

31．IP 地址由（　　）部分组成。

A．网络标识　　B．用户标识

C．电子邮件标识　　D．主机标识

32．IP 协议的功能是（　　）。

A．规定不同网络的物理地址转换为统一地址

B．规定不同网络的逻辑地址转换为统一地址

C．计算机连接的方式

D．用于连接计算机的唯一网络协议

33．OSI 的七层协议中包括（　　）。

A．传输层　　B．网络层

C．TCP/IP 层　　D．X25 层

34．以下属于网络操作系统的有（　　）。

A．Netware　　B．Windows 2000 Server

C．DOS　　D．UNIX

35．下列 IP 地址属于 B 类地址的有（　　）。

A．126. 0. 0. 1　　B．128. 2. 5. 6

C．191. 115. 176. 32　　D．241. 5. 99. 1

36．网络黑客是指（　　）。

A．网络网站的安全检测者　　B．在网上窃取他人的机密者

C．破坏网站者　　D．传播计算机病毒者

37．构造计算机网络的主要意义是（　　）。

A．资源共享　　B．信息相互传递

C．提高计算机速度　　D．没有具体的意义

38．通过 www. yujie. edu. cn 可以知道，这个域名（　　）。

A．属于中国　　B．属于教育机构

C．是一个 WWW 服务器　　D．需要拨号上网

39．ISO 组织所定义的 OSI 参考模型，最高层和最低层分别是（　　）。

A．应用层　　B．表示层

C．网络层　　D．物理层

40．下列属于计算机网络组网硬件的是（　　）。

A．网卡　　B．路由器

C．交换机　　D．集线器

41．Internet 网络上的应用有（　　）。

A．WWW　　B．E-mail

C．Telnet　　D．FTP

42．在域名 yujie. xxx. sc.cn 中，不表示主机名的是（　　）。

A．yujie　　B．xxx

C．sc　　D．cn

43．下列关于对 TCP/IP 的说法正确的是（　　）。

A．TCP 协议对应 OSI 七层协议中的网络层

B．TCP 协议对应 OSI 七层协议中的传输层

C．IP 协议对应 OSI 七层协议中的网络层

D．IP 协议对应 OSI 七层协议中的传输层

44．下列关于 IP 地址的说法正确的是（　　）。

A．IP 地址每一个字节的最大十进制整数是 256

B．IP 地址每一个字节的最大十进制整数是 255

C．IP 地址每一个字节的最小十进制整数是 0

D．IP 地址每一个字节的最小十进制整数是 1

45．物理层实现的主要功能在于提出了物理层的（　　）。

A．电气特性　　B．功能特性

C．机械特性　　D．接口特性

46．属于物理层的设备有（　　）。

A．交换机　　B．路由器

C．中继器　　D．集线器

47．下面关于 CSMA/CD 网络的叙述（　　）是正确的。

A．数据都是以广播方式发送的

B．一个结点的数据发往最近的路由器，路由器将数据直接发送到目的地

C．如果源结点知道目的地的 IP 和 MAC 地址，则信号是直接送往目的地的

D．任何一个结点的通信数据都要通过整个网络，并且每一个结点都接收并检验该数据

48．以下属于传输层协议的是（　　）。

A．X25　　B．SPX

C．TCP　　D．UDP

49．用来检查一台主机的网络层是否连通的命令（　　）。

A．PING　　B．TRACERT

C．TELNET　　D．IPCONFIG

50．以下关于 Hub 的说法正确的是（　　）。

A．Hub 可以用来构建局域网

B．一般 Hub 都具有路由功能

C．Hub 通常也叫集线器，一般可以作为地址翻译设备

D．共享式以太网 Hub 下的所有 PC 属于同一个冲突域

51．下面（　　）协议属于 OSI 参考模型的应用层。

A．FTP　　B．SPX

C．Telnet　　D．TCP

52．下面（　　）选项是物理层的基本功能。

A．在终端设备之间传送比特流

B．建立、维护虚电路，进行差错校验和流量控制

C．定义电压、接口、线缆标准、传输距离等特性

D．进行最佳路由选择

53．衡量网络性能的主要指标是（　　）。

A．带宽　　B．延迟

C．拥塞　　D．价格

54．Telnet 协议默认的端口号是（　　），HTTP 协议默认的端口号是（　　）。

A．6　　B．17

C．23　　D．80

四、判断正误题（正确填 A，错误填 B）

1．个人用户通过拨号上网，在通信介质上传输的是数字信号。（　　）

2．Internet Explore 只能浏览网页，而不能用来收发电子邮件。（　　）

3．通过 Outlook Express 收发电子邮件时，首先要设置邮件的收发服务器。（　　）

4．在 Internet 上，IP 地址是连入 Internet 网络结点的唯一地址。（　　）

5．一个域名地址是由主机名和各级子域名构成的。（　　）

6．一般情况下，人们上网浏览的信息是通过 FTP 协议传输过来的。（　　）

7．人们可以脱机来浏览网页。（　　）

8．计算机网络一定是通过导线相连的。（　　）

9．搜索引擎是某些网站提供的用于网上查询信息的搜索工具。（　　）

10．一封电子邮件不能同时发给几个人。（　　）

11．在 Outlook Express 中可以设置多个信箱，发送邮件时可以将任意一个账号作为发送者。（　　）

12．IE 可以完全阻止某些不良信息。（　　）

13．电子邮件只能传送文字信息，不能传送图片、声音等多媒体信息。（　　）

14．在 IE 的地址栏中，输入 file://c:/windows 可以看到其文件夹下的内容。（　　）

15．Homepage 是用 HTML 编写的。（　　）

16．用 FrontPage 编写网页，图片不可以居中。（　　）

17．因特网是最大的局域网。（　　）

18．通过浏览器，可以直接下载常用的软件。（　　）

19．在一个办公室内组建的网络是局域网，在一幢大楼内将各个办公室内的计算机连接起来组成的网络是广域网。（　　）

20．网桥主要是将不同结构体系的网络与主机互联。（　　）

21．网关一般用于同类型局域网之间的互联。（　　）

22．Internet 已具备信息高速公路的一切特点。（　　）

23．TCP/IP 协议包括一个 TCP 协议和一个 IP 协议。（　　）

24．在个人计算机中申请了账号并采用 PPP 拨号方式入网后，该机就拥有了固定的 IP 地址。（　　）

25．E-mail 是用户或用户之间通过计算机网络收发信息的服务。（　　）

26．向对方发送电子邮件时，对方计算机应处于打开状态。（　　）

27．发送电子邮件时，一次只能发送给一个接收者。（　　）

28．收发电子邮件时，接收方必须了解对方电子邮件地址才可发回函。（　　）

29．com 域名是商业网的域名。（　　）

30．E-mail 地址的格式是主机名@域名。（　　）

31．在计算机网络中只能共享软件资源，不能共享硬件资源。（　　）

32．TCP/IP 协议是 Internet 网络的核心。（　　）

33．Internet 网络是世界上最大的网络，通过它可以把世界各国的各种网络联系在一起。（　　）

34．域名和 IP 地址是同一概念的两种不同说法。（　　）

35．TCP 协议对应 OSI 七层协议中的网络层。（　　）

36．客户机/服务器方式是 Internet 上资源访问的主要方式。（　　）

37．在客户机/服务器方式中，提供资源的计算机叫客户机，使用资源的计算机叫服务器。（　　）

38．IP 协议对应 OSI 七层协议中的网络层。（　　）

39．ISP 是指 Internet 服务提供商。（　　）

40．只要将几台计算机用电缆连接在一起，计算机之间就可以通信了。（　　）

41．FTP 是文件传输协议。（　　）

42．HTTP 协议是应用层协议。（　　）

10. 打电[illegible]个人
11. 在Outlook Express中[illegible]设置多个帐号，[illegible]
[illegible]。
12. [illegible]
13. [illegible]
14. [illegible]windows[illegible]
15. Homepage是[illegible]
16. 用FrontPage[illegible]网页[illegible]
17. [illegible]
18. [illegible]
19. [illegible]
[illegible]网络[illegible]
20. [illegible]
21. [illegible]
22. Internet上[illegible]
23. TCP/IP协议[illegible]TCP[illegible]IP[illegible]
24. [illegible]PPP[illegible]IP
地址。
25. E-mail[illegible]
26. [illegible]
27. [illegible]
28. [illegible]
29. com域名[illegible]
30. E-mail[illegible]
31. [illegible]
32. TCP/IP[illegible]Internet[illegible]
33. Internet[illegible]
34. [illegible]IP[illegible]
35. TCP/IP[illegible]OSI[illegible]
36. [illegible]Internet[illegible]
37. [illegible]
[illegible]。
38. IP协议对应OSI[illegible]
39. ISP[illegible]Internet[illegible]
40. [illegible]
41. FTP[illegible]
42. HTTP[illegible]

第三部分

技能强化测试题

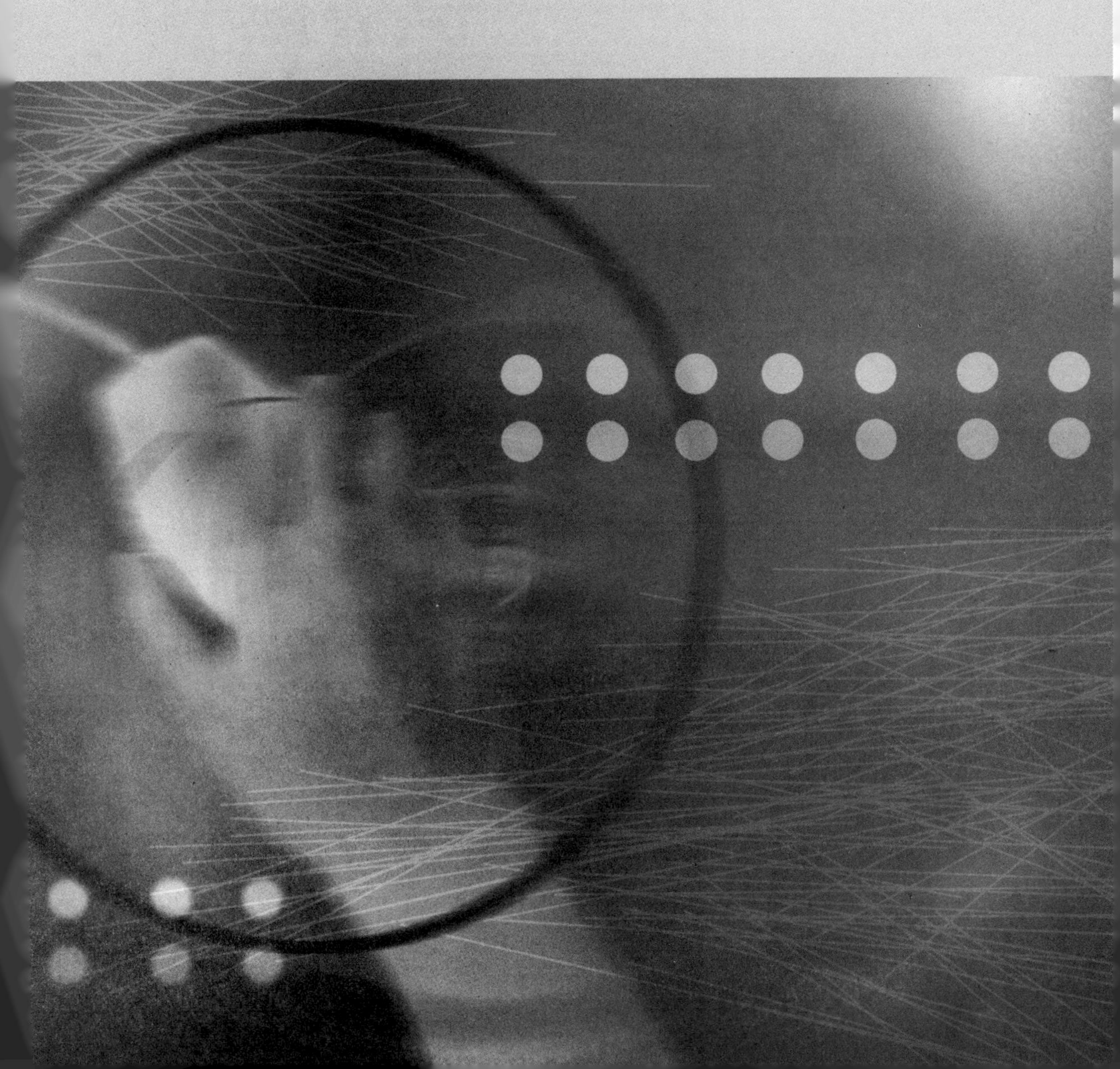

技能强化测试题 1

一、考试说明

1．建立试卷文件夹

方法：在“D:\”下建立一个文件夹，文件夹命名格式为“**姓名+班+学号+考题号**”。例如文件夹“**王军 101-1**”表示王军是 1 班的、学号为 01、第 1 套上机考试题。

2．交卷内容

按要求完成以下操作，并把文件保存在以上所建立的文件夹中。

二、考试题目及制作要求

1．请先输入以下文字，然后按要求完成排版，并以文件名 w.doc 存储

在现实生活中，与“安全”相关的事情太多了。如国家【注 1】安全防御系统，这是一个为了保护国家的安全而建立的一个安全防御系统；另外，如我们在任何的建筑物中都能看到类似【注 2】“消防箱”之类的设备，这又是做什么的呢？难道是一种建筑装饰吗？【注 3】~~当然不是，这是一种为了安全而设立的一种安全设施。~~

综合以上两个例子，我们能看出，这些安全系统，或者是安全设施，设立它们的【注 4】**目的就是**，【注 5】当发生安全故障时，能及时把它们派上用场；而当一切正常时，它们也不会影响到正常的自然生活。那么，在计算机网络世界里的“安全”又是什么，我们又能通过什么措施来增强计算机网络的安全性呢？

【注 6】**网络安全概述**

【注 7】计算机网络安全，尽管现在这个词很火，但是真正对它有正确认识的人并不多。那到底什么是计算机网络安全？事实上，要正确定义计算机网络安全并不容易，困难在于要形成一个足够全面而有效的定义。通常的感觉，安全就是“避免冒险和危险”。【注 8】***在计算机网络中，安全就是防止：***

【注 9】◆ **未授权使用者访问信息。**

◆ **试图破坏或未授权更改信息。**

这可以重述为“【注 10】**安全就是一个保护系统信息和系统资源相应的机密性和完整性的能力**”。这里定义的范围包括系统资源，即【注 11】CPU、硬盘、程序、数据以及其他信息等。

【注 12】

随着计算机网络的不断发展，全球信息化已成为人类发展的大趋势。但由于计算机网络具有连接形式多样性、终端分布不均匀性和网络的开放性、互连性等特征，致使网络易受黑客、怪客（Cracker，“破坏者”的意思，就是恶意入侵别人的系统并造成损失）、恶意软件和其他不轨者的攻击，所以网上信息的安全和保密是一个至关重要的问题。对于军用的自动化指挥网络、银行系统网络等传输敏感数据的计算机网络系统而言，其网上信息的安全和保密尤为重要，这类网络必须有足够强大的安全措施，否则该网络将是有害的甚至会危及国家安全的网络。无论是在局域网还是在广域网中，都存在着自然和人为等诸多因素的脆弱性和潜在威胁。故此，网络的安全措施应能全方位地针对各种不同的威胁和脆弱性，提供网络安全保障，这样才能确保网络信息的保密性、完整性和可用性。

【注 13】*计算机网络所面临的威胁大体可分为两种：一是对网络中信息的威胁；二是对网络中设备的威胁。影响计算机网络的因素很多，有些因素可能是有意的，也可能是无意的；可能是人为的，也可能是非人为的；可能是外来黑客对网络系统资源的非法使用。归结起来，针对网络安全的威胁主要有以下三个方面：*

【注 14】**（1）人为的无意失误：** 如操作员安全配置不当造成的安全漏洞，用户安全意识不强，用户口令选择不慎，用户将自己的账号随意转借他人或与别人共享等都会对网络安全带来威胁。

（2）人为的恶意攻击： 这是计算机网络所面临的最大威胁，敌手的攻击和计算机犯罪就属于这一类。此类攻击又可以分为以下两种：一种是主动攻击，它以各种方式有选择地破坏信息的有效性和完整性；另一类是被动攻击，它是在不影响网络正常工作的情况下进行截获、窃取、破译以获得重要机密信息。这两种攻击均可导致机密数据的泄漏，对计算机网络造成极大的危害。

（3）网络软件的漏洞和"后门"： 【注 15】网络软件不可能是百分之百无缺陷和无漏洞的，然而，这些漏洞和缺陷恰恰成为了黑客进行攻击的首选目标。另外，软件的"后门"指的是软件的设计开发人员为了自便或者是达到某种目的而专门设置的一个"后门"。如果一旦"后门"被打开，那么其造成的后果将不堪设想。

【注 16】

提醒：为了保护计算机网络安全，必须采用多种安全保护措施来尽量减少或避免各种外来侵袭。

具体的任务要求如下。

（1）20 分钟内在 Word 里完整输入以上文字，并按要求对文档进行编辑排版设置。

（2）设置文章第一、二自然段：字体为楷体、字号为小四、行距为 1.5 倍，设置其余自然段：字体为宋体、字号为小四、行距为 1.5 倍。

（3）更具体的设置如下。

【注 1】：字体为楷体，字号为小四，字体颜色为深红色，加着重号。

【注 2】：字体为楷体，字号为小四，下画线为双横线，下画线颜色为绿色。

【注 3】：字体为楷体，字号为小四，加双删除线。

【注 4】：字体为楷体，字号为小四，加粗，字体颜色为红色，加着重号。

【注 5】：字体为楷体，字号为小四，下画线为单波浪线。

【注 6】：字体为宋体，字号为三号，段前段后行距为 1 行。

【注 7】：字体为宋体，字号为小四，加阴影边框、绿色、3 磅。

【注 8】：字体为宋体，字号为小四，加粗、斜体，下画线为双波浪线、红色。

【注 9】：字体为楷体，字号为小四，加粗，文字颜色为宝石蓝，加项目符号◆。

【注 10】：字体为宋体，字号为四号，文字颜色为蓝色。

【注 11】：字体为宋体，字号为小四，文字颜色为白色，背景为褐色。

【注 12】：字体为宋体，字号为小四，边框为三维、灰色、3 磅。

【注 13】：字体为楷体，字号为小四，斜体，文字颜色为蓝色。

【注 14】：字体为宋体，字号为小四，加粗，文字颜色为深红色（3 个小点设置相同）。

【注 15】：字体为楷体，字号为小四，下画线为点、蓝色。

【注 16】：“提醒”二字的字体为楷体、字号为三号、加粗，其余文字字体为楷体、字号为五号、加粗，加边框。

2．按要求制作以下表格

序号	日期 姓名	学生考勤情况记载											
		9.1	9.2	9.3	9.4	9.5	9.6	9.7	9.8	9.9	9.10	9.11	9.12
1	张三	√	×	×	△	×	×	×	⊙	×	×	×	×
2	李四	×	√	×	△	×	×	△	×	⊙	⊙	×	√
3	一凡	×	△	√	×	⊙	×	×	△	×	×	√	×
4	可儿	×	×	×	√	×	△	×	×	×	√	×	×
备注： 出勤 √ 旷课 × 迟到 △ 早退 ⊙													

要求：

（1）制作以上表格。

（2）每个单元格的对齐方式为中部居中。

注意

以上两题在同一个 Word 文档中完成。

3．在 Excel 中完成此题，并以文件名 e.xls 存储（如下图所示）

职工编号	姓名	性别	基本工资	津贴	水电气费	实发工资
1041	王娟	女	1000	600	89	
5101	骆芒	男	900	300	100	
1030	沈珍	女	700	500	45	
4103	马芳	女	450	300	65	
5130	杨山	男	650	400	32	
1025	刘留	男	600	200	52	
		合计：				
		平均：				

要求：

（1）用公式计算出实发工资（实发工资=基本工资+津贴-水电气费）。

（2）用函数分别计算出基本工资、津贴、水电气费、实发工资的合计与平均值。

（3）利用以上表格的数据制作一个簇状柱形图（如下图所示），要求左侧显示工资数据，下方显示人名。

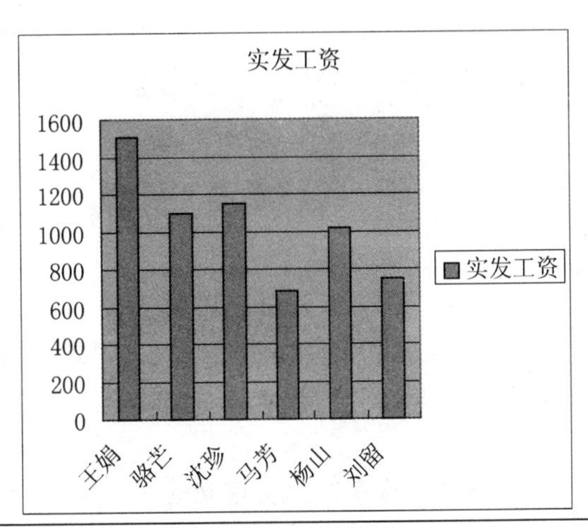

4．此题在 PowerPoint 中完成，并以文件名 p.ppt 存储

要求：

制作一个个人简历幻灯片。

- 第 1 页，个人简历的封面。
- 第 2 页，对个人的描述（如兴趣、爱好等）。
- 第 3 页，个人简历（包括姓名、性别、年龄、政治面貌、籍贯、电话号码、电子邮件等）。
- 第 4 页，自己的专业知识结构。
- 第 5 页，自己的人生哲理观及对自己的总结。

三、考试要求

（1）所交作品必须是独立完成的，否则成绩无效。

（2）上交文件不打包。

技能强化测试题

一、考试说明

1．建立试卷文件夹

方法：在“D:\”下建立一个文件夹，文件夹命名格式为**“姓名+班+学号+考题号”**。例如文件夹**“王军 101-2”**表示王军是 1 班的、学号为 01、第 2 套上机考试题。

2．交卷内容

按要求完成以下操作，并把文件保存在以上所建立的文件夹中。

二、考试题目及制作要求

1．请先输入以下文字，然后按要求完成排版，并以文件名 w.doc 存储

【注 1】 **多媒体计算机的定义和关键技术**

近年来，多媒体这一术语在计算机领域频繁出现，很多计算机厂商都说自己的产品具有多媒体技术。应用多媒体技术是 20 世纪 90 年代计算机的时代特征，是 90 年代计算机的又一次革命。【注 2】***媒体（Medium）***在计算机领域中有两种含义：

（1）【注 3】用以存储信息的实体，如磁带、磁盘、光盘和半导体存储器；

（2）【注 3】信息的载体，如数字、文字、声音、图形和图像。

多媒体技术中的媒体是指【注 4】后者。

1．多媒体计算机技术定义 【注 5】

计算机综合处理多种媒体信息（文本、图形、图像、音频和视频），使多种信息建立逻辑连接，集成为一个系统并具有交互性。简单地说：计算机综合处理声、文、图信息；具有集成性和交互性；多媒体计算机具有信息载体多样性、集成性和交互性。

2．多媒体计算机的分类【注 5】

从开发和生产厂商以及应用的角度出发可以分成两大类：

【注 6】电视计算机（Teleputer）

计算机电视（Compuvision）

【注 7】**计算机电视（Compuvision）**计算机制造厂商研制的计算机电视，采用微处理器作为 CPU，其他设备还有 VGA 卡、CD-ROM、音响设备以及扩展的多窗口系统，有人说它的发展方向是 TV-Killer。

【注 7】**电视计算机（Teleputer）**家电制造厂商研制的电视计算机，是把 CPU 放到家电中，通过编程控制管理电视机、音响，有人称它为“灵巧”电视——Smart TV。

3．多媒体计算机的关键技术【注 5】

要把一台普通的计算机变成多媒体计算机要解决的【注 8】**关键技术**是：

【注 9】***(1) 视频音频信号获取技术；***

(2) 多媒体数据压缩编码和解码技术；

(3) 视频音频数据的实时处理技术；

(4) 视频音频数据的输出技术。

【注 1】**利用多媒体是计算机产业发展的必然趋势**

在计算机发展的初期，人们只能用数值这种媒体承载信息。当时只能通过【注 10】0 和 1 两种符号表示信息，即用纸带和卡片的有孔和无孔表示信息，纸带机和卡片机是主要的输入/输出设备。0 和 1 很不直观，很不方便，输入/输出的内容很难理解，而且容易出错，出错时也不容易发现。这一时代是使用机器语言的时代，因此计算机应用只能限于极少数计算机专业人员。

【注 11】**20 世纪 50 年代到 70 年代，出现了高级程序设计语言，开始用文字作为信息的载体，人们可以用文字（如英文）编写源程序，输入计算机，计算机处理的结果也可以用文字表示输出。这样，人与计算机的交往就直观、容易得多，计算机的应用也就扩大到具有一般文化程度的科技人员。这时的输入/输出设备主要是打字机、键盘和显示终端。使用英文文字同计算机交往，对于文化水平较低，特别是非英语国家，仍然是件困难的事情。**

80 年代开始，人们致力于研究将声音、图形和图像作为新的信息媒体输入/输出计算机，这将使计算机的应用更为直观、容易。1984 年，Apple 公司的 Macintosh 个人计算机，首先引进了“位映射”的图形机理，用户接口开始使用 Mouse 驱动的窗口技术和图符 (Windows and Icon)，受到广大用户的欢迎。这使得文化水平较低的公众，包括儿童在内都能使用计算机。由于 Apple 采取发展多媒体技术、扩大用户层的方针，使得它在个人计算机市场上成为唯一能同 IBM 公司相抗衡的力量。今天，国际上下述几项技术又有了突出的进展。

【注 12】※超大规模集成电路的密度增加了；

※超大规模集成电路的速度增加了；

※CD-ROM 可作为低成本、大容量只读存储器，每片容量为 650 MB 以及每片单面 DVD 容量为 4.7 GB；

※双信道 VRAM 的引进；

※网络技术的广泛使用。

这 5 项计算机基本技术的进展，有效地带动了数字视频压缩算法和视频处理器结构的改进，促使十年前单色文本/图形子系统转变成今天的色彩丰富、高清晰度显示子系统，同时能够做到全屏幕、全运动的视频图像，高清晰度的静态图像，视频特技，三维实时的全电视信号以及高速真彩色图形。同时还有高保真度的音响信息。

【注 13】★综上所述，无论从半导体的发展还是从计算机进步的角度，或者从普及计算机应用、拓宽计算机处理信息类型看，利用多媒体是计算机技术发展的必然趋势。

具体的任务要求如下。

（1）20 分钟内在 Word 里完整输入以上文字，并按要求对文档进行编辑排版设置。

（2）更具体的设置如下。

【注 1】：字体为宋体，字号为四号，加粗，居中对齐，边框为阴影，颜色为自动，宽度为 3 磅。

【注 2】：字体为楷体，字号为小四，加粗并倾斜，字体颜色为红色，加着重号。

【注 3】：字体为宋体，字号为小四，加红色波浪形下画线。

【注 4】：字体为黑体，字号为小四，加粉红色双下画线。

【注 5】：字体为宋体，字号为小四，边框为三维，颜色为蓝色，宽度为 3 磅。

【注 6】：字体为华文彩云，字号为小四。

【注 7】：字体为宋体，字号为四号，加粗，底纹图案为 40%，颜色为金色。

【注 8】：字体为宋体，字号为小四，字体颜色为浅橙色，加粗，字符间距缩放为 200%。

【注 9】：字体为楷体，字号为小四，加粗、斜体，段前间距为 0.5 行。

【注 10】：（0 和 1）字体为宋体，字号为小四，文字动态效果为乌龙绞柱。

【注 11】：字体为幼圆，字号为小四，加粗，边框为三维，颜色为自动，宽度为 3 磅。

【注 12】：字体为宋体，字号为小四，文字效果为空心。

【注 13】：字体为宋体，字号为小四，底纹填充颜色为淡紫色，在段首插入特殊符号，设置符号大小为一号。

2．按要求制作以下表格

我国计算机基础教育的发展情况

年　　代	计算机文化的特征	代 表 机 型
20 世纪 80 年代	程序设计语言	APPLE
20 世纪 90 年代初	DOS、WPS、数据库	IBM-PC
20 世纪 90 年代后期	Windows、网络、多媒体	PENTIUM

要求：
(1) 制作以上表格。
(2) 每个单元格的对齐方式为中部居中。
(3) 标题为黑体、小四、加粗。
(4) 汉字为宋体、5号，数字及英文为 Times New Roman、5号。

注意
以上两题在同一个 Word 文档中完成。

3. 在 Excel 中完成此题，并以文件名 e.xls 存储（如下图所示）

库存表			
物品名称	编号	数量	现有数量
钢笔	10021	30	10
铅笔	10255	100	70
日记本	10241	140	118
	合计:	270	198

图 1

进货表		
物品名称	编号	数量
钢笔	10021	80
铅笔	10255	120
日记本	10241	70
	合计:	270

图 2

卖出表		
物品名称	编号	数量
钢笔	10021	100
铅笔	10255	150
日记本	10241	92
	合计:	342

图 3

要求：
(1) 在“库存”工作表中建立如图 1 所示的表格（并将工作表 1 命名为“库存表”），在“进货”工作表中建立如图 2 所示的表格（并将工作表 2 命名为“进货表”），在“卖出”工作表中建立如图 3 所示的表格（并将工作表 3 命名为“卖出表”），对表格使用自动套用格式“古典三”，表格中的文字、数据居中对齐，“合计”二字靠右对齐。
(2) 利用公式计算出库存原有总量、进货总量及卖出的总量。
(3) 用公式计算出进货以及卖出以后各种物品的现有库存数量以及总量。
(4) 以库存表的现有数量制作一个饼图（如下图所示），要求显示数据所占的百分比，下方显示物品名称。

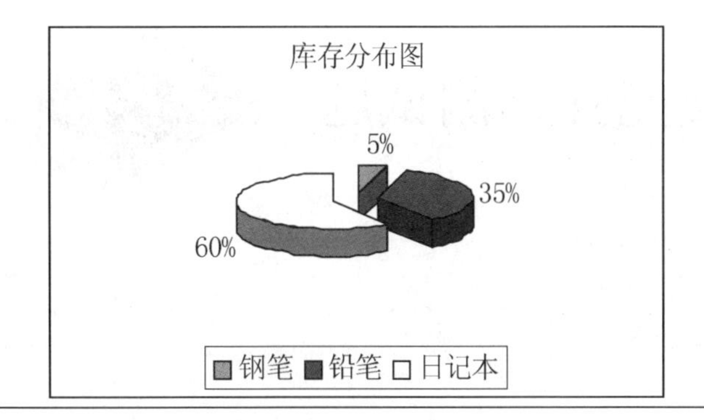

4．此题在 PowerPoint 中完成，并以文件名 p.ppt 存储

要求：

制作一个求职简历幻灯片。

- 第 1 页，求职简历的封面，该页中应拥有相应的动画效果，同时必须有链接到第 2、3、4、5 页的超链接。
- 第 2 页，学校及专业情况，具有相应的动画效果以及换页效果，同时有返回第 1 页的按钮。
- 第 3 页，所学课程及成绩介绍，具有相应的动画效果以及换页效果，同时有返回第 1 页的按钮以及链接到第 2、4、5 页的超链接。
- 第 4 页，自己的专业知识结构或特长，具有相应的动画效果以及换页效果，同时有返回第 1 页的按钮以及链接到第 2、3、5 页的超链接。
- 第 5 页，自己的求职意向及对自己的总结，具有相应的动画效果以及换页效果，同时有返回第 1 页的按钮以及链接到第 2、3、4 页的超链接。

三、考试要求

（1）所交作品必须是独立完成的，否则成绩无效。

（2）上交文件不打包。

技能强化测试题

一、考试说明

1．建立试卷文件夹

方法：在“D:\”下建立一个文件夹，文件夹命名格式为**“姓名+班+学号+考题号”**。例如文件夹“**王军 101-3**”表示王军是 1 班的、学号为 01、第 3 套上机考试题。

2．交卷内容

按要求完成以下操作，并把文件保存在以上所建立的文件夹中。

二、考试题目及制作要求

1．请先输入以下文字，然后按要求完成排版，并以文件名 w.doc 存储

【注 1】**为什么我们使用汇编语言**

【注 2】我们的世界充满了各种对失败的软件项目的研究案例。几乎每一个程序员都曾经或多或少的有过在一个既难读又难维护的代码上进行二次开发的经历。体会过其中的痛苦之后，当我们有幸能够在一个设计良好的系统平台上工作的时候，都会大为感叹：“那真是一个很棒的代码！”

【注 3】**效率是关键**

衡量一个成功的设计需要多方面的考虑，所以，我们在这里不可能面面俱到把所有问题说清楚。但是，【注 4】我要说的是一个伴随着计算机硬件水平的不断提高而在最近几年的软件开发中日益被人们忽视的问题——效率。

那些在软件行业工作了十几年的人都应该能认识到：在用户花费的单元成本上，机器的性能正在成指数级增长，但是用户似乎并不会在他们购买的软件上对这个问题有所感觉。【注 5】造成这种现象的部分原因是因为越来越多的硬件 CPU 的工作正在进行分流。但是，我想更多的原因是因为程序员并没有把更多的时间花费在编写高效的软件上，或者有些人还不知道如何来编写一些飞一样的软件。当然，有些开发人员会说，几乎残酷的软件开发速度让他们根本就没有时间来仔细推敲他们的代码，这的确是个问题，但是，我们也不得不承认，高速运转的 CPU 也惯坏了很多今天的程序员，让他们对一些低效的代码无所感觉。这样，当软件的性能不如预期的时候，这些人就会对如何解决问题感到无从下手。这时，大部分人就会滔滔不绝地把“90-10 法则”挂在嘴边或用一些 Profiler 来查找性能瓶颈，对于如何切实解决问题，他们依旧感到困惑。然后，就会有人想：“我是不是需要重新编写一个更好的算法呢？”

其实大部分时间，你可以通过修改现有算法来简单地提升现有算法的效率。也许你会说：“修改一个算法的常量当然不如把一个 O(N)的算法修改成 O(1)。”但是事实是，大部分时间一个常量因子可以让算法效率提升二到三倍，而这个提升足以让一个用起来慢到让人不舒服的软件变得可用了。而这种类型的优化经验正是现在的程序员所匮乏的。

编写高效的软件是一个技术性很强的工作。对代码的编写和维护都需要经过长期的实践训练。【注 6】~~没有这样的训练，除非软件慢到能直接感受出来，开发人员是不会对其有所感觉的。即便是经过了训练，开发人员还要经常使用这种技术，才能够灵活运用。~~所以，归纳起来，现在的开发人员不能够编写高效的软件原因有二：

◆【注 7】***他们根本没学习过如何编写高效的代码。***

◆ ***由于多方面的原因，他们逐渐放任自己的技术不断蒸缩，以至于把效率问题淡忘了。***

【注 8】**提升你的技巧**

如果你想提高编写高效代码的技

巧，方法很简单。不断让自己进行高效代码的试验，即便项目对效率的要求并不是很严格，也要如此。当然，这并不意味着要以推迟【注 9】***项目进度、代码的可读性和可维护性***或者其他的软件属性为代价来一味地获取效率上的收益。正确的做法是，设计和实现软件的时候，开发人员要在脑中适合保持对效率的考虑，在经济和需求允许的基础上对不同算法之间的优劣做出选择，而不是简单地使用第一个闪现在脑子里的方法。

【注 10】**计算机工作原理**

计算机的基本原理是存储程序和程序控制。

预先要把指挥计算机如何进行操作的指令序列（称为程序）和原始数据通过输入设备输送到计算机内的存储器中。每一条指令中明确规定了计算机从哪个地址取数，进行什么操作，然后送到什么地址去等步骤。

计算机在运行时，【注 11】

① 先从内存中取出第一条指令，通过控制器的译码，按指令的要求，从存储器中取出数据进行指定的运算和逻辑操作等加工。

② 然后再按地址把结果送到内存中去。

③ 接下来，再取出第二条指令，在控制器的指挥下完成规定操作。依此进行下去，直至遇到停止指令。

程序与数据一样存储，按程序编排的顺序，一步一步地取出指令，自动地完成指令规定的操作是计算机最基本的工作原理。这一原理最初是由美籍匈牙利数学家冯·诺依曼于 1945 年提出来的，故称为【注 12】***冯·诺依曼原理***。

具体的任务要求如下。

（1）20 分钟内在 Word 里完整输入以上文字，并按要求对文档进行编辑排版设置。

（2）文章分两栏。设置页眉：内容为技术专题、字体为二号、颜色为深蓝色、位置为左对齐，将整篇自然段的行距设置为 1.5 倍。

（3）更具体的设置如下。

【注 1】：字体为宋体，字号为 24 磅，艺术字，加粗，段前段后各一行。

【注 2】：字体为宋体，字号为小初，下画线为双横线，首字占两行，颜色为绿色。

【注 3】：字体为宋体，字号为小四。

【注4】：字体为楷体，字号为四号，字体颜色为深红色，加下画线。
【注5】：字体为宋体，字号为五号，加着重号。
【注6】：字体为宋体，字号为五号，颜色为粉红色，加双删除线。
【注7】：字体为宋体，字号为四号，加阴影边框、青色、3磅，加项目符号♦。
【注8】：字体为宋体，字号为小四。
【注9】：字体为楷体，字号为五号，加粗，底纹颜色为浅黄色，浓度为12.5%。
【注10】：字体为宋体，字号为四号，文字颜色为蓝色，段前、段后各一行。
【注11】：字体为宋体，字号为小四，文字颜色为深蓝色，加数学符号。
【注12】：字体为宋体；字号为五号；粗斜体；着重号。

2．按要求制作以下表格

个 人 简 历

<table>
<tr><td>姓名</td><td>张三</td><td>性别</td><td>男</td><td>出生年月</td><td>×××</td><td rowspan="4">贴照片处</td></tr>
<tr><td>籍贯</td><td>四川</td><td>民族</td><td>汉</td><td>政治面貌</td><td>团员</td></tr>
<tr><td>学历</td><td>本科</td><td>学制</td><td>四级</td><td>英语水平</td><td>四级</td></tr>
<tr><td>所在院系</td><td colspan="3">计算机学院</td><td>专业</td><td>计算机</td></tr>
<tr><td>获奖情况</td><td colspan="6">请列出在校期间的各种获奖情况</td></tr>
</table>

要求：
（1）制作以上表格。
（2）每个单元格的对齐方式为中部居中。

注意
以上两题在同一个Word文档中完成。

3．在Excel中完成此题，并以文件名e.xls存储（如下图所示）

寝室号	九月份用电	十月份用电	十一月份用电	十二月份用电	用电总数
6-101	125	148.54	130.25	131.75	
6-102	150.24	145.25	125.65	145.85	
6-103	136.45	148.21	134.21	145.98	
6-104	145.23	165.21	188.2	132.41	
6-105	120.37	122.5	20.58	132.45	
平均					

要求：
（1）用公式计算出每个寝室4个月的用电总数。

（2）用函数分别计算出所有寝室每月的用电平均值。

（3）利用以上表格的数据制作一个簇状柱形图（如下图所示），要求左侧显示用电数据，下方显示寝室号。

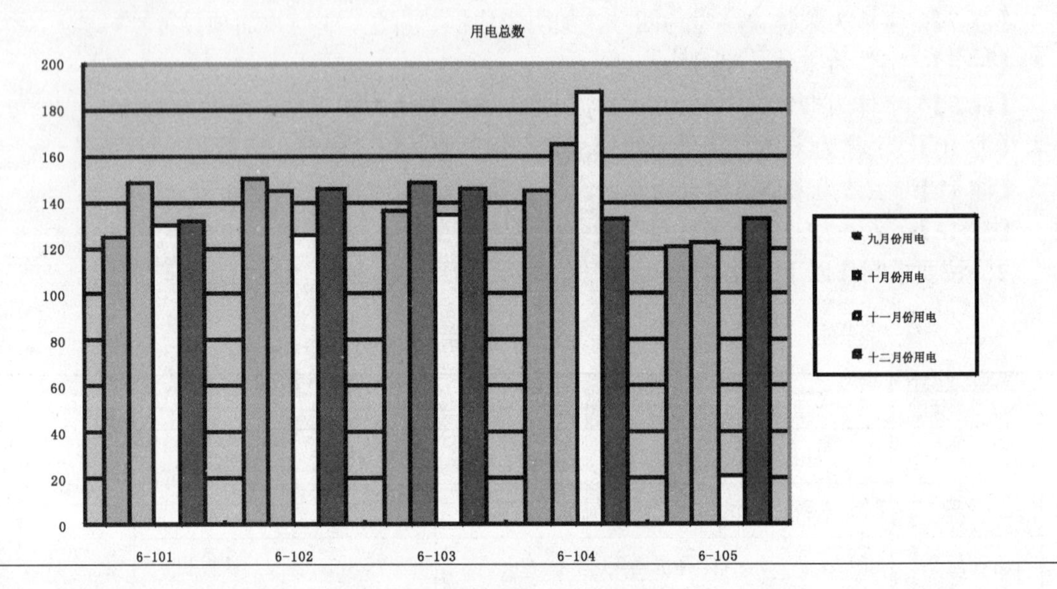

4．此题在 PowerPoint 中完成，并以文件名 p.ppt 存储

要求：

制作一个著名诗人诗集的幻灯片。

- 第 1 页，封面。
- 第 2 页，对诗人的描述（如出生时代、写作背景等）。
- 第 3 页，有代表性的作品一篇。
- 第 4 页，阐述对诗歌的理解及看法。
- 第 5 页，对诗人的评价。

三、考试要求

（1）所交作品必须是独立完成的，否则成绩无效。

（2）上交文件不打包。

技能强化测试题 4

一、考试说明

1．建立试卷文件夹

方法：在“D:\”下建立一个文件夹，文件夹命名格式为**“姓名+班+学号+考题号”**。例如文件夹**“王军 101-4”**表示王军是 1 班的、学号为 01、第 4 套上机考试题。

2．交卷内容

按要求完成以下操作，并把文件保存在以上所建立的文件夹中。

二、考试题目及制作要求

1．请先输入从“第 1 章”至“而通常进行数字编码。”的文字内容（最前面的目录自动生成，无须输入），然后按要求完成排版，并以文件名 **w.doc** 存储

【注 1】计算机网络技术基础

【注 15】

【注 2】第 1 章 计算机网络概述

【注 4】

【注 3】教学要求：

让学生首先掌握计算机网络的定义、组成、功能与应用，了解计算机网络的产生与发展，掌握计算机网络的拓扑结构和分类等计算机网络的基础知识。

【注 5】1.1 计算机网络概述

什么是计算机网络、计算机网络具有哪些功能、计算机网络的应用领域是本节要介绍的主要内容。

【注 6】1.1.1 计算机网络的定义

要研究计算机网络，首先了解什么是计算机网络。在系统论中，一般把若干“元件”通过手段连接在一起就成为计算机网络。被连接在一起的“元件”不同，所构成的网络也不同，例如，连接发电系统就构成输电、配电网络，连接计算机就构成了计算机网络等。

【注 7】**计算机网络**（Computer Network）是利用通信线路和通信设备，把分布在不同地理位置的具有独立功能的多台计算机、终端及其附属设备互相连接，按照网络协议进行数据通信，由功能完善的网络软件，实现【注 8】资源共享和网络通信的计算机系统的集合。它是计算机技术和通信技术相结合的产物。

【注 10】详见教材！

【注 9】1.1.2 计算机网络的功能

计算机网络具有丰富的功能，其主要功能是共享资源和远程通信……

【注 11】第 2 章 数据通信的基础

【注 12】2.1.3 通信信道的分类

【注 13】
- 有线信道：使用有形的媒体作为传输介质的信道称为有线信道，包括电话线、双绞线、同轴电缆、光缆和电力线等。
- 无线信道：以电磁波在空间传播的方式传送信息的信道称为无线信道，包括无线电、微波、红外线和卫星通信信道等。

模拟信道：能传输模拟信号的信道称为模拟信道。模拟信号的电平随时间连续变化。语言信号是模拟信号。

数字信道：能传输离散数字信号的信道称为数字信道。离散的数字信号在计算机中是指由二进制代码“0”和“1”组成的数字序列。当数字信道传输数字信号时不需要进行变换，而通常进行数字编码。

专用信道	公共信道
固定电路，一般向电信部门租用	公共交换信道，如公共电话交换网

【注 14】 欢迎继续学习！

具体的任务要求如下。

（1）20 分钟内在 Word 里完整输入以上文字，按要求对文档进行编辑排版设置。

（2）设置文章正文文字：字体为宋体、字号为五号、行距为单倍行距、颜色为黑色。

（3）更具体的设置如下。

【注 1】：为文章加入页眉“计算机网络技术基础”，设置字体为宋体、字号为小五。

【注 2】：设置字体样式为“标题一”，居中。

【注 3】：字体为宋体，字号为五号，将“教”、“学”和“要”、“求”设成如文所示的带圈字符。

【注 4】：加上如文所示的边框，线条粗细为 4.5 磅。

【注 5】：设置字体样式为“标题二”，居中。

【注 6】：设置字体样式为“标题三”，居左。

【注 7】：字体为宋体，字号为五号，粗体，加着重号。

【注 8】：字体为宋体，字号为五号，加双横线，颜色为红色。

【注 9】：设置字体样式为“标题三”，居左。

【注 10】：添加如文所示的自选图像，其中的文字为“详见教材！”。

【注 11】：设置字体样式为“标题二”，居中。

【注 12】：设置字体样式为“标题三”，居左。

【注 13】：在文字前面应用样式列表项目符号●。

【注 14】：加入艺术字“欢迎继续学习！”，字体为宋体，字号为 20 磅，艺术字样式如文所示。

【注 15】：在文章的最前面位置处自动生成该文的目录（目录相应页码与上面内容所示可能不一致），单击目录可到达相应的内容。

2．Excel 中公式的应用

要求：

（1）在 Excel 中输入以下表格。

	A	B	C	D	E	F	G
1	意甲联赛积分榜						
2							
3	名次	队名	赛	胜	平	负	积分
4	1	拉齐奥	16	10	4	2	
5	2	尤文图斯	16	9	6	1	
6	3	帕尔马	16	9	4	3	
7	4	罗马	16	8	5	3	
8	5	AC米兰	16	7	7	2	
9	6	国际米兰	16	8	2	6	
10	7	巴里	16	6	5	5	
11	8	乌迪内斯	16	6	4	6	
12	9	佛罗伦萨	16	5	7	4	

（2）对该表格进行格式化。

① 表格自动套用“古典2”样式。

② 对标题加粗，设置单元格文字居中对齐。

③ 用公式计算出积分。

计算方法：胜一场积3分，平一场积1分，输一场积0分。

样文如下：

	A	B	C	D	E	F	G
1	意甲联赛积分榜						
2							
3	名次	队名	赛	胜	平	负	积分
4	1	拉齐奥	16	10	4	2	34
5	2	尤文图斯	16	9	6	1	33
6	3	帕尔马	16	9	4	3	31
7	4	罗马	16	8	5	3	29
8	5	AC米兰	16	7	7	2	28
9	6	国际米兰	16	8	2	6	26
10	7	巴里	16	6	5	5	23
11	8	乌迪内斯	16	6	4	6	22
12	9	佛罗伦萨	16	5	7	4	22

3．此题在 PowerPoint 中完成，并以文件名 p.ppt 存储

要求：制作一个 Authorware 简介幻灯片，参考下图。

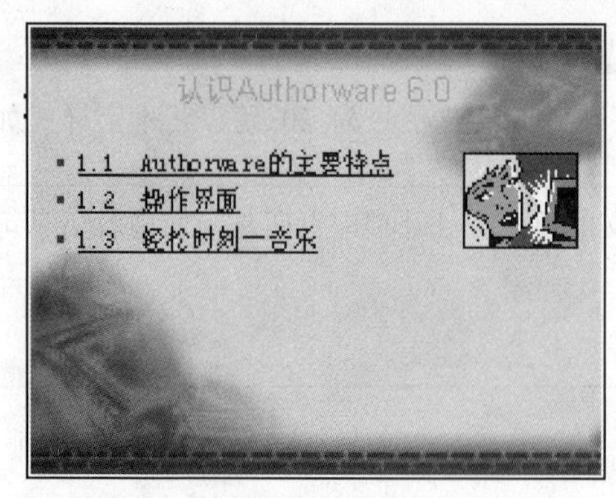

幻灯片1

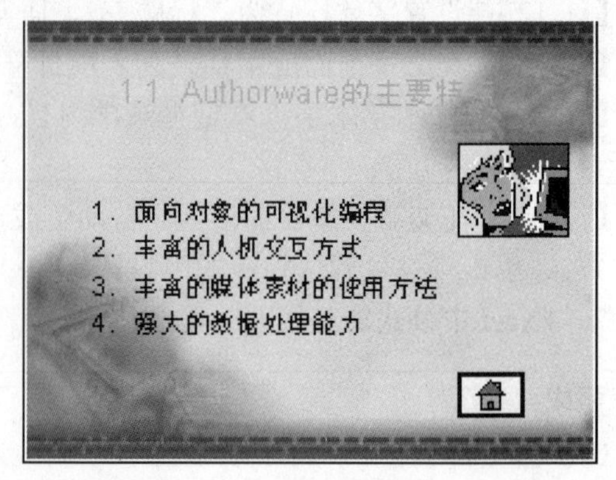

幻灯片2

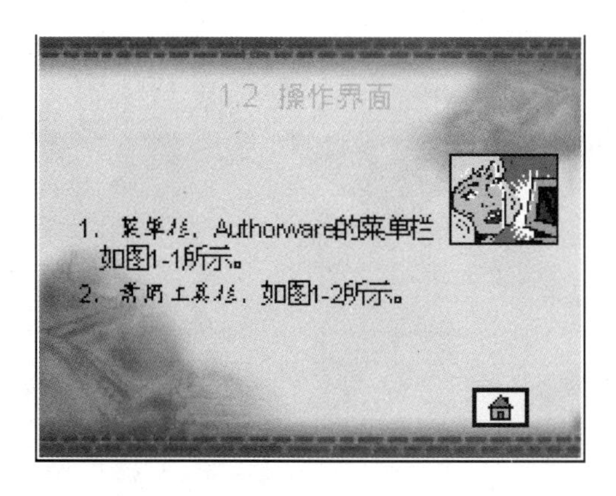

幻灯片 3

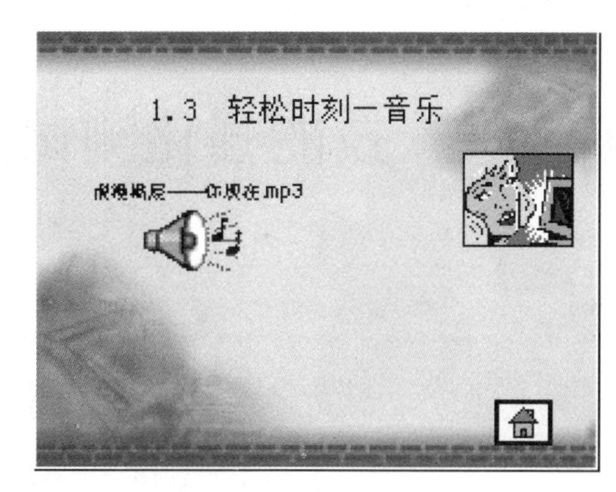

幻灯片 4

（1）在幻灯片母版中插入一个小头像，使得它在每张幻灯片的同一位置显示。

（2）第 1 张幻灯片含有 3 个超链接，分别链接到第 2、3、4 张幻灯片。

（3）第 2、3、4 张幻灯片中含有回到首页的超链接。

（4）在第 4 张幻灯片中插入了声音文件，单击可播放音乐。

（5）对第 2 张幻灯片进行动画设置。其中的每条内容分别从上、下、左、右方向飞入。

（6）对第 3 张幻灯片进行动画设置，使其中的第一条内容显示螺旋效果，并伴有鼓掌声音，动画显示后，文字显示为红色。

（7）幻灯片切换均采用水平百叶窗效果。

三、考试要求

（1）所交作品必须是独立完成的，否则成绩无效。

（2）上交文件不打包。

技能强化测试题

一、考试说明

1．建立试卷文件夹

方法：在“D:\”下建立一个文件夹，文件夹命名格式为“**姓名+班+学号+考题号**”。例如文件夹“**王军101-5**”表示王军是1班的、学号为01、第5套上机考试题。

2．交卷内容

按要求完成以下操作，并把文件保存在以上所建立的文件夹中。

二、考试题目及制作要求

1．请先输入以下文字，然后按要求完成排版，并以文件名five.doc存储

☆ **章节题目：**【注1】

第一章 C语言概述【注2】

☆ **教学时间：**【注1】

4学时【注3】

☆ **教学目的：**【注1】

1．了解C语言的产生过程

2．掌握C程序结构【注4】

3．掌握C程序开发过程

4．掌握用TURBO C运行一个C程序。

☆ **内容**:【注1】

1.1 C语言的历史和特色

1.2 C程序结构【注5】

1.3 C程序的开发过程

☆ **重点：**【注1】

1. 掌握 C 程序的基本结构构成【注 6】

2. 学会用 Turbo C 运行一个 C 程序

☆ **难点：**【注 1】

掌握 C 程序的开发过程【注 7】

第1章 C语言概述【注 8】

C 语言是国际上广泛流行的一门高级程序设计语言，具有语言简洁、使用方便灵活、移植性好、能直接对系统硬件和外围接口进行控制等特点。本章将简要地介绍它的产生过程和特点、C 程序结构及 C 程序的上机步骤，以便对 C 语言有一个概括的认识。【注 9】

1.1 C语言的历史【注 10】

一、历史【注 11】

1）1960 年出现了 ALGOL 60。

2）1963 年和 1967 年，在 ALGOL 60 的基础上推出了 CPL 和 BCPL 语言，从而更接近于硬件。

3）1970 年，美国贝尔实验室对 BCPL 语言做了进一步简化，设计了 B 语言，并用 B 语言编写了第一个 UNIX 操作系统。

4）在 1972 年至 1973 年间，贝尔实验室的 D.M.Ritchie 在 B 语言的基础上设计出 C 语言。【注 12】

具体的任务要求如下。

（1）10 分钟内在 Word 里完整输入完以上文字，按要求对文档进行编辑排版设置。

（2）更具体的设置如下。

【注 1】：字体为宋体，字号为小三，字形为粗体，文字采用项目符号进行标记。

【注 2】：字体为宋体，字号为五号。

【注 3】：字体为宋体，字号为五号。

【注 4】：字体为宋体，字号为五号，采用如文所示的项目编号进行标记。

【注 5】：字体为宋体，字号为五号，采用如文所示的项目编号进行标记。

【注 6】：字体为宋体，字号为五号，采用如文所示的项目编号进行标记。

【注 7】：字体为宋体，字号为五号。

【注 8】：插入艺术字，字体为宋体，字号为 32 磅。

【注 9】：字体为宋体，字号为五号。

【注 10】：插入艺术字，字体为楷体，字号为 28 磅。

【注 11】：字体为宋体，字号为小四，效果为隐影，采用自定义的项目编号。

【注 12】：字体为宋体，字号为五号，采用如文所示的项目编号。

2．按要求制作以下表格

星期 节次	一	二	三	四	五
1	语	语	语	语	语
2	数	数	数	数	数
3	外	外	外	外	外
4	语	语	语	语	语
午间休息					
5	数	数	数	数	数
6	外	外	外	外	外
7					
8					

要求：

（1）制作以上表格。

（2）每个单元格的对齐方式为中部居中。

注意

以上两题在同一个 Word 文档中完成。

3．在 Excel 中完成此题，并以文件名 five.xls 存储（见下表）

学号	姓名	性别	语文	数学	英语	平均	综合
20050101	张三	男	98	89	78		
20050103	王燕	女	78	98	88		
20050108	刘好	女	88	87	85		
20050109	汪利	女	68	95	87		
20050106	赵平	女	90	81	76		
20050102	李四	男	88	87	70		

续表

学号	姓名	性别	语文	数学	英语	平均	综合
20050110	张瑞	男	70	96	71		
20050105	李静	女	89	78	68		
20050104	吴刚	男	88	68	77		
20050107	雷林	男	74	77	65		
最高分							
最低分							

要求：

（1）用函数计算出每个学生的平均成绩和总成绩，且平均成绩和综合成绩只保留整数部分。

（2）用函数找出各科成绩的最高分和最低分。

（3）以综合成绩为关键字对 10 个同学的总成绩进行由高到低排序。

（4）利用以上表格的数据制作一个折线图（如下图所示），要求 Y 轴显示成绩数据，X 轴显示学生姓名。

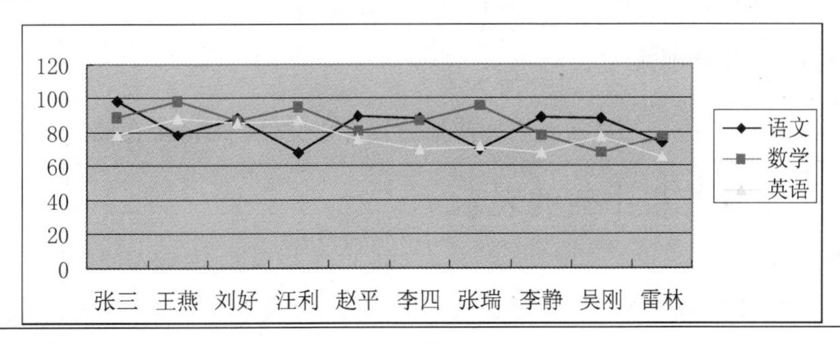

4．此题在 PowerPoint 中完成，并以文件名 five.ppt 存储

要求：

制作一个个人所喜欢动物的幻灯片。

- 第 1 页，动物的图片、名字。
- 第 2 页，对其外形的简单描述。
- 第 3 页，对其特点喜好的简单描述。
- 第 4 页，简单描述自己喜欢它的主要原因。
- 第 5 页，简单列举一些与它有关的趣事。

三、考试要求

（1）所交作品必须是独立完成的，否则成绩无效。

（2）上交文件不打包。

技能强化测试题

一、考试说明

1．建立试卷文件夹

方法：在“D:\”下建立一个文件夹，文件夹命名格式为“**姓名+班+学号+考题号**”。例如文件夹“**王军 101-6**”表示王军是 1 班的、学号为 01、第 6 套上机考试题。

2．交卷内容

按要求完成以下操作，并把文件保存在以上所建立的文件夹中。

二、考试题目及制作要求

1．请先输入以下文字，然后按要求完成排版，并以文件名 w.doc 存储

【注 1】**计算机中数的表示**

【注 2】计算机以数字形式表示数据，以数值方式处理在计算机中发生的每件事情，即使是文本也不例外。一句话，计算机中所有的数据都是以二进制方式存储的。采用二进制而不采用人们熟悉的十进制数来存取和处理数据，其主要原因是：

【注 3】★【注 4】二进制数只使用数字符号 0 和 1，可用具有两种简单的物理状态的元器件来实现。例如，晶体管导通为 1，截止为 0；高压电为 1，低电压为 0；灯亮为 1，灯灭为 0。计算机采用两种不同稳定状态的电子或磁性器件表示 0 和 1。由于二进制比较简单，比十进制容易实现，数据传送不易出错，因此工作可靠。

★ 二进制比十进制的运算简单。二进制“和”与“积”的运算规则只 3 条：

加法：0+0=0　0+1=1　1+1=10

乘法：0×1=0　1×0=0　1×1=1

【注 5】这种运算大大简化了【注 6】计算机中实现运算的线路。

★ 采用二进制可以进行逻辑运算，使逻辑代数和逻辑电路成为计算机电路设计的数学基础。【注 7】

二进制太伟大了

【注 8】二进制

在幼儿园，我们就开始学习十进制数了，所以在日常生活中，我们最熟悉的是十进制数据。事实上，我们也在开始与其他数制系统打交道。比如时间计数，60 分钟为一小时，12 点以后，又从 1 点开始计数。古代曾有“半斤八两”之说，即 16 两为 1 斤。上面所提到的时间和斤两计数方法分别是六十进制、十二进制和十六进制。

【注 9】『二进制的基数为 2，它用 0、1 两个计数符号表示所有的数据』。同十进制一样，处于一个二进制中不同位置的 0 或 1，代表的实际值也是不一样的，要乘上一个以 2 为底数的指数值。例如，二进制数 110110 所表示的数的大小为：

$$(110110)_2=1\times2^5+1\times2^4+0\times2^3+1\times2^2+1\times2^1+0\times2^0=(54)_{10}$$

可见，二进制数 110110 和十进制数 54 的大小相同，只不过方法不同而已。

在数制系统中常用$()_n$来表示 n 进制，$(54)_{10}$ 表示十进制数 54，而$(110110)_2$ 则表示二进制数 110110。【注 10】括号内的数是数值本身，括号外的下标表示进制。

小数的表示和计算方法与此类似。如 101.1011 表示的值可用下式计算：

$$(101.1011)_2=1\times2^2+0\times2^1+1\times2^0+1\times2^{-1}+0\times2^{-2}+1\times2^{-3}+1\times2^{-4}$$

概括而言，一个二进制数 $s=k_nk_{n-1}\cdots k_1k_0\cdots k_{-1}k_{-2}\cdots k_{-n}$ 的按权展开式如下：

$$s=k_n\times2^n+k_{n-1}\times2^{n-1}+\cdots+k_1\times2^1+k_0\times2^0+\cdots+k_{-1}\times2^{-1}+k_{-2}\times2^{-2}+\cdots+k_{-n}\times2^{-n}$$

这里的 k_n、k_{n-1}、…、k_1、k_0、k_{-n} 表示 0 或 1。

二进制有如下 3 个特点：

- 基数为 2，用 0、1 两个符号表示所有的二进制数。
- 加法规则：逢二进一。0+0=0　0+1=1　1+0=0　1+1=10【注 11】
- 按权展开。$(1101)_2=1\times2^3+1\times2^2+0\times2^1+1\times2^0$

具体的任务要求如下。

（1）20 分钟内在 Word 里完整输入以上文字，按要求对文档进行编辑排版设置。

（2）设置文章第一自然段：字体为仿宋、字号为小四、行距为 1.5 倍。设置其余自然段：字体为宋体、字号为小四、行距为 1.5 倍。

（3）更具体的设置如下。

【注 1】：字体为黑体，字号为四号，加粗，设置边框。

【注 2】：设置首字下沉，字体为楷体，下沉行数为 2，距正文为 0.2 cm。

【注 3】：在 3 个段落前加★，以示提示。

【注 4】：字体为宋体，字号为小四，字体颜色为紫罗兰，缩放为 100%，间距为紧缩。

【注 5】：字体为楷体，字号为小四，间距为加宽，位置为提升。

【注 6】：字体为幼圆，字号为小四，间距为加宽，位置为降低。

【注 7】：设置标注“二进制太伟大了”，字体为宋体，字号为五号，黑色，加粗，底色为黄色。

【注 8】：字体为华文彩云，字号为四号，倾斜、蓝色，加粗。

【注 9】：在文字两边加上符号“『』”，字体为楷体，字号为小四，字体颜色为橙色。

【注 10】：字体为宋体，字号为小四，文字颜色为褐色，背景为天蓝。

【注 11】：设置如文所示的项目符号。

2．按要求制作以下表格

单位 / 说明	单位转换				
	￥→＄	℃→℉	ln→log	㎡→cm^2	g→kg
比例	6.2≈1.0	5(t℉−50)=9(t℃−10)	ln e=$\log_2^e$	10 000/1	1:1 000
编号	Ⅰ	Ⅱ	Ⅲ	Ⅳ	Ⅴ

要求：

（1）制作以上表格。

（2）每个单元格的对齐方式为中部居中。

注意

以上两题在同一个 Word 文档中完成。

3．在 Excel 中完成此题，并以文件名 e.xls 存储（见下表）

学　号	姓名	英语	数学	计算机基础	政治	总分	总评
2006030201	李好	90	88	95	92		
2006030202	汪洋	88	76	87	76		
2006030203	左子	92	92	89	88		
2006030204	刘齐	88	95	87	90		
2006030205	李畅	84	92	78	78		
2006030206	王西	72	86	94	92		
2006030207	徐浩	95	96	87	85		
2006030208	张成	74	74	78	78		
2006030209	王恩溪	68	66	90	64		
2006030210	李小艺	83	88	75	90		
	最高分						
	最低分						
	平均分						

要求：

（1）用公式计算出总分。

（2）求出每门课程的最高分、最低分和平均分。

（3）利用 IF 函数评出总分>300 分的学生为“优秀”。

（4）对当前工作表进行自动筛选，条件为“300<总分<360”，筛选结果如下。

	A	B	C	D	E	F	G	H
1	学号	姓名	英语	数学	计算机基础	政治	总分	总评
3	2006030202	汪洋	88	76	87	76	**327**	
6	2006030205	李畅	84	92	78	78	**332**	
7	2006030206	王西	72	86	94	92	**344**	
9	2006030208	张成	74	74	78	78	**304**	
11	2006030210	李小艺	83	88	75	90	**336**	

4．此题在 PowerPoint 中完成，并以文件名 p.ppt 存储

要求：

制作一个介绍自己大学生活的幻灯片。

- 第 1 页，制作封面（姓名、专业、年级等）。要求：切换速度为中速，声音为风铃，动画方案为依次渐变。
- 第 2 页，简述一下自己进大学以前的想法。要求：切换速度为中速，声音为捶打，动画方案为渐变式擦除。
- 第 3 页，介绍自己的理想、需要的知识结构以及实践活动。要求：切换速度为中速，声音为抽气，动画方案为向内溶解。
- 第 4 页，用表格的形式体现出自己每天的时间安排。要求：切换速度为中速，声音为电压，动画方案为上升。
- 第 5 页，总结自己是怎样一个积极上进的人，并对未来进行展望。要求：切换速度为中速，声音为风声，动画方案为典雅。

三、考试要求

（1）所交作品必须是独立完成的，否则成绩无效。

（2）上交文件不打包。

技能强化测试题 7

一、考试说明

1．建立试卷文件夹

方法：在“D:\”下建立一个文件夹，文件夹命名格式为“**姓名+班+学号+考题号**”。例如文件夹“**王军 101-7**”表示王军是 1 班的、学号为 01、第 7 套上机考试题。

2．交卷内容

按要求完成以下操作，并把文件保存在以上所建立的文件夹中。

二、考试题目及制作要求

1．请先输入以下文字，然后按要求完成排版，并以文件名 w.doc 存储

计算机技术的迅速发展，使得计算机的应用已深入到各个领域。随着微型计算机的普及、网络技术的兴起，计算机病毒也同时出现了。

1.【注 1】**病 毒 定 义**

1983 年 11 月，美国学者 F.COHON 第一次从科学的角度提出“计算机病毒”这一概念。1987 年 10 月，美国公开报导了首例造成危害的计算机病毒。

在中国正式颁布实施的《中华人民共和国计算机信息管理系统安全保护条例》第 28 条中明确指出：【注 2】“计算机病毒，是指编制或者在计算机程序中插入的破坏计算机功能或者毁坏数据，影响计算机使用，并能自我复制的一组计算机指令或者代码。”

【注 3】在此基础上，一个更详细的对“计算机病毒”的定义是，所谓的计算机病毒是一种人为制造的、在计算机运行中对计算机信息或系统起破坏作用的程序。这种程序不是独立存在的，它隐藏在其他可执行的程序中，既有破坏性，又有传染性和潜伏性。轻则影响机器的运行速度，使机器不能正常运行，重则使机器处于瘫痪，给用户带来不可估量的损失。通常把这种具有破坏作用的程序称为计算机病毒。

2.【注 1】**病 毒 特 征**

病毒具有【注 4】传染性、隐蔽性、潜伏性、对用户不透明性、可激活性、破坏性和不可预见性。除此之外，所有病毒还都具有两个特征：【注 5】一是不以独立的文件形式存在，而是依附于别的程序上，当调用该程序时，此病毒首先运行；二是自身复制到其他程序中。二者缺其一则不成为病毒。

3.【注 1】**病 毒 症 状**

【注 6】~~全世界每天要产生五六种计算机病毒，所以目前已出现的病毒有数万种。这些病毒按大的类型来分则不到 10 类。~~其中操作系统病毒最为常见，危害性也最大。

【注 7】***病毒的一般症状有：***

【注 8】

- 显示器出现莫名其妙的信息或异常显示（如白斑、小球、雪花和提示语句等）。
- 内存空间变小，对磁盘访问或程序装入的时间比平时长，运行异常或结果不合理。
- 定期发送过期邮件。
- 死机现象增多，又在无外界介入下自行启动，系统不承认磁盘，或硬盘不能引导系统，异常要求用户输入口令。
- 打印机不能正常打印，汉字库不能正常调用或不能打印汉字。

4.【注 1】**病 毒 分 类**

【注 9】**从第一个病毒问世以来，究竟世界上有多少种病毒，说法不一。无论多少种，病毒的数量仍在不断增加。据国外统计，计算机病毒以 10 种每周的速度递增。另据中国公安部统计，国内以 4 种每月的速度递增。如此多的种类，做一下分类可以更好地了解它们。**

（1）【注 10】按传染方式分为引导型病毒、文件型病毒和混合型病毒。

引导型病毒是指寄生在磁盘引导区或主引导区的计算机病毒。此种病毒利用系统引导时不对主引导区的内容正确与否进行判别的缺点，在引导系统的过程中侵入系统，驻留内存，监视系统运行，待机传染和破坏。

【注 11】文件型病毒一般只传染磁盘上的可执行文件（COM 或 EXE）。在用户调用染毒的可执行文件时，病毒首先被运行，然后病毒驻留内存，待机传染其他文件或直接传染文件。其特点是附着于正常程序文件，成为程序文件的一个外壳或部件。这是较为常见的传染方式。

混合型病毒兼有以上两种病毒的特点，既传染引导区又传染文件，因此扩大了这种病毒的传染途径（如 1997 年国内流行较广的“TPVO—3783（SPY）”）。

（2）【注 10】按连接方式分为源码型病毒、入侵型病毒、操作型病毒和外壳型病毒。

源码型病毒较为少见，亦难以编写。因为它要攻击高级语言编写的源程序，在源程序编译之前插入其中，并随源程序一起编译、连接成可执行文件。此时刚刚生成的可执行文件便已经带病毒了。

【注 12】**入侵型病毒可用自身代替正常程序中的部分模块或堆栈区。因此这类病毒只攻击某些特定程序，针对性强。一般情况下也难以发现，清除起来也较困难。**

操作系统病毒可用自身部分加入或替代操作系统的部分功能，因其直接感染操作系统，因此这类病毒的危害性也较大。

外壳病毒将自身附在正常程序的开头或结尾，相当于给正常程序加了个外壳。大部分的文件型病毒都属于这一类。

（3）【注 10】按破坏性分为良性病毒和恶性病毒。

（4）【注 10】其他：宏病毒。

宏病毒是最近几年才出现的，也可算做文件病毒。

具体的任务要求如下。

（1）20 分钟内在 Word 中完整输入以上文字，并按要求对文档进行编辑排版设置

（2）设置文章第一、二、三自然段：字体为宋体，字号为小四，行距为 1.5 倍。设置其余自然段：字体为宋体，字号为小四，行距为 1.5 倍。

（3）更具体的设置如下。

【注 1】：字体为宋体，字号为小四，字体颜色为红色，文字宽度为 5.5 字符。

【注 2】：字体为宋体，字号为小四，下画线为双横线，下画线颜色为蓝色。

【注 3】：字体为黑体，字号为小四，边框为三维，边框颜色为橙色。

【注 4】：字体为宋体，字号为小四，加着重号。

【注 5】：字体为宋体，字号为小四，字体颜色为蓝色，效果为阴影。

【注 6】：字体为宋体，字号为小四，加双删除线。

【注 7】：字体为宋体，字号为小四，加粗，倾斜，深蓝，居中对齐，阴影边框，3 磅。

【注 8】：字体为宋体，字号为小四，加项目符号♦。

【注 9】：字体为楷体，字号为小四，加粗，突出显示黄色。

【注 10】：字体为宋体，字号为小四，加粗，文字颜色为紫色。

【注 11】：字体为幼圆，字号为小四，文字颜色为天蓝色。

【注 12】：字体为幼圆，字号为五号，下画线为单横线，下画线颜色为酸橙色。

2．按要求制作以下表格

<table>
<tr><td>姓名</td><td></td><td>性别</td><td></td><td>出生年月</td><td></td><td rowspan="2">照片</td></tr>
<tr><td>民族</td><td></td><td>籍贯</td><td></td><td>政治面貌</td><td></td></tr>
<tr><td rowspan="5">教育经历</td><td colspan="2">起止时间</td><td colspan="2">学校</td><td colspan="2">职务</td></tr>
<tr><td colspan="2"></td><td colspan="2"></td><td colspan="2"></td></tr>
<tr><td colspan="2"></td><td colspan="2"></td><td colspan="2"></td></tr>
<tr><td colspan="2"></td><td colspan="2"></td><td colspan="2"></td></tr>
<tr><td colspan="2"></td><td colspan="2"></td><td colspan="2"></td></tr>
<tr><td>特长</td><td colspan="6"></td></tr>
<tr><td>获奖情况</td><td colspan="6"></td></tr>
</table>

要求：

（1）制作以上表格。

（2）每个单元格的对齐方式为中部居中。

注意

以上两题在同一个 Word 文档中完成。

3．在 Excel 中完成此题，并以文件名 e.xls 存储。

下面是某单位职工的工资、纳税情况。将该内容输入到一个新建 Excel 工作簿上，并且完成以下工作。

姓名	基本工资	津贴	扣住房公积金	应纳税收入	应缴税额	应发金额
张三	876.23	800	85			
李四	1422.5	1200	140			
王五	1106.6	800	110			
赵六	725.3	200	70			
吴七	950.12	400	95			
周八	1226.81	600	120			
孙九	1465.33	750	145			
郑十	811.94	1000	80			
……	……	……	……			

（1）计算每个职工的应纳税收入、应缴税款额以及应发金额。
（2）建立每个职工纳税情况柱形图（X 轴为姓名，Y 轴为纳税额）。
（3）按应发金额降序排序。
其中，应纳税收入=当月收入总额 －（1 000 元+扣交的住房公积金）
且纳税的标准规定如下：

全月应纳税的所有额所在区间（元）	税率（%）
低于 500	5
500～低于 2 000	10
2 000～低于 5 000	20
……	……

4．此题在 PowerPoint 中完成，并以文件名 p.ppt 存储

要求：
制作一个个人工作总结（如班长、团支书等职务）的幻灯片。
- 第 1 页，个人工作总结的封面。要求：切换速度为中速，声音为风声，动画方案为依次渐变。
- 第 2 页，对工作的总体概述。要求：切换速度为中速，声音为风铃，动画方案为向内溶解。
- 第 3 页，具体从各个方面来总结（包括学习、生活、纪律、卫生、组织活动等）。要求：切换速度为中速，声音为捶打，动画方案为渐变式擦除。
- 第 4 页，对工作做得好的方面进行表彰，并对参与者、支持者表示感谢。要求：切换速度为中速，声音为玻璃破碎声，动画方案为上升。
- 第 5 页，对工作做得较差的方面进行检讨，并总结经验教训，提出希望。要求：切换速度为中速，声音为抽气，动画方案为典雅。

三、考试要求

（1）所交作品必须是独立完成的，否则成绩无效。
（2）上交文件不打包。

技能强化测试题

一、考试说明

1．建立试卷文件夹

方法：在“D:\”下建立一个文件夹，文件夹命名格式为“**姓名+班+学号+考题号**”。例如文件夹“**王军 101-8**”表示王军是1班的、学号为01、第8套上机考试题。

2．交卷内容

按要求完成以下操作，并把文件保存在以上所建立的文件夹中。

二、考试题目及制作要求

1．请先输入以下文字，然后按要求排版，并以 w.doc 存储

多媒体计算机技术（Multimedia Computer Technology）的定义是，计算机综合处理多种媒体信息，文本、图形、图像、音频和视频，使多种信息建立逻辑连接，集成为一个系统并具有交互性。简单地说，计算机综合处理声、文、图信息和具有【注1】集成性和交互性。

综合来说，多媒体计算机技术的特性可分为下列几点。

（1）集成性。多媒体计算机技术是结合【注2】文字、图形、影像、声音、动画等各种媒体的一种应用，并且是建立在数字化处理的基础上的。它不同于一般传统文件，是一个利用计算机技术的应用来整合各种媒体的系统。媒体依其属性的不同可分成文字、音频及视频。其中，文字可分为文字及数字，音频（Audio）可分为音乐及语音，视频（Video）可分为静止图像、动画及影片等。其中包含的技术非常广，大致有【注3】**计算机技术、超文本技术、光盘储存技术及影像绘图技术等**。而计算机多媒体的应用领域也比传统多媒体更加广阔，如CAI、有声图书、商情咨询等，都是计算机多媒体的应用范围。

另外，具有【注4】~~多种技术的系统集成性~~，基本上可以说是包含了当今计算机领域内最新的硬件技术和软件技术。

（2）交互性。交互性是多媒体计算机技术的特色之一，就是可与使用者进行交互性沟通（Interactive Communication）的特性，这也正是它和传统媒体最大的不同。【注5】~~这种改变，~~

~~除了提供使用者按照自己的意愿来解决问题外~~，更可借助这种交谈式的沟通来帮助学习、思考，进行系统的查询或统计，以达到增进知识及解决问题的目的。

（3）【注 6】非循序性。一般而言，使用者对非循序性的信息存取需求要比对循序性存取大得多。过去，在查询信息时，用了大部分的时间在寻找资料及接收重复信息上。多媒体系统克服了这个缺点，使得以往人们依照章、节、页阶梯式的结构循序渐进地获取知识的方式得以改善，再借助“超文本”的观念来呈现一种新的风貌。【注 7】所谓“超文本”，简单地说就是非循序性文字，它可以简化使用者查询资料的过程，这也是多媒体强调的功能之一。

（4）非纸张输出形式。多媒体系统应用有别于传统的出版模式。【注 8】**传统的出版模式**是以纸张为输出载体，通过记录在纸张上的文字及图形来传递和保存知识，但此种方式受限于纸张，无法将有关的影像及声音记录下来，所以读者往往需要再去翻阅其他方面的资料才能得到一系列完整的内容。【注 9】**多媒体系统的出版模式强调的是无纸输出形式**，以光盘（CD-ROM）为主要的输出载体。这不但使存储容量大增，【注 10】而且提高了它保存的方便性。由此可见，光盘在未来信息的传递及资料保存上，将拥有更加重要的地位。

【注 11】在近几年的一些电影中常会看到一台相当人性化的计算机，它可与人交谈，并可提供任何想要得知的信息；它可演奏任何想要听的乐曲；当世界的各角落发生任何大事时，它会及时地报告；它可监视家中的一切电器状况，会接电话，随时提醒该做的事，甚至可借助它向远在他乡的友人传达信息……在多媒体发展的今天，加上网络的迅速普及，【注 12】***这一切都会变成事实***。

多媒体技术的产生必然会带来计算机界的又一次革命，它标志着计算机将不仅仅作为办公室和实验室的专用品，而将进人【注 13】**家庭、商业、旅游、娱乐**、教育乃至艺术等几乎所有的社会与生活领域。同时，它也将使计算机朝着人类最理想的方式发展，【注 14】**即视听一体化，彻底淡化人机界面的概念。**

具体的任务要求如下。

（1）20 分钟内在 Word 中完整输入以上文字，并按要求对文档进行编辑排版设置。

（2）设置文章最后两个自然段：字体为宋体，字号为小四号，行距为 1.5 倍。设置其余自然段：字体为宋体，字号为五号，行距为单倍。设置所有英文字母字体为 Times New Roman。

整篇文章加页眉“多媒体技术的发展”、页脚为“第×页共×页”。

（3）更具体的设置如下。

【注 1】：字体为楷体，字号为五号，加着重号，红色。

【注 2】：字体为楷体，字号为五号，字体闪烁效果。

【注 3】：字体为楷体，字号为小四号，加下画线，加粗。

【注 4】：字体为宋体，字号为小四号，加删除线。

【注 5】：字体为楷体，字号为五号，加双删除线。

【注 6】：字体为楷体，字号为小四号，加单波浪线。

【注 7】：字体为楷体，字号为四号，段前段后间距为 2 磅。

【注 8】：字体为隶书，字号为四号，背景为褐色。

【注 9】：字体为楷体，字号为小四号，阴影为红色。

【注 10】：字体为楷体，字号为小四号，文字颜色为白色，背景为蓝色。

【注 11】：字体为楷体，字号为五号，边框为 2 磅，阴影为蓝色。

【注 12】：字体为楷体，字号为小四号，阴文，加粗，倾斜。

【注 13】：字体为华文行楷，字号为三号，加双波浪下画线。

【注 14】：字体为楷体，字号为小四号，蓝色，加点下画线，加粗。

2．按以下形式输入公式

$$F(x)=\int f\log(x-1)^2$$

3．在 Word 中制作以下表格，单元格内容居中

星期 / 姓名	星期一		星期二		星期三	
	上午	下午	上午	下午	上午	下午
王杰伦	√	○	√	√	×	√
冯涛	×	△	○	√	△	○
文帝	√	√	×	○	√	×
吴杰	×	○	√	△	×	△
考勤备注：　出勤 √ 缺席× 事假△ 病假　○						

4．在 Excel 中完成此题，并以文件名 e.xls 存储

编号	单位	进货类别	单价	数量	付款	定金	营业额	欠款
5234	四川九州广告公司	打印机	800	3	1 300	500		
1232	长沙流风运业公司	PDA	1 500	2	1 500	1 000		
4501	3A 广告公司	手提电脑	5 000	3	10 000	5 000		
2454	一点设计工作室	计算机耗材	200	1	150	50		
2504	蓝芯信息公司	移动硬盘	450	5	2 000	0		
本月总营业额								
本月总欠款								

要求：

（1）用公式计算出营业额和欠款数目。

（2）用函数计算出日营业额，推算季度营业额。

（3）利用以上表格的数据制作一个饼状图（如下图所示），显示各种产品的销售份额。

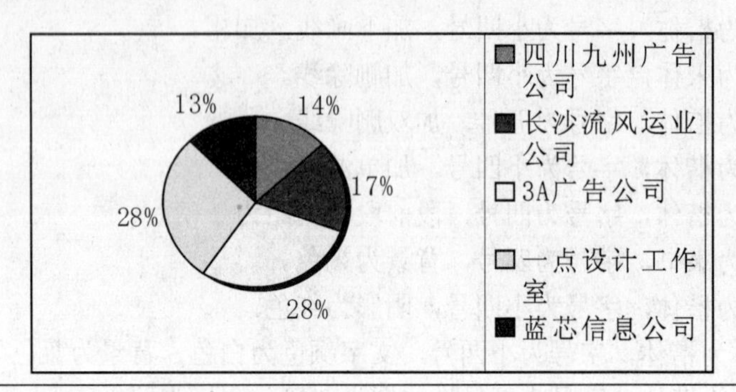

5．此题在 PowerPpoint 中完成，并以文件名 p.ppt 存储

要求：

制作一组介绍班级情况的幻灯片。

- 第 1 页，班级介绍封面。
- 第 2 页，对班级情况的简要描述（如集体宣言、班级特点等）。
- 第 3 页，班级具体情况的介绍（如男女生人数、过去的活动、以后的活动安排、班级荣誉等）
- 第 4 页，班级同学录情况，部分同学的个人主页链接（要求实现超链接）。
- 第 5 页，对班级情况做总结，总结长处和不足之处。

三、考试要求

（1）所交作品必须是独立完成的，否则成绩无效。

（2）上交文件不打包。

附录　计算机等级考试强化训练题库参考答案

训练 1　参考答案

一、填空题

1. 1946　美　2. 晶体管　集成电路　3. 科学计算　过程控制　计算机辅助系统　信息处理　智能模拟　4. 微型机　5. 通信　网络　6. 1 024　1 024×1 024　1 024×1 024×1 024　7. 基本符号的种类　这些基本符号的组合　8. 主存　CPU　9. 输入设备　输出设备　存储器　运算器　控制器　运算器　控制器　CPU　10. 算术　逻辑　时钟频率　字长　11. RAM　ROM　随机存储器　只读存储器　12. 输出　13. 功能键区　主键盘区　编辑键区　小键盘区　14. 输入　15. LCD　CRT　16. 针式打印机　激光打印机　喷墨打印机　输出　17. 系统软件　应用软件　系统　计算机　用户　18. 208　1010　1000001000　19. 机器　汇编　高级　汇编　高级　机器　20. 70　53　21. 11111110　376　22. 1011000　58　23. ROM　24. 8　7　25. 62　26. 1100010　142　27. 1000000　64　28. 50　29. 随机存储器　30. 8　31. 128　32. 1 024　1 024　1 024　33. 80×1 024　34. 1F81E1　35. ASCII　36. 二进制　37. 硬件系统　软件系统　38. 运算器　控制器　存储器　输入设备　输出设备　39. 运算器　控制器　40. 算术　逻辑　41. 外存储器　随机存取存储器　可读可写　断电数据丢失　只读存储器　只读　断电数据不丢失　42. 没有安装操作系统的计算机　43. 系统总线　地址总线

二、单项选择题

1.A　2.B　3.C　4.B　5.B　6.C　7.B　8.C　9.D　10.D　11.A　12.D　13.D　14.C　15.A　16.A　17.A　18.C　19.D　20.D　21.A　22.B　23.C　24.C　25.C　26.C　27.B　28.B　29.B　30.A　31.B　32.D　33.C　34.A　35.D　36.D　37.B　38.B　39.D　40.D　41.A　42.A　43.B　44.B　45.A　46.D　47.D　48.D　49.B　50.B　51.C　52.C　53.B　54.B　55.A　56.C　57.C　58.A　59.A　60.C　61.C　62.B　63.D　64.A　65.A　66.C　67.D　68.C　69.D　70.B　71.B　72.C　73.B　74.A　75.A　76.A　77.A　78.D　79.D　80.A　81.B　82.B　83.B　84.D　85.B　86.A　87.D　88.D　89.A　90.A　91.A　92.D　93.A　94.D　95.B　96.D　97.C　98.D　99.C　100.B

三、多项选择题

1.ABD　2.ABC　3.ABC　4.BC　5.AB　6.ACD　7.D　8.ABD　9.A　10.ABCD　11.ABCD　12.BCD　13.AD　14.BC　15.BE

四、判断正误题

1. B 2. B 3. B 4. A 5. B 6. A 7. B 8. B 9.A 10.A 11.B 12.A 13.B 14.B 15.A 16.A 17.B 18.A 19.A 20.A 21.A 22.A 23.A 24.A 25.A 26.B 27.B 28.B 29.B 30.A 31.B 32.A 33.A 34.B 35.B

训练 2 参考答案

一、填空题

1. 主机 辅助存储器 2. 单色 3. 多媒体 4. 8 5. 地址 6. 分辨率 7. 操作码 8. CPU 9. 机器 10. B 11. 输入 12. 5 13. DRAM 14. 控制器 存储器 输入设备 15. 硬件 16. 机器语言 17. 磁盘缓冲 18. 读出 写入 19. 兼容性 20. 应用 21. 控制 22. 编译 解释 23. 内存 24. 本次操作的性质 25. 慢 大 26. 1. 44 27. 只读型光盘 28. 根 29. 多媒体操作系统 30. 运算器 31. 输入 32. 机器语言 汇编语言 高级语言 33. 高级 34. 编译程序 35. 机器 36. 主机 37. 数据 38. 文件管理 39. I/O 40. 输入设备 输出设备 41. 随机存取 42. 输出 43. 控制总线 44. 存取周期 45. 操作数 46. 系统软件 应用软件 47. 地址 48. 18 49. 运行速度 50. 机电式 51. 微机 52. 打印速度 53. 软硬件资源 用户 54. 分辨率 55. 数据 56. 输入/输出 57. 杀病毒软件 58. 输入 59. 存储周期 60. 程序和数据 61. 非击打 62. 显示器 63. 指令 64. RAM ROM 65. 编辑 66. 中央处理器（CPU） 67. 软盘 硬盘 68. 运算器 控制器

二、单项选择题

1.D 2.C 3.B 4.A 5.D 6.C 7.A 8.B 9.A 10.A 11.C 12.B 13.C 14.B 15.D 16.B 17.D 18.A 19.C 20.D 21.A 22.B 23.B 24.C 25.B 26.D 27.D 28.B 29.A 30.A 31.B 32.C 33.D 34.B 35.A 36.C 37.A 38.B 39.A 40.D 41.A 42.A 43.C 44.D 45.A 46.C 47.D 48.A 49.D 50.A 51.A 52.B 53.C 54.C 55.D 56.C 57.B 58.A 59.B 60.A 61.D 62.D 63.B 64.C 65.D 66.C 67.C 68.A 69.D 70.D 71.A 72.A 73.B 74.C 75.B 76.D 77.C 78.D 79.C 80.B 81.C 82.B 83.C 84.D 85.A 86.D 87.D 88.A 89.C 90.B 91.A 92.A 93.C 94.D 95.A 96.A 97.B 98.D 99.C 100.C 101.A 102.B 103.D 104.C 105.B 106.C 107.C 108.D 109.A 110.A 111.A 112.B 113.A 114.D 115.A 116.B 117.C 118.D 119.C 120.A 121.D 122.A 123.A 124.D 125.C 126.A 127.A 128.C 129.A 130.B 131.D 132.A 133.C 134.B 135.B 136.B 137.A 138.C 139.A 140.A 141.A 142.B 143.D 144.A 145.A 146.C 147.B 148.C 149.D 150.A 151.C 152.C 153.A 154.C 155.A 156.B 157.B 158.A 159.B 160.D 161.B 162.A 163.C 164.D 165.B 166.B 167.C 168.B 169.D 170.C 171.B 172.C 173.D 174.C 175.B 176.A 177.B 178.B 179.C 180.A 181.A 182.C 183.D 184.A 185.B 186.C 187.D 188.D 189.A 190.C 191.B 192.D 193.B 194.C 195.C 196.B 197.A 198.D 199.B 200.A 201.C 202.A 203.B 204.B 205.D 206.B 207.C 208.D 209.B 210.C 211.A 212.D 213.B 214.D 215.B

三、多项选择题

1. BC　2.ABD　3.ABC　4.BC　5.AD　6.BCD　7.BD　8.ACD　9.AB　10.AB　11.ABD　12.CD　13.BC　14.AD　15.BD　16.BC　17.BC　18.ACD　19.BCD　20.ABC　21.ABCD　22.AB　23.BCD　24.ACD　25.AC　26.CD　27.ABD　28.ABCD　29.ABC　30.CD　31.ACD　32.CD　33.ACD　34.CD　35.AD　36.ABD　37.AB　38.BC　39.BD　40.ACD　41.BCD　42.BCD　43.BCD　44.AB

四、判断正误题

1.B　2.B　3.A　4.B　5.B　6.A　7.B　8.B　9.B　10.B　11.A　12.B　13.B　14.A　15.A　16.B　17.A　18.B　19.B　20.B　21.B　22.B　23.A　24.B　25.A　26.B　27.A　28.B　29.B　30.B　31.B　32.B　33.A　34.B　35.B　36.B　37.A　38.B　39.B　40.B　41.B　42.B　43.B　44.A　45.A　46.B　47.B　48.B　49.A　50.A　51.B　52.B　53.A　54.B　55.B　56.A　57.B　58.A　59.A

训练 3　参考答案

一、填空题

1.FONT　2. SHIFT　3.“文件”　4.*.BMP　5. 4　6.“系统工具”　7. 任务栏　8. CTRL + ALT + DELETE　9. 任务　10. 日期　11.“开始”　12.“关闭”　13.“声音”　14. A*.WAV　15. .WAV　16. 资源管理器　17. 16　18. 电脑　19. Print Screen　20. SHIFT　21. 全面　22. CTRL+X　CTRL+C　CTRL+V　23. 全面　24. 255　25. SHIFT　26. 拉伸　27. Ctrl+V　28. SPACE　29. EXIT　30.“外观”　31. CTRL+C　32. 鼠标　33. 标题栏　34. F1　35. ESC　36. CTRL　37. 硬盘　38. Alt+F4　39.“属性”　40. 选定对象　打开对象　41. 计算机　42. Ctrl+Space　43. 正在执行应用程序　44. 该项被选中　45. .LNK　46. 剪贴板　47. CTRL+A　48. 一个窗口大小　49. 嵌入与链接　50. CTRL+Z　51. 控制面板　52. 内存　53.“排列图标”　54. 任务栏　55. 控制面板　输入法　56. 媒体播放器　57. 打开菜单　58. 移动位置　59. 该命令暂不可执行　60. 回收站　61. 双击　62.“运行”　EXIT　63.“复制”　“粘贴”　64. 双击　65. 32　66. 窗口菜单　快捷菜单　67. 回收站　68. 只读　隐藏　存档　系统　69. Alt　70. F8

二、单项选择题

1.C　2.A　3.A　4.C　5.B　6.D　7.A　8.C　9.D　10.D　11.A　12.B　13.B　14.B　15.C　16.D　17.A　18.C　19.D　20.B　21.C　22.D　23.A　24.B　25.A　26.D　27.D　28.C　29.C　30.A　31.D　32.B　33.A　34.C　35.A　36.A　37.C　38.A　39.D　40.B　41.C　42.A　43.A　44.B　45.C　46.C　47.D　48.A　49.A　50.B　51.A　52.D　53.A　54.C　55.B　56.B　57.D　58.A　59.D　60.C　61.A　62.A　63.C　64.C　65.A　66.B　67.D　68.A　69.C　70.D　71.A　72.B　73.D　74.B　75.A　76.C　77.C　78.D　79.A　80.B　81.A　82.B　83.D　84.B　85.A　86.A　87.B　88.D　89.D　90.C　91.D　92.C　93.C　94.A　95.B　96.B　97.D　98.A　99.C　100.D　101.A　102.C　103.D　104.B　105.A　106.A　107.C　108.B　109.A　110.D　111.A　112.D　113.D　114.D　115.D　116.B　117.C　118.C　119.B　120.C　121.D　122.D　123.A　124.B　125.A　126.A　127.D　128.B　129.A　130.A

131.D 132.A 133.D 134.D 135.A 136.C 137.B 138.B 139.D 140.A 141.C 142.D 143.D
144.C 145.A 146.B 147.C 148.D 149.B 150.A 151.C 152.B 153.C 154.B 155.D 156.D
157.D 158.D 159.C 160.A 161.A 162.C 163.A 164.B 165.B 166.B 167.C 168.A 169.C
170.D 171.D 172.A 173.C 174.A 175.D 176.A 177.C 178.D 179.D 180.A 181.D 182.A
183.D

三、多项选择题

1.ABCD 2.ABC 3.ABC 4.BCD 5.ABC 6.ABC 7.BD 8.ABCD 9.ABCD 10.ABC
11.CD 12.AC 13.AB 14.BC 15.ABC 16.BD 17.ABCD 18.BD 19.ABCD 20.ABCD
21.ABCD 22.AC 23.CAB 24.ACD 25.AC 26.ACD 27.ABCD 28.ACD 29.ABD 30.BD
31.ABCD 32.ABCD 33.ABC 34.ABD 35.AB 36.AC 37.ABDE 38.AB 39.AE 40.CD
41.ABD 42.AB 43.ABC 44.AB 45.ABC 46.BCD 47.AB 48.BCD 49.BC

四、判断正误题

1.B 2.B 3.A 4.B 5.B 6.B 7.B 8.A 9.B 10.B
11.B 12.B 13.A 14.A 15.B 16.A 17.B 18.B 19.A 20.B
21.A 22.B 23.A 24.A 25.B 26.A 27.B 28.B 29.A 30.A
31.A 32.B 33.A 34.A 35.A 36.A 37.A 38.A 39.A 40.A
41.B 42.A 43.A 44.A 45.A 46.B 47.B 48.A 49.B 50.A
51.A 52.B 53.A 54.A 55.B 56.B 57.B 58.B 59.B 60.A
61.B 62.B 63.A 64.B 65.A 66.A 67.A 68.B 69.B 70.A
71.B 72.B 73.B 74.B 75.B 76.B 77.B

训练 4 参考答案

一、填空题

1. 段落结束符 2.“视图” 3. .doc 4. 最小化 5. 粗体 6. 下画线 7. Ctrl+N Ctrl+O
8. 格式刷 9. PageUp 10. 斜体 11. Ctrl+S 12.“插入” 13.“删除” 14. Ctrl+C
15. Ctrl+V 16.“保存” 17.“另存为” 18.“字体” 19. 宋体 20. 粘贴 21. DELETE
22. 保存文档 23. 新建空白文档 24. END 25. 状态栏 26. Ctrl+S 27.“新建” 28. 打开已有文档 29.“视图” 30.“字体” 31.“全选” 32. 帮助 33. Shift 34.“工具” “字数统计” 35.“退出” 36. F1 37.“文档 1” 38. 项目编号 39. 翻页 40. 字体 41. 剪切
42. 设置字体大小 43.“格式” “段落” 44. 拼写和语法检查 45.“合并单元格” 46.“文件”
47.“页眉和页脚” 48. 打印预览 49. 全部 50.“插入表格” 51. 打印预览 52. 首行 首行
53.“工具” 54. 公式编辑器 55. 绘制表格 56. 5 57.“插入” 58. 字体 59. 模板
60.“文件” “打印” 61. 关闭 Word 62. Esc 63.“拆分表格” 64.“文件” 65. 查找和替换
66.“所有文件” 67. 颜色 68. 超链接 69. 标尺 70. 长度计量 71.“格式”
72.“格式” “边框和底纹” 73.“更改大小写”

二、单项选择题

1.B 2.A 3.D 4.B 5.C 6.D 7.C 8.B 9.D 10.C 11.A 12.D 13.A

14.B 15.A 16.A 17.A 18.B 19.D 20.B 21.C 22.B 23.A 24.A 25.D 26.C
27.A 28.C 29.D 30.D 31.D 32.A 33.C 34.A 35.C 36.B 37.D 38.C 39.D
40.A 41.B 42.D 43.C 44.B 45.D 46.C 47.A 48.C 49.A 50.D 51.A 52.A
53.C 54.C 55.D 56.C 57.C 58.D 59.D 60.C 61.C 62.A 63.A 64.D 65.D
66.A 67.C 68.C 69.B 70.A 71.C 72.B 73.B 74.D 75.C 76.A 77.C 78.A
79.D 80.C 81.A 82.D 83.D 84.D 85.C 86.C 87.D 88.C 89.A 90.C 91.B
92.D 93.C 94.A 95.C 96.D 97.C 98.B 99.A 100.A 101.C 102.A 103.B 104.B
105.A 106.A 107.C 108.B 109.B 110.B 111.A 112.C 113.D 114.D 115.C 116.C 117.C
118.B 119.D 120.C 121.C 122.C 123.B 124.D 125.A 126.B 127.C 128.C 129.B 130.D
131.A 132.C 133.B 134.D 135.D 136.D 137.A 138.D 139.B 140.B 141.B 142.D

三、多项选择题

1.BC 2.BC 3.ABC 4.ABCD 5.ABCD 6.ABD 7.AD 8.ABC 9.AD 10.AD
11.BC 12.ABC 13.ABC 14.ABC 15.ACD 16.ABCD 17.BC 18.BCD 19.BCD 20.AC
21.ABD 22.BD 23.AB 24.AB 25.BCD 26.AC 27.CD 28.ABC 29.ACD 30.ACD
31.ABCD 32.ABC 33.ABD 34.CD 35.BCD 36.AC 37.ABD 38.AB 39.BCD 40.ABD
41.BC 42.AB 43.ABCD 44.ABCD 45. ABD 46.AD 47.ACD 48.CD 49.ABCD 50.ABCD
51.AC 52.AB 53.BCD 54.ABCD 55.ABC 56.ABD 57.ABCD 58.ABC 59.ABCD 60.BCD
61.ABCD 62.ACD 63.ABCD

四、判断正误题（正确填 **A**，错误填 **B**）

1.A 2.A 3.B 4.B 5.B 6.A 7.A 8.A 9.B 10.B
11.A 12.B 13.A 14.B 15.A 16.A 17.A 18.B 19.A 20.A
21.B 22.B 23.A 24.A 25.B 26.B 27.A 28.B 29.B 30.B
31.A 32.A 33.B 34.A 35.A 36.B 37.A 38.A 39.A 40.B
41.A 42.A 43.A 44.B 45.A 46.B 47.B 48.B 49.A 50.B
51.B 52.B 53.B 54.B 55.A 56.A 57.A 58.A 59.A 60.B
61.A 62.A 63.B 64.A 65.B 66.A 67.B 68.A

训练 5 参考答案

一、填空题

1.3 255 2.工作表 3.列标 行标 4. 2 5. 8 6.MIN(A1:A5) 7.9 8.编辑 9. .xls 10.= 11.CTRL Z 12.分页 13.2334 14.一列 15.$A$4 16.CTRL S 17.“字体颜色” 18.“工作表” 19. 5 20. 3 21.混合引用 相对引用 22.= 23.V 24.C 25. 3 26. 2 27. 3 28.“选项” 29.'（单引号） 30.N 31.Ctrl 32.F1 33.右 右 左 34.EXCEL 35.剪贴板 36.粘贴函数 37.13 38.行数 列数 39.当前 40.方块 41.填充柄 42.相对引用 43.绝对引用 44.混合引用 45.65 536 46.“单元格格式” 47.Ctrl 48.“格式” 49.单元格 50.“单元格格式” 51.“编辑” 52.“视图” 53.拖动 54.“格式” 55.高级 56.AVERAGE (A3:A8) 57. Ctrl + PageUp 58.Shift 59.编辑栏 60.“选项” 61.Tab 62.Ctrl 63.宽度

64. .xls　65.图表位置　66.“程序”

二、单项选择题

1.D　2.B　3.C　4.A　5.D　6.D　7.A　8.B　9.C　10.C　11.D　12.D　13.A
14.B　15.A　16.A　17.C　18.C　19.A　20.C　21.C　22.A　23.C　24.C　25.C　26.B
27.C　28.A　29.A　30.C　31.B　32.A　33.B　34.C　35.C　36.D　37.B　38.C　39.D
40.A　41.D　42.A　43.D　44.B　45.B　46.C　47.D　48.D　49.C　50.C　51.C　52.C
53.B　54.A　55.B　56.B　57.A　58.B　59.C　60.D　61.C　62.C　63.B　64.D　65.B
66.C　67.A　68.A　69.B　70.D　71.B　72.C　73.D　74.D　75.A　76.D　77.C　78.C
79.D　80.B　81.A　82.D　83.A　84.C　85.B　86.C　87.A　88.D　89.D　90.C　91.B
92.A　93.D　94.A　95.B　96.C　97.A　98.C　99.D　100.A　101.C　102.C　103.C　104.C
105.D　106.D　107.A　108.B　109.C　110.D　111.C　112.C　113.B　114.D　115.A　116.C　117.C
118.D　119.D　120.B　121.D　122.C　123.A　124.B　125.D　126.C　127.C　128.A　129.B　130.D
131.B　132.C　133.D　134.A　135.C　136.C　137.D　138.C　139.B　140.B　141.C　142.C　143.C
144.C　145.A　146.B　147.B　148.D　149.D　150.A　151.C　152.D　153.D　154.C　155.B　156.A
157.B　158.D　159.C

三、多项选择题

1.ABCD　2.ABCD　3.BCD　4.AD　5.ABCD　6.ABCD　7.CD　8.ABC　9.ABC
10.CD　11.ACD　12.ABCD　13.ABC　14.B　15.BC　16.ABCD　17.BCD　18.ABCD
19.ABC　20.ACD　21.ABCD　22.BD　23.ABC　24.BD　25.ABCD　26.ABCD　27.AB
28.BCD　29.ACD　30.ABC　31.BC　32.BD　33.BCD　34.ABCD　35.BCD　36.ACD
37.BCD　38.BD　39.AB　40.ABC　41.ABC　42.AC　43.AC　44.ABCD　45.CD
46.BCD

四、判断正误题

1.B　2.A　3.A　4.B　5.B　6.B　7.B　8.A　9.A　10.A　11.A　12.A　13.A
14.A　15.A　16.B　17.B　18.B　19.B　20.B　21.B　22.B　23.A　24.A　25.A　26.A
27.A　28.A　29.B　30.A　31.A　32.A　33.A　34.B　35.A　36.A　37.A　38.B　39.B
40.A　41.A　42.B　43.A　44.B　45.A　46.A　47.B　48.A　49.A　50.B　51.B　52.B
53.A　54.B　55.A　56.B　57.A　58.B　59.A　60.B　61.B　62.A　63.A　64.A　65.A
66.B　67.A　68.A　69.A　70.B　71.B　72.A　73.A　74.B　75.B　76.B　77.A　78.B
79.A　80.B　81.A　82.A　83.B　84.A　85.B　86.B　87.A　88.B　89.B　90.A　91.A
92.B　93.B　94.A　95.A　96.A　97.A　98.B　99.B　100.A　101.A　102.A　103.A　104.B
105.B　106.A　107.A　108.B　109.B　110.A　111.A　112.A　113.B　114.A　115.B　116.A　117.B
118.B　119.B　120.B　121.A　122.A　123.A　124.A　125.A　126.A　127.A　128.B　129.A　130.A
131.B

训练 6　参考答案

一、填空题

1.设计　2.“自定义放映”　3.幻灯片放映　4.全部幻灯片　5.“幻灯片放映”　6. 自定义动画　7.4

8.“新建演示文稿”　9.“格式”　10.“替换”　11.Esc　12.“视图”　13.幻灯片放映　14.“动作设置”　15.“幻灯片放映”　16.“关闭”　17.配色方案　18.图案　19.演示文稿　20.设计模板　21.“新幻灯片”　22.“新建”　23.新幻灯片　24.“幻灯片放映”　25.“背景”　26.幻灯片浏览　27.“格式”　28.“插入”　29.“视图”　30.电子演示文稿　31.“退出”　32.“讲义”　33.文本框　34.“行距”　35.根据内容提示向导　36.“幻灯片放映”　37.“幻灯片放映”　38.设计　演示文稿　39.“幻灯片放映”→“设置放映方式”　40.幻灯片放映　Ctrl　41.“幻灯片切换”　42.“页面设置”　43. .pot　44. .ppt　45.图片　46.“幻灯片母版”　47.幻灯片浏览　48.设计模板　49.幻灯片　50.没有

二、单项选择题

1.A　2.C　3.B　4.A　5.C　6.D　7.C　8.D　9.D　10.A　11.C　12.D　13.B
14.D　15.A　16.D　17.D　18.D　19.D　20.C　21.B　22.B　23.D　24.C　25.B　26.A
27.A　28.A　29.A　30.C　31.C　32.C　33.B　34.B　35.B　36.B　37.C　38.D　39.A
40.A　41.A　42.C　43.C　44.B　45.B　46.A　47.B　48.B　49.D　50.D　51.B　52.C
53.A　54.C　55.C　56.B　57.D　58.C　59.C　60.B　61.D　62.A　63.C　64.C　65.A
66.C　67.A　68.B　69.B　70.A　71.B　72.B　73.B　74.A　75.D　76.C　77.C　78.D
79.C　80.A　81.C　82.B　83.B　84.C　85.C　86.B　87.A　88.D　89.A　90.C　91.B
92.D　93.B　94.A　95.C　96.B　97.D　98.A　99.C　100.C　101.A　102.D　103.B　104.A
105.D　106.A　107.B　108.D　109.B　110.A　111.C　112.A　113.B　114.B　115.A　116.D　117.B
118.A　119.C　120.A　121.A　122.B　123.C　124.D　125.B　126.A　127.A　128.B　129.A　130.A
131.B　132.A　133.C　134.A　135.D　136.C　137.A　138.D　139.D　140.B　141.C　142.A

三、多项选择题

1.ABCD　2.ACD　3.CD　4.ABD　5.ABCDE　6.ABC　7.AC　8.AB　9.ABCDE
10.ABD　11.BCD　12.ABC　13.ABD　14.ABD　15.ABC　16.ABC　17.ABCD　18.ABC
19.AD　20.BCD　21.ABD　22.BCD　23.ACD　24.ABC　25.ABC　26.CD　27.BCD
28.ABC　29.AB　30.BCD　31.CD　32.A　33.AB　34.AB　35.EH　36.ABC
37.BC　38.AB　39.BCD　40.AB　41.ABD　42.AB

四、判断正误题

1.B　2.B　3.B　4.B　5.A　6.A　7.A　8.A　9.A　10.B　11.A　12.A　13.B
14.A　15.A　16.A　17.A　18.B　19.B　20.B　21.A　22.A　23.B　24.A　25.B　26.A
27.B　28.B　29.A　30.A　31.A　32.B　33.A　34.B　35.B　36.B　37.B

训练 7　参考答案

一、填空题

1. 计算机　通信　2. 通信子网　资源子网　3. 局域网　城域网　广域网　4. 星形　总线型　环形　网状形　5. 七　6. 信息查询与浏览　电子邮件　文件传输　7. 32　8. Zhang@sohu.com　9. 网上邻居　10. IP 地址　域名地址　11. URL　12. BBS　13. 传输控制协议　网际协议　14. 4　15. 主机域名　16. HTML　17.“Internet 选项”　18. 搜索引擎　19. 超文本传输协议　20. 比特流　21. 下载　22. 点号（.）　23. URL　24. 传输控制协议/网际协议　25. 主机名

26. Internet　27. 电子邮件　28. 5　29. 调制解调器　30. C　31. www 环球网　32. 拨号接入 专线接入　33.“工具”“Internet 选项”　34. 服务器 网卡及网络传输介质　35. Modem　36. 收藏　37. WWW（或 3W）　38. URL 地址　39. 超链接　40.“发送或接收”　41. 附件　42. 选中对象　43. 用户名 密码　44. 自由软件 免费软件　45. 网上邻居　46. 网络　47. 文件传输协议　48. 二 帧　49. POP3　50. 代表中国　51. 1～126　52. 计算机网络 有线电视网络 电话网　53. <B> </B>　54. 服务器 客户机　55. 浏览器/服务器　56. HTTP　57. .gov　58. 传输　59. .edu　60. 中国电信　61. ISP　62. 教育　63. 数字 模拟　64. 超文本传输协议 80　65. 128～191　66. 点号（.）@　67. 物理　68. yujie

二、单项选择题

1. A　2. D　3. C　4. C　5. A　6. D　7. B　8. A　9. A　10. B　11. A　12. D　13. C　14. B　15. B　16.D　17. A　18. C　19. B　20. C　21. C　22. C　23. A　24. B　25. D　26. A　27. D　28. B　29. A　30. C　31. A　32. A　33. D　34. C　35. B　36. A　37. C　38. A　39. B　40. A　41. A　42. C　43. D　44. A　45. A　46. A　47. B　48. B　49. D　50. C　51. D　52. B　53. A　54. D　55. A　56. C　57. C　58. B　59. B　60. C　61. C　62. D　63. D　64. A　65. C　66. A　67. B　68. B　69. D　70. B　71. A　72. C　73. A　74. B　75. B　76. B　77. A　78. D　79. D　80. A　81. C　82. A　83. C　84. A　85. B　86. B　87. C　88. B　89. D　90. A　91. A　92. C　93. B　94. A　95. D　96. B　97. D　98. D　99. C　100. B　101. C

三、多项选择题

1. BC　2. BCD　3. AD　4. BD　5. CD　6. AB　7. BC　8. A　9.CD　10. BC　11. ABC　12. BD　13. ABCD　14. B　15. ABCD　16. ABCD　17. ABC　18. ABC　19. ACD　20. ABC　21. ABCDE　22. ABC　23. BCD　24. ABC　25. AB　26. ABCD　27. ABCD　28. AD　29. C　30. D　31. AD　32. BC　33. AB　34. ABD　35. BC　36. BCD　37. AB　38. AB　39. AD　40. ABCD　41. ABCD　42. BCD　43. BC　44. BC　45. ABCD　46. CD　47. AD　48. BCD　49.AB　50. AD　51. AC　52. AC　53. AB　54. CD

四、判断正误题（正确填 A，错误填 B）

1. B　2. B　3. A　4. A　5. A　6. B　7. A　8. B　9. A　10. B　11. A　12. B　13. B　14. A　15. A　16. B　17. B　18. A　19. B　20. B　21. B　22. B　23. B　24. A　25. A　26. B　27. B　28. B　29. A　30. B　31. B　32. A　33. B　34. A　35. B　36. B　37. B　38. A　39. A　40. B　41. A　42. A